机 械 设 计

主　编　李振钢
副主编　李　荣　陈国辉
参　编　陈金国
主　审　宋胜伟

HEUP 哈尔滨工程大学出版社

内容简介

本书是作者在长期教学与学术研究的基础上，考虑市场经济发展对机械设计人才的需求，认真吸取其他高等学校机械类专业机械设计课程近年教学改革的经验，参考了许多最新资料精心编写的。全书分14章。每一章给出了本章的教学目标、知识要点，并通过导入案例引出本章教学内容，编写过程中加强了课程内容在逻辑和结构上的联系和综合。本书突出创新能力和创新思维的培养，形成一个以培养学生工程实践能力和创新能力为目标的机械设计课程体系。

图书在版编目(CIP)数据

机械设计/李振钢主编. —哈尔滨：哈尔滨工程大学出版社，2013.8

煤矿机械毕业设计系列教材

ISBN 978-7-5661-0654-4

Ⅰ.①机… Ⅱ.①李… Ⅲ.①机械设计－高等学校－教材 Ⅳ.①TH122

中国版本图书馆CIP数据核字(2013)第196691号

出版发行 哈尔滨工程大学出版社
社　　址 哈尔滨市南岗区东大直街124号
邮政编码 150001
发行电话 0451-82519328
传　　真 0451-82519699
经　　销 新华书店
印　　刷 黑龙江省委党校印刷厂
开　　本 787mm×1 092mm　1/16
印　　张 20.75
字　　数 520千字
版　　次 2013年8月第1版
印　　次 2013年8月第1次印刷
定　　价 40.00元

http://www.hrbeupress.com

E-mail:heupress@hrbeu.edu.cn

前　　言

机械设计课程是机械工程类诸专业的主干课程之一，是培养学生机械设计能力的重要技术基础课。通过本课程的学习，可使学生了解、掌握系统的机械设计理论和方法，并具有综合运用有关课程、标准和规范等知识，进行机械设计的初步能力。通过本课程的学习，将为进一步学习有关专业课和今后从事机械设计工作，直接服务于社会奠定良好的基础。

本书是在满足高等学校机械类专业机械设计课程教学基本要求的前提下，以培养"创新型应用人才"思想为指导，以学生就业所需的专业知识和操作技能为着眼点，在适度基础知识与理论体系覆盖下，着重讲解应用型人才培养所需的内容和关键点，在编写过程中融入了最新的实例及操作性较强的案例，并对实例进行有效的分析，以工程应用实例来导出全章的知识点。

本书是作者在长期教学与学术研究的基础上，考虑到市场经济发展对机械设计人才的要求，认真吸取其他高等学校机械类专业机械设计课程近年教学改革的经验，参考了许多最新资料，精心组织教学内容编写的。编写过程中以培养学生工程实践能力、综合机械设计能力和创新能力为核心，加强了课程内容在逻辑和结构上的联系和综合。本书突出创新能力和创新思维的培养，形成一个以培养学生工程实践能力和创新能力为目标的机械设计课程体系。

本书由李振钢担任主编，李荣、陈国辉担任副主编。参加编写的有：黑龙江科技大学李振钢（第1,2,3,4,5,6,10章），黑龙江工程学院李荣（第11,12章），黑龙江科技大学陈国辉（第7,8,9章），黑龙江科技大学陈金国（第13,14章）。本书由李振钢负责统稿，由黑龙江科技大学的宋胜伟担任主审。本书在编写过程中，参考或引用了一些专家学者的论著，在此表示感谢！

本书可作为高等学校机械类及近机类各专业的教材，也可供相关专业师生和工程技术人员参考使用。

由于编者水平有限，书中难免会有一些疏漏不足之处，恳请同行专家和读者指正。

编　者

2013年6月

目录
CONTENTS

第1章　绪　　论

【教学目标】

1. 了解课程的性质、地位、任务和学习方法；
2. 熟悉本门课程的研究对象、内容；
3. 掌握机器、零件的概念及机器的组成；
4. 通过典型机器组成分析等内容的学习，使学生熟悉机器的特征，感受机器的复杂性和系统性，从而激发学生的探索和求知欲望。

【知识要点】

本章的知识要点是机器、零件的概念及机器的组成。

【导入案例】

机械是各种机构、装置、器械、仪器和机器的总称。现代机械的种类繁多，其用途、结构、性能千差万别，但从系统的观点看，任何机械都是一个系统，都是一个由若干装置、部件和零件组成的具有特定功能的机械系统。在学习机械设计课程之初，有必要对机械的组成，机械的基本要素有一个感性的了解，进而使读者熟悉本门课程的研究对象、内容，并对本门课程的性质、地位和任务有一个初步认识。

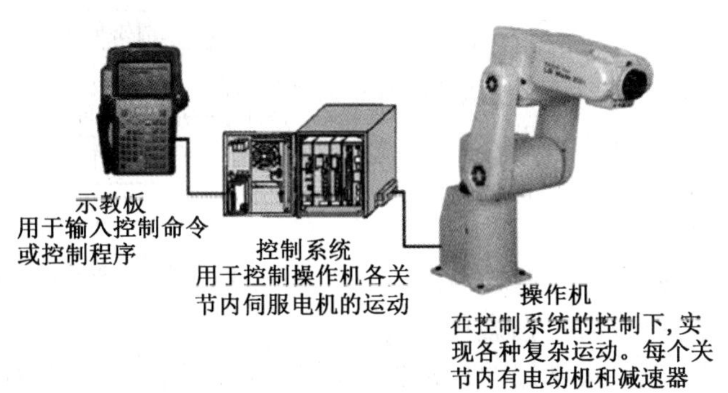

图1.1　工业机器人的组成

1.1　机械工业在现代化建设中的地位与作用

机械工程与科学是一门古老的学科，它将人们从繁重的体力劳动中解放出来。当古人尝试着制造石器来狩猎或耕种时，已经产生了最初的设计萌芽。几千年来，一次次的产业革命，实现了社会分工的变革并改变了人们的生活方式，但以机械科学为基础的机械制造工业仍然是一个国家的支柱产业。据报道,工业化国家财富的60% ~80%是制造业创造的,我国制造业产值占GDP的比重也已达到了38%以上,机械制造的水平已成为一个国家现代化建设水平的主要标志之一。制造是将科技转化为财富的最后环节,而制造业的灵魂是产品设计,机械设计则是产品设计的重要组成部分。

人们在进行工业、农业、国防和科技的现代化建设过程中都广泛使用了各种机器,机器的使用,不仅可以代替或减轻人们的体力劳动和脑力劳动,还可以提高生产效率(图1.1)。同时,只有使用机器才便于实现产品的标准化、系列化和通用化,实现产品生产的高度机械化、电气化和自动化。而且随着国民经济的进一步发展,对机械的自动化、智能化要求也越来越高,越来越迫切,这就对机械设计工作者提出了更新、更高的要求,因此,本课程在现代化建设中的地位和作用将显得更加重要。

1.2 本课程的研究对象及研究内容

机器的种类繁多。在生产中,常见的机器有汽车、拖拉机、电动机、各种机床等;在生活中常用的机器有洗衣机、缝纫机、电风扇、摩托车等,它们的构造、性能和用途等各不相同。但从系统的观点看,任何机器都是一个系统,都是一个由若干装置、部件和零件组成的具有特定功能的机械系统。

凡能实现确定的机械运动,又能做有用的机械功或完成能量、物料与信息转换和传递的装置,称为机器,如半自动钻床能实现确定的机械运动,又做有用的机械功。若只能用来传递运动和力或改变运动形式的机械传动装置,则称为机构,如连杆机构、齿轮机构、凸轮机构等。但从运动的观点来看,两者之间并无区别,通常将机器和机构统称为机械。因为机械原理课程已研究过机构,所以本课程的研究对象只是机器及组成机器的零部件。

1. 机器的组成

从功能组成的角度,一部现代化的机器应包括原动机部分、传动部分、执行部分、控制系统和辅助系统五部分,如图1.2所示,其中原动机部分、传动部分、执行部分是机械的主体。

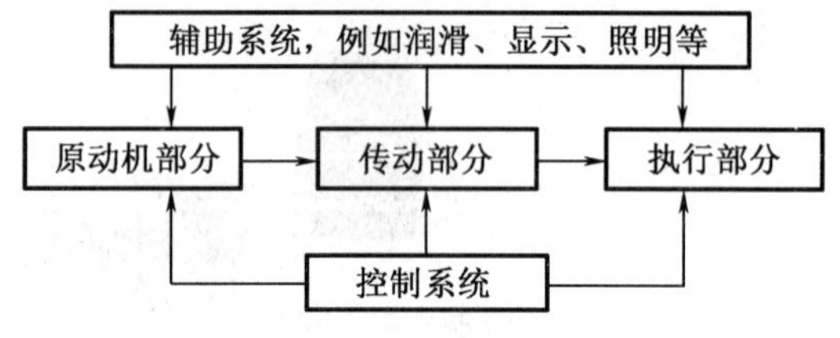

图1.2 机器的功能组成

原动机部分是机械设备完成其工作任务的动力来源,包括电动机、内燃机、液压马达和气动机等,其中最常用的是各类电动机。电动机可以把电能转化成机械能,内燃机可把燃气的热能转换成机械能。

传动部分按执行机构作业的特定要求,把原动机的运动和动力传递给执行机构。常用的各种减速器和变速装置,如齿轮减速器、蜗杆减速器和无级变速器等,均可作为传动装置。

执行部分也是工作部分,它是一部机器中最接近作业工作端的机构,完成作业任务,如起重机和挖掘机中的起重吊运和挖掘机构。

随着机器的功能越来越复杂,对机器的精度要求也越来越高,所以机器除了以上三个部分外,还会不同程度地增加其他部分,如控制系统和辅助系统等。

控制系统被用来处理机器各组成部分之间以及与外部其他机器之间的工作协调关系。

控制部分的形式很多，可以是机械，也可以是电器、液力及计算机等。以内燃机为例，主体机构是曲柄滑块机构，进气、排气是通过凸轮机构实现的，属于控制部分。

辅助系统，如机床中的润滑、显示、照明、冷却系统等。

以普通车床为例，见图1.3。电动机是车床的原动部分；变速箱、主轴、丝杆等组成传动部分；拖板、刀架是执行部分；各种操作手柄及电器控制装置组成控制系统；当然车床中还包括润滑、显示、照明、冷却系统等。

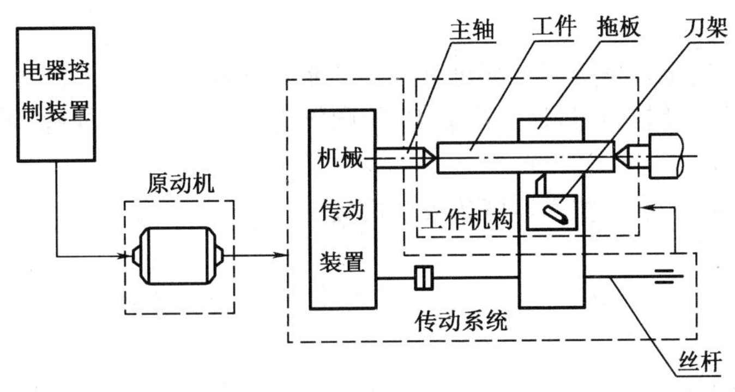

图1.3 普通车床的功能组成

2. 零件

机械零件是构成机械系统的最基本要素，也是机械加工制造的基本单元。本课程重点研究普通条件下，一般参数的通用零部件的设计理论与设计方法，即不包括高温、高压、高速，尺寸过大、过小，以及有特殊要求的零部件，这些零部件和其他专用零件将在专业课中研究。所谓通用零部件实际是指各种机器都经常使用的零部件。常用的通用零部件包括齿轮、蜗杆、轴、轴承和联轴器等。机械零件中除通用零部件外还有专用零部件，如发动机中的曲轴、汽轮机中的叶片，这些专用零部件都不是本课程研究的对象。

本课程的内容是对机械设计基础知识、基本理论、程序和设计步骤与过程的论述。从工作情况分析、主要失效形式、设计计算准则、主要参数计算与校核方法、典型结构设计等方面，学习机械连接、机械传动、轴系及弹簧几大类典型机械零部件的设计方法，并从整体的角度初步学习机械系统设计的基本知识。具体内容如下。

①总论部分 零件设计的基本原则、设计计算理论、材料选择、摩擦磨损及润滑等方面的知识。

②机械连接 常用连接方法（螺纹、键、花键、销、无键连接）的结构、适用范围、设计方法。

③机械传动 螺旋传动、带传动、链传动、齿轮传动、蜗杆传动等的设计方法。

④轴系零部件及弹簧 轴、轴承、联轴器和离合器及弹簧等的设计方法。

1.3 本课程的性质和任务

“机械设计”是以一般通用零部件的设计计算为核心的一门设计性、综合性和实践性都很强的技术基础课。在这门课程中，将综合理论力学、材料力学、机械制图、机械原理、金属工艺学、工程材料及热处理、公差及测量技术基础等多门课程的知识,来解决一般通用机械零部件的设计问题,同时也为专业课的学习打下基础。本课程把基础课和专业课有机地结合起来,在教学中起着承前启后的重要作用,体现技术基础课的特有性质。机械设计是机械类和近机类专业中的一门主干课程。本课程的任务如下。

①培养正确的设计思想,包括设计时应考虑节约能源、合理利用我国资源、减少环境污染、坚持可持续发展的原则。

②掌握通用机械零件的设计原理、方法和机械设计的一般规律,具有设计机械传动装置和简单机械的能力。

③初步具有一定机械系统方案优化及决策的能力与素质。

④掌握一定的设计技能,包括计算能力,绘图能力和运用标准、规范、手册、图册及查阅有关技术资料的能力。

⑤了解国家当前的有关技术经济政策及机械设计的新发展动向。

1.4 学习本课程应注意的问题

本课程的研究对象和性质决定了本课程的特点,即内容本身的繁杂性,主要体现在本门课程具有"三性"、"四多"的特点。"三性"是综合性、实践性、设计性;"四多"是指公式多、系数多、图表多、关系多等方面。因此,本门课程的学习方法与以前的基础课有所不同,归纳起来如下。

①抓住课程体系,掌握机械零部件设计的共性问题及一般思路。机械设计是以设计零件为线索,标准件以选择型号为主,然后进行适当的校核。在学习每一个零件时,都要了解零件的工作原理、失效形式、材料选择、工作能力计算及结构设计,内容虽然很多,但都是为达到一个目的,就是设计零件。

②理论联系实际。"机械设计"是实践性、技术性较强的课程,其研究的对象是各种机械设备中的机械零部件,与工程实际联系紧密,因此在学习时应利用各种机会深入生产车间、实验室,注意观察实物和模型,增加对常用机构和通用机械零部件的感性认识。了解机械的工作条件和要求,做到理论知识与实践有机结合。

③要综合运用先修课程的知识解决机械设计问题。"机械设计"是一门综合性较强的课程,在设计零件过程中要用到多门先修课的知识。例如,在轴的设计这一部分中,当对轴进行强度、刚度校核时,就要运用工程力学的知识。因此在学习本课程时,必须及时复习先修课程的有关内容,做到融会贯通、综合运用。

④要理解系数引入的意义。机械设计中,由于实际影响因素很复杂,而这些因素一般用系数来反映,所以,在公式中系数很多,应充分理解系数的物理意义、影响系数的因素及如何取值。

⑤培养解决工程实际问题的能力。设计参数、经验公式和经验数据多因素、多方案的分析和选择,是解决工程实际问题中经常遇到的问题,也是学生在学习本课程中的难点。因此,在学习本课程时一定要尽快适应这种情况,按解决工程实际问题的思维方法,提高机械设计能力,特别是机械系统方案的设计能力和结构设计能力。

本章小结

本章主要介绍了机器的组成和机械设计课程的研究对象、内容,课程的性质、地位、任务及本课程的学习方法等。

第2章　机械设计概论

【教学目标】

1. 了解机械设计和机械零件设计的基本要求;

2. 熟悉机械设计的一般程序;

3. 掌握机械零件常见失效形式、计算准则,零件设计的方法、基本原则;

4. 通过机械零件设计基本知识的学习,使学生感受机械零件设计乃至机械系统设计的规律性,学会遵循机械设计方法解决机械设计问题,培养其有理有据的务实精神。

【知识要点】

本章的知识要点是机械设计及机械零件设计的基本要求,机械设计的一般程序,机械零件常见失效形式、计算准则,零件设计的方法、基本原则。

【导入案例】

机械设计是机械工程的重要组成部分,是机械生产的第一步,是决定机械性能的最主要的因素。机械设计的努力目标是:在各种限定的条件(如材料、加工能力、理论知识和计算手段等)下设计出最好的机械。需要综合地考虑许多要求,一般有:最好工作性能、最低制造成本、最小尺寸和最小质量、使用中最大可靠性、最低消耗和最少污染环境。这些要求常是互相矛盾的,而且它们之间的相对重要性因机械种类和用途的不同而异。设计者的任务是按具体情况权衡轻重,统筹兼顾,使设计的机械有最优的综合技术经济效果。服务于不同产业的不同机械,应用不同的工作原理,要求具有不同的功能和特性。各产业机械的设计,特别是整体和整系统的机械设计,须依附于各有关的产业技术而难于形成独立的学科。因此出现了农业机械设计、矿山机械设计、纺织机械设计、汽车设计、船舶设计、泵设计、压缩机设计、汽轮机设计、内燃机设计、机床设计等专业性的机械设计分支学科。但是,这许多专业设计又有许多共性技术,如力的分析和计算、工程材料学、材料强度学、润滑、密封,以及标准化、可靠性、工艺性、优化等。

2.1　机械设计与机械零件设计的基本要求

机械设计是根据用户的使用要求对专用机械的工作原理、结构、运动方式、力和能量的传递方式、各个零件的材料和形状尺寸、润滑方法等,进行构思、分析和计算并将其转化为具体的描述以作为制造依据的工作过程。设计能满足人们生产、生活的需要,具有市场竞争力的产品是机械设计的核心。

2.1.1　机械设计的基本要求

1. 实现预定的功能,满足使用要求

所谓功能是指用户提出的需要满足的使用上的特性和能力,是机械设计的最基本出发点。在机械设计过程中,设计者所设计的机械首先应实现功能的要求。为此,必须正确地选择机械的工作原理、机构的类型、拟定机械传动系统方案,并且所选的机构类型和拟定的机械传动系统方案,能满足运动和动力性能的要求。

2. 可靠性和安全性的要求

机械的可靠性是指机械在规定的使用条件下、在规定的时间内完成规定功能的能力。安全可靠是机械的必备条件,为了满足这一要求,必须从机械系统的整体设计、零部件的结构设计、材料及热处理的选择、加工工艺的制定等方面加以保证。

3. 市场需要和经济性的要求

在产品设计中,自始至终都应把产品设计、销售及制造三方面作为一个整体考虑。只有设计与市场信息密切配合,在市场、设计、生产中寻求最佳关系,才能以最快的速度回收投资,获得满意的经济效益。

4. 机械零部件结构设计的要求

机械设计的最终结果都是以一定的结构形式表现出来的,且各种计算都要以一定的结构为基础。所以,设计机械时,往往要事先选定某种结构形式,再通过各种计算得出结构尺寸,将这些结构尺寸和确定的几何形状绘制成零件工作图,最后按设计的工作图制造、装配成部件乃至整台机器,以满足机械的使用要求。

5. 操作使用方便的要求

机器的工作和人的操作密切相关。在设计机器时必须注意操作要轻便省力、操作机构要适应人的生理条件、机器的噪声要小、有害介质的泄漏要少等。

6. 工艺性及标准化、系列化、通用化的要求

机械及其零部件应具有良好的工艺性,即考虑零件的制造方便,加工精度及表面粗糙度适当,易于装拆。设计时,零部件和机器参数应尽可能标准化、通用化、系列化,以提高设计质量,降低制造成本,并且使设计者将主要精力用在关键零部件的设计上。

2.1.2 机械零件设计的基本要求

1. 强度要求

机械零件应满足强度要求,即防止它在工作中发生整体断裂或产生过大的塑性变形或出现疲劳点蚀。对机械零件的强度要求是最基本的要求。

提高机械零件的强度是机械零件设计的核心之一,为此可以采用以下几项措施。

(1)采用强度高的材料。

(2)使零件的危险截面具有足够的尺寸。

(3)用热处理方法提高材料的力学性能。

(4)提高运动零件的制造精度,以降低工作时的动载荷。

(5)合理布置各零件在机器中的相互位置,减小作用在零件上的载荷等。

2. 刚度要求

机械零件应满足刚度要求,即防止它在工作中产生的弹性变形超过允许的限度。通常只是当零件过大的弹性变形会影响机器的工作性能时,才需要满足刚度要求。一般对机床主轴、导轨等零件需要进行强度和刚度计算。

提高机械零件的刚度可以采用以下几项措施。

(1)增大零件的截面尺寸。

(2)缩短零件的支承跨距。

(3)采用多点支承结构等。

3. 结构工艺性要求

机械零件应有良好的工艺性,即在一定的生产条件下,以最小劳动量、花最少加工费用制成能满足使用要求的零件,并能以最简单的方法在机器中进行装拆与维修。因此,零件的结构工艺性应从毛坯制造、机械加工过程及装配等几个生产环节加以综合考虑。

4. 经济性要求

经济性是机械产品的重要指标之一。从产品设计到产品制造应始终贯彻经济性原则。设计中在满足零件使用要求的前提下,可以从以下几个方面考虑零件的经济性。

(1)先进的设计理论和方法,采用现代化设计手段,提高设计质量和效率,缩短设计周期,降低设计费用。

(2)尽可能选用一般材料,以减少材料费用,同时应降低材料消耗,如多用无切削或少切削加工,减少加工余量等。

(3)零件结构应简单,尽量采用标准零件,选用允许的最大公差和最低精度。

(4)提高机器效率,节约能源,如尽可能减少运动件、创造优良润滑条件等,包装与运输费用也应注意考虑。

5. 减轻质量的要求

机械零件设计应力求减轻质量,这样可以节约材料,对运动零件来说可以减小惯性,改善机器的动力性能,减小作用于构件上的惯性载荷。减轻机械零件质量的措施如下。

(1)从零件上应力较小处挖去部分材料,以改善零件受力的均匀性,提高材料的利用率。

(2)采用轻型薄壁的冲压件或焊接件来代替铸、锻零件。

(3)采用与工作载荷相反方向的预载荷。

(4)减小零件上的工作载荷等。

机械零件的强度、刚度是从设计上保证它能够可靠工作的基础,而零件可靠的工作是保证机器正常工作的基础。零件具有良好的结构工艺性和较轻的质量是机器具有良好经济性的基础。在实际设计中,经常会遇到基本要求不能同时得到满足的情况,这时应根据具体情况,合理地做出选择,保证主要的要求能够得到满足。

2.2 机械设计的一般程序

我国设计人员早在20世纪60年代就总结出全面考虑实验、研究、设计、制造、安装、使用、维护的“七事一贯制”设计方法。机械设计不可能有固定不变的程序,因为设计本身就是一个富有创造性的工作,同时也是一个尽可能多地利用已有成功经验的工作。机械设计的过程是复杂的,它涉及多方面的工作,如市场需求、技术预测、人机工程等,再加上机械的种类繁多,性能差异巨大,所以机械设计的过程并没有一个通用的固定程序,需要根据具体情况进行相应的处理。本书仅就设计机器的技术过程进行讨论,以比较典型的机器设计为例,介绍机械设计的一般程序。

一台新机器从着手设计到制造出来,主要经过以下六个阶段。

2.2.1 制订设计工作计划

根据社会、市场的需求确定所设计机器的功能范围和性能指标;根据现有的技术、资料及研究成果研究其实现的可能性,明确设计中要解决的关键问题;拟订设计工作计划和设计任务书。

2.2.2 方案设计

按设计任务书的要求,了解并分析同类机器的设计、生产和使用情况以及制造厂的生产技术水平,研究实现机器功能的可能性,提出可能实现机器功能的多种方案。每个方案应该包括原动机、传动机构和工作机构,对较为复杂的机器还应包括控制系统。然后,在考虑机器的使用要求、现有技术水平和经济性的基础上,综合运用各方面的知识与经验对各个方案进行分析比较。通过分析确定原动机、选定传动机构、确定工作机构的工作原理及工作参数,绘制工作原理图,完成机器的方案设计。

在方案设计的过程中,应注意相关学科与技术中新成果的应用,如先进制造技术、现代控制技术、新材料等,这些新技术的发展使得以往不能实现的方案变为可能,这些都为方案设计的创新奠定了基础。

2.2.3 技术设计

对已选定的设计方案进行运动学和动力学的分析,确定机构和零件的功能参数,必要时进行模拟试验、现场测试、修改参数;计算零件的工作能力,确定机器的主要结构尺寸;绘制总装配图、部件装配图和零件工作图。技术设计主要包括以下几项内容。

(1)运动学设计

根据设计方案和工作机构的工作参数,确定原动机的动力参数,如功率和转速,进行机构设计,确定各构件的尺寸和运动参数。

(2)动力学计算

根据运动学设计的结果,分析、计算出作用在零件上的载荷。

(3)零件设计

根据零件的失效形式,建立相应的设计准则,通过计算、类比或模型试验的方法确定零部件的基本尺寸。

(4)总装配草图的设计

根据零部件的基本尺寸和机构的结构关系,设计总装配草图。在综合考虑零件的装配、调整、润滑、加工工艺等的基础上,完成所有零件的结构与尺寸设计。在确定零件的结构、尺寸和零件间的相互位置关系后,可以较精确地计算出作用在零件上的载荷,分析影响零件工作能力的因素。在此基础上应对主要零件进行校核计算,如对轴进行精确的强度计算,对轴承进行寿命计算等。根据计算结果反复地修改零件的结构尺寸,直到满足设计要求。

(5)总装配图与零件工作图的设计

根据总装配草图确定的零件结构尺寸,完成总装配图与零件工作图的设计。

2.2.4 施工设计

根据技术设计的结果,考虑零件的工作能力和结构工艺性,确定配合件之间的公差。视情况与要求,编写设计计算说明书、使用说明书、标准件明细表、外购件明细表、验收条件等。

2.2.5 试制、试验、鉴定

所设计的机器能否实现预期的功能、满足所提出的要求,其可靠性、经济性如何等,都必须通过对试制的样机的试验来加以验证,再经过鉴定,以科学的评价确定是否可以投产或进行必要的改进设计。

2.2.6 定型产品设计

经过试验和鉴定,对设计进行必要的修改后,可进行小批量的试生产。经过实际条件下的使用,根据取得的数据和使用的反馈意见,再进一步修改设计,即定型产品的设计,然后正式投产。

实际上整个机械设计的各个阶段是互相联系的,在某个阶段发现问题后,必须返回到前面的有关阶段进行设计的修改,直至问题得到解决。有时,可能整个方案都要推倒重来。因此,整个机械设计过程是一个不断修改、不断完善直至逐步接近最佳结果的过程。

2.3 机械零件的主要失效形式与设计准则

机械零件因某种原因不能正常工作或丧失了工作能力,称为失效。零件出现失效将直接影响机器的正常工作,因此研究机械零件的失效并分析产生失效的原因对机械零件设计具有重要意义。

2.3.1 机械零件的主要失效形式

1. 整体断裂

零件在载荷作用下,危险截面上的应力大于材料的极限应力而引起的断裂称为整体断裂,如螺栓破断、齿轮断齿、轴断裂等。整体断裂分为静强度断裂和疲劳强度断裂。静强度断裂是由于静应力过大产生的,疲劳断裂是由于变应力的反复作用产生的。机械零件整体断裂中80%属于疲劳断裂。断裂是严重的失效,有时会导致严重的人身事故和设备事故。

2. 过大的变形

机械零件受载时将产生弹性变形。当弹性变形量超过许用范围时将使零件或机械不能正常工作。弹性变形量过大,将破坏零件之间的相互位置及配合关系,有时还会引起附加动载荷及振动,如机床主轴的过大弯曲变形不仅产生振动,而且造成零件加工质量的降低。

塑性材料制作的零件,在过大载荷作用下会产生塑性变形,这不仅使零件尺寸和形状发生改变,而且使零件丧失工作能力。

3. 表面破坏

表面破坏是发生在机械零件工作表面上的一种失效。运动的工作表面一旦出现何种表面失效,都将破坏表面精度,改变表面尺寸和形貌,使运动性能降低、摩擦加大、能耗增加，严重时导致零件完全不能工作。根据失效机理的不同，表面破坏可分为以下几种情况。

(1)点蚀

如滚动轴承和齿轮等点、线接触的零件，在高接触应力(接触部分受载后产生弹性变形，接触表面产生的压力)及一定工作循环次数作用下可能在局部表面上形成小块的，甚至是片状的麻点或凹坑，进而导致零件失效，这种失效称为点蚀。

(2)胶合

金属表面接触时实际上只有少数凸起的峰顶在接触，因受压力大而产生弹塑性变形，使摩擦表面的吸附油膜破裂。同时，因摩擦而产生高温，造成基体金属的“焊接”现象。当摩擦表面相对滑动时，切向力将黏着点切开呈撕脱状态。被撕脱的金属会在摩擦表面上形成表面凸起，严重时会造成运动副咬死。这种由于黏着作用使材料由一个表面转移到另一个表面的失效称为胶合。

(3)磨料磨损

不论是摩擦表面的硬凸峰，还是外界掺入的硬质颗粒，在摩擦过程中都会对摩擦表面起切削或辗破作用，引起表面材料的脱落，这种失效称为磨料磨损。

(4)腐蚀磨损

在摩擦过程中摩擦表面与周围介质发生化学反应或电化学反应的磨损，即腐蚀与磨损同时起作用的磨损称为腐蚀磨损。

4. 破坏正常工作条件引起的失效

有些零件只有在一定的工作条件下才能正常工作，若破坏了这些必备条件则将发生不同类型的失效。例如，V带传动当传递的有效圆周力大于最大摩擦力时产生打滑失效，受横向工作载荷的普通螺栓连接的松动失效等。

2.3.2 机械零件的设计准则

在设计零件时所依据的准则是与零件的失效形式紧密地联系在一起的。对于一个具体零件，要根据其主要失效形式采用相应的设计准则。现将一些主要准则分述如下。

1. 强度准则

强度准则针对的是零件的整体断裂失效(包括静应力作用下产生的静强度断裂和变应力作用下产生的疲劳断裂)、塑性变形失效和点蚀失效。对于这几种失效，强度准则要求零件所受的应力分别不超过材料的强度极限、零件的疲劳极限、材料的屈服极限和材料的接触疲劳极限。强度准则的一般表达式(应力小于等于许用应力)为

$$\sigma \leqslant \frac{\sigma_{\lim}}{S} \tag{2-1}$$

式中 σ——零件的应力；

$\sigma_{\lim}$——极限应力；

S——安全系数，补偿各种不确定因素和分析不准确对强度的影响。

2. 刚度准则

刚度是零件抵抗弹性变形的能力。刚度准则针对的是零件的过大弹性变形失效，它要求零件在载荷作用下产生的弹性变形量不超过机器工作性能允许的值。有些零件，如机床主轴、电动机轴等，其基本尺寸是由刚度条件确定的。对重要的零件要验算刚度是否足够。

刚度准则的一般表达式(广义的弹性变形量小于或等于许用变形量)为

$$y \leqslant [y], \theta \leqslant [\theta], \phi \leqslant [\phi]$$

式中 y, θ, ϕ——分别为零件的挠度、偏转角和扭转角；

$[y], [\theta], [\phi]$——分别为允许的挠度、偏转角和扭转角。

3. 寿命准则

影响零件寿命的主要失效形式有腐蚀、磨损及疲劳,它们产生的机理及发展规律完全不同。迄今为止,关于腐蚀与磨损的寿命计算尚无法进行。关于疲劳寿命计算,通常是求出使用寿命时的疲劳极限来作为计算的依据,这在本书后续的有关章节中再作介绍。

4. 耐磨性准则

耐磨性准则针对零件的表面失效,它要求零件在正常条件下工作的时间能达到零件的寿命。腐蚀和磨损是影响零件耐磨性的两个主要因素。目前,关于材料耐腐蚀和耐磨损的计算尚无实用有效的方法。因此,在工程上对零件的耐磨性只能进行条件性计算。

一是验算压强使其不超过许用值,以防压强过大使零件工作表面油膜破坏而产生过快磨损,其验算式为

$$p \leqslant [p] \quad (\mathrm{MPa})$$

二是验算滑动速度 v 比较大的摩擦表面,还要防止摩擦表面温升过高使油膜破坏,导致磨损加剧,严重时产生胶合。因此,要限制单位接触面上单位时间产生的摩擦功不要过大。如果摩擦因数 f 为常数时,可验算值 pv 不超过许用值,即

$$pv \leqslant [pv] \quad [\mathrm{MPa \cdot (m/s)}]$$

式中 p——表面上的压强；

$[p]$——材料的许用压强；

v——工作表面线速度；

$[pv]$——pv 的许用值。

5. 振动稳定性准则

振动稳定性准则主要针对高速机器中零件出现的振动、振动的稳定性和共振,它要求零件的振动应控制在允许的范围内,而且是稳定的,对于强迫振动应使零件的固有频率与激振频率错开。高速机械中存在着许多激振源,如齿轮的啮合、滚动轴承的运转、滑动轴承中的油膜振荡、柔性轴的偏心转动等。设计高速机械的运动零件除满足强度准则外,还要满足振动准则。对于强迫振动,振动准则的表达式为

$$f_n < 0.85f \quad 或 \quad f_n > 1.15f$$

式中 f——零件的固有频率；

f_n——激振频率。

2.4 机械零件的设计方法与基本原则

机械零件的设计大体上包括以下两方面工作:一是根据设计准则或经验类比的方法,确定零件的主要尺寸;二是根据确定的主要尺寸,在综合考虑零件的定位、装配、调整、润滑和加工工艺等的基础上,设计零件的结构。

2.4.1 机械零件的设计方法

1. 理论设计

根据理论和试验数据进行的设计,称为理论设计。以强度准则为例,由材料力学可知式(2-1)可表示为

$$\sigma = \frac{F}{A} \leqslant \frac{\sigma_{\lim}}{S} = [\sigma] \tag{2-2}$$

式中 F——用于零件上的广义外载荷,如径向力、轴向力、弯曲力矩、扭转力矩等;

A——零件的广义截面积,如横截面积、抗弯截面系数、抗扭截面系数等;

$\sigma_{\lim}$——零件材料的极限应力;

S——安全系数;

$[\sigma]$——许用应力。

根据式(2-2)可进行两方面的设计工作:一是已知外载荷与极限应力,设计计算确定零件的主要尺寸,即 $A \geqslant \frac{SF}{\sigma_{\lim}}$;二是已知零件的主要尺寸后,进行校核计算,即 $\sigma = \frac{F}{A} \leqslant [\sigma]$。

2. 经验设计

根据设计者的工作经验或经验关系式用类比的方法进行设计,称为经验设计。这种方法适用于设计那些结构形状变化不大且已定型的零件,如机器的机架、箱体等结构件的各结构要素。

3. 模型实验设计

根据零部件或机器的初步设计结果,按比例制成模型或样机进行试验,通过试验对初步设计结果进行检验与评价,从而进行逐步的修改、调整和完善,这种设计方法称为模型试验设计。此方法适合于尺寸巨大、结构复杂、难以理论分析的重要零部件或机器的设计。

4. 现代设计方法

随着科学技术的发展,新材料、新工艺、新技术的不断出现,产品的更新换代周期日益缩短,促使机械设计方法和技术的现代化,以适应新产品的加速开发。在这种形势下,传统的机械设计方法已不能完全适应需要,因而产生和发展了以动态、优化、计算机化为核心的现代设计方法,如有限元分析、优化设计、可靠性设计、计算机辅助设计、摩擦学设计。除此之外,还有一些新的设计方法,如虚拟设计、概念设计、模块化设计、反求工程设计、面向产品生命周期设计、绿色设计等。这些设计方法使得机械设计学科发生了很大的变化。现仅对可靠性设计、优化设计、计算机辅助设计作简单的介绍。

(1)可靠性设计

机械零件的可靠性设计又称概率设计,它是将概率论和数理统计理论运用到机械设计中,并将可靠度指标引进机械设计的一种方法。其任务是针对设计对象的失效和防止失效问题,建立设计计算理论和方法,通过设计,解决产品的不可靠性问题,使之具有固有的可靠性。在可靠性设计中,传统的"强度"概念就从零件发生"破坏"或"不破坏"这两个极端,转变为"出现破坏的概率"。对零件安全工作能力的评价则表示为"达到预期寿命要求的概率有多大"。机械强度的可靠性设计主要有两方面工作:一是确定设计变量(如载荷、零件尺寸和材料力学性能等)的统计分布;二是建立失效的数学模型和理论,进行可靠性设计和

计算。

(2)优化设计

优化设计方法是根据最优化原理和方法并综合各方面的因素,以人机配合的方式或用“自动探索”的方式,借助计算机进行半自动或自动设计,寻求在现有工程条件下最优化设计方案的一种现代设计方法。

优化设计方法建立在最优化数学理论和现代计算技术的基础之上,首先建立优化设计的数学模型,即设计方案的设计变量、目标函数、约束条件,然后选用合适的优化方法,编制相应的优化设计程序,运用计算机自动确定最优设计参数。

优化设计方案中的设计变量是指在优化过程中经过调整或逼近,最后达到最优值的独立参数。目标函数是反映各个设计变量相互关系的数学表达式。约束条件是设计变量间或设计变量本身所受限制条件的数学表达式。

(3)计算机辅助设计

随着计算机技术的发展,在设计过程中出现了由计算机辅助设计计算和绘图的技术——计算机辅助设计(CAD)。计算机辅助设计就是在设计中应用计算机进行设计和信息处理。它包括分析计算和自动绘图两部分功能。CAD 系统应支持设计过程的各个阶段,即从方案设计入手,使设计对象模型化;依据提供的设计技术参数进行总体设计和总图设计;通过对结构的静态和动态性能分析,最后确定设计参数。在此基础上,完成详细设计和技术设计。因此,CAD 设计应包括二维工程绘图、三维几何造型、有限元分析等方面的技术。

虽然理论上 CAD 的功能是参与设计的全过程的,但由于一般使用者认为,通常的设计中制图工作量占的比重(50% ~60%)较大,因此在应用中,CAD 的重点实际上是放在制图自动化方面。目前,国际上已有比较成熟的二维和三维 CAD 绘图软件,最常用的如国外的 AutoCAD,UG,Proe,Solid Edge 等。近几年来,我国也研制或开发了许多具有自主版权的二维和三维 CAD 支持软件及其应用软件,并得到了较好的推广应用,已能满足我国企业“甩掉图板”的要求。

2.4.2 机械零件的设计步骤

机械零件的设计过程主要可以分为以下几个步骤。

(1)根据机器的原理方案设计结果,确定零件的类型。

(2)根据机器的运动学与动力学设计结果,计算作用在零件上的名义载荷,分析零件的工作情况,确定零件的计算载荷。

(3)分析零件工作时可能出现的失效形式,选择适当的零件材料,确定零件的设计准则,通过设计计算确定出零件的基本尺寸。

(4)按照等强度原则,进行零件的结构设计。设计零件的结构时,一定要考虑工艺性及标准化等原则的要求。

(5)必要时进行详细的校核计算,确保重要零件的设计可靠性。

(6)绘制零件的工作图,在工作图上除标注详细的零件尺寸外,还需对零件的配合尺寸等标注尺寸公差及必要的几何公差、表面粗糙度及技术要求等。

(7)编写零件的设计计算说明书。

2.4.3 机械零件设计的基本原则

机械零件的种类繁多,不同行业对机器和机械零件的要求也各不相同,但机械零件设计中材料的选择原则和标准化的原则是相同的。

1. 材料的选择原则

在掌握材料的力学性能和零件的使用要求的基础上,一般要考虑以下几个方面的问题。

(1)强度问题

零件承受载荷的状态和应力特性是首先要考虑的问题。在静载荷作用下工作的零件,可以选择脆性材料;在冲击载荷作用下工作的零件,主要采用韧度较高的塑性材料,对于承受弯曲和扭转应力的零件,由于应力在横截面上分布不均匀,可以采用复合热处理,如调质和表面硬化,使零件的表面与心部具有不同的金相组织,以提高零件的疲劳强度。当零件承受变应力时,应选择耐疲劳的材料,如组织均匀、韧度较高、夹杂物少的钢材,其疲劳强度都高。

(2)刚度问题

影响零件刚度的唯一力学性能指标是材料的弹性模量,而各种材料的弹性模量相差不大。因此,改换材料对提高零件的刚度作用并不大,而结构形状对零件的刚度确有明显的影响,因此,设计中通过改变零件的结构形状来调整零件的刚度。

(3)磨损问题

一般很难简单地说明磨损问题,因为零件表面的磨损是一个非常复杂的过程。本书将在以后的章节中,针对具体零件的磨损介绍材料的选用。一般可将一定条件下摩擦因数小且具有稳定的耐磨性、好的跑合性材料称为减摩材料。如青铜、钢轴承合金组成的摩擦副就具有较好的减摩性能。

(4)制造工艺性问题

当零件在机床上的加工量很大时,应考虑材料的可切削性能,减小刀具磨损,提高生产效率和加工精度。当零件的结构复杂且尺寸较大时,宜采用铸造或焊接件,这就要求材料的铸造性和焊接性能应满足要求。采用冷拉工艺制造的零件要考虑材料的延伸率和冷硬化对材料力学性能的影响。

(5)材料的经济性问题

根据零件的生产量和使用要求,综合考虑材料本身的价格、材料的加工费用、材料的利用率等来选择材料。有时可将零件设计成组合结构,用两种材料制造,如大尺寸蜗轮的轮毂和齿圈、滑动轴承的轴瓦和轴承衬等,这样可以节省贵重材料。

2. 标准化的原则

(1)标准化的内容

标准化工作包括三方面的内容,即标准化、系列化和通用化。标准化是指对机械零件种类、尺寸、结构要素、材料性质、检验方法、设计方法、极限与配合和制图规范等制定出相应的标准,供设计、制造时共同遵照使用。系列化是指产品按大小分档,进行尺寸优选,或成系列地开发新品种,用较少的品种规格来满足多种尺寸和性能指标的要求,如圆柱齿轮减速器系列。通用化是指同类机型的主要零部件最大限度地相互通用或互换。可见,通用化是广义标准化的一部分，因此它既包括已标准化的项目的内容，也包括未标准化的项目的内容。机械产品的系列化、零部件的通用化和标准化，简称为机械产品的“三化”。

(2)标准化的意义

机械产品“三化”的重要意义主要表现在：①可减少设计工作量，缩短设计周期和降低设计费用，使设计人员将主要精力用于创新，用于多方案优化设计，以便更有效地提高产品的设计质量，开发更多的新产品；②便于专业化工厂批量生产，以提高标准件（如滚动轴承、螺栓等）的质量，最大限度地降低生产成本，提高经济效益；③便于维修时互换零件。

“三化”是一项重要的设计指标和必须贯彻执行的技术经济法规，设计人员务必在思想上和工作上予以重视。

(3)我国标准的分类

我国现行标准中，有国家标准（GB）、行业标准（如 JB、YB 等）、地方标准和企业标准。为有利于国际技术交流和进、出口贸易，特别是在我国加入 WTO 之后，现有标准应尽可能靠拢、符合国际标准化组织标准（ISO）。

(4)机械设计中的互换性

上述机械产品“三化”的重要意义之一是便于互换零件，这就对设计整机和制造零件的极限与配合提出了严格的要求。相关内容将在“互换性与测量技术”（也称“公差与技术测量”）课程中阐述。

本章小结

本章主要介绍机械设计的基本要求和机械设计的一般程序。机械零件的失效分析和计算准则是每一个零件设计的核心内容，而计算模型的建立是设计中一个很重要的环节。这些问题在以后各种零件的设计中都要遇到，在此先作一般的了解，随着课程学习的逐步展开和深入，应该对这些内容有更具体深入的体会。

习　题

思考题

1. 机械设计的一般程序包括哪六个阶段，各阶段的主要任务和设计结果是什么？

2. 机械零件的设计有哪些要求，最基本要求是什么，设计时应采取哪些措施达到这些要求？

3. 什么是机械零件失效？试举出几种常见的机械零件失效形式。

4. 什么是机械零件的设计准则，机械零件的设计准则有哪些，如何确定零件的设计准则？

5. 机械零件设计的基本原则有哪些？

第3章　机械零件设计中的强度与耐磨性

【教学目标】

1. 了解应力的种类及基本参数,摩擦、磨损的类型及减少磨损的主要措施,常用润滑剂、添加剂的种类及润滑方法;

2. 熟悉疲劳曲线和极限应力图及影响机械零件疲劳强度的主要因素;

3. 掌握机械零件静应力时的强度计算和稳定变应力时的疲劳强度计算;

4. 通过应力种类分析及机械零件在不同应力条件下的强度计算,摩擦、磨损类型分析及减少零件磨损应采取的主要措施等内容的学习,使学生深知机械零件设计中强度计算和考虑耐磨的重要性,并使其能够在机械零件的具体设计过程中贯彻执行。

【知识要点】

本章的知识要点是应力种类及基本参数、疲劳曲线和极限应力图、机械零件静应力时的强度计算和稳定变应力时的疲劳强度计算、摩擦和磨损的类型及减少磨损的主要措施、常用润滑剂和添加剂的种类及润滑方法。

【导入案例】

强度是指零件承受载荷后抵抗发生断裂或超过容许限度的残余变形的能力。也就是说,强度是衡量零件本身承载能力(即抵抗失效能力)的重要指标。强度是机械零部件首先应满足的基本要求。根据受力种类的不同分为以下几种:抗压强度、抗拉强度、抗弯强度、抗剪强度。强度包括材料强度和结构强度两方面。强度问题有狭义和广义两种含义。狭义的强度问题指各种断裂和塑性变形过大的问题。广义的强度问题包括强度、刚度和稳定性问题,有时还包括机械振动问题。强度要求是机械设计的一个基本要求。

耐磨性是零件的另一项重要的性能指标,当摩擦副的材料、润滑条件和加工精度确定之后,零件的表面质量对耐磨性将起着关键性的作用。由于某个机械零件表面存在微观不平度,当两个零件表面相互接触时,实际上有效接触面积只是名义接触面积的一小部分,表面波纹度越大、粗糙度越大,有效接触面积就越小。在两个零件作相对运动时,在接触点的凸峰处会产生弹性变形、塑性变形及剪切等现象。零件从使用到失效报废,磨损过程可分为:初期磨损(磨合磨损)阶段、正常稳定磨损阶段和剧烈磨损三个阶段。图3.1所示为已失效报废的交捻钢丝绳,该钢丝绳大量断裂并伴随着严重的磨损。

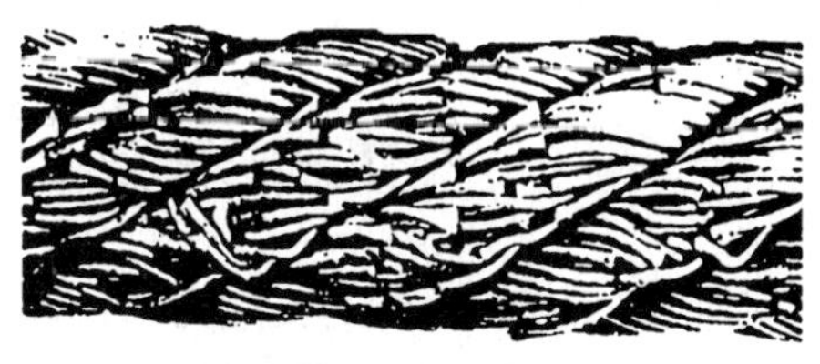

图3.1　报废的交捻钢丝绳

3.1 机械零件的载荷与应力

3.1.1 载荷与应力的分类

1. 载荷的分类

机械零件的载荷是指零件工作时所受的外力、弯矩或转矩。载荷的大小、作用位置和方向不随时间变化或缓慢变化的载荷为静载荷,如锅炉压力。而随时间变化的载荷为变载荷,如汽车减震弹簧和自行车的链条工作时所受载荷。

机械零件所受的载荷还可分为名义载荷、工作载荷和计算载荷。名义载荷是指在理想的平稳工作条件下作用在零件上的载荷。工作载荷是指机器正常工作时所受的实际载荷。在实际工作中,零件会受到各种附加载荷的作用,所以工作载荷难以确定。考虑这些因素的影响引入了载荷系数 K,名义载荷与载荷系数的乘积称为计算载荷。

2. 应力种类

在载荷作用下,机械零部件的表面(或剖面)上将产生应力,根据应力随时间变化的特性不同,应力分为静应力和变应力。变应力中,根据应力变化的周期、平均应力和应力幅的变化规律,变应力又分为稳定循环的变应力(三者均不变)和不稳定循环的变应力(三者之一不为常数)。稳定循环的变应力又分为对称循环变应力、脉动循环变应力和非对称循环变应力三种基本类型,其变化规律如图 3.2 所示。不稳定循环的变应力又分为规律性不稳定变应力和随机变应力。

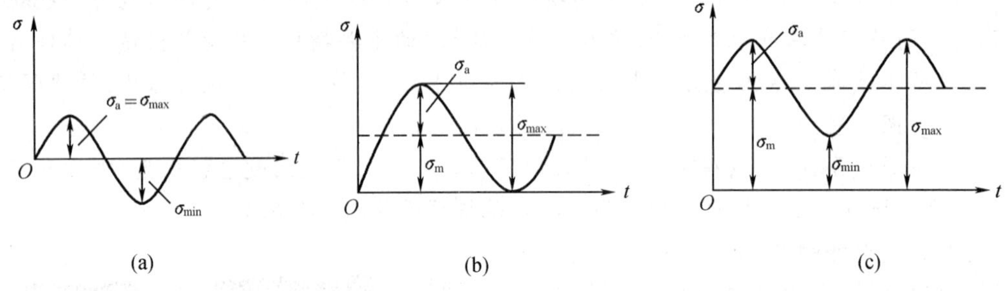

图 3.2 稳定循环的变应力的种类

(a)对称循环变应力;(b) 脉动循环变应力;(c) 非对称循环变应力

另外,应力还可分为名义应力和计算应力。名义应力是由名义载荷产生的应力 $\sigma(\tau)$,而计算应力是由计算载荷产生的应力 $\sigma_{ca}(\tau_{ca})$。

应力还有体积应力和表面应力之分。产生并分布于零件体内各处的应力称为体积应力,弯曲应力、拉应力、压应力、扭转切应力都属于体积应力。产生并分布于两个零件接触表面(实际是表层)的应力称为表面应力,面接触时的挤压应力和点、线接触时的接触应力属于表面应力。

3.1.2 稳定循环变应力的基本参数

如图3.2所示，σ_{max}为最大应力，σ_{min}为最小应力，σ_m为平均应力，σ_a为应力幅。由图可知它们的关系为

平均应力
$$\sigma_m = \frac{\sigma_{max} + \sigma_{min}}{2} \tag{3-1}$$

应力幅
$$\sigma_a = \frac{\sigma_{max} - \sigma_{min}}{2} \tag{3-2}$$

应力循环中的最小应力与最大应力之比，可用来表示变应力中应力变化的情况，通常称为变应力的循环特性，用γ表示，即$\gamma = \frac{\sigma_{min}}{\sigma_{max}}$，因此

$$当\ \gamma = \begin{cases} -1\ 时，为对称循环变应力 & 此时\ \sigma_{max} = \sigma_{min} = \sigma_a,\sigma_m = 0 \\ 0\ 时，为脉动循环变应力 & 此时\ \sigma_{min} = 0,\sigma_m = \sigma_a = \dfrac{\sigma_{max}}{2} \\ +1\ 时，为静应力 & 此时\ \sigma_{max} = \sigma_{min} = 常数 \end{cases}$$

$-1 < \gamma < +1$，为不对称循环变应力，此时$\sigma_{max} = \sigma_m + \sigma_a$，$\sigma_{min} = \sigma_m - \sigma_a$，静应力只能由静载荷产生，而变应力可能由变载荷产生，也可能由静载荷产生。

3.2 静应力时机械零件的强度计算

在静应力下工作的零件，其失效形式将是断裂或塑性变形，因此需要计算静强度。其设计计算的依据是材料力学的相关理论。一般工作期内应力变化次数$<10^3(10^4)$时，可按静应力强度计算。

3.2.1 塑性材料零件的强度计算

塑性材料的极限应力为材料的屈服极限σ_s或τ_s。

1. 单向应力状态下的塑性材料零件的强度条件

$$\begin{cases} \sigma_{ea} \leqslant [\sigma] = \dfrac{\sigma_s}{[s]_\sigma} \\ \tau_{ca} \leqslant [\tau] = \dfrac{\tau_s}{[s]_\tau} \end{cases} \tag{3-3}$$

或
$$\begin{cases} s_\sigma = \dfrac{\sigma_s}{\sigma_{ca}} \geqslant [s]_\sigma \\ s_\tau = \dfrac{\tau_s}{\tau_{ca}} \geqslant [s]_\tau \end{cases} \tag{3-4}$$

式中 σ_s，τ_s——材料的屈服极限，可查阅机械设计手册；

s_σ，s_τ——计算安全系数；

$[s]_\sigma$，$[s]_\tau$——许用安全系数，详见机械设计手册。

2. 复合应力状态下塑性材料零件的强度条件

按第三或第四强度理论对弯扭复合应力进行强度计算。设单向正应力和切应力分别

为 σ 和 τ，由第三强度理论（最大剪应力理论）：

$$\sigma_{ca}=\sqrt{\sigma^2+4\tau^2}\leqslant[\sigma]=\sigma_s/[s] \tag{3-5}$$

由第四强度理论（最大变形能理论）：

$$\sigma_{ca}=\sqrt{\sigma^2+4\tau^2}\leqslant[\sigma]=\sigma_s/[s] \tag{3-6}$$

或

$$\begin{cases} s_{ca}=\dfrac{\sigma_s}{\sqrt{\sigma^2+\left(\dfrac{\sigma_s}{\tau_s}\right)^2\tau^2}}\leqslant[s] \\ s_{ca}=\dfrac{s_\sigma s_\tau}{\sqrt{s_\sigma^2+s_\tau^2}}\leqslant[s] \end{cases} \tag{3-7}$$

式中，s_σ、s_τ 分别为单向正应力和切应力时的安全系数，可由式（3-4）求得。

3.2.2 脆性材料与低塑性材料

脆性材料的失效形式是断裂，极限应力为材料的强度极限 σ_B 或 τ_B。

1. 单向应力状态下的脆性材料零件的强度条件

$$\begin{cases} \sigma_{ca}\leqslant[\sigma]=\dfrac{\sigma_B}{[s]_\sigma} \quad 或 \quad s_\sigma=\dfrac{\sigma_B}{\sigma_{ca}}\geqslant[s]_\sigma \\ \tau_{ca}\leqslant[\tau]=\dfrac{\tau_B}{[s]_\tau} \quad 或 \quad s_\tau=\dfrac{\tau_B}{\tau_{ca}}\geqslant[s]_\sigma \end{cases} \tag{3-8}$$

2. 复合应力状态下的脆性材料零件的强度条件

按第一强度条件（最大主应力理论）：

$$\begin{cases} \sigma_{ca}=\dfrac{1}{2}(\sigma+\sqrt{\sigma^2+4\tau^2})\leqslant[\sigma]=\dfrac{\sigma_B}{[s]} \\ s_{ca}=\dfrac{2\sigma_B}{\sigma+\sqrt{\sigma^2+4\tau^2}}\geqslant[s] \end{cases} \tag{3-9}$$

注意：低塑性材料（低温回火的高强度钢）的强度计算应计入应力集中的影响；脆性材料（铸铁）的强度计算不考虑应力集中。

3.3 机械零件的疲劳强度

在变应力作用下机械零件的损坏，与静应力作用下的损坏有本质的区别。静应力作用下机械零件的损坏是由于在危险截面中产生过大的塑性变形或最终断裂造成的。而在变应力作用下，机械零件的主要失效形式是疲劳断裂。

3.3.1 疲劳断裂特征

在变应力下工作的零件，其疲劳断裂过程分为两个阶段：第一阶段是零件表面上应力较大处的材料发生剪切滑移，产生初始裂纹，形成疲劳源，疲劳源可以有一个或数个；第二阶段是裂纹端部在切应力下发生反复的塑性变形，使裂纹扩大直至发生疲劳断裂。机械零件在浇铸、加工及热处理时，内部的夹渣、微孔、晶界，以及表面划伤、裂纹、腐蚀等都有可能产生初始裂纹，所以，零件的疲劳过程通常是从第二阶段开始的，应力集中促使表面裂纹产生和发展。

疲劳断裂具有以下特征：①疲劳断裂时零件受到的最大应力远小于材料的强度极限，甚至低于屈服极限；②不论是脆性材料，还是塑性材料，断口通常都没有显著的塑性变形，表现为突然脆性断裂；③疲劳破坏是一个损伤累积的过程，初期零件表层形成微裂纹，随应力循环次数的增大，裂纹不断扩展，扩展到截面不足以承受外载时，即发生断裂。疲劳断口分为明显的两个区域：疲劳区和脆性断裂区（图 3.3 所示）。断裂前，裂纹两边相互摩擦形成光滑的疲劳区，突然断裂时产生粗糙的断裂区。

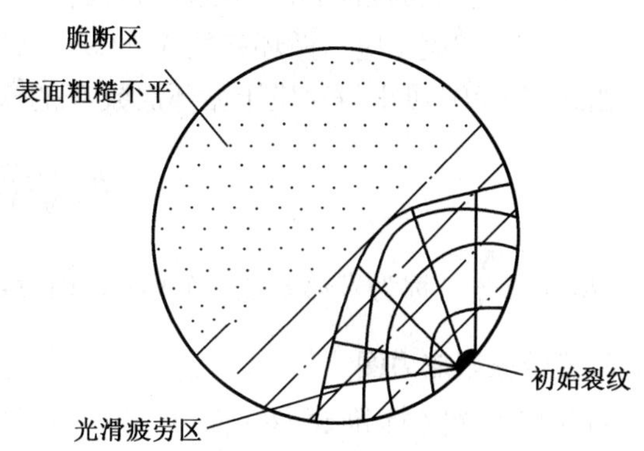

图 3.3 疲劳断裂截面

疲劳破坏是零件的损伤积累到一定程度时发生的，因此它不仅与变应力的大小和应力循环特性有关，而且与零件的工作应力循环次数有关。此外，疲劳破坏还与零件表面是否容易产生初始裂纹有关。

综上所述，变应力下零件的极限应力既不能取材料的强度极限也不能取屈服极限，应为疲劳极限。

3.3.2 疲劳曲线和疲劳极限应力图

1. 疲劳曲线

对任一给定的应力循环特性 r，当应力循环 N 次后，材料不发生疲劳破坏的最大应力称为疲劳极限，以 $\sigma_{\gamma N}$ 表示。材料的疲劳极限通过试件的疲劳试验来确定。把表示疲劳极限（$\sigma_{\gamma N}$）和应力循环次数（N）的关系曲线称为疲劳曲线或 $\sigma-N$ 曲线，如图 3.4 所示。

在有限寿命区内，应力循环次数约为 10^3 以前，使材料试件发生破坏的最大应力值基本不变，可看作是静应力强度的状况。曲线的 BC 段为低周疲劳区，该区域内随着循环次数的增加，使材料发生疲劳破坏的最大应力将不断下降，此阶段的疲劳破坏已伴随着材料的塑性变形。但对绝大多数零件来说，当其承受变应力作用时，其应力循环次数总是大于 10^4 的，属高周疲劳破坏。当应力循环次数高于某一值（N_0）后，疲劳曲线呈现为水平直线，为无限寿命区。N_0 称为应力循环基数，它随材料不同而不同。通常，对 HBS≤350 的钢，$N_0 \approx 1\times10^7$；对 HBS > 350 的钢，$N_0 \approx 25\times10^7$。而对于有色金属和高硬度合金，无论 N 值多大，疲劳曲线也不存在水平部分。

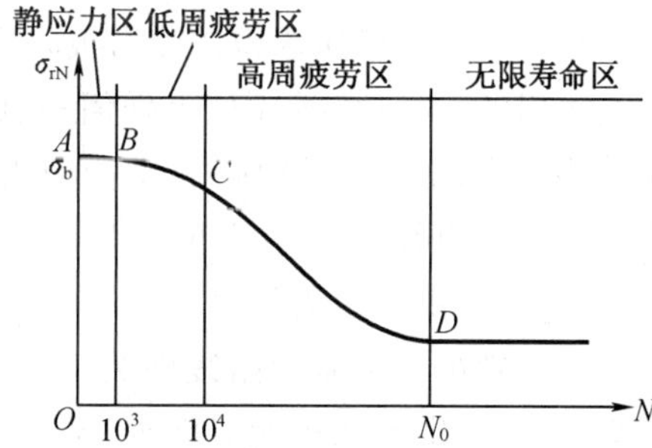

图 3.4 疲劳曲线

有限寿命区应力循环次数和疲劳极限之间的关系可用下列方程表示。

$$\sigma_{\gamma N}^{m}N=\sigma_{\gamma}^{m}N=C \tag{3-10}$$

式中　C——试验常数；

m——与材料性能和应力状态有关的特性系数，例如对受弯钢制零件，$m=9$；

σ_{γ}——相应于应力循环基数 N_0 的疲劳极限，称为材料的疲劳极限。

由式(3-10)可求得对应于循环次数 N 的弯曲疲劳极限，即

$$\sigma_{\gamma N}=\sigma_{\gamma}\sqrt[m]{\frac{N_0}{N}}=\sigma_{\gamma}K_N \tag{3-11}$$

式中，$K_N=\sqrt[m]{\frac{N_0}{N}}$，称为寿命系数，当 $N\geqslant N_0$ 时，取 $K_N=1$。

2. 疲劳极限应力图

对任何材料（标准试件）而言，对不同的应力循环特性下有不同的疲劳极限，以 σ_m 为横坐标、σ_a 为纵坐标，即可得材料在不同应力循环特性下的疲劳极限。按试验的结果，这一疲劳特性曲线为二次曲线。在工程应用中，常将其以直线来近似替代，如图 3.5 所示。

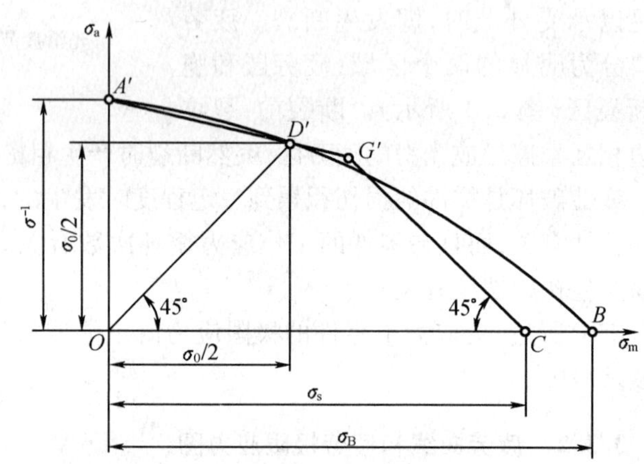

图 3.5　材料的极限应力图

做材料疲劳试验时，先求出对称循环及脉动循环时的疲劳极限 σ_{-1} 及 σ_0。由于对称循环变应力的平均应力 $\sigma_m=0$，应力幅等于最大应力，所以对称循环疲劳极限在图 3.5 中以纵坐标轴上 A' 点来表示。脉动循环变应力的平均应力及应力幅均为 $\sigma_m=\sigma_a=\frac{\sigma_0}{2}$，所以脉动循环疲劳极限以由原点 O 所做 45°射线上的 D' 点来表示。连接 A'、D' 得直线 $A'D'$。因为这条直线与不同应力比时进行试验所求得的疲劳极限应力曲线（曲线 $A'D'B$）非常接近，故用此直线代替曲线是可以的，所以直线 $A'D'$ 上任何一点都代表了一定应力比时的疲劳极限。横轴上任一点都代表应力幅等于零的应力，即静应力。取 C 点坐标值等于材料的屈服极限 σ_s，并自 C 点作一直线与直线 CO 成 45°的夹角，交 $A'D'$ 的延长线于 G'，则 CG' 上任何一点均代表 $\sigma_{max}=\sigma'_m+\sigma'_a=\sigma_s$ 的变应力状况。

零件材料的极限应力曲线即为折线 $A'G'C$。零件的工作应力点位于 $A'G'C$ 折线以内时，其最大应力既不超过疲劳极限，又不超过屈服极限。$A'G'C$ 以内为疲劳和塑性安全区；$A'G'C$ 以外为疲劳和塑性失效区；工作应力点离折线越远，安全程度愈高；若正好处于折线上则表示工作应力状况正好达到极限状态。

3.3.3　影响机械零件疲劳强度的主要因素和零件极限应力图

1. 影响机械零件疲劳强度的主要因素

由于实际机械零件与标准试件之间在绝对尺寸、表面状态、应力集中、环境介质等方面

往往有差异,这些因素的综合影响,使零件的疲劳极限不同于材料的疲劳极限,其中尤以应力集中、零件尺寸和表面状态三项因素对机械零件的疲劳强度影响最大。

(1)应力集中的影响

零件受载时,在几何形状突变处(圆角、凹槽、孔等)要产生应力集中,对应力集中的敏感程度与零件的材料有关,一般材料强度越高,硬度越高,对应力集中越敏感,如合金钢材料比普通碳素钢对应力集中更敏感。

$$\begin{cases} k_\sigma = 1 + q_\sigma(\alpha_\sigma - 1) \\ k_\tau = 1 + q_\tau(\alpha_\tau - 1) \end{cases} \tag{3-12}$$

式中 $\alpha_\sigma,\alpha_\tau$——考虑零件几何形状的理论应力集中系数;

q_σ,q_τ——材料对应力集中的敏感性系数。

若在同一截面处同时有几个应力集中源,则应采用其中最大的有效应力集中系数。

(2)零件尺寸的影响

因为零件尺寸愈大,材料的晶粒较粗,出现缺陷的概率愈大,而机械加工后表面冷作硬化层相对较薄,所以对零件疲劳强度的不良影响愈显著。

(3)表面状态的影响

①表面质量系数 $\beta_\sigma(\beta_\tau)$ 零件加工的表面质量(主要指表面粗糙度)对疲劳强度的影响。由于钢材的 σ_b 越高,表面愈粗糙,$\beta_\sigma(\beta_\tau)$ 愈低,因此,高强度合金钢制零件为使疲劳强度有所提高,其表面应有较高的表面质量。

②表面强化系数 β_q 考虑不同的强化处理方法对零件疲劳强度的影响。常用的强化处理方法有高频表面淬火、渗氮、渗碳、表面化学热处理、抛光、喷丸、滚压等冷作工艺。

(4)综合影响系数 $K_\sigma(K_\tau)$

由试验可知,零件尺寸和表面状态只对应力幅 σ_a 有影响,而对平均应力 σ_m 无影响。因此,弯曲疲劳强度的综合影响系数可由下式计算

$$K_\sigma = \left(\frac{k_\sigma}{\varepsilon_\sigma} + \frac{1}{\beta_\sigma} - 1\right)\frac{1}{\beta_q} \tag{3-13}$$

或

$$K_\tau = \left(\frac{k_\tau}{\varepsilon_\tau} + \frac{1}{\beta_\tau} - 1\right)\frac{1}{\beta_q} \tag{3-14}$$

弯曲疲劳强度的综合影响系数 K_σ 表示了材料极限应力幅与零件极限应力幅的比值,即

$$K_\sigma = \frac{\sigma'_a(\text{标准试件的极限应力幅})}{\sigma'_{ae}(\text{零件的极限应力幅})} \xlongequal{\text{对称循环}} \frac{\sigma_{-1}(\text{标准试件对称循环的疲劳极限})}{\sigma_{-1e}(\text{零件试件对称循环的疲劳极限})}$$

2. 零件的极限应力图

因为弯曲疲劳强度的综合影响系数 K_σ 只对零件工作时的应力幅 σ_a 有影响,而对平均应力 σ_m 无影响,所以在材料的极限应力图 $A'D'G'C$ 上几个特殊点以坐标计入 K_σ 影响,就可得到零件极限应力图上的几个特殊点。其中,零件对称循环疲劳极限点为 $A(0,\sigma_{-1}/K_\sigma)$,零件脉动循环疲劳极限点为 $D(\sigma_0/2,\sigma_0/2K_\sigma)$,而 $G'C$ 是静强度极限,其不受综合影响系数 K_σ 的影响,所以该段不必修正。因此,连接 AD 并延长交 CG 于 G 点,则折线 AGC 即为零件的简化极限应力图,如图 3.6 所示。

直线 AG 方程,由已知两点 $A(0,\sigma_{-1}/k_\sigma)$,$D(\sigma_e/2,\sigma_0/2k_\sigma)$求得为

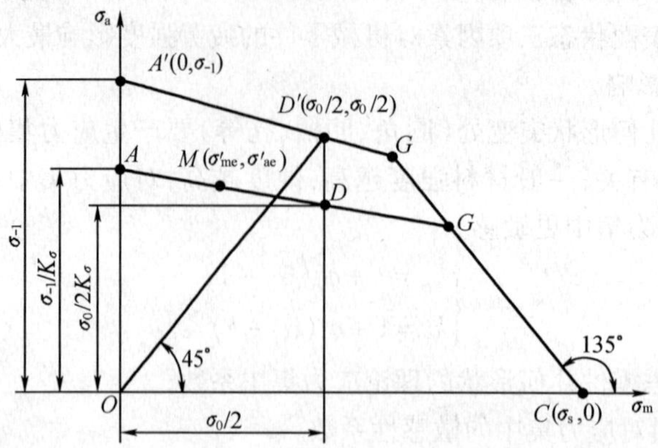

图 3.6　零件的极限应力图

$$\sigma_{-1e}=\frac{\sigma_{-1}}{K_\sigma}=\sigma'_{ae}+\psi_{\sigma e}\cdot\sigma'_{me} \tag{3-15}$$

或

$$\sigma_{-1}=K_\sigma\sigma'_{ae}+\psi_\sigma\cdot\sigma'_{me} \tag{3-16}$$

式中　σ'_{ae}——零件受循环弯曲应力时的极限应力幅；

σ'_{me}——零件受循环弯曲应力时的平均应力；

ψ_σ——标准试件中的材料常数，可表示为

$$\psi_\sigma=\frac{2\sigma_{-1}-\sigma_0}{\sigma_0} \tag{3-17}$$

一般碳钢 $\psi_s\approx0.1\sim0.2$，合金钢 $\psi_\sigma=0.2\sim0.3$。式中，$\psi_{\sigma e}$ 为零件的材料常数，可表示为

$$\psi_{\sigma e}=\frac{\psi_\sigma}{K_\sigma}=\frac{1}{K_\sigma}\cdot\frac{2\sigma_{-1}-\sigma_0}{\sigma_0} \tag{3-18}$$

直线 CG 方程为

$$\sigma'_{ae}+\sigma'_{me}=\sigma_s \tag{3-19}$$

切应力状态时同样可得

$$\begin{cases}\tau_{-1e}=\dfrac{\tau_{-1}}{K_\tau}\tau'_{ae}+\psi_{\tau e}\cdot\tau'_{me}\\ \tau_{-1}=K_\tau\tau'_{ae}+\psi_\tau\cdot\tau'_{me}\end{cases},\quad 且\ \psi_\tau=0.5\psi_\sigma \tag{3-20}$$

$$\tau'_{ae}+\tau'_{me}=\tau_s \tag{3-21}$$

3.3.4　单向稳定变应力时的疲劳强度计算

机械零件的疲劳强度计算时，首先求出机械零件危险剖面的最大工作应力 σ_{max} 和最小工作应力 σ_{min}，据此求出工作平均应力 σ_m 和工作平均应力幅 σ_a，在零件极限应力图上标出其工作点(σ_m，σ_a)，然后在零件极限应力图上 AGC 上确定相应的极限应力点(σ'_{me}，σ'_{ae})，由允许的极限应力与工作应力可求得零件的安全系数。然而，如何确定与零件工作应力点相对应的极限应力点，这与零件工作应力的可能变化规律有关，即与零件的应力状态有关。

根据零件载荷的变化规律以及零件间相互约束情况的不同，可能发生的典型的应力变化规律一般有下述三种情况。

1. 变应力的应力比保持不变,即 $\gamma = C$(大多数转轴中的应力状态)

$$\gamma = \sigma_{min}/\sigma_{max} = C$$

因为 $\dfrac{\sigma_a}{\sigma_m} = \dfrac{(\sigma_{max} - \sigma_{lim})/2}{(\sigma_{max} + \sigma_{lim})/2} = \dfrac{1-\gamma}{1+\gamma} =$ 常数,所以,在图3.7中,过坐标原点与工作应力点 M 或 N 作连线交极限应力曲线 AGC 于 M_1' 和 N_1' 点,由于直线上任一点的应力循环特性均相同,M_1' 和 N_1' 点即为所求的极限应力点。

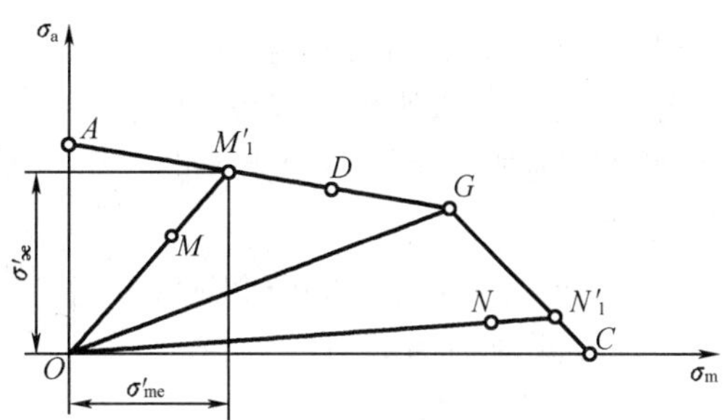

图3.7　$\gamma = C$ 时的极限应力图

当工作应力点位于 OAG 内时,极限应力为疲劳极限,此时应按疲劳强度计算,零件的极限应力(疲劳极限)$\sigma'_{max}(\sigma_{lim})$为

$$\sigma_{lim} = \sigma'_{max} = \sigma'_{ae} + \sigma'_{me}$$

联解 OM 及 AG 两直线的方程式,可求出 M_1' 点的坐标值 σ'_{ae} 及 σ'_{me},则对应 M 点的零件的疲劳极限为

$$\sigma_{lim} = \sigma'_{max} = \sigma'_{ae} + \sigma'_{me} = \frac{\sigma_{-1}(\sigma_m + \sigma_a)}{k_\sigma \sigma_a + \psi_\sigma \sigma_m} = \frac{\sigma_{-1}\sigma_{max}}{k_\sigma \sigma_a + \psi_\sigma \sigma_m} \tag{3-22}$$

强度条件为

$$S_{ca} = \frac{\sigma_{lim}}{\sigma_{max}} = \frac{\sigma'_{max}}{\sigma_{max}} = \frac{\sigma_{-1}}{k_\sigma \sigma_a + \psi_\sigma \sigma_m} \geqslant [S] \tag{3-23}$$

工作应力点位于 OGC 内(N 点)时,其极限应力为屈服极限 σ_s,此时应按静强度计算。

强度条件为

$$S_{ca} = \frac{\sigma_{lim}}{\sigma_{max}} = \frac{\sigma_s}{\sigma_{max}} = \frac{\sigma_s}{\sigma_m + \sigma_a} \geqslant [S] \tag{3-24}$$

2. 变应力的平均应力保持不变,即 $\sigma_m = C$(振动中的受载弹簧的应力状态)

在极限应力图上找一个其平均应力与工作应力相同的极限应力如图3.8所示,过工作应力点 $M(N)$ 作与纵轴平行的线交 AGC 于 M_2'(N_2')点,即为极限应力点。此线上任何一点所代表的循环应力都具有相同的平均值。

当工作应力点位于 $OAGH$ 区域时,其极限应力为疲劳极限。联解 MM_2' 及 AG 两直线方程,可得 M 点的疲劳极限为

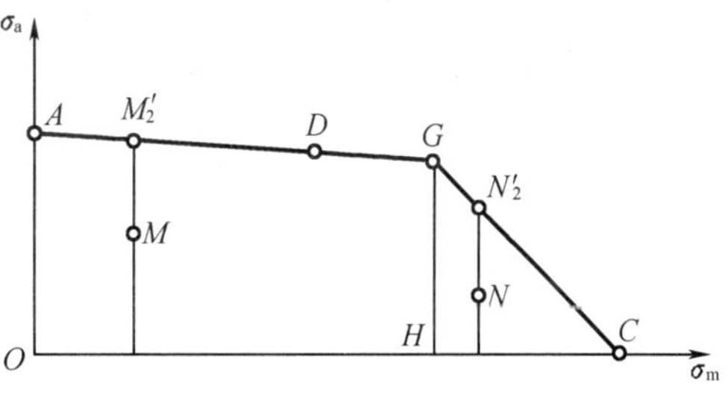

图3.8　$\sigma_m = C$ 时的极限应力

$$\sigma_{lim} = \sigma'_{max} = \sigma'_{me} + \sigma'_{ae} = \frac{\sigma_{-1} - \psi_\sigma \sigma_m}{k_\sigma} + \sigma_m = \frac{\sigma_{-1} + (k_\sigma - \psi_\sigma)\sigma_m}{k_\sigma} \tag{3-25}$$

强度条件为

$$S_{ca} = \frac{\sigma_{lim}}{\sigma_{max}} = \frac{\sigma'_{max}}{\sigma_{max}} = \frac{\sigma_{-1} + (k_\sigma - \psi_\sigma)\sigma_m}{k_\sigma(\sigma_m + \sigma_a)} \geqslant [S] \tag{3-26}$$

当工作应力点位于 GHC 区域内时,其极限应力为屈服极限,也只进行静强度计算(式3-23)。

3. 变应力的最小应力保持不变,即 $\sigma_{min} = C$ 的情况(受轴向变载荷的紧螺栓连接中螺栓的应力状态)

找一个最小应力与工作应力的最小应力相同的极限应力。因为

$$\sigma_{min} = \sigma_m - \sigma_a = C$$

所以，过工作应力点 $M(N)$ 作与横坐标成 $45°$ 的直线，则这直线任一点的最小应力 $\sigma_{min}=\sigma_m-\sigma_a$ 均相同，此时，直线与极限应力图交点 $M_3'(N_3')$ 即为所求极限应力点，如图 3.9 所示。

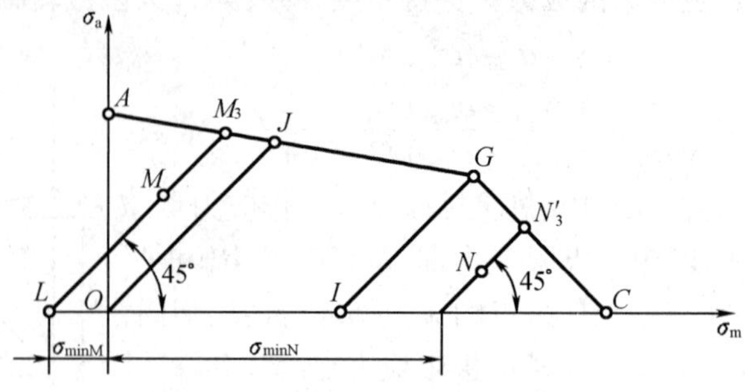

图 3.9　$\sigma_{min}=C$ 时的极限应力

当工作应力点位于 $OJGI$ 区域内时，其极限应力为疲劳极限，按疲劳强度计算。联解 MM_3' 及 AG 两直线方程，可得 M 点的疲劳极限为

$$\sigma_{lim}=\sigma'_{max}=\sigma'_{ae}+\sigma'_{me}=\frac{2\sigma_{-1}+(k_\sigma-\psi_\sigma)\sigma_{min}}{k_\sigma+\psi_\sigma} \tag{3-27}$$

强度条件为

$$S_{ca}=\frac{\sigma_{lim}}{\sigma_{max}}=\frac{\sigma'_{max}}{\sigma_{max}}=\frac{2\sigma_{-1}+(k_\sigma-\psi_\sigma)\sigma_{min}}{(k_\sigma+\psi_\sigma)(\sigma_m+\sigma_a)}=\frac{2\sigma_{-1}+(k_\sigma-\psi_\sigma)\sigma_{min}}{(k_\sigma+\psi_\sigma)(2\sigma_a+\sigma_{min})}\geqslant[S] \tag{3-28}$$

当工作应力点位于 IGC 区域内时，其极限应力为屈服极限，应进行静强度计算。

静强度条件为
$$S_{ca}=\frac{\sigma_{lim}}{\sigma_{max}}=\frac{\sigma_s}{\sigma_m+\sigma_a}=\frac{\sigma_s}{\sigma_{min}+2\sigma_a}\geqslant[S] \tag{3-29}$$

当工作应力位于 OAJ 区域内时，σ_{min} 为负值，工程中罕见，故不作考虑。

注意：

(1) 若零件所受应力变化规律不能肯定，一般采用 $\gamma=C$ 的情况计算。

(2) 上述计算均为按无限寿命进行零件设计，若按有限寿命要求设计零件时，即应力循环次数 $10^3(10^4)<N<N_0$ 时，则上述公式中的极限应力应为有限寿命的疲劳极限 $\sigma_{\gamma N}=\sqrt[m]{\frac{N_0}{N}}\sigma_\gamma$，即应以 σ_{-1N} 代 σ_{-1}，以 σ_{0N} 代 σ_0。

(3) 当未知工作应力点所在区域时，应同时考虑可能出现的各种情况。

(4) 对切应力 τ 上述公式同样适用，只需将 σ 改为 τ 即可。

3.3.5　提高机械零件疲劳强度的措施

为提高机械零件的疲劳强度，在设计时可采用下列措施。

(1) 尽可能降低零件上的应力集中，这是提高零件疲劳强度的首要措施。为降低应力集中，应尽量减少零件结构形状和尺寸的突变或使其变化尽可能地平滑和均匀。有效应力集中、尺寸因素、表面质量与状态是影响应力集中的主要因素。愈是高强度材料，对应力集中的敏感性愈强，就更应采取降低应力集中的措施。

(2) 选用疲劳强度高的材料，采用能提高疲劳强度的热处理方法和强化工艺，如表面淬火、渗碳淬火、氮化、碳氮共渗，表面滚压、表面喷丸、表面捶击等。

(3) 提高零件的表面质量。

(4) 尽可能消除或减小零件表面可能发生的初始裂纹的尺寸。对于重要的零件，在设计图纸上应规定出严格的检验方法及要求。

3.4 机械零件的接触强度

机械中各零件之间力的传递,总是通过两零件的相互接触来实现的。当零件受载时是在较大的体积内产生应力,这种应力状态下的零件强度称为整体强度。但齿轮、滚动轴承等机械零部件,在受载前各零件的接触是点或线接触,受载后由于接触部分的局部弹性变形而形成面接触,通常此面积甚小而表层产生的局部应力却很大,这种应力称为接触应力。这时零件的强度称为接触强度。其是通过很小的接触面积传递载荷的,因此它们的承载能力不仅取决于整体强度,还取决于表面的接触强度。

机械零件的接触应力通常是随时间作周期性变化的,在载荷反复作用下,首先在表层内约 15 ~25 μm 处产生初始疲劳裂纹,然后裂纹逐渐扩展(如有润滑油,则被挤进裂纹中产生高压,使裂纹加快扩展),最终使表层金属呈小片状剥落下来,从而在零件表面形成一些小坑,这种现象称为疲劳点蚀(图 3.10)。零件发生疲劳点蚀后,减小了两零件的接触面积,损坏了零件的光滑表面,因而也降低了承载能力,并引起振动和噪声。疲劳点蚀是齿轮、滚动轴承等零部件的主要失效形式。

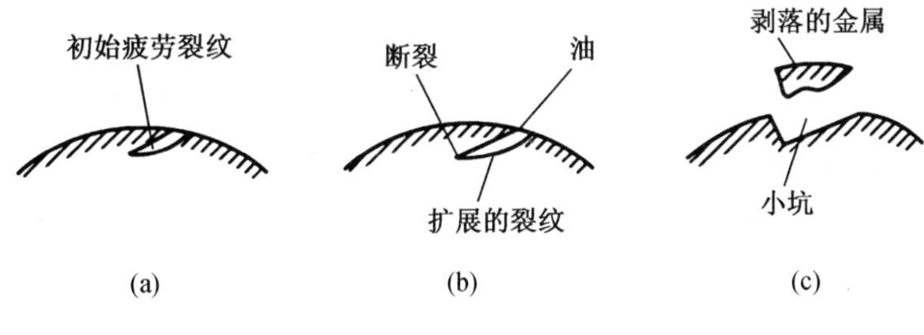

图 3.10 疲劳点蚀

对于图 3.11 所示的两圆柱体接触,由弹性力学的分析可知,当两个轴线平行的圆柱体相互接触并受压时,其接触面积为一狭长矩形,最大接触应力发生在接触区中线上,其值为

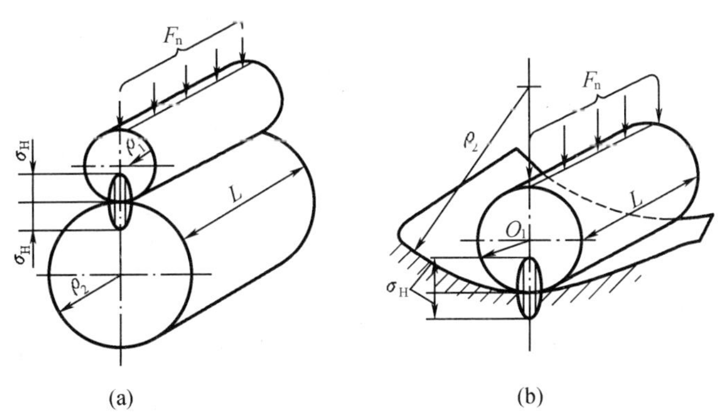

图 3.11 两圆柱体的接触应力

(a)外接触;(b)内接触

$$\sigma_H = \sqrt{\frac{F_n}{\pi L} \cdot \frac{\frac{1}{\rho_1} \pm \frac{1}{\rho_2}}{\frac{1-\mu_1^2}{E_1} + \frac{1-\mu_2^2}{E_2}}} \tag{3-30}$$

式中 σ_H——最大接触应力或赫兹应力；

F_n——作用于圆柱体上的载荷；“+”用于外接触，“-”用于内接触；

L——接触线长度；

ρ_1, ρ_2——零件 1 和零件 2 初始接触线处的曲率半径，通常，令$\frac{1}{\rho_\Sigma} = \frac{1}{\rho_1} \pm \frac{1}{\rho_2}$为综合曲率，而 $\rho_\Sigma = \frac{\rho_1 \rho_2}{\rho_1 \pm \rho_2}$称为综合曲率半径，其中正号用于外接触，负号用于内接触；

μ_1, μ_2——分别为零件 1 和零件 2 材料的泊松比；

E_1, E_2——分别为零件 1 和零件 2 材料的弹性模量。

上述公式称为赫兹(Hertz)公式。

接触疲劳强度的判定条件为

$$\sigma_H \leqslant [\sigma_H] \tag{3-31}$$

$$[\sigma_H] = \frac{\sigma_{lim}}{S_H} \tag{3-32}$$

式中 $[\sigma_H]$——材料的许用接触应力；

σ_{lim}——材料的接触疲劳极限；

S_H——接触疲劳安全系数。

3.5 摩擦、磨损与润滑概述

各类机器在工作时，其各零件相对运动的接触部分都存在着摩擦，摩擦是机器运转过程中不可避免的物理现象。摩擦不仅消耗能量，而且使零件发生磨损，甚至导致零件失效。据统计，世界上 1/3 ~ 1/2 的能源消耗在摩擦上，而各种机械零件因磨损失效的也占全部失效零件的一半以上。磨损是摩擦的结果，润滑则是减少摩擦和磨损的有力措施，这三者是相互联系不可分割的。

3.5.1 摩擦

摩擦是指两接触的物体在接触表面间相对运动或有相对运动趋势时产生阻碍其发生相对运动的现象。摩擦分两大类：一类是内在物质的内部发生的阻碍分子之间相对运动的内摩擦；另一类是发生在相对运动或有相对运动趋势的两物体表面间产生相互阻碍作用的外摩擦。仅有相对运动趋势时的摩擦叫静摩擦；相对滑动进行中的摩擦为动摩擦。据运动形式的不同，动摩擦又分为滑动摩擦和滚动摩擦。

按摩擦表面的润滑情况，将滑动摩擦分为以下四种状态(如图 3.12 所示)。

1. 干摩擦(图 3.12(a)所示)

是指两摩擦表面间不加任何润滑剂时，即出现固体表面间直接接触的摩擦，工程上称

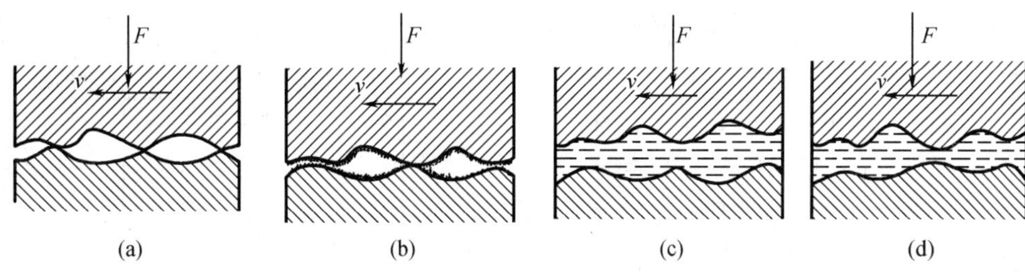

图 3.12 摩擦状态

为干摩擦。此时,必有大量的摩擦功损耗和严重的磨损。在滑动轴承中则表现为强烈的升温,甚至把轴瓦烧毁。所以,在滑动轴承中不允许出现干摩擦。

2. 边界摩擦(图 3.12(b)所示)

两摩擦表面间有润滑油存在,由于润滑油与金属表面的吸附作用,因而在金属表面上形成极薄的边界油膜。边界油膜的厚度小于 0.02 μm,不足以将两金属表面分隔开,所以相互运动时,两金属表面微观的高峰部分仍将互相搓削,这种状态称为边界摩擦。一般而言,金属表层覆盖一层边界油膜后,虽不能绝对消除表面的磨损,却可以起着减轻磨损的作用。这种状态的摩擦系数 $f \approx 0.1 \sim 0.3$。

3. 液体摩擦(图 3.12(c)所示)

若两摩擦表面间有充足的润滑油,而且能满足一定的条件,则在两摩擦面间可形成厚度达几十微米的压力油膜。它能将相对运动着的两金属表面分隔开。此时,只有液体之间的摩擦,称为液体摩擦,又称为液体润滑。换言之,形成的压力油膜可以将重物托起,使其浮在油膜之上。因为两摩擦表面被隔开而不直接接触,摩擦系数很小($f \approx 0.001 \sim 0.01$),所以显著地减少了摩擦和磨损。

综合上述,液体摩擦是最理想的情况。前述汽轮机等长期且高速旋转的机器,应该确保其轴承在液体润滑条件下工作。

4. 混合摩擦(图 3.12(d)所示)

在一般机器中,摩擦表面多处于干摩擦、边界摩擦和液体摩擦的混合状态,称为混合摩擦(或称为非液体摩擦)。

由于液体摩擦、边界摩擦、混合摩擦都必须在一定的润滑条件下才能实现,因此这三种摩擦又分别称为液体润滑、边界润滑和混合润滑。

3.5.2 磨损

由于摩擦而导致零件表面材料的逐渐丧失或迁移的现象,称为磨损。磨损会降低机器的效率和可靠性,甚至促使机器提前报废。因此,在设计时应预先考虑如何避免或减轻磨损,以确保机器达到设计寿命。

1. 磨损的过程

磨损的过程可分为磨合磨损、稳定磨损、剧烈磨损三个阶段(如图 3.13 所示)。

磨合磨损阶段包括摩擦表面轮廓峰的形状变化和表面材料被加工硬化两个过程。其在一定载荷作用下形成一个稳定的表面粗糙度,且在以后过程中,此粗糙度不会继续改变,所占时间比率较小;稳定磨损阶段是零件在平稳而缓慢的速度下磨损,此阶段是经磨合的摩擦表面经过加工硬化形成了稳定的表面粗糙度,摩擦条件保持相对稳定,磨损较缓,该段时间长短反映零件的寿命;剧烈磨损阶段是因为经过了稳定磨损阶段后,零件表面遭到破坏,运动副间隙增大引起的动载荷和振动,产生噪音和温升,此阶段磨损速度急剧上升直至零件失效。

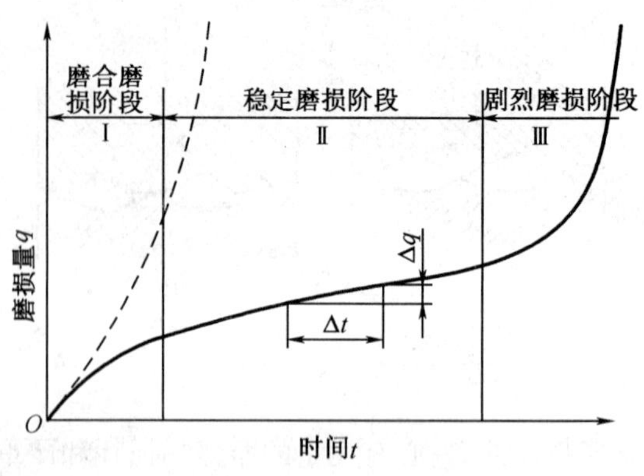

图 3.13 磨损过程

设计机器时,要求缩短磨合期、延长稳定期、推迟剧烈磨损期的到来。

2. 磨损的分类

按照磨损的机理以及零件表面磨损状态的不同,一般工况下把磨损分为磨粒磨损、黏着磨损、疲劳磨损、腐蚀磨损等。

(1)磨粒磨损

由于摩擦表面上的硬质突出物或从外部进入摩擦表面的硬质颗粒,对摩擦表面起到切削或刮擦作用,从而引起表层材料脱落的现象,称为磨粒磨损。这种磨损是最常见的一种磨损形式,应设法减轻这种磨损。为减轻磨粒磨损,除注重满足润滑条件外,还应合理地选择摩擦副的材料,降低表面粗糙度值以及加装防护密封装置等。

(2)黏着磨损

当摩擦副受到较大正压力作用时,由于表面不平,其顶峰接触点受到高压力作用而产生弹、塑性变形,附在摩擦表面的吸附膜破裂、温升后使金屑的顶峰塑性面牢固地黏着并熔焊在一起,形成冷焊结点。在两摩擦表面相对滑动时,材料便从一个表面转移到另一个表面,成为表面凸起,促使摩擦表面进一步磨损。这种由于黏着作用引起的磨损,称为黏着磨损。

黏着磨损按程度不同可分为五级:轻微磨损、涂抹、擦伤、撕脱、咬死。如汽缸套与活塞环、曲轴与轴瓦、轮齿啮合表面等,皆可能出现不同黏着程度的磨损。涂抹、擦伤、撕脱又称为胶合,往往发生于高速、重载的场合。

合理地选择配对材料(如选择异种金属),采用表面处理(如表面热处理、喷镀、化学处理等),限制摩擦表面的温度,控制压强及采用含有油性极压添加剂的润滑剂等,都可减轻黏着磨损。

(3)疲劳磨损(点蚀)

两摩擦表面为点或线接触时,由于局部的弹性变形形成了小的接触区。这些小的接触区形成的摩擦副如果受变化接触应力的作用,则在其反复作用下,表层将产生裂纹。随着裂纹的扩展与相互连接使表层金属脱落,形成许多月牙形的浅坑,这种现象称为疲劳磨损,也称点蚀。

合理地选择材料及材料的硬度(硬度高则抗疲劳磨损能力强),选择黏度高的润滑油,加入极压添加剂及减小摩擦面的粗糙度值等,都可以提高抗疲劳磨损的能力。

(4)腐蚀磨损

在摩擦过程中,摩擦面与周围介质发生化学或电化学反应而产生物质损失的现象,称为腐蚀磨损。腐蚀磨损可分为氧化磨损、特殊介质腐蚀磨损、气蚀磨损等。腐蚀也可以在没有摩擦的条件下形成,这种情况常发生于钢铁类零件,如化工管道、泵类零件、柴油机缸套等。

应该指出的是,实际上大多数磨损是以上述四种磨损形式的复合形式出现的。

3. 减小磨损的主要方法

(1)合理选择润滑剂及添加剂

润滑是减小摩擦、减小磨损的最有效的方法。合理选择润滑剂及添加剂,适当选用高黏度的润滑油、在润滑油中使用极压添加剂或采用固体润滑剂,可以提高耐疲劳磨损的能力。

(2)合理选择摩擦副材料

因为相同金属比异种金属、单相金属比多相金属黏着倾向大,脆性材料比塑性材料抗黏着能力高,所以选择异种金属、多相金属、脆性材料有利于提高抗黏着磨损的能力。采用硬度高和韧性好的材料有益于抵抗磨粒磨损、疲劳磨损和摩擦化学磨损。提高表面的光洁程度,使表面尽量光滑,同样可以提高耐疲劳磨损的能力。

(3)进行表面处理

对摩擦表面进行热处理(表面淬火等)、化学热处理(表面渗碳、氮化等)、喷涂、镀层等也可提高摩擦表面的耐磨性。

(4)注意控制摩擦副的工作条件

对于一定硬度的金属材料,其磨损量随着压强的增大而增加,因此设计时一定要控制最大许用压强。另外,表面温度过高易使油膜破坏,发生黏着,还易加速摩擦化学磨损的进程,所以应限制摩擦表面的温升。

3.5.3 润滑

在摩擦副间加入润滑剂,以降低摩擦、减轻磨损,这种措施称为润滑。润滑的主要作用是:减小摩擦系数,提高机械效率;减轻磨损,延长机械的使用寿命。同时,润滑还可起到冷却、防尘以及吸振等作用。

1. 润滑剂及主要性能

润滑剂分液体、单固体、固体和气体润滑剂等。常用的润滑剂有润滑油和润滑脂。

(1)润滑油

润滑油是目前使用最多的润滑剂,主要有矿物油、合成油、动植物油等,其中应用最广的为矿物油。

润滑油最重要的一项物理性能指标为黏度,它是选择润滑油的主要依据。黏度的大小表示了液体流动时其内摩擦阻力的大小,黏度愈大,内摩擦阻力就愈大,液体的流动性就愈差。黏度可用动力黏度、运动黏度、条件黏度(恩氏黏度)等表示。

①动力黏度 η 牛顿在1687年提出了黏性液的摩擦定律,即在流体中任意点处的剪切应力 τ 均与该处流体速度的梯度成正比,即

$$\tau = \eta \frac{\partial_u}{\partial_y} \tag{3.33}$$

式中，η 为流体的动力黏度。

长、宽、高各为1 m的液体，如果使上、下平面发生1 m/s的相对滑动速度，所需施加的力 F 为1 N时，则该液体的黏度为1 $N \cdot s/m^2$ 或1 Pa·s（帕·秒）（国际单位制），如图3.14所示。

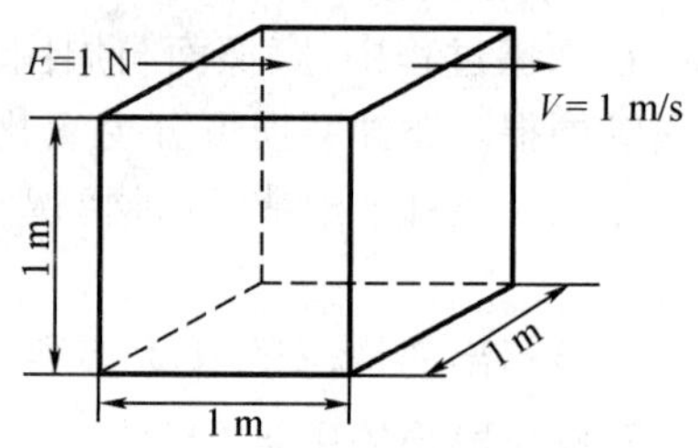

图3.14　润滑油的动力黏度

1 dyn · s/cm^2 =1 P（泊），$\frac{1}{100}$ P称为cP（厘泊），1 Pa·s =10 P =1 000 cP。

②运动黏度 v　动力黏度 η 与同温度下该液体的密度 ρ 的比值，即

$$v = \eta(\mathrm{Pa \cdot s})/\rho(\mathrm{kg/m^3}), (\mathrm{m^2/s}) \tag{3-34}$$

物理单位：1 cm^2/s =1 St（斯），1 St/100 =1 cSt（厘斯）

换算关系为：1 $m^2/s = 10^4$ St $= 10^6$ cSt，1 cSt =1 mm^2/s。

润滑油的牌号是以润滑油的运动黏度的平均值且以厘斯为单位作为其牌号。

润滑油的黏度并不是不变的，它随着温度的升高而降低，这对于运行着的轴承来说，必须加以注意。描述黏度随温度变化情况的线图称为黏温图，如图3.15所示。

润滑油的黏度还随着压力的升高而增大，但压力不太高时（如小于10 MPa），变化极微，可略去不计。

选用润滑油时，要考虑速度、载荷和工作情况。对于载荷大、温度高的轴承宜选黏度大的油，载荷小、速度高的轴承宜选黏度较小的油。

（2）润滑脂

润滑脂由润滑油和各种稠化剂（如钙、钠、铝、理等金属皂）混合稠化而成。润滑脂密封简单，不需经常添加，不易流失，所以在垂直的摩擦表面上也可以应用。润滑脂对载荷和速度的变化有较大的适应范围，受温度的影响不大，但摩擦损耗较大，机械效率较低，故不宜用于高速，且润滑脂易变质，不如润滑油稳定。

润滑脂的主要性能指标：

①针入度　表示润滑脂稀稠度的指标，是润滑脂的一项主要指标，润滑脂牌号即为其针入度的等级，牌号越小，针入度等级越高；

②滴点　反映润滑脂的耐高温性能，润滑脂的工作温度应低于滴点20～30 ℃；

③安全性　反映润滑脂在贮存和使用过程中维持润滑性能的能力，包括抗水性，抗氧化性和机械安定性。

按皂基不同将润滑脂分为钙基润滑脂、钠基润滑脂、锂基润滑脂，此外，还有复合基润滑脂及特种润滑脂。目前使用最多的是钙基润滑脂，它具有耐水性，常用于60 ℃以下的各种机械设备中轴承的润滑。钠基润滑脂可用于115～145 ℃以下，但不耐水。锂基润滑脂性能优良，耐水，在 -20～150 ℃范围内广泛适用，可以代替钙基、钠基润滑脂。

（3）固体润滑剂

用固体粉末代替润滑油膜，该粉末称为固体润滑剂。

常用的固体润滑剂有石墨、二硫化钼、氮化硼、蜡、聚氟乙烯、酚醛树脂、金属及金属化合物等。一般用固体润滑剂有石墨、二硫化钼（MoS_2）、聚氯乙烯树脂等多种品种。一般在超出润滑油使用范围之外才考虑使用，例如在高温介质中，或在低速重载条件下。

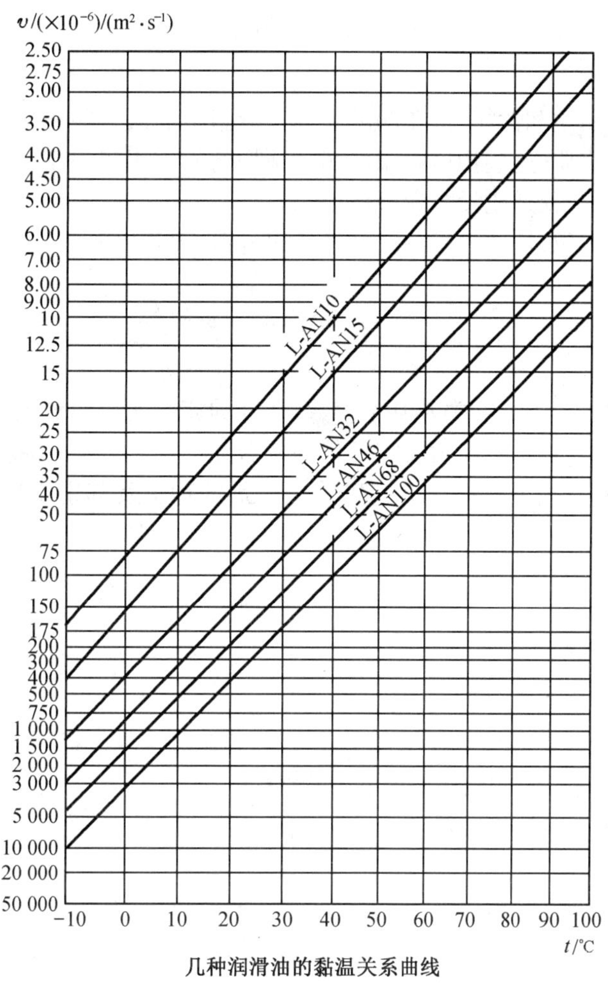

图 3.15 润滑油的黏温图

(4)气体润滑剂

包括空气、氢气、氦气、蒸汽及液体金属蒸气。

2. 润滑剂的选择

润滑剂的选择原则:在低速、重载、高温和间隙大的情况下,应选用黏度较大的润滑油;高速、轻载、低温和间隙小的情况下应选用黏度较小的润滑油。润滑脂主要用于速度低、载荷大,不需经常加油、使用要求不高或灰尘较多的场合。气体、固体润滑剂,主要用于高温、高压、防止污染等一般润滑剂不能适用的场合。

3. 润滑方法和润滑装置

机器的润滑方法有分散润滑和集中润滑。

(1)油润滑装置

包括手工给油润滑装置、滴油润滑装置、油浴润滑装置、飞溅润滑装置、油绳装置、油垫润滑装置、油环装置、油链润滑装置、喷油润滑装置、油雾润滑装置。

(2)脂润滑装置

包括手工润滑装置、滴下润滑装置、集中润滑装置。

4. 添加剂

为了提高油的品质和性能,常在润滑油或润滑脂中加入一些分量虽小但对改善润滑剂性能起巨大作用的物质,这些物质叫添加剂。添加剂的作用越来越大,在润滑脂、合成油中若不加添加剂,则润滑很差或没有润滑作用。

添加剂的作用:提高油性、极压性,延长使用寿命,改善物理性能。

本 章 小 结

本章主要介绍了应力的种类及基本参数,零件的疲劳曲线和极限应力图以及影响零件疲劳强度的主要因素;稳定变应力时零部件的疲劳强度计算方法;摩擦的分类及影响因素,磨损类型,磨损过程及减少磨损的措施以及润滑剂的种类及其主要物理指标,添加剂的作用和常用润滑方法。

习　　题

一、选择题

1. 零件的截面形状一定,当截面尺寸增大时,其疲劳极限值将随之________。

A. 增高　　B. 不变　　C. 降低

2. 两零件的材料和几何尺寸都不相同,以曲面接触受载时,两者的接触应力值________。

A. 相等　　B. 不相等　　C. 是否相等与材料和集合尺寸有关

3. 对于受循环变应力作用的零件,影响疲劳破坏的主要应力成分是________。

A. 最大应力　　B. 最小应力　　C. 平均应力　　D. 应力幅

4. 零件表面经淬火、氮化、喷丸及滚子碾压等处理后,其疲劳强度________。

A. 提高　　B. 不变　　C. 降低　　D. 高低不能确定

5. 两摩擦表面被一层液体隔开,摩擦性质取决于液体内分子间黏性阻力的摩擦状态称为________。

A. 流体摩擦　　B. 干摩擦　　C. 混合摩擦　　D. 边界摩擦

6. 当温度升高时,润滑油的黏度________。

A. 随之升高　　B. 随之降低

C. 保持不变　　D 升高还是降低或不变视润滑油性质而定

二、简答题

1. 弯曲疲劳极限的综合影响系数的含义是什么,它与哪些因素有关,对零件的疲劳强度和静强度各有什么影响?

2. 零件的极限应力图与材料试件的极限应力图有何区别? 在相同的应力变化规律下,零件和材料试件的失效形式是否相同,为什么?

3. 试说明承受循环变应力的机械零件,在什么条件下可按静强度条件计算? 在什么条件下需按疲劳强度条件计算?

4. 影响机械零件疲劳强度的主要因素有哪些？提高机械零件疲劳强度的措施有哪些？

三、计算题

一零件由45钢制成，材料的力学性能为：$\sigma_s = 360$ MPa，$\sigma_{-1} = 300$ MPa，$\psi_\sigma = 0.2$。已知零件上的最大工作应力 $\sigma_{max} = 190$ MPa，最小工作应力 $\sigma_{min} = 110$ MPa，应力变化规律为 $\sigma_m =$ 常数，弯曲疲劳极限的综合影响系数 $K_\sigma = 2.0$，试确定该零件的计算安全系数。

第4章 螺纹连接与螺旋传动

【教学目标】

1. 了解螺旋传动类型、特点、应用及螺旋传动的设计过程；

2. 熟悉螺纹类型、主要参数、螺纹连接的基本类型及其应用场合、螺纹连接预紧和防松的目的、控制预紧力的方法、防松的基本原理和措施；

3. 掌握螺栓组连接结构设计原则、受力分析方法，单个螺栓连接强度计算的理论方法及提高螺栓连接强度的几项措施；

4. 通过螺纹和螺纹连接知识的学习和对螺旋传动知识的了解，使学生能够理论联系实际，初步具备运用本章知识解决工程实践中螺纹连接设计问题的能力。

【知识要点】

本章的知识要点是螺纹类型及主要参数，螺纹连接的基本类型及其应用场合，螺纹连接预紧和防松的目的、控制预紧力的方法、防松的基本原理和措施，螺栓组连接结构设计原则、受力分析方法，单个螺栓连接强度计算的理论方法及提高螺栓连接强度的几项措施。

【导入案例】

一辆汽车是由各种不同的零件、部件和总成件，经由螺纹连接件或采用铆接、焊接成为一个整体的。螺纹连接件由于具有安装、拆卸方便，形式多样的优点，得到了广泛应用。根据统计，一辆普通的汽车，有上千件螺纹连接；比如汽油发动机上一分电器活动触点断电，当每次调整完它与固定触点的间隙之后，都要用紧定螺钉对其固定，防止它松动后影响点火正时的准确性；又如发动机气门摇臂的锁紧螺母，在每次将某缸气门间隙调整完毕之后，就要用该相应气门摇臂上的锁紧螺母进行锁紧，以防气门间隙发生变化，影响发动机的正常工作；汽油发动机辛烷值调整装置、柴油发动机喷油时刻调整装置等，在每次调整图4.1所示汽车发动机结束之后，都是用紧定螺钉将其定位。

图4.1 汽车发动机

4.1 概 述

由于使用、结构、制造、装配、运输等原因，机器中有相当多的零件需要彼此连接。同时，实践证明，机器的损坏常发生在连接部位。因此，要求机械设计人员必须熟悉各种机器中常用的连接方法及相关连接零件的结构、类型、性能与适用环境，掌握其设计理论或选用方法。

机械连接分为静连接和动连接两大类：被连接件间相互固定、不能作相对运动的称为机械静连接，如螺纹连接，键、销连接等。被连接件之间可以按一定运动形式作相对运动的称为机械动连接，如导向平键和导向花键连接、铰链等。但在机械设计中，轴承、螺旋传动等习惯上不列在“连接”之内，按不同功能分列在其他章节。因此，通常所谓的连接主要是指静连接。

机械静连接又分为可拆连接和不可拆连接，如表 4－1 所示。除表列的以外，还有成形连接、夹紧连接，也有把弹簧列在连接之内的。

表 4－1 机械静连接

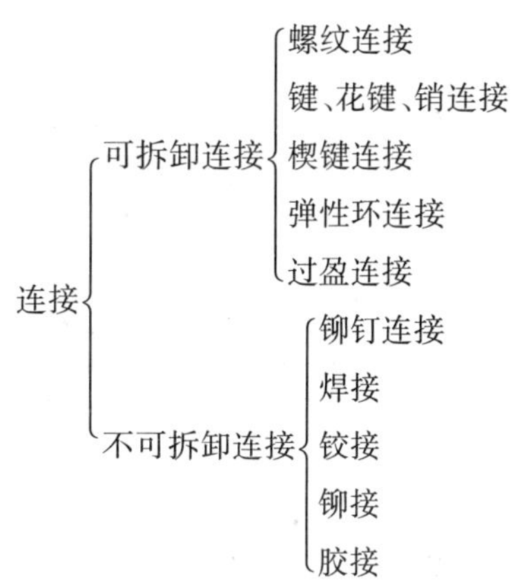

可拆的连接是指连接拆开时，不破坏连接中的零件，重新安装，即可继续使用的连接。不可拆的连接是指连接拆开时，要破坏连接中的零件，不能继续使用的连接。通常采用不可拆连接多是考虑制造及经济上的原因；采用可拆连接多是由于结构、安装、运输、维修等方面的原因；不可拆连接的制造成本通常较可拆连接的低廉。表 4－1 所列的可拆连接大多具有双重性，例如平键、花键连接，因配合不同，紧的可构成静连接，松的可构成动连接。过盈连接介于可拆和不可拆之间，一般宜用作不可拆连接，因一经拆开，虽仍可使用，但承载能力有所降低。过盈量小的，则可多次使用，影响较小。圆锥面过盈连接、液压装配的过盈连接都是可拆的连接。从工作性质看，弹性环连接也属于过盈连接。在具体选择连接的类型时，还须考虑到连接的加工条件和被连接零件的材料、形状及尺寸等因素。例如，板件与板件的连接，多选用螺纹连接、焊接、铆接或胶接；杆件与杆件的连接，多选用螺纹连接或焊接；轴与轮毂的连接则常选用键、花键连接或过盈连接等。

螺纹连接大多用作静连接，能经常装拆，应用最广。采用矩形、梯形等牙形的螺纹副，常被用作动连接，如螺旋传动。螺旋传动是利用具有内、外螺纹的两构件直接接触并保持相对运动的一种空间副，称为螺旋副。螺旋传动工作平稳、连续，承载能力大，自锁性好，多用来实现回转运动与直线运动的相互转化。

本篇将着重讨论螺纹连接和螺旋传动，并对其他常用连接作简要介绍。

4.2 螺纹连接

螺纹连接是利用螺纹零件构成的一种可拆连接,其结构简单、连接可靠、装拆方便,且多数螺纹连接件已标准化,生产率高。在生产实践中,它是一种应用十分普遍的连接方式,是通过螺纹连接件把需要相对固定在一起的零件连接起来,多用于板件与板件之间的连接。

4.2.1 螺纹

1. 螺纹的形成

以倾斜角为 φ 角的直线绕在圆柱体上便形成一条螺旋线,如图 4.2(a)所示。若取图 4.2(b)中任意一平面图形,使其沿着螺旋运动,运动时始终保持此平面图形通过圆柱体的轴线,就形成螺纹。

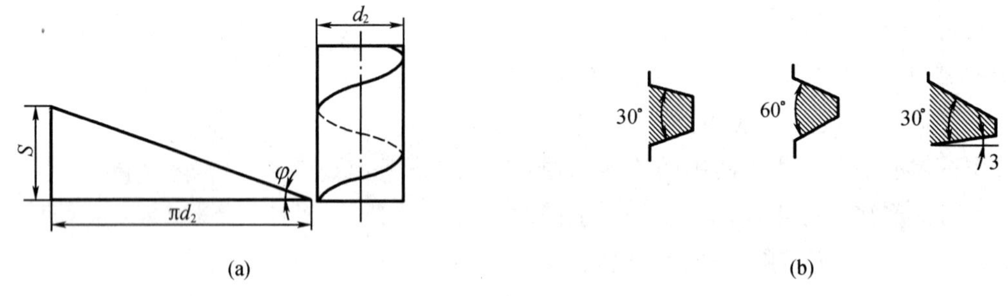

图 4.2 螺纹的形成

(a)螺旋线形成示意图;(b)截面形状

2. 螺纹的分类

螺纹有外螺纹和内螺纹之分,共同组成螺纹副使用。根据牙型,螺纹可分为三角形、梯形、矩形和锯齿形螺纹等。按螺纹的螺旋旋向可分为左旋和右旋螺纹,常用的为右旋螺纹。按照功能作用不同可分为连接螺纹和传动螺纹。按螺纹的螺旋线线数分为单线、双线和多线螺纹,连接螺纹一般为单线螺纹。螺纹又分为米制和英制两类。我国除管螺纹外,一般都采用米制螺纹。

常用螺纹的类型主要有普通螺纹、管螺纹、矩形螺纹、梯形螺纹、锯齿形螺纹。其中普通螺纹、管螺纹主要用于连接,而矩形螺纹、梯形螺纹、锯齿形螺纹主要用于传动。除矩形螺纹外,其他类型螺纹都已经标准化。常用螺纹的牙型、特点和应用,如表 4-2 所示。

表 4-2 常用螺纹的牙型、特点和应用

螺纹类型		图形	特点和应用
连接螺纹	角形螺纹（普通螺纹）	60°	牙型角 $\alpha=60°$ 且牙型的截面为等边三角形，当量摩擦系数大，自锁性能好。同一公称直径，按螺距大小的不同普通螺纹分为粗牙和细牙。粗牙螺纹应用广泛。而细牙螺纹螺距小、升角小、自锁性较好，强度高但不耐磨，易滑扣，常用于细小零件、薄壁管件或受动载荷和要求紧密性的连接，还可用于微调机构等
	三圆柱管螺纹	55°	牙型角 $\alpha=55°$ 且牙型的截面为等腰三角形，公称直径为管子的内径，螺距以每英寸的牙数表示。螺纹副的内外螺纹间没有间隙，连接紧密，常用于水、煤气、润滑和电缆管路系统中
	圆锥管螺纹	55° /Y	牙型角 $\alpha=55°$ 且牙型的截面为等腰三角形，与圆柱管螺纹相似，但螺纹分布在 1∶16 的圆锥管壁上。圆锥管螺纹多用于高温、高压或密封性要求高的管路系统中，如汽车、工程机械、航空机械等
传动螺纹	矩形螺纹		牙型角 $\alpha=0°$ 且牙型的截面为正方形，因其摩擦系数较小，其传动效率较其他螺纹都高，故多用于传动。但牙厚为螺距的一半，牙根强度较低。螺纹难于精确加工，对中性差且磨损后难以补偿，使传动精度降低，目前已逐渐被梯形螺纹所代替
	梯形螺纹	30°	牙型角 $\alpha=30°$ 且牙型的截面为等腰梯形，与矩形螺纹相比，传动效率略低，但加工较易，牙根强度高，对中性好且磨损后还可以调整间隙，故常用于传动螺纹
	锯齿形螺纹	3° 30°	工作面牙型角 $\beta=3°$、非工作面牙型半角为 30°，且牙型的截面为不等腰梯形，它兼有矩形螺纹传动效率高和梯形螺纹牙根强度高的优点，但它只能用于承受单向载荷螺纹连接或螺旋传动中

3. 螺纹的主要参数

现以圆柱普通外螺纹为例，说明螺纹的主要几何参数，如图 4.3 所示。

(1) 外径 d

与外螺纹牙顶或内螺纹牙底相重合的假想圆柱面直径，一般定为螺纹的公称直径。

(2) 内径 d_1

与外螺纹牙底或内螺纹牙顶相重合的假想圆柱面直径，一般取为外螺纹的危险剖面的计算直径。

(3) 中径 d_2

在螺纹轴向剖面内，牙厚与牙间宽相等处的假想圆柱面的直径，近似等于螺纹的平均直径，中径是确定螺纹几何参数和配合性质的直径。对于矩形螺纹，$d_2=0.5(d+d_1)$，其中

$d \approx 1.25d_1$。

(4)导程 S、螺纹螺旋线数 n 以及螺距 P

导程 S 是指同一条螺旋线相邻两牙在中径圆柱面的母线上两点间的轴向距离；螺距 P 是相邻螺牙在中径圆柱面的母线上对应两点间的轴向距离；对于螺纹螺旋线数，只有一根螺旋线的螺纹称为单线螺纹，有两根以上等距螺旋线形成的螺纹称为多线螺纹。一般为便于制造，取头数 $n \leqslant 4$。单线螺纹常用于连接，多线螺纹常用于传动。导程、螺纹螺旋线数与螺距之间的关系为

$$S = nP \tag{4-1}$$

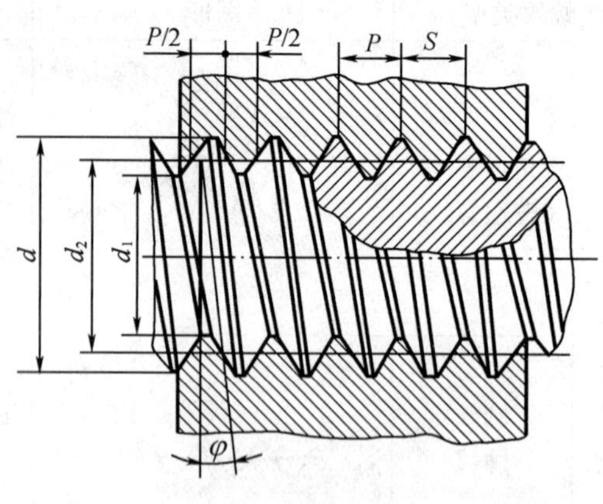

图 4.3　螺纹的主要参数

(5)螺旋升角 φ

在中径圆柱上螺旋线的切线与垂直于螺纹轴线的平面间的夹角称为升角，在螺纹不同直径处，螺纹升角各不相同。计算时通常按螺纹中径 d_2 处计算，其公式为

$$\tan\varphi = \frac{S}{\pi d_2} = \frac{np}{\pi d_2} \tag{4-2}$$

(6)牙型角 α

螺纹轴向平面内螺纹牙型两侧边的夹角。

(7)牙侧角 β

螺纹牙型的侧边与螺纹轴线的垂直平面的夹角。对称牙型 $\beta = \alpha/2$。

各种螺纹的主要几何尺寸可查阅有关标准，除管螺纹的公称直径近似等于管子的内径，其余各种螺纹的公称直径均为螺纹外径。

4.2.2　螺纹连接件及连接的主要类型

1. 螺纹连接件类型

在机械制造中，螺纹紧固件的品种很多，常见的螺纹连接件有螺栓、螺柱、螺钉、螺母、弹簧垫片等，这类零件的结构形式和尺寸大都已经标准化了，设计时可根据标准选用。

(1)螺栓

螺栓的头部形状很多，但主要应用的是六角头和小六角头两种。六角头制造精度分为 A，B，C 级，通用机械制造中多用 C 级螺纹、栓杆部可制出一段螺纹，螺纹可用粗牙或细牙（A，B 级），如图 4.4 所示；小六角头采用冷锻工艺生产，因此，具有材料利用率高，生产率高，机械性能高和成本低等优点，但由于头部尺寸较小，不宜用于装拆频繁、被连接件强度低和易锈蚀的地方。

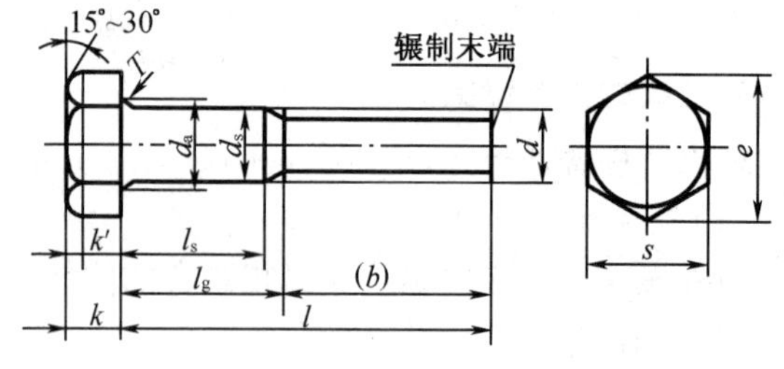

图 4.4　六角头螺栓

(2)双头螺柱

在双头螺柱结构中，旋入被连接件螺纹孔的一端称为座端，旋入后不拆卸，另一端则用

于安装螺母以固定其他零件称为螺母端,如图4.5所示。螺柱两端一般都制有螺纹,两端螺纹可相同或不同,螺柱可带刀槽或制成腰杆,也可制成全螺纹的螺柱。

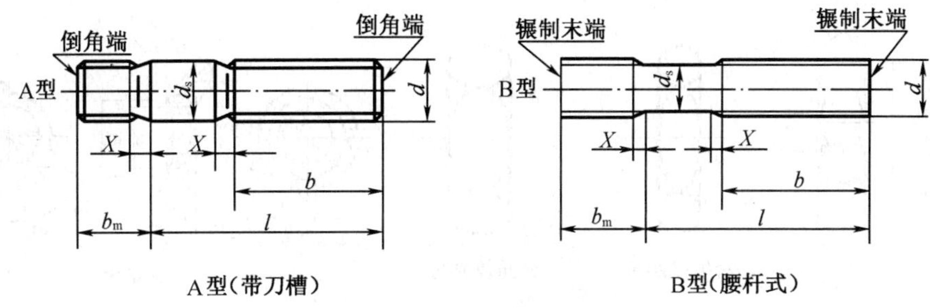

图4.5 双头螺柱

(3)螺钉、紧定螺钉

螺钉头部形状有圆头、扁圆头、内六角头、圆柱头、十字槽头和沉头等多种形式,以适应不同的拧紧程度,如图4.6所示。十字形槽和内六角孔等形式十字槽螺钉头部强度高、对中性好,便于自动装配。内六角孔螺钉能承受较大的板平力矩,连接强度高,可代替六角头螺栓,用于要求结构紧凑的场合。

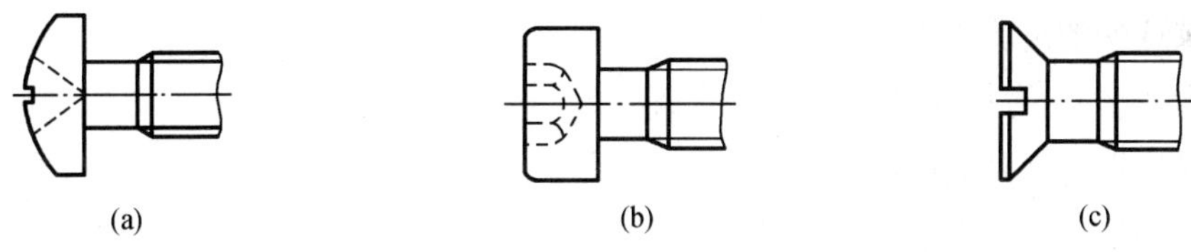

图4.6 螺钉

(a)十字槽头圆头;(b)内六角头;(c)十字槽头沉头

紧定螺钉末端要顶住被连接件之一的表面或相应的凹坑,所以末端也具有各种形状,常用的有平端和圆柱端,如图4.7所示。锥端主要用于被紧定零件的表面硬度较低或不经常拆卸的场合;平端接触面积大,不伤零件表面,常用于顶紧硬度较大的平面或经常拆卸的场合;圆杆端压入轴上的凹槽中,适用于紧定空心轴轴上的零件位置。

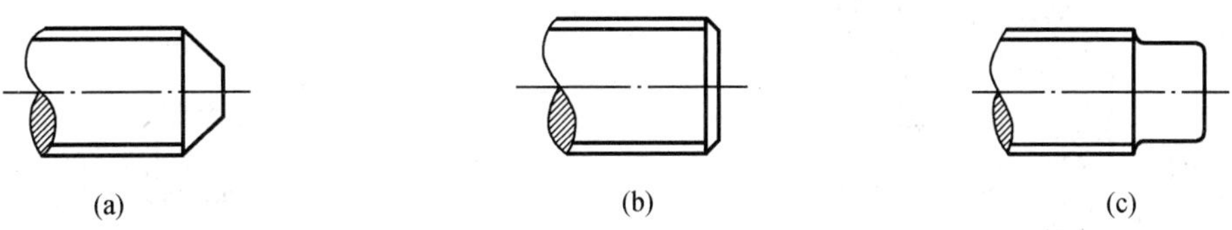

图4.7 紧定螺钉

(a)锥端;(b)圆柱端;(c)平端

(4)螺母

螺母的形状有六角的、圆形的等,如图4.8所示,六角螺母根据厚薄的不同,分为扁螺母和厚螺母,扁螺母用于尺寸受到限制的地方,厚螺母用于经常装拆易于磨损之处。圆螺母通常与止退垫圈配用，装配时将垫圈内舌插入轴上的槽内，而将垫圈的外舌嵌入圆螺母的槽内，常用于轴上零件的轴向固定。

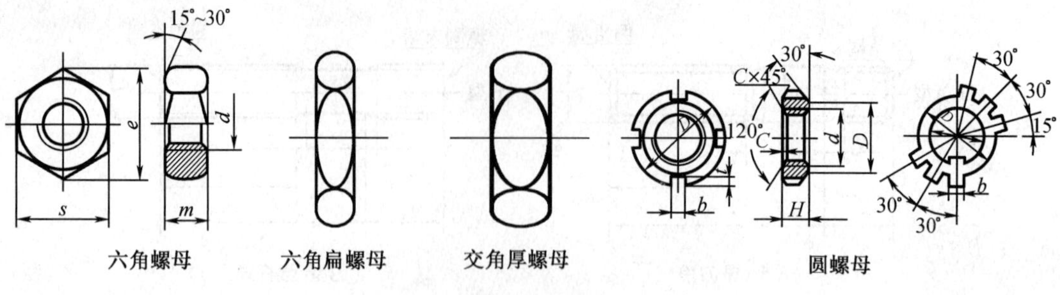

图 4.8　螺母

(5)垫圈

垫圈是螺纹连接中不可缺少的附件，垫圈的作用是增加被连接件的支承面积以减少接触处的压强(尤其当被连接件材料强度较差时)和避免拧紧螺母时擦伤被连接件的表面。垫圈的形状，如图 4.9 所示。

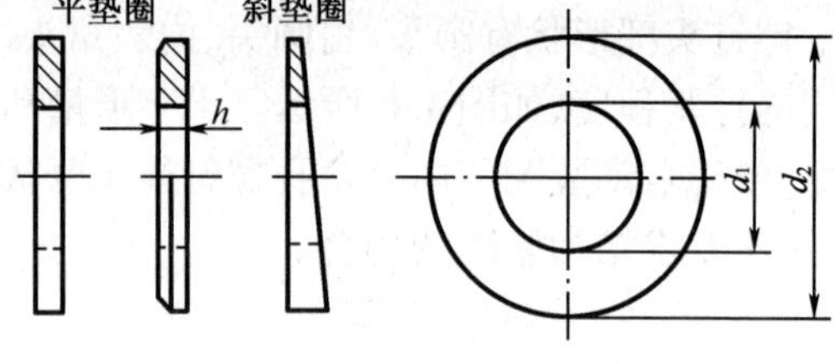

图 4.9　垫圈

2. 螺纹连接的主要类型

螺纹紧固件多为标准件，常用的有螺栓、双头螺柱、螺钉和紧定螺钉等。

(1)螺栓连接

①普通螺栓连接　螺栓连接是将螺栓穿过被连接件的孔，然后拧紧螺母，即将被连接件连接起来。被连接件不太厚，螺栓穿过被连接件上的通孔与螺母配合使用。装配后孔与螺栓间有间隙，并在工作中保持不变，螺栓主要受拉，如图 4.10(a)所示。当工作载荷为静载荷时，螺纹余留长度 $l_1 \geqslant (0.3 \sim 0.5)d$，对于变载荷和冲击载荷或弯曲载荷 $l_1 \geqslant 0.75d$。由于被连接件的孔无需切制螺纹，故结构简单，装拆方便，可多次装拆，应用广泛。

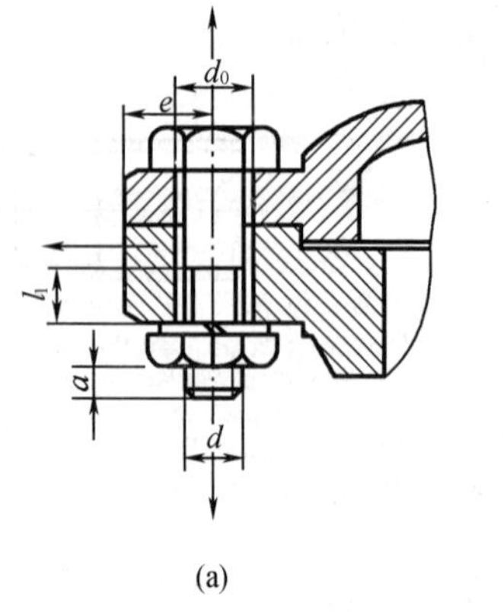

(a)

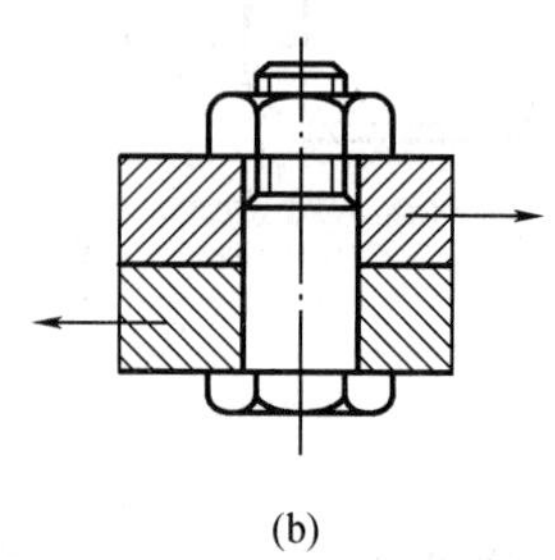

(b)

图 4.10　螺栓连接

(a)普通螺栓连接；(b)铰制孔用螺栓连接

②铰制孔用螺栓连接 一般用于螺栓杆承受横向载荷或固定被连接件相互位置的场合,如图4.10(b)所示。这时,孔与螺栓杆之间没有间隙,常采用基孔制过渡配合(H7/m6、H7/n6),能精确固定被连接件的相对位置,并能承受横向载荷,也可作定位用,但孔的加工精度要求较高。螺纹余留长度 l_1 及螺纹伸出长度 a 约等于 $(0.2\sim0.3)d$,螺栓轴线到被连接件边缘的距离 $e=d+(3\sim6)$ mm;通孔直径 d_0 约等于 $1.1d$。

(2)双头螺柱连接

双头螺柱连接是利用双头螺柱的底端旋紧在被连接件的螺纹孔中,顶端则穿过另一被连接件的孔,拧紧螺母后将被连接件连接起来,如图4.11所示,图中 H 为拧入深度,当螺孔零件材料为钢或青铜时,$H\approx d$;对于铸铁 $H=(1.25\sim1.6)d$,铝合金 $H=(1.5\sim2.5)d$;内螺纹余留长度 $l_2=(2\sim2.5)P$;钻孔余量 $l_3\approx l_2+(0.5\sim1)d$。

这种连接适用于结构上不能采用螺栓连接的场合,通常用于被连接件之一太厚不便穿孔,结构要求紧凑或须经常装拆的场合。

(3)螺钉连接

螺钉连接是将螺钉穿过被连接件的孔并旋入另一被连接件的螺纹孔中,如图4.12所示。特点是具有光整的外露表面、不需要螺母。这种连接适用于被连接件之一较厚与不需经常装拆且受载较小的场合。图中拧入深度 H 的确定同双头螺柱连接一样。

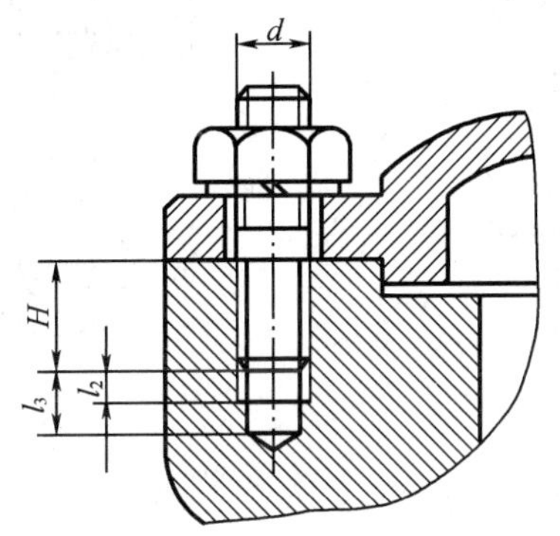

图4.11 双头螺柱连

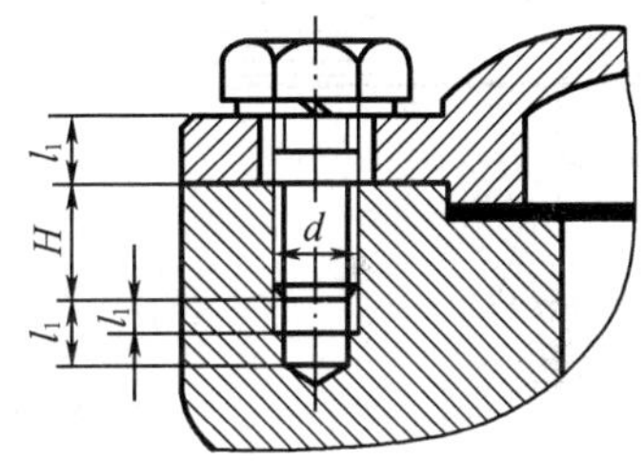

图4.12 螺钉连接

(4)紧定螺钉连接

紧定螺钉连接是利用螺钉拧入零件螺纹孔中,其末端顶住另一零件表面或旋入该零件的凹坑中以固定零件的相对位置,如图4.13所示,并可传递不大的轴向力或转矩。螺纹连接除上述四种基本型式外还有吊环螺钉、地脚螺栓、T 型槽螺栓等连接型式。

4.2.3 螺纹连接的预紧与防松

1.螺纹连接的预紧

绝大多数的螺栓连接在装配时都必须拧紧,使连接件在承受工作载荷之前,预先受到由拧紧螺母而产生的拉力作用,这个预加的作用力称为预紧力,以提高连接的可靠性和紧密性,同时也提高螺栓连接的疲劳强度和承载能力。对于较重要的有强度要求的螺栓连接,预紧力和拧紧力矩的大小应能控制。拧紧时,用扳手施加的拧紧力矩 $T=T_1+T_2$,主要

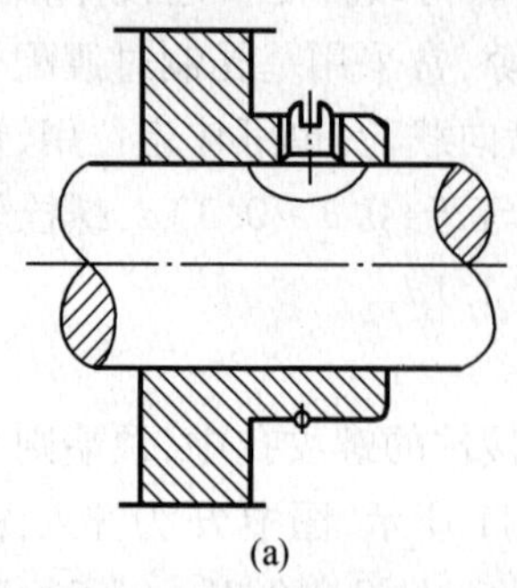
(a)

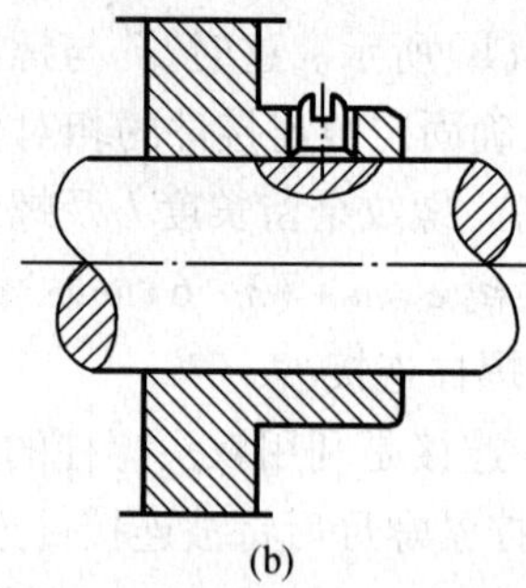
(b)

图 4.13　紧定螺钉连接

包括以克服螺纹副中的阻力矩 T_1 和螺母支承面上的摩擦阻力矩 T_2，如图 4.14 所示。

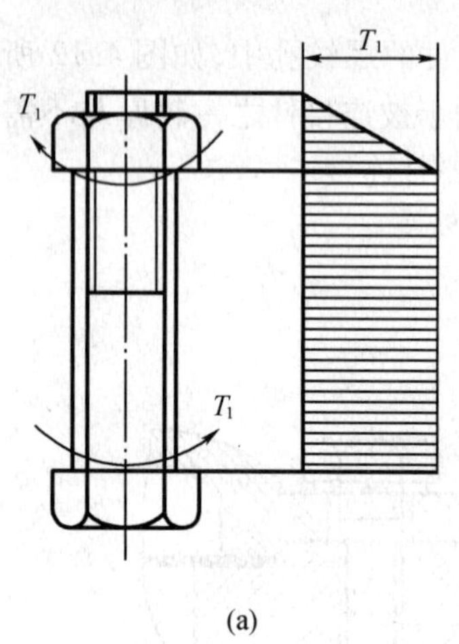

(a)

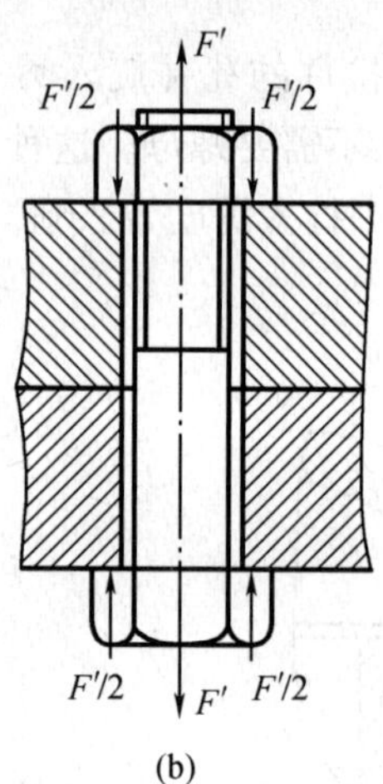

(b)

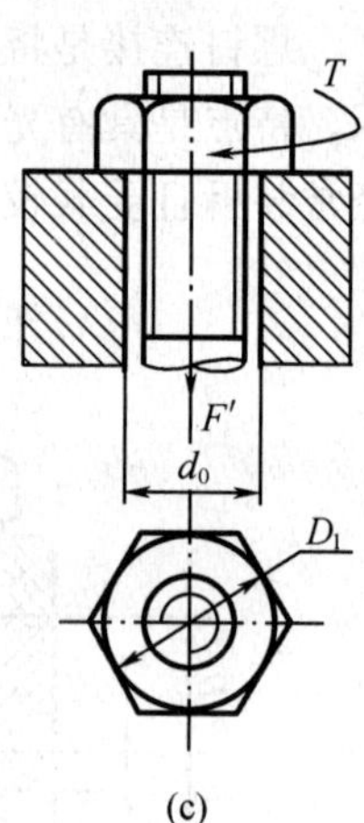

(c)

图 4.14　拧紧时零件的受力曲线

(a)螺栓受力和力矩图；(b)螺栓与被连接件所受预紧力；(c)螺母支承面的摩擦阻力矩

克服螺纹副中的阻力矩

$$T_1 = F' \cdot \tan(\varphi + \rho_v) \frac{d_1}{2} \tag{4-3}$$

螺母支承面上的摩擦阻力矩

$$T_2 = F'\mu \times \frac{D_1^3 - d_0^3}{3(D_1^2 - d_0^2)} \tag{4-4}$$

式中　F'——预紧力，N；

μ——螺母与被连接件支承面间的摩擦因数；

D_1——螺母内接圆直径，mm；

φ——螺旋升角，°；

ρ_v——支承面的当量摩擦角，°；

d_0——螺栓孔直径，mm；

d_1——螺纹中径，mm。

因此，用扳手施加的拧紧力矩为

$$T=T_1+T_2=F'\cdot\tan(\varphi+\rho_v)\frac{d_1}{2}+F'\mu\frac{1}{3}\frac{D_1^3-d_0^3}{D_1^2-d_0^2}$$

$$=F'd\frac{1}{2}\left[\frac{d_1}{d}\tan(\varphi+\rho_v)+\frac{2}{3}\frac{\mu}{d}\frac{D_1^3-d_0^3}{D_1^2-d_0^2}\right]=F'dK$$

式中 K——拧紧力矩系数，为0.1~0.3，一般取平均值为0.2；

d——螺纹公称直径，mm。

代入上式为

$$T\approx 0.2F'd \tag{4-5}$$

为了保证预紧力 F' 不致过小或过大，可在拧紧过程中控制拧紧力矩 T 的大小。控制拧紧力矩的方法可用测力矩扳手或定力矩扳手，如图4.15所示。必要时测定螺栓伸长量等。

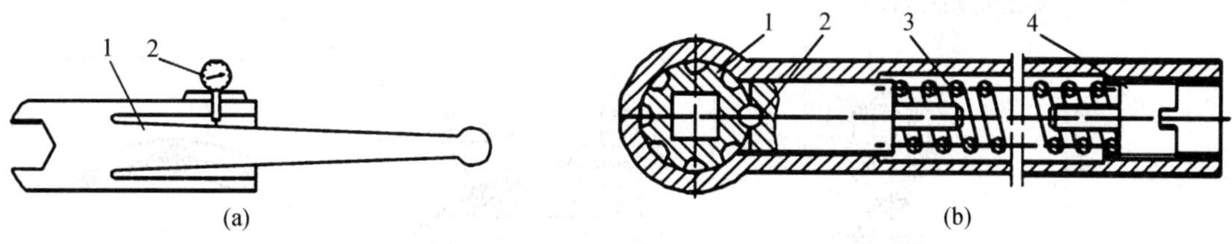

图4.15 测力矩扳手

(a)测力矩扳手：1—弹性元件；2—指示表

(b)定力矩扳手：1—扳手卡盘；2—圆柱销；3—弹簧；4—调整螺钉

2. 螺纹连接的防松

在静载荷作用下，由于连接螺纹的升角 φ 小于等于当量摩擦角 ρ_v，因此能满足自锁条件，并且螺母、螺栓头部等支承面上的摩擦力也具有防松作用。但在受冲击、振动或变载荷的作用下，螺旋副间的摩擦力可能减小或瞬时消失，从而导致连接有可能自动松脱。在高温或温度变化较大的情况下，由于螺纹连接件和被连接件的材料发生蠕变和应力松弛，也会使连接中的预紧力和摩擦力逐渐减小，最终将导致连接松动。这些情况都容易发生严重事故。因此，设计螺纹连接时必须考虑防松的问题。

防松的根本问题在于防止螺纹副相对转动。具体的防松装置或方法很多，根据工作原理可分为摩擦防松、机械防松和破坏螺纹副关系三种。摩擦防松常用的有弹簧垫圈、对顶螺母、自锁螺母等，结构简单，使用方便，但由于摩擦力受到限制，因此在冲击、振动时防松效果受到影响，常用于一般不重要的连接。机械防松常用金属元件约束螺纹副，例如开口销、止动垫及串联金属丝等，使用方便、防松安全可靠。由于这两种方法是可拆连接的防松，因此在工程上得到广泛应用。用于不可拆连接的防松，利用焊、粘、铆的方法，把螺纹副变为非运动副。常用的防松方法，如表4-3所示。

表 4 – 3　常用的防松方法

防松方法	防松类型、原理及特点		
摩擦力防松	 弹簧垫圈式 拧紧螺母弹簧垫圈被压平，靠错开的刃口分别切入螺母和被连接件以及弹力保持的预紧力防松，使螺纹副纵向压紧，产生摩擦力矩防止相对转动	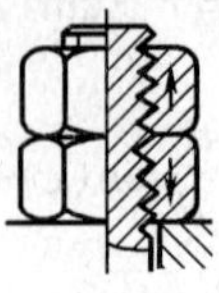 对顶螺母 利用两螺母对顶拧紧，使螺纹旋合段的螺杆始终受拉而螺母受压，从而使螺纹副纵向压紧产生摩擦力矩而防松	 自锁螺母 螺母尾部做得弹性较大且螺纹中径比螺杆稍小，旋合后产生附加径向压力而防松
机械防松	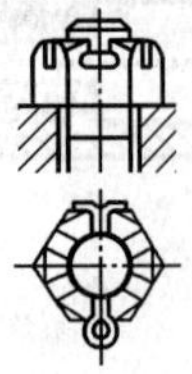 开口销与槽型螺母 槽形螺母拧紧后用开口销插入螺母槽与螺栓尾部的径向孔中，并将销尾部掰开，使螺栓与螺母相互约束，阻止松动发生	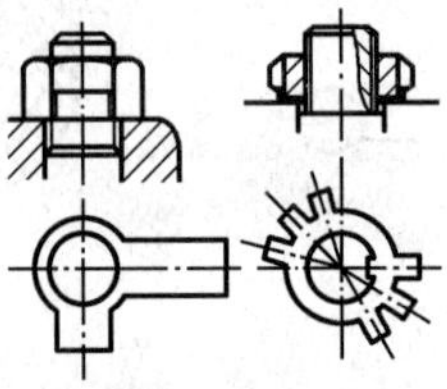 圆螺母与止动垫圈 垫圈内舌嵌入螺栓的轴向槽内，拧紧螺母后将垫片折边扣到螺母的侧平面上来约束螺母，而自身又折边被约束在被连接件上，使螺母不能转动	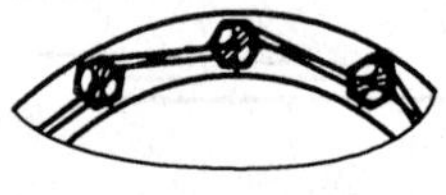 单耳止动垫圈 利用金属丝使一组螺栓头部相互制约，当有松动趋势时，金属丝就更加拉紧
破坏螺纹副防松	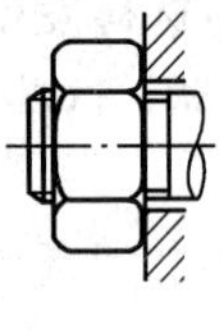 端铆 打压拧紧后露出的螺栓头，使该螺栓头上的螺纹变大，即螺纹副变成非运动副，成永久性防松	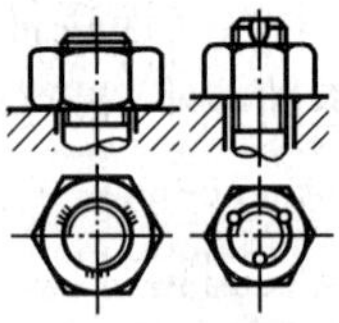 焊点、冲点 拧紧后在螺栓和螺母的骑缝处用样冲冲打或用焊具点焊 2 ~ 3 点成永久性防松	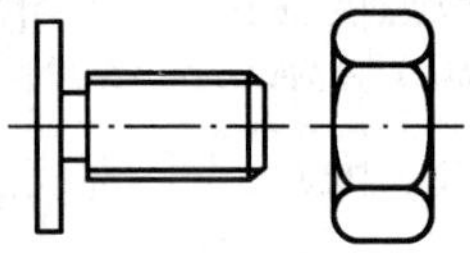 黏结剂 螺纹旋合表面涂上黏结剂，拧紧螺母后黏结剂自行固化，防松效果好

4.2.4 螺栓连接的类型

根据传递载荷的形式螺栓连接分横向载荷连接和轴向载荷连接两种。外载荷垂直于螺栓轴线方向称为横向载荷;外载荷沿螺栓轴线方向称为轴向载荷。

当传递横向载荷时,一种是采用普通螺栓连接,利用螺栓连接的预紧力使被连接件接合面间产生的摩擦力来传递横向载荷,此时螺栓受的是预紧力,仍为轴向拉力;另一种是采用铰制孔用螺栓连接,螺杆与铰制孔间是过渡配合,工作时靠螺杆受剪,杆壁与孔相互挤压来传递横向载荷,此时螺杆受剪,故称受剪螺栓。对螺栓来讲,当传递轴向载荷时,螺栓受的是轴向拉力,故称受拉螺栓,可分为不预紧的松连接和有预紧的紧连接。

根据螺栓连接的使用形式分为螺栓组连接和单螺栓连接两种。

4.2.5 螺栓连接受力分析和强度计算

通过螺栓连接的形式不同,分析螺栓的失效形式。当螺栓受轴向力时,其主要失效形式为螺栓杆的塑性变形或断裂,因而其设计准则是保证螺栓的静力或疲劳拉伸强度;受横向载荷采用铰制孔螺栓连接时,其主要失效形式为螺栓杆和孔壁间压溃或螺栓杆被剪断,则其设计准则是保证连接的挤压强度和螺栓的剪切强度,其中连接的挤压强度对连接的可靠性起决定性作用。

在设计螺栓连接时,一般选用的都是标准螺纹零件,其各部分主要尺寸已按等强度条件在标准中作出规定,因此螺栓连接的强度计算,应根据连接的类型、连接的装配情况(预紧或不预紧)、载荷状态等条件,确定螺栓的受力;然后按相应的螺栓的强度条件计算螺栓危险截面的直径或校核其强度,即螺纹小径 d_1。螺栓的其他部分(螺纹牙、螺栓头、光杆)和螺母、垫圈的结构尺寸,是根据等强度条件及使用经验确定的,通常都不需要进行强度计算,可按螺栓螺纹的公称直径由标准中选定。

4.2.5.1 单个螺栓连接的受力分析和强度计算

1. 受拉松螺栓连接

这种连接只能受静载荷,螺栓在工作时只受拉力 F。图 4.16 所示的起重吊钩为松螺栓连接的实例。由于螺栓不拧紧,则不受预紧力。当吊起重物时,相当于杆件受纯拉力 F,强度条件为

$$\sigma = \frac{4F}{\pi d_1^2} \leqslant [\sigma] \tag{4-6}$$

式中 d_1——螺纹小径,mm;

F——螺栓承受的轴向工作载荷,N;

σ——松螺栓连接的拉应力,N/mm^2;

$[\sigma]$——松螺栓连接的许用拉应力,N/mm^2。

利用式(4-6),在满足强度条件下设计出的直径应按螺纹标准取值,并标出螺纹的公称直径。

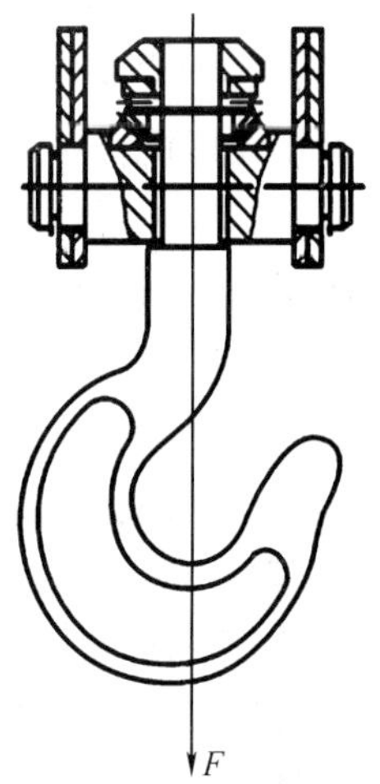

图 4.16 起重吊钩

2. 受拉紧连接螺栓

(1)仅受预紧力 F' 的紧连接螺栓

这种连接能承受变载荷。仅受预紧力 F' 的紧连接螺栓是指靠摩擦传递力矩 T、外载荷

为横向力 F_R的受拉螺栓连接,如图 4.17(a)、(b)所示。

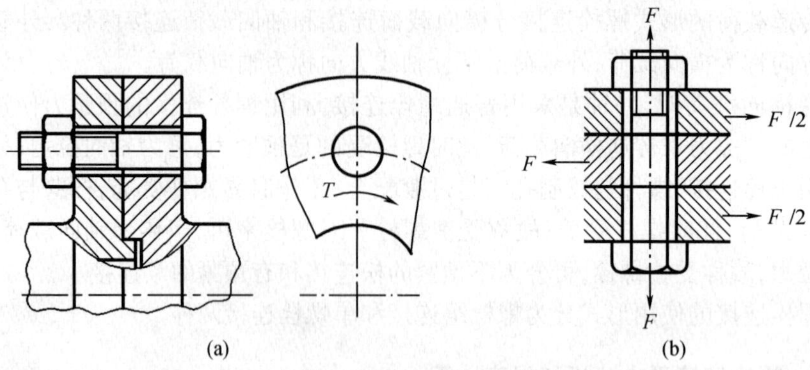

图 4.17 只受预紧力的紧螺栓连接

(a)连接两个零件;(b)连接三个零件

对螺栓螺纹部分进行受力分析如下。这种连接的螺栓与被连接件的孔壁间有间隙,由于螺栓受预紧力 F 作用,所以螺栓受拉;同时拧紧螺母时,依靠螺栓的预紧力 F' 使被连接件相互压紧,使得螺纹副之间有摩擦阻力矩,从而阻止摩擦面间产生相对滑动。此时,螺栓螺纹部分所受拉应力为

$$\sigma = \frac{4F'}{\pi d_1^2} \tag{4-7}$$

螺纹力矩所引起的扭切力为

$$\tau = \frac{T_1}{W_t} = \frac{F' \cdot \tan(\varphi + \rho_v)\frac{d_2}{2}}{\pi d_1^3/16} = \frac{2d_2}{d_1}\tan(\varphi + \rho_v)\frac{F'}{\pi d_1^2/4} \tag{4-8}$$

对于 M10 ~ M64 普通螺纹,取 d_1,d_2,φ 的平均值和 $\tan\rho_v = 0.15$,则其钢制螺栓剪应力为

$$\tau \approx 0.5\sigma$$

由于螺栓材料是塑性的,按照第四强度理论(最大形变能理论),当量应力

$$\sigma_s = \sqrt{\sigma^2 + 3\tau^2} = \sqrt{\sigma^2 + 3(0.5\sigma)^2} \approx 1.3\sigma \tag{4-9}$$

故螺栓螺纹部分的强度条件为

$$\frac{1.3F'}{\pi d_1^2/4} \leqslant [\sigma] \tag{4-10}$$

由此,仅受预紧力 F'的紧螺栓连接将其所受拉力 F'增大 30% 当作纯拉伸来计算。

(2)受预紧力 F'和工作拉力 F 作用的紧连接螺栓

这种螺栓连接拧紧后螺栓既受预紧力 F',工作时又受工作拉力 F 的作用,如图 4.18 所示。螺栓和被连接件都是弹性体,连接中各零件受力关系属静不定问题。现以工作载荷作用在螺栓头部和螺母的承压面的情况,分析可知:一般情况下,螺栓总拉力 F_0不等于预紧力 F'和工作拉力 F 之和。当应变在弹性范围之内时,各零件的受力可利用静力平衡条件及变形协调条件求出。

通过分析拧紧后螺栓和被连接件的受力和变形,此时螺栓和被连接件已经拧紧,但还

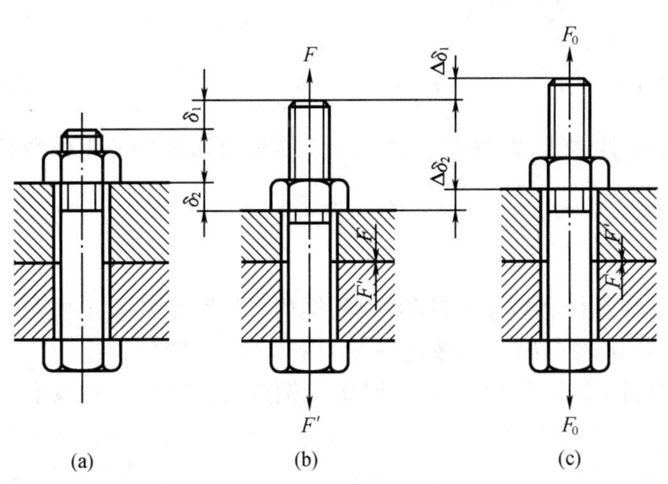

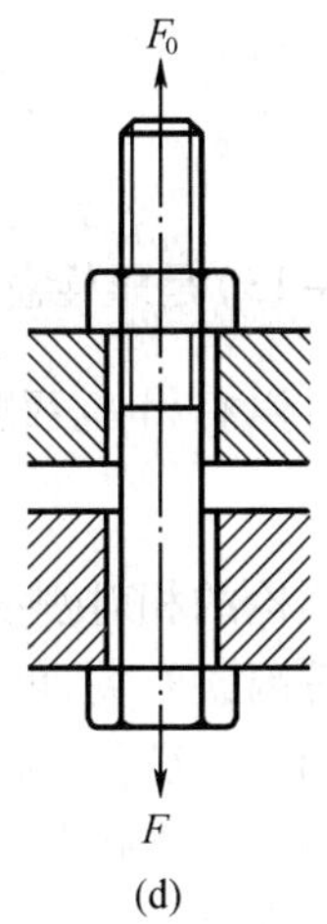

图 4.18 螺栓和被连接件的受力和变形

(a)拧紧前;(b)拧紧后;(c)受工作载荷时;(d)工作载荷过大时

处于未承受工作载荷的情况。根据静力平衡条件,螺栓所受拉力应与被连接件所受压力大小相等,均为 F',只是螺栓受的力是拉伸力,而被连接件受的力是压缩力。以 c_1 和 c_2 分别表示螺栓和被连接件的刚度,则螺栓的伸长量为 $\delta_1 = F'/c_1$,被连接件的压缩量为 $\delta_2 = F'/c_2$。图 4.19(a)为此时二者的受力和变形关系图,将两关系图合并得图 4.19(b)。图 4.19(c)是螺栓受工作载荷时的情况。这时,螺栓所受拉力增大到 F_0,而被连接件随螺栓伸长而放松,其压力减小为剩余预紧力 F'',则拉力增量为 $F_0 - F'$,压力减量为 $F' - F''$,其对应的伸长增量为 $\Delta\delta_1$,压缩减小量为 $\Delta\delta_2$。根据螺栓的静力平衡条件,螺栓的总拉力 F_0 为工作载荷 F 与被连接件给它的残余预紧力 F'' 之和,则

$$F_0 = F + F'' \tag{4-11}$$

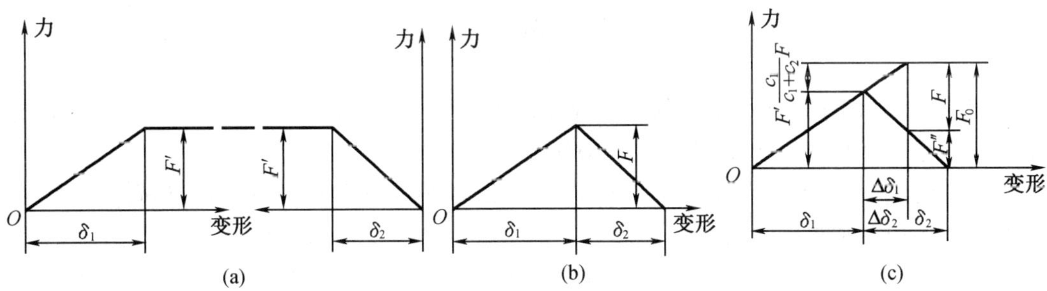

图 4.19 螺栓和被连接件的力与变形的关系

(a)拧紧时;(b)将(a)的两图合并;(c)受工作载荷时

根据螺栓与被连接件变形协调条件有螺栓的伸长增量 $\Delta\delta_1$ 必然等于被连接件的压缩减量 $\Delta\delta_2$,则 $\Delta\delta_1 = \Delta\delta_2$,以 $\Delta\delta_1 = (F_0 - F')/c_1 = (F + F'' - F')/c_1$ 和 $\Delta\delta_2 = (F' - F'')/c_2$ 代入(4-11)式得

$$F'' = F' - \frac{c_2}{c_1 + c_2}F \tag{4-12}$$

$$F' = F'' + \frac{c_2}{c_1 + c_2} F \tag{4-13}$$

$$F_0 = F'' + F = \left(F' - \frac{c_2}{c_1 + c_2} F \right) + F = F' + \frac{c_1}{c_1 + c_2} F \tag{4-14}$$

式(4－13)是螺栓总拉力的另一表达式，即螺栓总拉力等于预紧力加上部分工作载荷。从式子可以看出 F_0 与螺栓相对刚度系统 $\frac{c_1}{c_1 + c_2}$ 有关。当 $c_2 \gg c_1$ 时，$F_0 \approx F'$；当 $c_1 \gg c_2$ 时，$F_0 \approx F' + F$。

螺栓的相对刚度系数大小与螺栓和被连接件的材料、结构、尺寸、垫片及工作载荷作用位置等因素有关，可通过计算或试验求出。当被连接件为钢铁时，一般可根据垫片材料不同采用以下数值：金属（或无垫片）取0.2～0.3、皮革取0.7、铜皮石棉取0.8、橡胶取0.9。

当螺栓工作载荷过大时，连接出现缝隙的情况，这是不容许的。因此，应使残余预紧力 F'' 大于0，以保证连接的刚性或紧密性。残余预紧力 F'' 的选择可以参考以下的经验数据：当工作拉力无变化时，$F'' = (0.2 \sim 0.6)F$；当工作拉力有变化时，$F'' = (0.6 \sim 1.0)F$；当为压力容器的紧密连接时，$F'' = (1.5 \sim 1.8)F$；当为地脚螺栓连接时，$F'' > F$。

连接应该是在受工作载荷前拧紧的，因此螺纹力矩为 $\frac{F' \cdot \tan(\varphi + \rho_v) \cdot d_2}{2}$；但是考虑到特殊情况时，防止个别螺栓可能松动，因此在工作载荷下需要补充拧紧，则拧紧的螺纹力矩为 $\frac{F_0 \cdot \tan(\varphi + \rho_v) \cdot d_2}{2}$，相应的螺栓拉应力 σ 和切应力 τ_T 分别为

$$\sigma = \frac{F_0}{\pi d_1^2 / 4}$$

$$\tau_T = \frac{F_0 \tan(\psi + \rho_v) d_2 / 2}{\pi d_1^3 / 16} \tag{4-15}$$

因此，为安全起见，可按这一情况推导出螺纹部分的强度条件。参照式(4－5)的推导，得出此时的强度条件为

$$\frac{4 \times 1.3 F_0}{\pi d_1^2} \leqslant [\sigma] \tag{4-16}$$

式(4－16)用于螺栓承受静载计算，静载时许用应力，如表4－6所示。若受变载时，虽然该式也适用，但是变载情况下需要验算螺栓的拉力变幅。

如果受的是变载，工作载荷在 F_1 和 F_2 之间变化，则螺栓的拉力将在 F_{01} 和 F_{02} 之间变化，如图4.20所示，则螺栓的应力幅为

$$\sigma_a = \frac{(F_{02} - F_{01})/2}{\pi d_1^2 / 4} = \frac{\frac{c_1}{c_1 + c_2} \cdot \frac{F_2 - F_1}{2}}{\pi d_1^2 / 4} = \frac{c_1}{c_1 + c_2} \cdot \frac{2(F_2 - F_1)}{\pi d_1^2} \tag{4-17}$$

强度条件为

$$\sigma_a = \frac{c_1}{c_1 + c_2} \cdot \frac{2(F_2 - F_1)}{\pi d_1^2} \leqslant [\sigma_a] \tag{4-18}$$

式中，$[\sigma_a]$ 为许用应力幅，按表4－6计算公式求得。

若 $F_1 = 0$，则也属于 σ_{min} 为常数的变载情况，故也可按表4－5中所列的公式计算其安全系数。

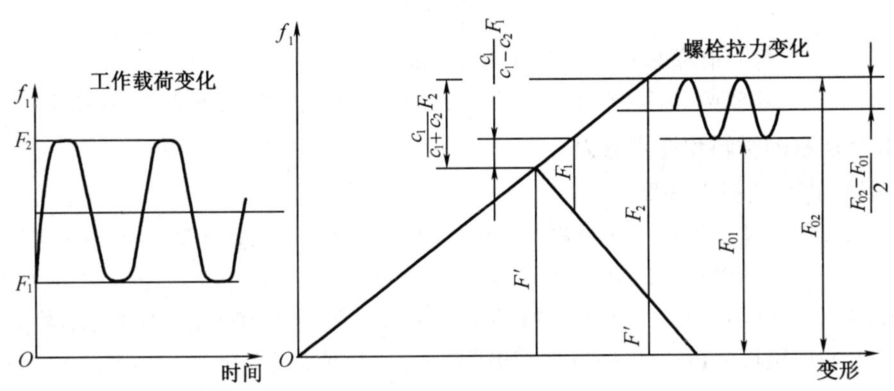

图 4.20 工作载荷变化时螺栓拉力的变化

3. 受剪螺栓连接

受剪螺栓连接所采用的螺栓是铰制孔用螺栓或称受剪螺栓，这种连接是将螺栓穿过与被连接件上的铰制孔并与之过渡配合。工作时，螺栓在连接接合面处受剪切，而螺栓杆表面与孔壁之间受挤压，如图 4.21(a)所示。因此，这种连接应分别按挤压强度和抗剪切强度条件计算。这种连接工作载荷为横向载荷，所受的预紧力很小，所以在计算中忽略预紧力和螺纹摩擦力矩的影响。

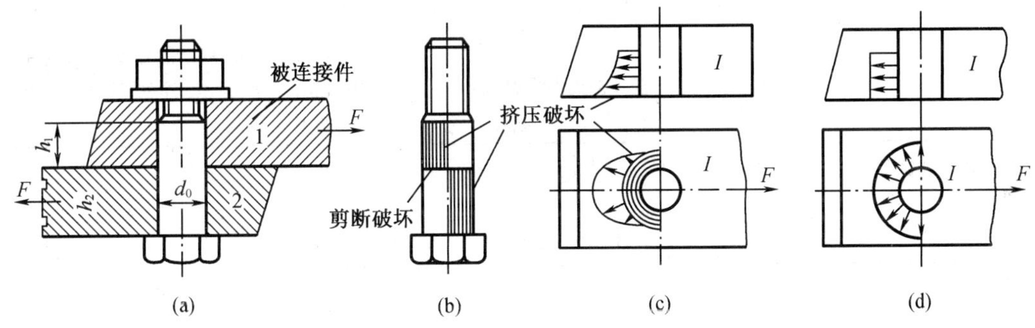

图 4.21 受剪螺栓连接

(a)受剪螺栓连接；(b)螺栓被挤压；(c)挤压应力分布；(d)假设挤压应力分布

设螺栓杆所受的剪切力为 F_S，则抗剪强度条件为

$$\tau=\frac{F_S}{(\pi d^0/4)m}\leqslant[\tau] \tag{4-19}$$

式中 d_0——螺栓抗剪面的直径，mm；

m——螺栓抗剪切面数；

$[\tau]$——螺栓材料的许用切应力，MPa，如表 4-6 所示。

杆孔表面的挤压应力分布，如图 4.21(c)所示，它和表面加工、杆孔配合、零件变形等有关，很难精确确定。计算时，常假设按均匀规律分布，如图 4.21(d)，因此，螺栓杆与孔壁的挤压强度条件为

$$\sigma = \frac{F_S}{d_0 h} \leqslant [\sigma_p] \tag{4-20}$$

式中 h——螺栓杆与孔壁挤压面的最小高度,mm;

$[\sigma_p]$——螺栓或孔壁材料中较弱者的许用挤压应力,MPa,如表 4-6 所示。

4. 螺栓连接的材料和许用应力

(1)螺栓连接的材料选择

国家标准规定螺纹连接件按材料的力学性能分出等级(简示于表 4-4 和表 4-5,详见 GB/T 3098.1—2000 和 GB/T 3098.2—2000)。螺栓、螺柱、螺钉的性能等级分为十级,自 3.6 至 12.9。小数点前的数字代表材料的抗拉强度极限的 1/100(σ_b/100),小数点后的数字代表材料的屈服极限(σ_S)与抗拉强度极限(σ_b)之比值(屈强比)的 10 倍($10\sigma_S/\sigma_B$)。例如,性能等级 5.8,其中 5 表示材料的抗拉强度极限为 500 MPa,8 表示屈服极限与抗拉强度极限之比为 0.8。螺母的性能等级分为七级,从 4 到 12。数字粗略表示螺母保证(能承受的)最小应力 σ_{min} 的 1/100(σ_{min}/100)。选用时,须注意所用螺母的性能等级应不低于与其相配螺栓的性能等级。

表 4-4 螺栓、螺钉和螺柱的性能等级

性能等级(标记)	3.6	4.6	4.8	5.6	5.8	6.8	8.8	9.8	10.9	12.9
抗拉强度极限 σ_b/MPa	300	400		500		600	800	900	1 000	1 200
屈服极限 σ_s/MPa	180	240	320	300	400	480	640	720	900	1 080
硬度 HBW_{min}	90	114	124	147	152	181	238	276	304	306
推荐材料	低碳钢	低碳钢或中碳钢					低碳合金钢,中碳钢,淬火并回火		中碳钢,低、中碳合金钢,淬火并回火	合金钢淬火并回火

注:规定性能等级的螺栓、螺母在图样中只标出性能等级,不应标出材料牌号。

表 4-5 螺母的性能等级

性能等级(标记)	4	5	6	8	9	10	12
螺母保证最小应力 σ_{min}/MPa	510(d≥16~39)	520 (d≥3~4)右同	600	800	900	1 040	1 150
推荐材料	易切削钢,低碳钢		低碳钢或中碳钢		中碳钢	中碳钢,低、中碳合金钢,淬火并回火	
相配螺栓的性能等级	3.6, 4.6, 4.8(d>16)	3.6, 4.6, 4.8(d≤16)5.6, 5.8	6.8	8.8	8.8(d>16~39) 9.8(d≤16)	10.9	12.9

注:①均指粗牙螺纹、螺母;

②性能等级为 10,12 的硬度最大值为 38HRC,其余性能等级的硬度最大值为 30HRC。

螺栓常用的材料为 10,15,Q215,Q235,25,35 和 45 钢,对重要或特殊用途的螺纹连接件可采用 15Cr,20Cr,40Cr,15MnVB,30CrMnSi 等力学性能较高的合金钢。

(2)螺栓连接的许用应力

螺栓连接的许用应力如表4－6所示。

表4－6 螺栓连接的许用应力

<table>
<tr><th>连接情况</th><th>载荷形式</th><th>许用应力</th></tr>
<tr><td>松连接</td><td></td><td>$[\sigma]=\sigma_S/s, s=1.2\sim1.7$</td></tr>
<tr><td rowspan="3">紧连接</td><td>静载荷</td><td>$[\sigma]=\sigma_S/s$, s 取值如表4－7所示</td></tr>
<tr><td rowspan="2">变载荷</td><td>按最大应力:$[\sigma]=\sigma_S/s$, s 取值如表4－7所示</td></tr>
<tr><td>循环应力幅:$[\sigma_a]=\frac{\sigma_{alim}}{[s_a]}=\frac{\varepsilon k_m k_u}{k_\sigma}\sigma_{-1}$
式中:ε——尺寸系数,取值如表4－8所示; k_m——螺纹制造工艺系数:碾制 $k_m=1.25$; k_u——各圈螺纹牙受力分配不均匀系数:受压螺母 $k_u=1$,部分受拉或全部受拉螺母 $k_u=1.5\sim1.6$; $[S_a]$——安全系数,取2.5～4; k_σ——螺纹应力集中系数,取值如表4－9所示</td></tr>
<tr><td rowspan="2">铰制孔用螺栓连接</td><td>静载荷</td><td>许用切应力:$[\tau]=\sigma_S/2.5$
许用挤压应力:连接件为钢时,$[\sigma_P]=\sigma_S/1.25$;
连接件为铁时,$[\sigma_P]=\sigma_b/2.2$</td></tr>
<tr><td>变载荷</td><td>许用切应力:$[\tau]=\sigma_S/3\sim3.5$
许用挤压应力:连接件为钢时,$[\sigma_p]=\frac{\sigma_s}{[S_p]}=\frac{\sigma_s}{1.6\sim2}$;
连接件为铁时,$[\sigma_P]=\frac{\sigma_B}{[S_P]}=\frac{\sigma_B}{2.5\sim3.5}$</td></tr>
</table>

表4－7 紧螺栓连接的安全系数 s

<table>
<tr><td rowspan="2">载荷形式</td><td rowspan="2">材料</td><td colspan="6">不控制预紧力</td><td>控制预紧力</td></tr>
<tr><td colspan="2">M6～M16</td><td colspan="2">M16～M30</td><td colspan="2">M30～M60</td><td rowspan="3">1.2～1.5</td></tr>
<tr><td rowspan="2">静载荷</td><td>碳素钢</td><td colspan="2">5～4</td><td colspan="2">4～2</td><td colspan="2">2～1.3</td></tr>
<tr><td>合金钢</td><td colspan="2">5.7～4</td><td colspan="2">4～2.5</td><td colspan="2">2.5～2</td></tr>
<tr><td rowspan="4">动载荷</td><td rowspan="2">材料</td><td colspan="6">不控制预紧力</td><td>控制预紧力</td></tr>
<tr><td colspan="3">M6～M16</td><td colspan="3">M16～M30</td><td rowspan="3">1.2～1.5</td></tr>
<tr><td>碳素钢</td><td colspan="3">12.5～8.5</td><td colspan="3">8.5</td></tr>
<tr><td>合金钢</td><td colspan="3">10～6.8</td><td colspan="3">6.8</td></tr>
</table>

表4－8 紧螺栓连接的尺寸系数

d/mm	12	16	20	24	28	32	36	42	48	56	64
ε	1	0.87	0.81	0.76	0.71	0.68	0.65	0.62	0.60	0.57	0.54

表 4-9　螺纹应力集中系数

螺栓材料 σ_b/MPa	400	60	800	1 000
k_σ	3.0	3.9	4.8	5.2

4.2.5.2　螺栓组连接的受力分析和强度计算

工程中多数情况下螺栓都是成组使用的,在设计时,根据被连接件的结构和连接的载荷来确定连接的传力方式、螺栓的数目和布置。为了减少所用螺栓的规格和提高连接的结构工艺性,通常都采用相同的螺栓材料、直径和长度。螺栓组连接设计的基本程序是,选择布局、确定数目、受力分析、求出直径。

1. 螺栓组连接的结构设计

螺栓组连接的结构设计原则如下。

(1)连接接合面的几何形状要尽量对称,从而保证连接接合面受力比较均匀。因此,连接接合面的几何形状通常都设计成轴对称的简单几何形状,如圆形、环形、矩形、三角形等,如图 4.22 所示。对于圆形构件布置螺栓时,螺栓数目尽可能取偶数,这样有利于零件加工(分度、画线、钻孔)。

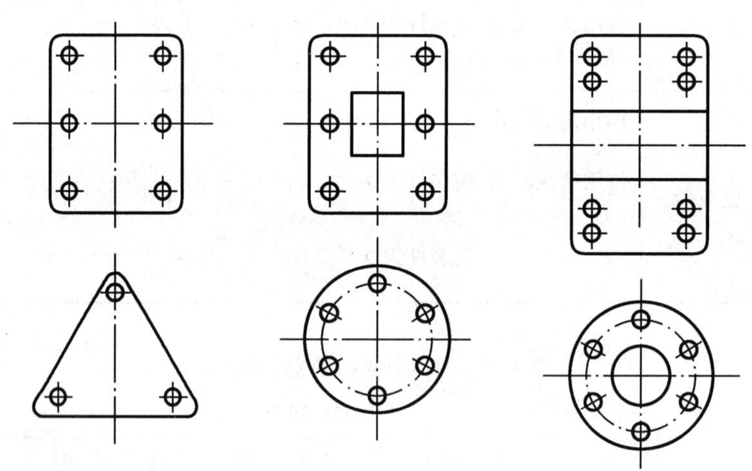

图 4.22　连接接合面的几何形状

(2)螺栓的布置应使每个螺栓的受力均合理。当螺栓组承受扭矩或倾覆力矩时,应使螺栓的位置尽量靠近连接结合面的边缘,以减小螺栓的受力,如图 4.23 所示。

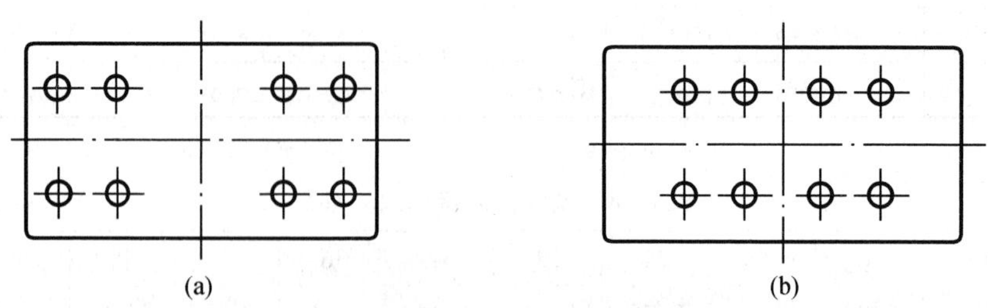

图 4.23　承受扭矩和倾覆力矩的螺栓布局

(a) 合理;(b) 不合理

(3)一组螺栓的规格(直径、长度、材料)应一致,有利于加工且美观。

(4)螺栓的排列应有合理的间距和边距,如表4-10所示,同时应留有扳手空间,以便于扳手装拆,尺寸可查阅《机械设计手册》。

表4-10 螺栓间距 S

工作压力/MPa					
≤1.6	>1.6~4	>4~10	>10~16	>16~20	>20~30
S					
$7d$	$5.5d$	$4.5d$	$4d$	$3.5d$	$3d$

(5)被连接件、螺母和螺栓头头部的支承面应平整,保证安装后与螺栓轴线相垂直。在铸、锻件等的粗糙表面上安装螺栓时,应制成凸台或沉头座等,如图4.24所示。

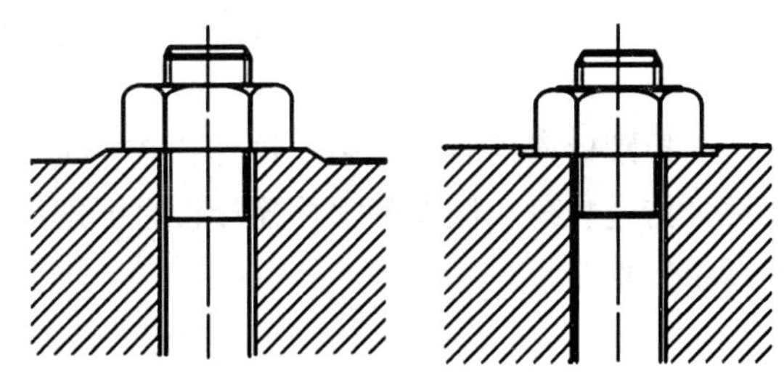

图4.24 凸台与沉头座

(6)装配时,对于紧螺栓连接,应使每个螺栓预紧力尽量一致。

螺栓组的结构设计,除综合考虑以上各点外,还要根据连接的工作条件合理地选择螺栓组的放松措施。

2. 螺栓组连接的受力分析

螺栓组连接受力分析的任务是求出连接中各螺栓受力的大小,特别是其中受力最大的螺栓及其载荷。然后按相应的单个螺栓的强度计算公式设计螺栓的直径或对螺栓进行强度校核。分析时,通常做以下假设:①被连接件为刚体;②各螺栓的拉伸刚度或剪切刚度及预紧力都相同;③螺栓的应变在弹性范围之内。根据以上假设,进一步讨论当作用于一组螺栓的外载荷是轴向力、横向力、受旋转力矩和翻倒力矩时,该组螺栓中受力最大的螺栓及其所受的力。

(1)受轴向载荷 F_Q 的螺栓组连接

图4.25为汽缸盖螺栓连接,其载荷 F_Q 作用于螺栓组几何形心上,因此各螺栓分担的工作载荷 F 相等,设螺栓数目为 z,则每个螺栓所受的工作拉力为

$$F=\frac{F_Q}{z} \qquad (4-21)$$

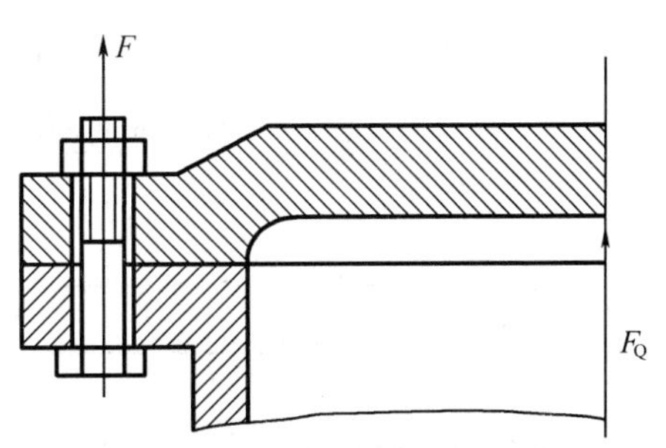

图4.25 螺栓组连接受轴向载荷

(2)受横向载荷 F_R 的螺栓组连接

受横向载荷 F_R 作用的螺栓组连接时,载荷

的作用线通过螺栓组的对称中心并与螺栓轴线垂直,如图4.26所示。载荷可通过两种不同方式传递,如果采用受拉螺栓连接,则螺栓受拉力而不受剪切力,如图4.26(a)所示;如果采用铰制孔用螺栓连接,则螺栓承受剪切力,如图4.26(b)所示。

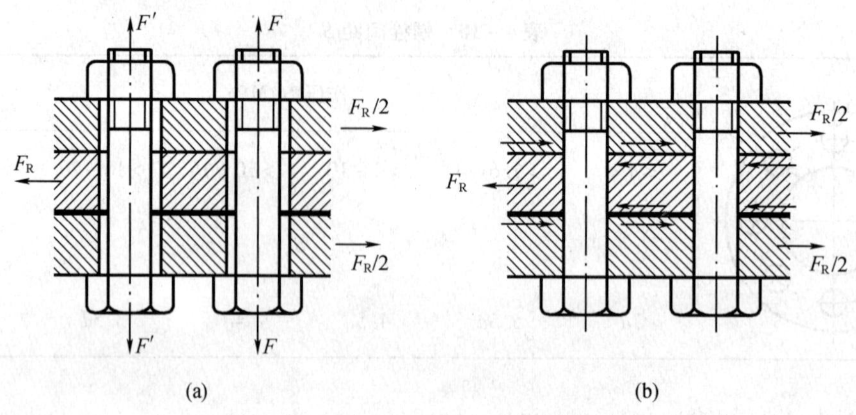

图4.26　螺栓组连接受横向载荷

①受拉螺栓连接　当采用受拉螺栓连接时,每个螺栓只受预紧力 F' 作用,靠接合面间的摩擦来传递载荷。假设各螺栓连接接合面的摩擦力相等并集中在螺栓中心处,则根据力的平衡条件得

$$\mu_s F' m z \geqslant K_f F_R$$

即

$$F' \geqslant \frac{K_f F_R}{\mu_s m z} \tag{4-22}$$

式中　μ_s——接合面摩擦系数,如表4-11所示;

K_f——摩擦传力的可靠系数,$K_f=1.1\sim1.5$;

m——接合面数目;

z——螺栓数目。

表4-11　接合面间的摩擦系数

被连接件	接合面的表面状态	摩擦系数 μ_s
钢或铸铁零件	干燥的接合面	0.10~0.16
	有油的接合面	0.06~0.10
钢结构件	轧制表面,钢丝刷清理浮锈	0.30~0.35
	涂富锌漆	0.35~0.40
	喷砂处理	0.45~0.55
铸铁对砖料、混凝土或木料	干燥接合面	0.40~0.45

②铰制孔用螺栓连接　当采用铰制孔用螺栓连接时,螺栓杆与被连接件的孔壁直接接触,连接是靠螺栓受剪和螺栓与被连接件相互挤压时的变形来传递载荷,由于拧紧,连接中

有预紧力和摩擦力，但一般忽略不计。假设各螺栓所受的工作载荷均为 F_S，根据静力平衡条件得剪切力和挤压力为

$$F_S = \frac{F_Q}{z} \tag{4-23}$$

(3)受旋转力矩 T 作用的螺栓组连接

受旋转力矩 T 作用的螺栓组连接在接合面内，底板将绕螺栓组形心 $O-O$ 转动，如图 4.27(a)所示。这种连接的载荷同样可通过两种不同方式传递，分别为受拉螺栓连接和铰制孔用螺栓连接。

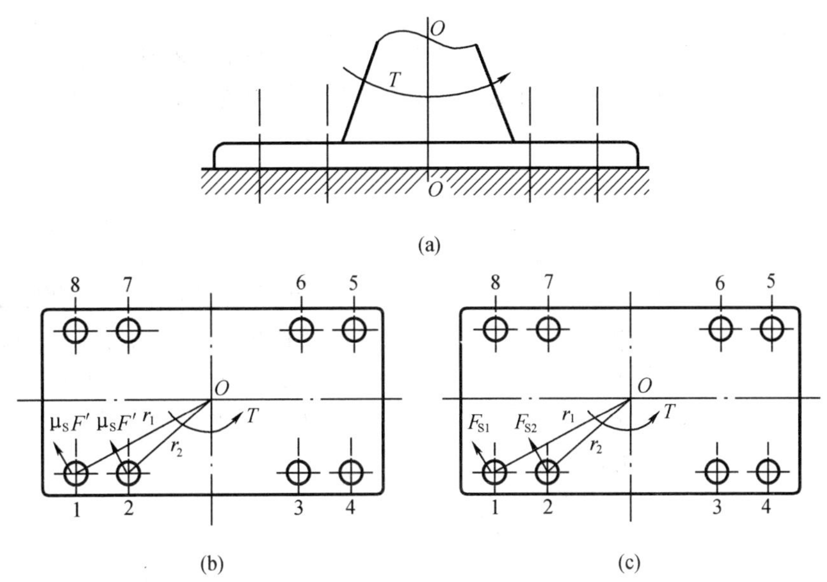

图 4.27 螺栓组连接受扭矩作用

①受拉螺栓连接　当采用受拉螺栓时，如图 4.27(b)所示，此时靠摩擦传力，即扭矩与底板的摩擦力矩平衡。假设各螺栓连接接合面的摩擦力相等并集中在螺栓中心处，与螺栓中心至底板旋转中心 $O-O$ 的连线垂直，根据底板的静力平衡条件可得

$$\mu_S r_1 F' + \mu_S r_2 F' + \cdots + \mu_S r_Z F' \geqslant K_f T \tag{4-24}$$

即

$$F' \geqslant \frac{K_f \cdot T}{\mu_S (r_1 + r_2 + \cdots + r_Z)} \quad 或 \quad F' \geqslant \frac{K_f \cdot T}{\mu_S \sum_1^Z r_i} \tag{4-25}$$

②铰制孔用螺栓　当采用铰制孔用螺栓时，此时靠剪切传力，如图 4.27(c)所示，各螺栓的工作载荷与其到螺栓组对称中心 $O-O$ 的连线垂直。底板受力为扭矩 T 和螺栓给螺栓孔的反力矩，根据底板的静力平衡条件得

$$F_{S1} r_1 + F_{S1} r_2 + \cdots + F_{SZ} r_Z = T \tag{4-26}$$

根据螺栓的变形协调条件，各螺栓的剪切变形量与其中心至底板对称中心 $O-O$ 的距离成正比。因为螺栓剪切刚度相同(由于螺栓材料、直径、长度相同)，所以各螺栓的剪切力也与这个距离成正比，则

$$\frac{F_{S1}}{r_1}=\frac{F_{S2}}{r_2}=\cdots=\frac{F_{SZ}}{r_Z}$$

虽然 $F_{S1},F_{S2},\cdots,F_{SZ}$不知且不等，但是可由变形协调条件，并通过联立解上两式求出。具体步骤如下：

a. 将 $F_{S1},F_{S2},\cdots,F_{SZ}$都写成 F_{S1}的函数，即

$$F_{S2}=F_{S1}\frac{r_2}{r_1},F_{S3}=F_{S1}\frac{r_3}{r_1},\cdots,F_{SZ}=F_{S1}\frac{r_Z}{r_1} \tag{4-27}$$

b. 将(4-27)中的式子代入式(4-26)得

$$T=\frac{F_{S1}}{r_1}(r_1^2+r_2^2+\cdots+r_Z^2)$$

例如，距底板旋转中心最远的1,4,5,8(图4.27)四个螺栓，又因为 $F_{S1}=F_{S4}=F_{S5}=F_{S8}=F_{max}$，因此也可写成通式，即一组螺栓中受力最大螺栓所受的力为

$$F_{S_{max}}=\frac{Tr_{max}}{\sum\limits_{i=1}^{Z}r_i^2} \tag{4-28}$$

(4)受翻倒力矩 M 作用的螺栓组连接

受翻倒力矩 M 作用的螺栓组连接，如图4.28所示，由于这种螺栓连接翻倒力矩 M 的方向与螺栓的轴线平行，因此螺栓只能受拉而不能受剪切作用。为了接近实际并简化计算，作以下假设：被连接件为弹性体且接合面始终保持为平面，同时在 M 作用下底板有绕通过螺栓组对称中心线 $O-O$ 翻转的趋势，还受左边螺栓对螺栓孔的反作用和右边地基对底板的作用，根据底板的静力平衡条件得

$$M=F_1l_1+F_2l_2+\cdots+F_Zl_Z \tag{4-29}$$

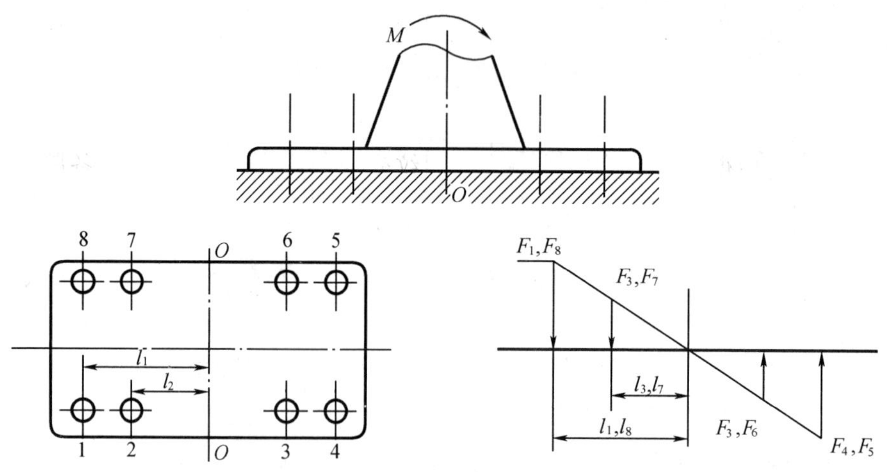

图4.28 螺栓组连接受翻倒力矩

据螺栓的变形协调条件，各螺栓的拉伸变形量与其中心到底板对称中心 $O-O$ 的距离成正比。因为螺栓剪切刚度相同(由于螺栓材料、直径、长度相同)，可以左边螺栓所受工作拉力和右边地基上螺栓处所受的压力，都与这个距离成正比，则

$$\frac{F_1}{l_1}=\frac{F_2}{l_2}=\cdots=\frac{F_Z}{l_Z}$$

同受旋转力矩 T 作用的螺栓组连接原理一样,将各个螺栓受的力都写成最大螺栓受的力 F_1 的函数,则

$$F_2=F_1\frac{l_2}{l_1},F_3=F_1\frac{l_3}{l_1},\cdots,F_Z=F_1\frac{l_Z}{l_1} \tag{4-30}$$

将式(4-30)代入式(4-29)得

$$M=F_1l_1+F_1\frac{l_2^2}{l_1}+\cdots+F_1\frac{l_Z^2}{l_1}$$

即

$$F_{\max}=\frac{Ml_{\max}}{\sum\limits_{i=1}^{Z}l_i^2}$$

4.2.6 提高螺栓连接强度的措施

提出提高连接强度的措施,是设计和使用螺栓连接的关键步骤之一。但是影响螺栓连接强度的因素很多,有材料、结构、尺寸参数、制造和装配工艺等。主要涉及到螺纹牙受力分配、附加应力、应力集中、应力幅、材料、机械性能、制造工艺等方面。螺栓连接承受轴向变载荷时,其损坏的形式多为螺栓杆部分的疲劳断裂,通常发生在应力集中较严重之处,即螺栓头、螺纹收尾部和螺母支承平面所在的螺纹。以下简要介绍提高螺栓连接强度的措施。

1. 改善螺纹牙间载荷分布

采用普通结构的螺母时,载荷在旋合各圈螺纹牙的受力是不均匀的。受拉螺栓与受压螺母组合,螺栓杆拉力自下而上由 F 递减为零,对应螺距逐渐增大;螺母体压力则自上而下由零递增为 F,对应的螺距逐渐减小。

根据螺纹牙、栓杆和母体的变形协调条件可知,这种螺距变化差主要靠旋合各圈螺纹牙的变形来补偿,使得从传力算起的第一圈螺纹受力与变形为最大,以后各圈递减,如图 4.29 所示。通过理论分析和实验证明,旋合圈数越多,受力不均匀程度也越显著,到第 8 ~ 10 圈以后,螺纹牙几乎不受力。因此,采用加高螺母以增加旋合圈数,对提高螺栓强度并不会起明显作用。

为了使螺纹牙受力比较均匀,可用以下几种方法。①悬置螺母,如图 4.30 (a)所示。使母体和螺栓杆的变形一致,即螺母的螺纹牙随螺杆的螺纹牙也受拉,与螺栓变形协调,以减少螺距变化差,使载荷分布均匀,可提高螺栓疲劳强度约 40%。②内斜螺母,如图 4.30 (b)所示。可减小原受力大的螺纹牙的刚度而把力分配到受力小的牙上,可提高螺栓疲劳强度约 20%。③环槽螺母,如图 4.30 (c)所示。利用螺母接近支承面处受拉且富于弹性,可提高螺栓疲劳强度约 30%。④螺栓与螺母采用不同材料匹配。通常螺母材料软、弹性模量低,如钢螺栓配有色金属螺母,则能改善螺纹牙受力分配,可提高螺栓疲劳强度约 40%。

2. 减小应力集中

应力集中是影响螺栓疲劳强度的主要因素之一,螺纹牙根和收尾、螺栓头部与螺栓杆交接处,都有应力集中,是产生断裂的危险部位;特别是在旋合螺纹的牙根处,由于螺栓杆

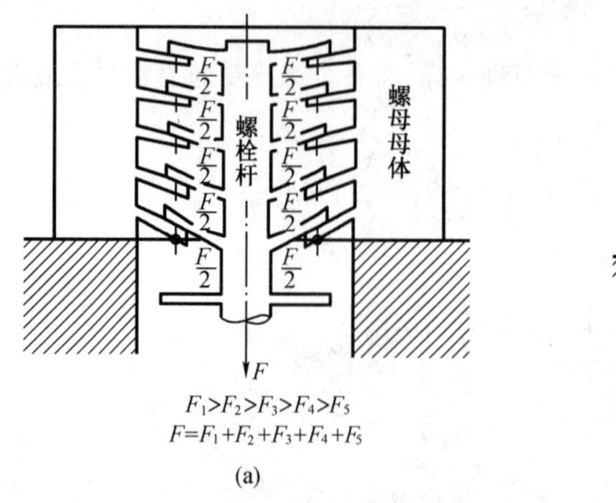

(a)

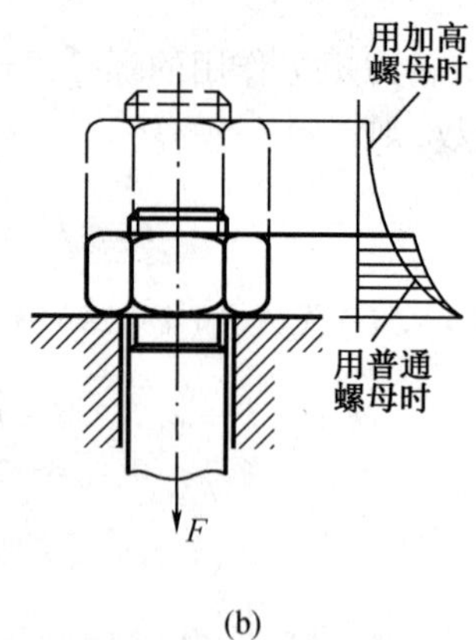

(b)

图 4.29 螺纹牙的受力和变形

(a) 螺纹牙受力和变形;(b) 螺纹牙受力分配

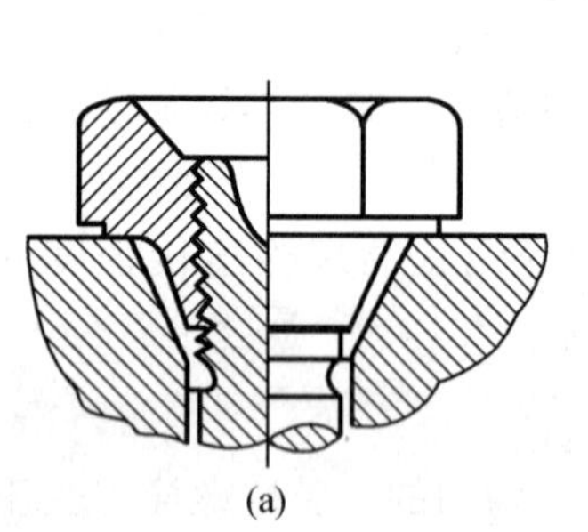
(a)

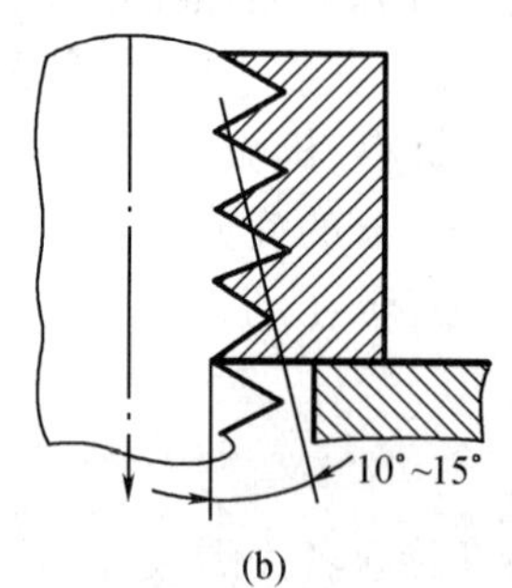

(b)

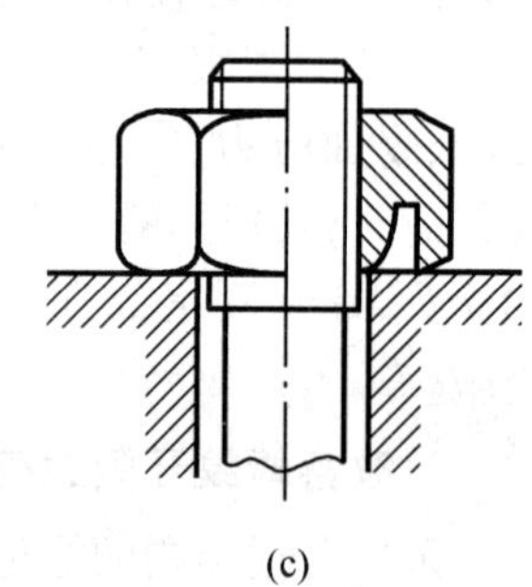
(c)

图 4.30 几种受力分配较均匀的螺母结构

(a)悬置螺母;(b)内斜螺母;(c)环槽螺母

拉伸,牙受弯剪,而且受力不均,情况更为严重。适当增大螺纹牙根圆角半径,螺栓头部与螺栓杆交接处采用较大的过渡圆角,螺纹收尾处切制退刀槽以及使螺纹收尾处平缓过渡等都是减小应力集中的有效方法,可提高螺栓疲劳强度达 20% ~40%。

3. 避免或者减小附加应力

螺纹牙根部对弯曲很敏感,在相当大的拉应力下弯曲应力对螺栓断裂起关键作用。由于设计、制造或安装上的疏忽,有可能使得螺栓受到附加弯曲应力,这对螺栓疲劳强度影响很大。为避免或减小附加弯曲应力,其结构采用凸台或沉头座等结构,经过切削加工后可获得平整的支承面,同时在工艺上注意保证使螺纹孔轴线与连接各支承面垂直,如图 4.31 所示。

4. 减小应力幅 σ_a

在螺栓的最大应力一定时,应力幅越小,疲劳强度越高。如图 4.32 所示,在工作载荷和剩余预紧力不变的情况下,减小螺栓刚度或增大被连接件刚度都能达到减小应力幅的目的。

减小螺栓刚度的措施:对于柔性螺栓,部分减小螺栓杆直径或做成中空的结构;增大螺

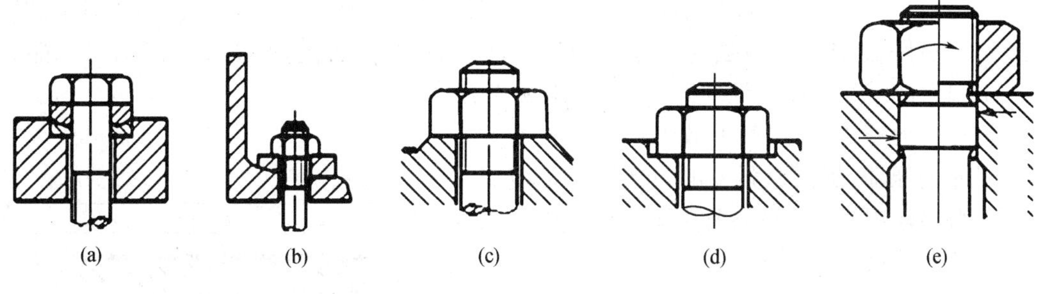

图 4.31 减少或者避免附加应力的方法

(a)采用球面垫圈;(b)采用斜垫圈;(c)采用凸台;(d)采用沉头座;(e)采用环腰

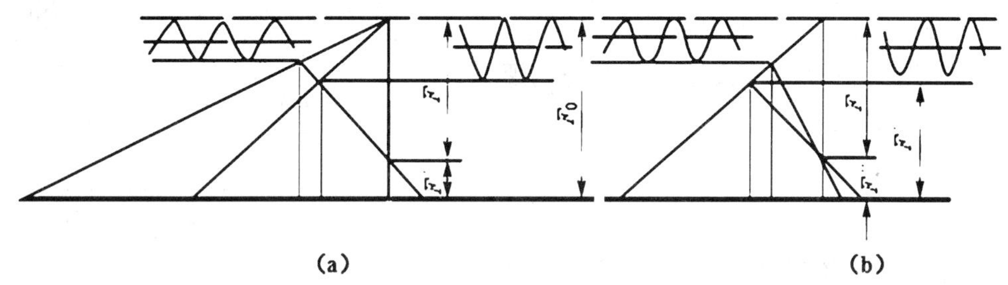

图 4.32 减小应力幅的措施

(a) 减小螺栓的刚度;(b) 增大被连接件刚度

栓杆的长度;在螺母下安装弹性元件等,当工作载荷由被连接件传来时,由于弹性元件的较大变形就相当于起到柔性螺栓的效果,可达到减小螺栓刚度的目的,如图 4.33(a)所示。对于被连接件,增大其刚度可采用高硬度垫片或密封环,如图 4.33(b)、(c)所示。

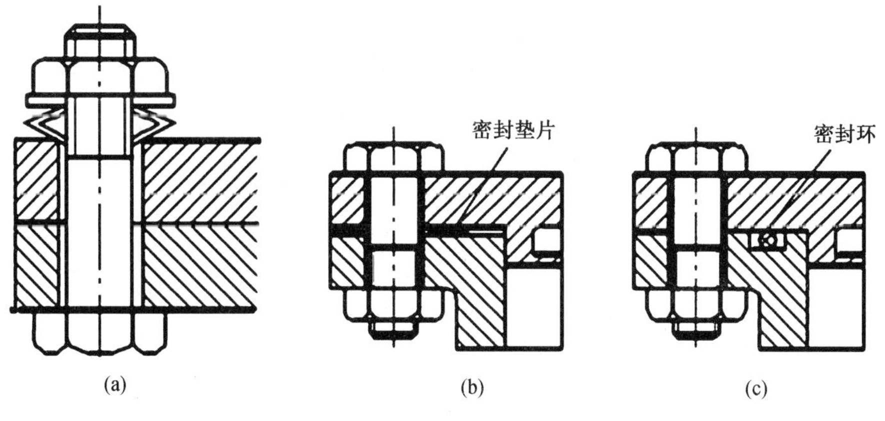

图 4.33 减小螺栓刚度的措施

(a)弹性元件置于螺母下;(b)采用密封垫片;(c)采用密封环

5. 改善制造工艺

制造工艺对螺栓疲劳强度有重要影响。采用辗制螺纹时,由于冷作硬化的作用,表层有残余压应力,金属流线合理,螺栓疲劳强度比车制螺纹的高 30% ~40%。热处理后再滚压的效果更好,螺栓的疲劳强度可提高 70% ~100%,此法具有优质、高产、低消耗等功能。

碳氮共渗、渗氮、喷丸处理都能提高螺栓疲劳强度。

对于受剪螺栓连接,其失效形式多为被连接件孔壁的压溃,提高其强度的主要措施是增强孔壁强度。近年发展的各种形式杆孔过盈配合和冷挤压胀孔技术,能有效提高连接的疲劳强度。

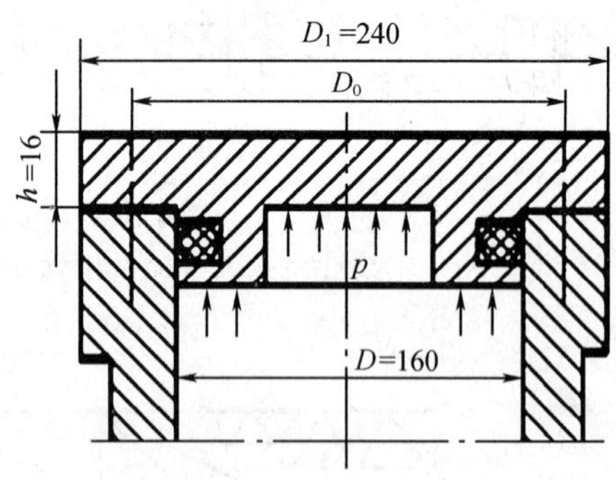

图 4.34 钢制液压缸

【综合应用实例】

例 图 4.34 为一个钢制液压缸,油压 d = 4 MPa,缸径 D = 160 mm,为保证气密性要求,螺柱间距不得大于 100 mm,试计算其缸体的螺柱连接和螺柱分布圆直径 D_0。

解 设计计算步骤如下表

计算与说明	主要结果
(1)假设用 8 个双头螺栓,对于压力容器取剩余预紧力为 $$F''=1.8F$$ 压力容器的工作载荷 $$F=\frac{\pi D^2}{4}p=\frac{\pi\times160^2}{4}\times4\ \text{N}=80\ 384\ \text{N}$$ 每个螺栓的工作载荷 $$F=\frac{F_{\sum}}{Z}=\frac{80\ 384}{8}\ \text{N}=10\ 048\ \text{N}$$ 每个螺栓所受总拉力 $$F_0=F''+F=1.8F+F=28\ 134\ \text{N}$$	$F_0=28\ 134$ N
(2)取螺栓材料为 45 钢,$\sigma_s=360$ MPa,安全系数 $S=3$,则许用应力为 $$[\sigma]=\frac{360}{3}=120\ \text{MPa}$$ 计算螺栓的直径为 $$d_1=\sqrt{\frac{4\times1.3F_0}{\pi\lvert\sigma\rvert}}=19.70\ \text{mm}$$	
(3)根据 GB/T 193—2003 ,选 M 24 cm,其 $d_1=20.752\ \text{mm}>19.70\ \text{mm}$ 根据图示取 $$D_0=\frac{D+D_1}{2}=\frac{160+240}{2}=200\ \text{mm}$$ 螺栓间距为 S,则 $8S=\pi D_0$ $$S=\frac{\pi D_0}{8}=\frac{\pi\times200}{8}=78.54\ \text{mm}<100\ \text{mm}$$	M24 $d_1=20.752$ mm $D_0=200$ mm

4.3 螺旋传动

4.3.1 螺旋传动的类型、特点及应用

螺旋传动与前面讲的螺纹连接,虽然它们都由带螺纹的零件组成,但两者工作情况完全不同,从而在要求上也有很大差别。对螺旋传动来讲,由于要传递运动、主要要求保证螺旋副有较高的传动效率和磨损寿命。从这一基本点出发,去理解它的结构设计、材料选择和设计计算方法的特点以及与螺纹连接的差别。虽然滚动螺旋传动和静压螺旋传动在精密机械中已有广泛的应用,但限于篇幅,在本节只对它们作简单的介绍,而把主要的重点放在最基本的滑动螺旋传动的设计和计算上。

(1)螺旋传动按其用途不同的分类

①传力螺旋　它以传递动力为主。要求以较小的转矩产生较大的轴向推力,用以克服工件阻力,如各种起重或加压装置的螺旋。这种传力螺旋主要承受很大的轴向力,一般为间歇性工作,每次的工作时间较短,工作速度也不高,而且通常需有自锁能力。

②传导螺旋　它以传递运动为主,有时也承受较大的轴向载荷,如机床进给机构的螺旋丝杠等。传导螺旋主要在较长的时间内连续工作,工作速度较高,因此要求具有较高的传动精度。

③调整螺旋　它用以调整、固定零件的相对位置,如机床、仪器及测试装置中的微调机构的螺旋。调整螺旋不经常转动,一般在空载下调整。

(2)螺旋传动根据螺纹副摩擦情况的分类

根据螺纹副的摩擦情况,可分为滑动螺旋、滚动螺旋和静压螺旋。

滑动螺旋构造简单、加工方便、易于自锁,但摩擦大、效率低(一般为30% ~40%),磨损快,低速时可能爬行,定位精度和轴向刚度较差。滚动螺旋和静压螺旋没有这些缺点,前者效率在90%以上,后者效率可达99%,但构造较复杂,加工不便。静压螺旋实际上是采用静压流体润滑的滑动螺旋。静压螺旋还需要供油系统。本节主要介绍滑动螺旋的设计计算方法。

(3) 螺旋传动的特点及应用

螺旋传动是利用螺杆和螺母组成的螺旋副来实现传动要求的。它主要用以将回转运动变为直线运动,同时传递运动和动力,几种基本方式如图4.35所示。

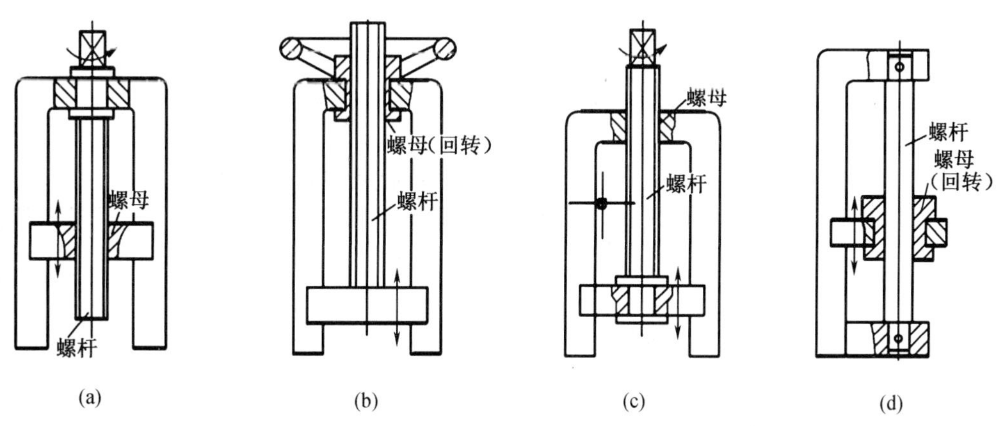

图4.35　螺旋传动的运动转变方式

(a)螺杆转动螺母移动;(b)螺母转动螺杆移动;(c)螺母固定螺杆转、移;(d)螺杆固定螺母转、移

螺旋传动应用很广，如螺旋千斤顶、螺旋丝杠、螺旋压力机等，如图 4.36 所示。

4.3.2　螺旋传动的设计计算

滑动螺旋工作时，主要承受转矩及轴向力（拉力或压力）的作用，同时在螺杆和螺母的旋合螺纹间有较大的相对滑动。其失效形式主要是螺纹磨损。因此，滑动螺旋的基本尺寸（即螺杆直径与螺母高度），通常是根据耐磨性条件确定的，对于受力较大的传力螺旋，还应校核螺杆危险截面以及螺母螺纹牙的强度，以防止发生塑性变形或断裂；对于要求自锁的螺杆应校核其自锁性；对于精密的传导螺旋应校核螺杆的刚度（螺杆的直径应根据刚度条件确定），以免受力后由于螺距的变化引起传动精度降低；对于长径比很大的受压螺杆，应校核其稳定性，以防止螺杆受压后失稳；对于高速的长螺杆还应校核其临界转速，以防止产生过度的横向振动等。在设计时，应根据螺旋传动的类型、工作条件及其失效形式等，选择不同的设计准则，而不必逐项进行校核。

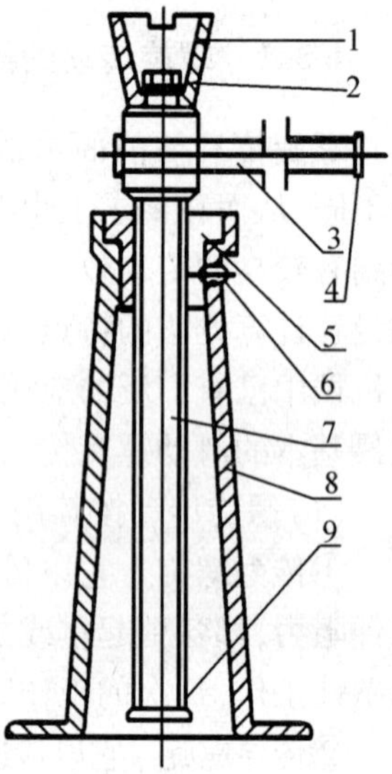

图 4.36　螺旋千斤顶

1—托环；2—螺钉；3—手柄；4—挡环；5—螺母；6—紧定螺钉；7—螺杆；8—底座；9—挡环

下面主要介绍耐磨性计算和几项常用的校核计算方法。

1. 螺旋传动的效率与自锁

根据机械原理知识可知，螺旋传动的效率可用下式表示

$$\eta = \frac{\tan\varphi}{\tan(\varphi + \varphi_v)} \tag{4-31}$$

螺纹副自锁条件可表示为

$$\varphi \leqslant \varphi_v = \arctan\frac{f}{\cos\beta} = \arctan f_v \tag{4-32}$$

式中　φ——螺纹升角；

φ_v——螺纹副的当量摩擦角；

f——螺纹副的摩擦因数；

f_v——螺纹副的当量摩擦因数；

β——螺纹牙形的牙型斜角。

螺旋传动螺纹副的摩擦系数，如表 4－12 所示。

表 4－12　螺旋传动螺纹副的摩擦系数

螺纹副材料	钢对青铜	钢对耐磨铸铁	钢对灰铸铁	铜对钢	淬火钢对青铜
摩擦因数 f	0.08～0.10	0.10～0.12	0.12～0.15	0.11～0.17	0.06～0.08

注：大值用于启动时。

2. 滑动螺旋副的结构与材料

（1）滑动螺旋的结构

螺旋传动的结构主要是指螺杆、螺母的固定和支承的结构形式。螺旋传动的工作刚度

与精度等和支承结构有直接关系，当螺杆短而粗且垂直布置时，如起重及加压装置的传力螺旋，可以利用螺母本身作为支承。以图4.36为例，此时螺母应有挡环4以承受轴向力和轴向定位，紧定螺钉6是为了螺母的轴向固定以承受转矩。当螺杆细长且水平布置时，如机床的传导螺旋(丝杠)等，应在螺杆两端或中间附加支承，以提高螺杆的工作刚度。螺母杆的支承结构和轴的支承结构基本相同，请参看第10章有关内容。此外，对于轴向尺寸较大的螺杆，应采用对接的组合结构代替整体结构，以减少制造工艺上的困难。

螺母结构有整体螺母(图4.37)、组合螺母(图4.38)和剖分螺母(图4.39)等形式。整体螺母结构简单，但由于磨损产生的轴向间隙不能补偿，只适合精度较低的螺旋。对于经常双向传动的传导螺旋，为了消除轴向间隙和补偿螺纹磨损，避免反向传动时空行程，一般采用组合螺母或剖分螺母。

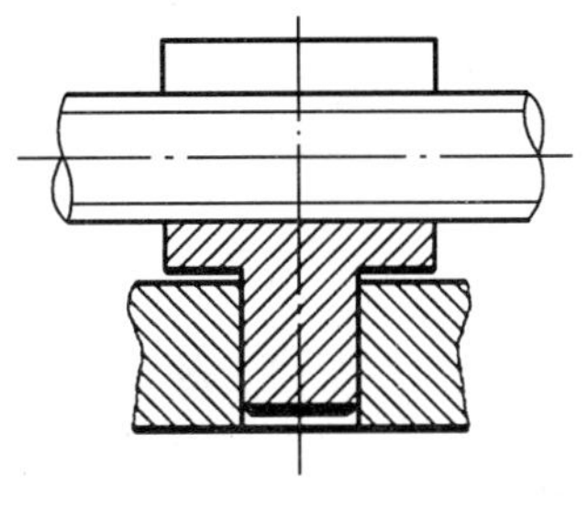

图4.37 整体螺母图

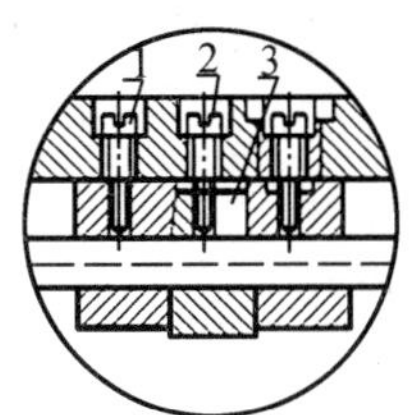

图4.38 组合螺母图

1—固定螺钉;2—调整螺钉;3—调整楔块

滑动螺旋采用的螺纹类型有矩形、梯形、锯齿形，其中梯形、锯齿形应用较多。

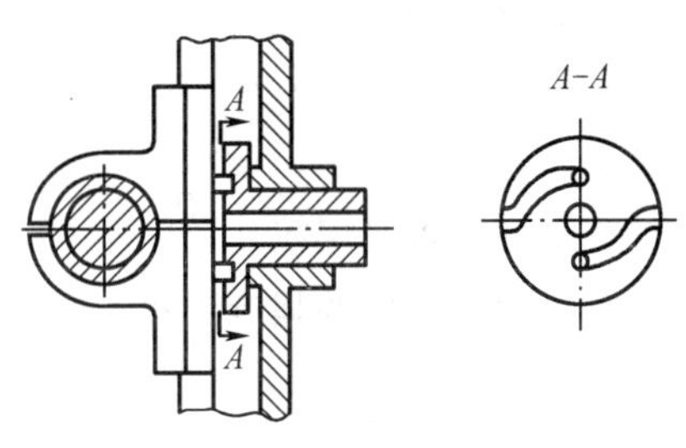

图4.39 剖分螺母

(2)滑动螺旋的材料

螺杆材料要有足够的强度和耐磨性，以及良好的加工性。不经热处理的螺杆一般可用Q235、40WMn，45钢，50钢，重要的需热处理的螺杆可用65Mn，40Cr或20CrMnTi钢。精密传动螺杆可用9Mn2V，CrWMn，38CrMoAI钢等。

螺母材料除要有足够的强度外，还要求在与螺杆材料配合时摩擦系数小和耐磨。常用的材料是铸锡青铜ZCuSn10P1，ZCuSn5Pb5Zn5；重载低速时用高强度铸造铝青铜ZCuAl10Fe3或铸造黄铜ZCuZn25A16Fe3Mn3；重载时可用35钢或球墨铸铁；低速轻载时也可用耐磨铸铁。尺寸大的螺母可用钢或铸铁做外套，内部浇注青铜。高速螺母可浇注锡锑或铅锑轴承合金(即巴氏合金)。

3. 滑动螺旋副的耐磨性计算

磨损多发生在螺母，把螺纹牙展直后相当于一根悬臂梁。耐磨性的计算在于限制螺纹副的压强p。设轴向力为F，旋合螺纹圈数$u=H/P$，此处H是螺纹旋合长度，P为螺距，则验算式为

$$p=\frac{F}{A}=\frac{F}{\pi d_2hu}=\frac{FP}{\pi d_2hH}\leqslant[p] \tag{4-33}$$

式中 d_2——螺纹中径；

h——螺纹工作高度，梯形和矩形螺纹$h=0.5P$，锯齿形螺纹$h=0.75P$；

$[p]$——许用压强，如表4-13所示。

表 4-13　滑动螺旋传动的许用压强[p]

螺纹副材料	滑动速度/($m\cdot min^{-1}$)	许用压强/MPa	螺纹副材料	滑动速度/($m\cdot min^{-1}$)	许用压强/MPa
钢对青铜	低速	18~25	钢对灰铸铁	<2.4	13~18
	<3.0	11~18		6~12	4~7
	6~12	7~10	钢对钢	低速	7.5~13
	>15	1~2	淬火钢对青铜	6~12	10~13
钢对耐磨铸铁	6~12	6~8	—	—	—

注：φ<2.5 或人力驱动时，[p]可提高 20%；螺母为两半式时，[p]降低 15%~20%。

为了设计方便，可引用系数 $\varphi = H/d_2$ 以消去 H，得

$$d_2 \geqslant \sqrt{\frac{FP}{\pi h\varphi[p]}} \tag{4-34}$$

对于矩形和梯形螺纹，$h=0.5P$，则

$$d_2 \geqslant 0.8\sqrt{\frac{FP}{\varphi[p]}} \tag{4-35}$$

对于工作面牙侧角为 3°的锯齿形螺纹，$h=0.75P$，则

$$d_2 \geqslant 0.65\sqrt{\frac{FP}{\varphi[p]}} \tag{4-36}$$

当螺母为整体式、磨损后间隙不能调整时，取 $\varphi=1.2\sim2.5$；螺母为两半式、间隙能够调整，或螺母兼作支承而受力较大时，可取 $\varphi=2.5\sim3.5$；传动精度较高，要求寿命较长时，允许取 $\varphi=4$。

由于旋合各圈螺纹牙受力不均，u 不宜大于 10。

4. 滑动螺旋副的强度计算

(1) 螺纹牙强度计算

螺纹牙的剪切和弯曲破坏多发生在螺母。如图 4.40 所示，螺纹牙的剪切和弯曲强度条件分别为

$$\tau = \frac{F}{\pi Dbu} \leqslant [\tau] \tag{4-37}$$

$$\sigma_b = \frac{6Fl}{\pi Db^2u} \leqslant [\sigma_b] \tag{4-38}$$

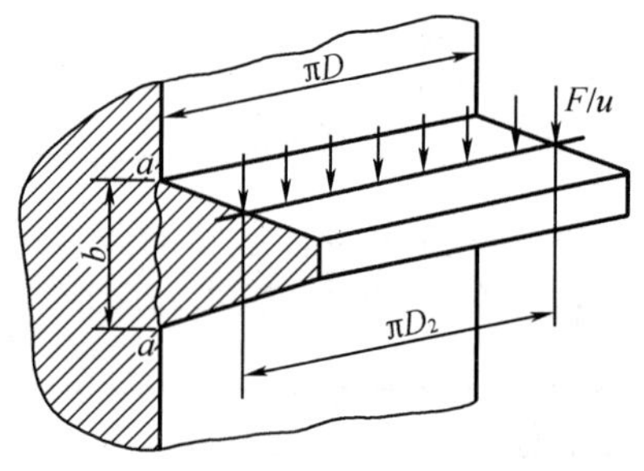

图 4.40　螺母螺纹牙的受力

式中　D——螺母螺纹大径；

b——螺纹牙底宽度，梯形螺纹 $b=0.634P$，矩形螺纹 $h=0.5P$，锯齿形螺纹 $b=0.736P$；

l——弯曲力臂，$l=(D-D_2)/2$；

$[\tau]$——螺纹牙的许用剪切应力；

$[\sigma_b]$——弯曲应力，如表 4-14 所示。

表 4－14　滑动螺旋副材料的许用应力

螺旋副材料		许用应力/MPa		
		$[\sigma]$	$[\sigma_b]$	$[\tau]$
螺杆	钢	$\sigma_s/(3\sim5)$	—	—
	青铜	—	40～60	30～40
螺母	铸铁	—	45～55	40
	钢	—	$(1\sim1.2)[\sigma]$	$0.6[\sigma]$

(2)螺杆强度计算

螺杆受有压力(或拉力)F 和扭矩 T，根据第四强度理论，其强度条件为

$$\sigma_{ca}=\sqrt{\left(\frac{4F}{\pi d_1^2}\right)^2+3\left(\frac{T}{0.2d_1^3}\right)^2}\leqslant[\sigma] \tag{4-39}$$

式中　F——螺杆所受轴向压力(或拉力)；

T——螺杆所受扭矩，$T=F\tan(\varphi+\rho_v)d_2/2$ ；

$[\sigma]$——螺杆材料的许用应力，如表 4－14 所示。

5. 受压螺杆的稳定性计算

螺杆受压时的稳定性验算式为

$$\frac{F_{cr}}{F}\geqslant 2.5\sim4 \tag{4-40}$$

$$F_{cr}=\frac{\pi^2 EI}{(\beta l)^2} \tag{4-41}$$

式中　F_{cr}——螺杆的稳定临界载荷，根据螺杆的柔度 λ 值确定，$\lambda=\beta l/i$，其中 i 为螺杆危险截面的惯性半径；

E——螺杆材料的弹性模量；

I——螺杆危险截面的轴惯性矩，$I=\pi d_1{}^2/64$；

β——长度系数，与两端支承形式有关，如表 4－15 所示。

表 4－15　螺杆的长度系数 β

端部支承情况	长度系数 β	端部支承情况	长度系数 β
两端固定	0.5	两端不完全固定	0.75
一端固定，一端不完全固定	0.6	两端铰支	1.00
一端铰支，一端不完全固定	0.7	一端固定，一端自由	2.00

6. 螺杆的刚度计算

对于传递精确运动的滑动丝杠副，工作中只允许有很小的螺距误差。但由于丝杠在轴向力和扭矩的作用下将产生变形，而引起螺距变化，从而影响到滑动丝杠副的传动精度。为了使滑动丝杠的变形很小或把螺距的变化限制在允许的范围内，则必须要求丝杠具有足够的刚度。因此，在设计传递精确运动的滑动丝杠副时应进行丝杠的刚度计算。

滑动丝杠副受力变形后所引起的螺距误差，一般由如下两部分组成。

（1）丝杠在轴向载荷 F 作用下，所产生的螺距变形量为 δ_F，其计算公式为

$$\delta_F = \frac{4FP}{\pi E d_1^2} \tag{4-42}$$

式中 F——丝杠承受的轴向力，N；

P——丝杠螺纹的螺距，mm；

E——丝杠的弹性模量，MPa；

d_1——丝杠的小径，mm。

（2）扭矩 T 产生每个螺距的变形为

$$\delta_T = \frac{16TP^2}{\pi^2 G d_1^4} \tag{4-43}$$

式中 T——扭矩，N·mm；

P——丝杠螺纹的螺距，mm；

G——丝杠的剪切弹性模量，MPa；

d_1——丝杠的小径，mm。

每个螺纹螺距总变形为

$$\delta = \delta_F + \delta_T \tag{4-44}$$

单位长度变形量为

$$[\Delta] = \delta / P \tag{4-45}$$

4.3.3 其他螺旋传动简介

1.滚动螺旋传动简介

滚动螺旋可分为滚子螺旋和滚珠螺旋两类。因为滚子螺旋的制造工艺复杂，所以应用较少，下面简要介绍滚珠螺旋传动。滚珠螺旋传动的结构如图4.41所示。当螺杆或螺母回转时，滚珠依次沿螺纹滚动。借助于导向装置将滚珠导入返回轨道，然后再进入工作轨道。如此往复循环，使滚珠形成一个闭合循环回路。其方式分外循环和内循环；前者导路为一导管，后者导路为每圈螺纹有一反向器，滚珠在本圈内运动。外循环的加工方便，但径向尺寸较大。螺母螺纹以3~5圈为宜，过多受力不均，并不能提高承载能力。滚珠螺旋传动具有传动效率高，启动力矩小，传动灵敏平稳，工作寿命长等优点。目前在机车、汽车、航空等

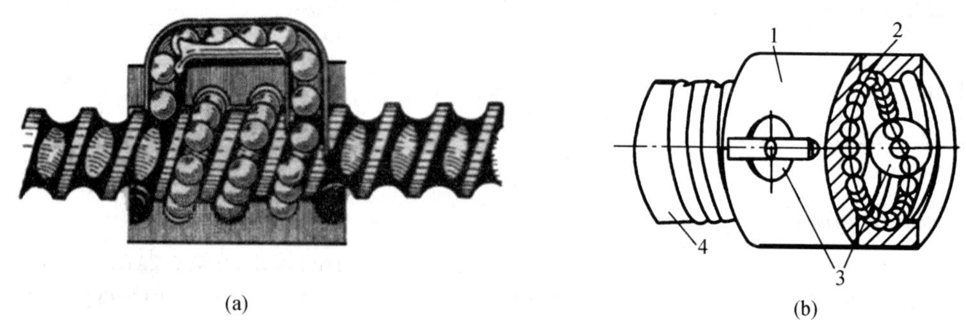

图4.41 滚珠螺旋传动的结构

（a）外循环；（b）内循环

1—螺母；2—滚珠；3—反向器；4—螺杆

制造业应用很广。缺点是制造工艺复杂,成本高。

2. 静压螺旋传动简介

如图4.42(a)所示,压力油经节流器进入内螺纹牙两侧的油腔,然后经回油通路流回油箱。当螺杆不受力时,处于中间位置,而牙两侧的间隙和油腔压力相等。当螺杆受轴向力 F_0 而左移时,间隙 h_1 减小,h_2 增大,使牙左侧压力大于右侧,从而产生一平衡 F_0 的液压力。在图4.42(b)中,如果每一螺纹牙侧开三个油腔,则当螺杆受径向力 F_r 而下移时,油腔 A 侧的间隙减小,压力增高,B 和 C 侧的间隙增大,压力降低,从而产生一平衡 F_r 的液压力。

当螺杆受弯曲力矩时,也具有平衡能力。

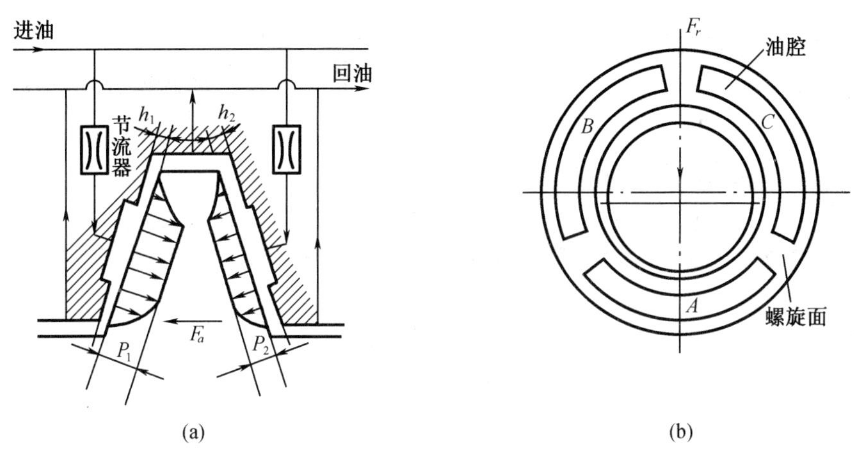

图4.42 静压螺旋传动的工作原理

(a)受轴向力时;(b)受径向力时

4.3.4 螺旋传动的工程应用

滑动螺旋受轴向拉(压)力和摩擦转矩,产生拉(压)应力和扭转切应力的联合作用。如螺旋起重器的螺杆受到轴向压力 F 和扭矩 T 的联合作用。其中:$T = T_1 + T_2$(T_1 为螺旋副的摩擦力矩,T_2 为承受重物的托杯与螺杆支承面的摩擦力矩)。由于螺旋副之间有较大的滑动摩擦,因此磨损是其主要失效原因之一,应根据耐磨性计算来确定螺杆的直径、螺距等基本参数。

对受力较大的传力螺旋,还应对螺杆及螺母进行强度计算。针对长径比很大的螺杆容易产生侧向弯曲失效和起重螺旋等的自锁性要求,应校核受压螺杆的稳定性,核验自锁性能等。

本章小结

本章主要讲解了螺纹及螺纹连接的基本知识,重点分析了螺栓组连接的设计计算方法(包括单个螺栓连接的预紧、强度计算、螺栓组结构设计、受力分析),阐述了提高连接强度的措施,同时也介绍了其他连接的基本类型和特点及滑动螺旋传动的设计计算方法。

习　题

一、选择题

1. 若要提高受轴向变载荷作用的紧螺栓的疲劳强度,则可________。

A. 在被连接件间加橡胶垫片　　B. 增大螺栓长度

C. 采用精制螺栓　　D. 加防松装置

2. 对于受轴向变载荷作用的紧螺栓连接,若轴向工作载荷 F 在 0 ~ 1 000 N 之间循环变化,则该连接螺栓所受拉应力的类型为________。

A. 非对称循环变应力　　B. 脉动循环变应力

C. 对称循环变应力

3. 在螺栓连接设计中,若被连接件为铸件,则有时在螺栓孔处制作沉头座孔或凸台,其目的是________。

A. 避免螺栓受附加弯曲应力作用　　B. 便于安装

C. 为安置防松装置　　D. 为避免螺栓受拉力过大

4. 当螺纹公称直径、牙型角、螺纹线数相同时,细牙螺纹的自锁性能比粗牙螺纹的自锁性能________。

A. 好　　B. 差　　C. 相同　　D. 不一定

5. 用于连接的螺纹牙型为三角形,这是因为三角形螺纹________。

A. 牙根强度高,自锁性能好　　B. 传动效率高

C. 防震性能好　　D. 自锁性能差

6. 用于薄壁零件连接的螺纹,应采用________。

A. 三角形细牙螺纹　　B. 梯形螺纹

C. 锯齿形螺纹　　D. 多线的三角形粗牙螺纹

7. 当铰制孔用螺栓组连接承受横向载荷或旋转力矩时,该螺栓组中的螺栓________。

A. 必受剪切力作用　　B. 必受拉力作用

C. 同时受到剪切与拉伸　　D. 既可能受剪切,也可能受挤压作用

8. 采用普通螺栓连接的凸缘联轴器,在传递转矩时,________。

A. 螺栓的横截面受剪切　　B. 螺栓与螺栓孔配合面受挤压

C. 螺栓同时受剪切与挤压　　D. 螺栓受拉伸与扭转作用

9. 在下列四种具有相同公称直径和螺距,并采用相同配对材料的传动螺旋副中,传动效率最高的是________。

A. 单线矩形螺旋副　　B. 单线梯形螺旋副

D. 双线矩形螺旋副　　D. 双线梯形螺旋副

二、简答题

1. 螺纹连接有哪些基本类型,各有何特点,各适用于什么场合?

2. 为什么螺纹连接常需要防松?按防松原理,螺纹连接的防松方法可分为哪几类?试举例说明。

3. 有一刚性凸缘联轴器,用材料为 Q235 的普通螺栓连接以传递转矩 T。现欲提高其传递的转矩,但限于结构不能增加螺栓的直径和数目,试提出三种能提高该联轴器传递转矩

的方法。

4. 提高螺栓连接强度的措施有哪些，这些措施中哪些主要是针对静强度，哪些主要是针对疲劳强度？

5. 为什么对于重要的螺栓连接要控制螺栓的预紧力 F'，控制预紧力的方法有哪几种？

三、分析计算题

1. 如图4.43所示为一圆盘锯，锯片直径 $D=500$ mm，用螺母将其夹紧在压板中间。已知锯片外圆上的工作阻力 $F_t=400$ N，压板和锯片间的摩擦因数 $f=0.15$，压板的平均直径 $D_0=150$ mm，可靠性系数 $K_f=1.2$，轴材料的许用拉伸应力 $[\sigma]=60$ MPa。试计算轴端所需的螺纹直径。（提示：此题中有两个接合面，压板的压紧力就是螺纹连接的预紧力。）

附：M10　$d_1=8.376$ mm　M12　$d_2=10.106$ mm　M16　$d_3=13.835$ mm

M20　$d_4=17.294$ mm

2. 如图4.44所示为一支架用4个普通螺栓与机座连接，所受外载荷分别为横向载荷 $K=5\ 000$ N，轴向载荷 $Q=16\ 000$ N。已知螺栓的相对刚度 $c_1/(c_1+c_2)=0.25$，接合面间摩擦因数 $f=0.15$，可靠性系数 $K_f=1.2$，螺栓材料的力学性能级别为8.8级，最小屈服极限 $\sigma_{S,min}=640$ MPa，许用安全系数 $[S]=2$，试计算该螺栓小径 d_1 的值。

3. 如图4.45所示为一钢板用4个普通螺栓与立柱连接，钢板悬臂端作用载荷 $P=20\ 000$ N，接合面间摩擦因数 $f=0.16$，可靠性系数 $K_f=1.2$，螺栓材料的许用拉伸应力 $[\sigma]=120$ MPa，试计算该螺栓组螺栓的小径 d_1。

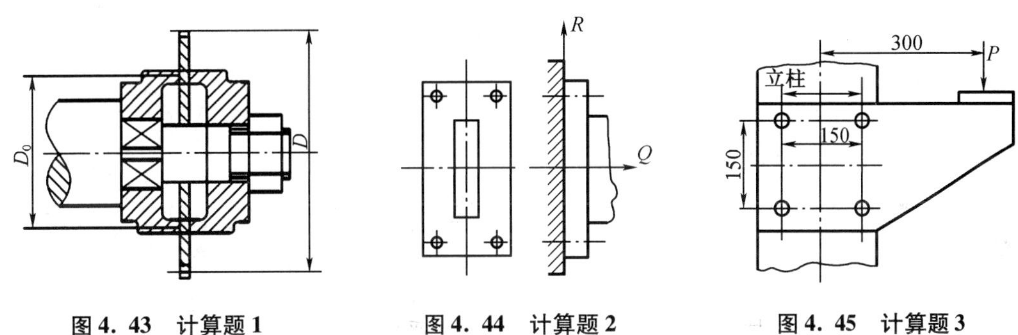

图4.43　计算题1　　图4.44　计算题2　　图4.45　计算题3

4. 有一受预紧力 F' 和轴向工作载荷 $F=1\ 000$ N 作用的紧螺栓连接，已知预紧力 $F=1\ 000$ N，螺栓的刚度 c_1 与被连接件的刚度 c_2 相等。试计算该螺栓所受的总拉力 F_0 和剩余预紧力 F''；在预紧力 F' 不变的条件下，若保证被连接件间不出现缝隙，该螺栓的最大轴向工作载荷 F_{max} 为多少？

第5章　键连接、销连接及无键连接

【教学目标】

1. 了解花键连接、销连接，以及无键连接的类型、特点和应用；

2. 熟悉键的功用、类型及应用；

3. 掌握键的类型选择、尺寸选择及强度计算；

4. 通过键的类型选择、平键剖面尺寸和长度确定方法，及键连接强度校核计算方法的学习，使学生能够增强工程意识，学会键连接设计的基本方法，并培养其恪尽职守的工作作风。

【知识要点】

本章的知识要点是键的功用、类型，键的类型选择、尺寸选择及强度计算，花键连接的齿形、特点，销连接的类型，无键连接的类型、特点和应用。

【导入案例】

盘式制动器是一种靠圆盘间的摩擦力实现制动的制动器。

全盘式制动器由定圆盘1和动圆盘2组成，如图5.1所示。定圆盘通过导向平键或花键连接于固定壳体4内，而动圆盘用导向平键或花键装在制动轴3上，并随制动轴3一起旋转。当受到轴向力时，定圆盘1和动圆盘2相互压紧而制动。这种制动器结构紧凑，摩擦面积大，制动力矩大，但散热条件差。为增大制动力矩或减小径向尺寸，可增多盘数和在圆盘表面覆盖一层石棉等摩擦材料。

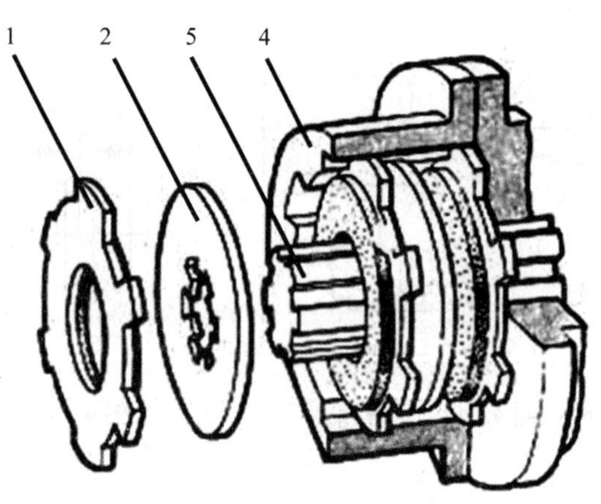

图5.1　全盘式制动器

1—定圆盘；2—动圆盘；3—制动轴；4—固定壳体

5.1　键　连　接

5.1.1　键连接的功用、分类和应用特点

键主要用于轴、带毂零件（如齿轮、蜗轮等）及实现周向固定以传递转矩的轴毂连接。其中，有些还能实现轴向固定以传递轴向力；有些则能构成轴向动连接。

键是标准零件，主要类型有：平键和半圆键，构成松连接；斜键（楔键和切向），构成紧连接。

1. 平键连接

平键的两侧面是工作面,如图5.2(a)所示,上表面与轮毂上的键槽底部之间留有间隙,工作时,靠键与键槽侧面的互压来传递扭矩。平键连接的优点是结构简单,对中性好,装拆、维护方便,因而得到广泛应用。缺点是不能承受轴向力。

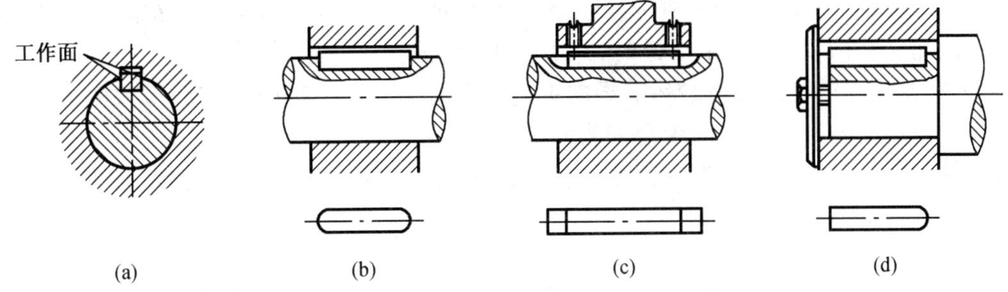

图5.2 普通平键连接

(a)端部示意图;(b)圆头;(c)方头;(d)单圆头

按用途的不同,平键分为普通平键、薄型平键、导向平键和滑键四种。导向平键简称导键。有一种键高较小的普通平键称为薄型平键,可用于薄壁零件。普通平键和薄型平键用于静连接,导向平键和滑键用于动连接。

(1)普通平键和薄型平键

普通平键按构造分,有圆头(A型)、方头(B型)及一端圆头一端方头(C型)三种。圆头键:轴上的键槽用指状铣刀加工(图5.3(a)),轮毂上的键槽用插削、拉削或线切割等方法加工;键在键槽中固定良好,但是键的工作长度小于它的总长度,所以圆头部分并未被充分利用;另外轴上键槽端部易产生应力集中。方头键:轴上的键槽用盘形铣刀加工(图5.3(b)),避免了A型键的缺点,必要时用螺钉紧固。一端圆头一端方头键:常用于轴端与轮毂连接,装配时简单方便。对于薄型平键,其键的高度约为普通平键的60%~70%,同样也分圆头、方头和单圆头三种型式,但传递转矩的能力较低,主要用于薄壁结构、空心轴及一些

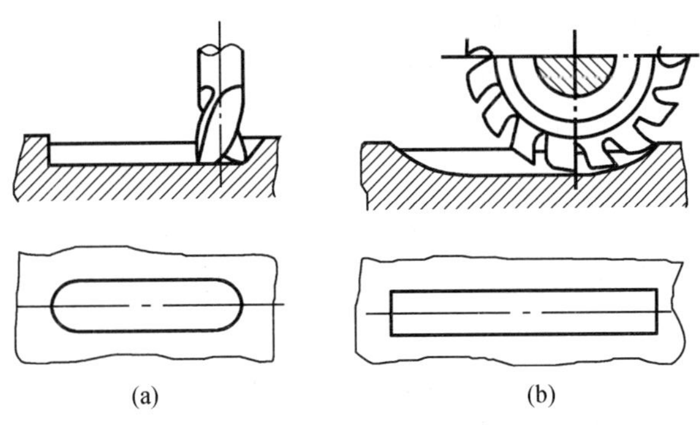

图5.3 轴上键槽的加工

(a)指形铣刀;(b)盘形铣刀

径向尺寸受限制的场合。

(2)导向键和滑键

导向键连接和滑键连接都是动连接。如图 5.4 所示,导向平键固定在轴上,其毂可以沿键作轴向滑移。导向键按结构分为圆头的和方头的,一般用螺钉紧固在轴上。如图 5.5 所示,滑键固定在轮毂上,轮毂带动滑键在轴上的键槽中作轴向滑移,滑键结构依固定方式而定。因此,当采用滑键时,只需在轴上铣出较长的键槽,而键可以做得较短。导向键连接和滑键与其相对滑动的键槽之间的配合都为间隙配合,键槽的滑动面应具有较低的粗糙度值,以减小移动时的摩擦阻力。当零件需滑移的距离较大时,因所需导向平键的长度过大,增大制造的困难,故宜采用滑键。

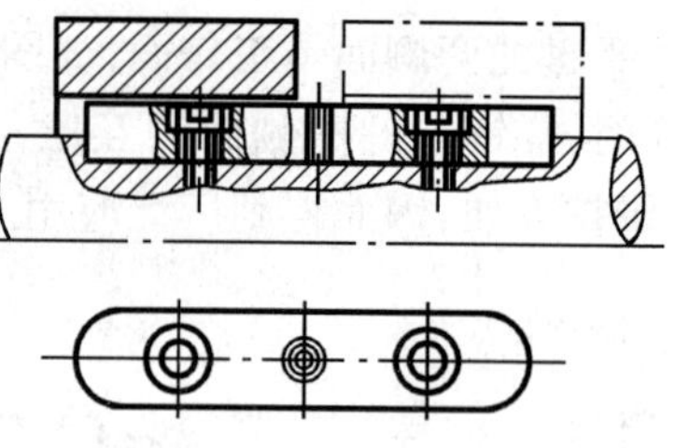

图 5.4 导向平键连接

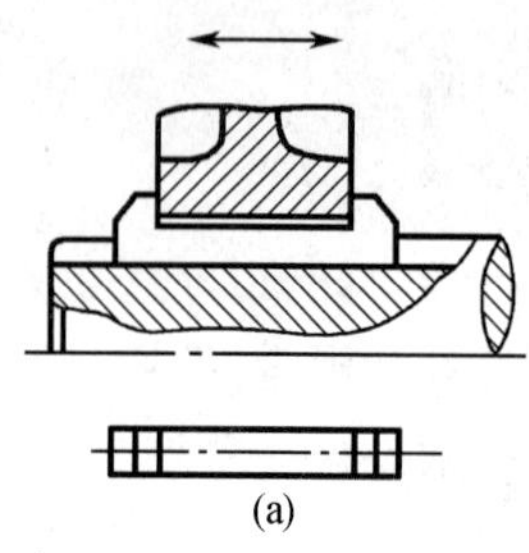

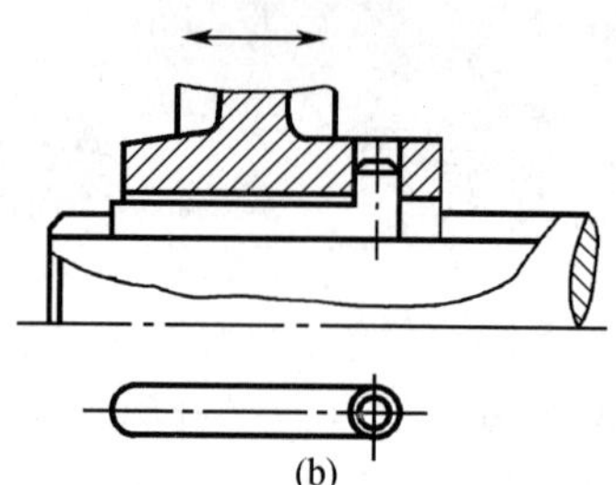

图 5.5 滑键连接

(a)双钩头;(b)单圆钩头

2. 半圆键连接

半圆键是用回火钢切制或冲压后磨制的。轴上键槽用半径与键相同的盘状铣刀铣出,因而键在槽中能绕其几何中心摆动以适应毂上键槽的斜度,其连接如图 5.6 所示。半圆键用于静连接,半圆键工作时,靠其侧面来传递转矩。这种键连接的优点是工艺性较好,装配方便。缺点是轴上键槽较深,对轴的强度削弱较大,故主要用于载荷较轻的连接中,也常用作锥形轴端与轮毂连接的辅助装置中。

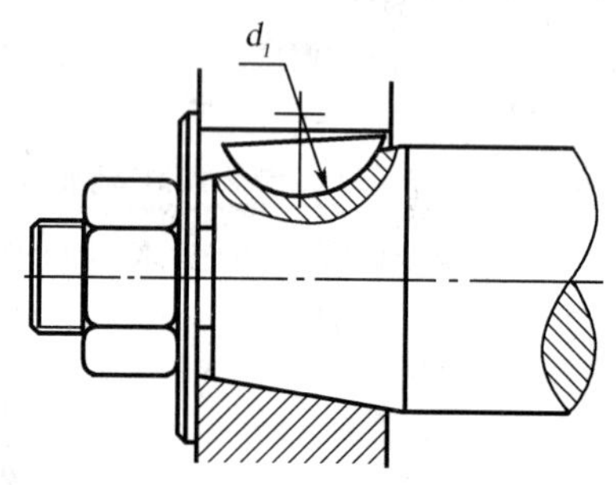

图 5.6 半圆键连接

3. 斜键连接

斜键连接只能用于静连接。根据连接的构造和工作原理不同,斜键连接有很多种。下面介绍常用的两种:楔键和切向键。

(1)楔键连接

楔键连接如图 5.7 所示。键的上下两面是工作面,分别与毂和轴上键槽的底面贴合。键的上表面和与它相配合的轮毂键槽底面均具有 1:100 的斜度。装配后,键楔紧在轴毂之间。工作时,靠键、轴、毂之间的摩擦力,再加上由于轴与毂有相对转动的趋势而使键受到偏压来传递转矩,同时还可以承受单向的轴向载荷,对轮毂起到单向的轴向固定作用。

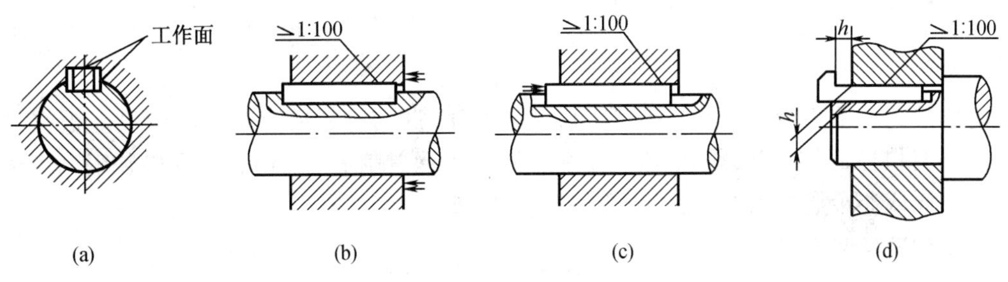

图 5.7 楔键连接

(a)楔键端部示意;(b)圆头楔键;(c)方头楔键;(d)钩头楔键

楔键的侧面与键槽侧面间有很小的间隙,当转矩过载而导致轴与轮毂发生相对转动时,键的两侧面能像平键那样参加工作,不过这一特点只有在单向且无冲击的载荷条件下才能利用。因此,楔键连接在传递有冲击和振动的较大转矩时,仍能保证连接的可靠性。

楔键分为普通楔键和钩头楔键两种。普通楔键有圆头、方头和单圆头三种形式。装配时,圆头楔键要先放入轴上键槽中,然后打紧轮毂,如图 5.7(b)所示。方头、单圆头和钩头楔键则在轮毂装好后才将键放入键槽并打紧,如图 5.7(c)、(d)所示;钩头楔键的钩头供拆卸用,安装在轴端时,应注意加装防护罩。

楔键连接的缺点是键楔紧后,轴和轮毂的配合产生偏心和偏斜。因此主要用于毂类零件的定心精度要求不高和低转速的场合。

(2)切向键连接

切向键由两个斜度为 1∶100 的单边倾斜楔组成,如图 5.8 所示。装配后,两楔以其斜面相互贴合,共同楔紧在轴与轮毂的键槽内。其上、下两面为工作面,其中一个工作面必须在通过轴心线的平面内,工作时工作面上的挤压力沿轴的切线作用。这样,当连接工作时,工作面上的挤压力沿轴的切向作用,而靠挤压力传递转矩。切向键连接中的轴、毂之间虽有摩擦力,但主要不依靠它传递转矩。如果传递双向转矩,必须用两个切向键,并错开 120°~130°反向安装。切向键也能传递单向的轴向力。切向键主要用于轴径大于 100 mm、定心要求不高、低速和不承受冲击、振动或变载的重型机械中。

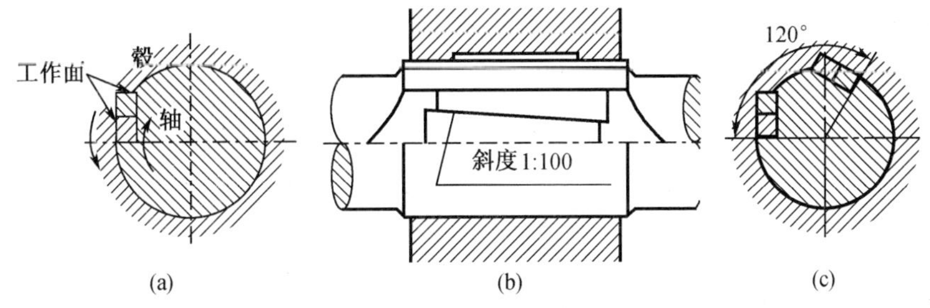

图 5.8 切向键连接

(a)传递单向转矩;(b)切向键连接图;(c)传递双向转矩

5.1.2 键的选择和键连接的强度计算

1. 键的材料

由于键连接的主要失效形式常为压溃和磨损，因此，键的材料要有足够的硬度。根据标准规定，键的材料采用强度极限 σ_b 不小于600 MPa 的钢材制造，常用的如45 中碳钢。当轮毂用非铁金属或非金属材料时，键可用 20 或 Q235 钢。

2. 键的类型选择和尺寸选择

选键连接的类型时，应考虑的因素包括：载荷的类型；所需传递转矩的大小；轴毂对中性的要求；键在轴上的位置（在轴的端部还是中部）；连接于轴上的带毂零件是否需要沿轴向滑移及滑移距离的长短；键是否要具有轴向固定零件的作用或承受轴向力等。

键的主要尺寸是指其截面尺寸（一般以键宽 $b\times$键高 h 表示）与长度 L。键的截面尺寸 $b\times h$ 按轴的直径 d 由标准中选定。键的宽度 L 一般可按轮毂的长度而定，即键长一般略短于轮毂的宽度；而导向平键则按轮毂的长度及其滑动距离而定。所选定的键长应符合标准规定的长度系列。普通平键和普通楔键的主要尺寸见表 5－1。

表 5－1　普通平键和普通楔键的主要尺寸　　单位：mm

轴的直径 d	6～8	>8～10	>10～12	>12～17	>17～22	>22～30	>30～38	>38～44	
键宽 $b\times$键高 h	2×2	3×3	4×4	5×5	6×6	8×7	10×8	12×8	
轴的直径 d	>44～50	>50～58	>58～65	>65～75	>75～85	>85～95	>95～110	>110～130	
键宽 $b\times$键高 h	14×9	16×10	18×11	20×12	22×14	25×14	28×16	32×18	
键的长度 L 系列	6	8	10	12	14	16	18	20	22	25
	28	32	36	40	45	50	56	63	70	80
	90	100	110	125	140	180	200	220	250	…

3. 键连接的强度计算

设计键连接时，通常被连接件的材料、构造和尺寸已初步决定，连接的载荷也已求得。因此，可根据连接的结构特点、使用要求和工作条件来选择键的类型，再根据轴径从标准中选出键的截面尺寸，并参考毂长选出键的长度，然后用适当的校核计算公式作强度验算。

（1）平键连接

对于平键连接，如果忽略摩擦，则当连接传递转矩时，键轴一体的受力，如图 5.9 所示。可能的失效有：较弱零件（通常为毂）的工作面被压溃（静连接）或磨损（动连接，特别是在载荷作用下移动时）和键的剪断等。

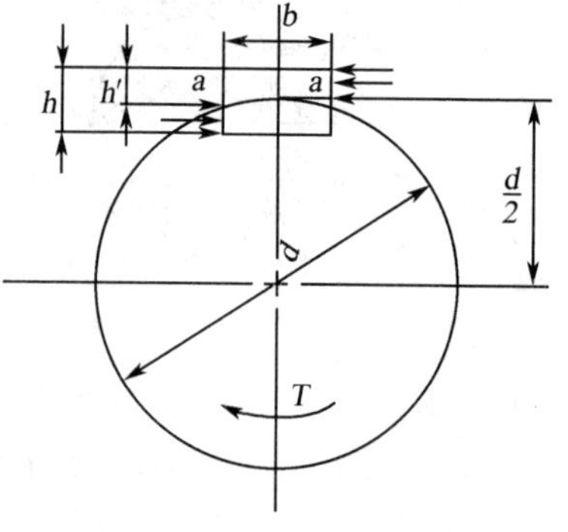

图 5.9　平键连接传递转矩时，键轴一体的受力情况

对于实际采用的材料组合和标准尺寸来说，压溃或磨损常是主要失效形式。因此，通常只作连接的挤压强度或耐磨性计算，但在重要的场合，也要验算键的强度。

键标准考虑了连接中各零件的强度，按照等强度设计的观点，视毂材料的不同，规定键在轴和毂中的高度也不同。但一般说来，毂常是较弱零件，所以按毂计算。

假设压力在键的接触长度内均匀分布，则根据挤压强度或耐磨性的条件计算，求得连接的强度条件为

静连接
$$\sigma_p = \frac{2T \times 10^3}{h'l'd} = \frac{4T \times 10^3}{hl'd} \leqslant [\sigma_p] \tag{5-1}$$

动连接
$$p = \frac{2T \times 10^3}{h'l'd} = \frac{4T \times 10^3}{hl'd} \leqslant [p] \tag{5-2}$$

式中 d——轴的直径，mm；

h'——键与毂的接触高度，$h' = h/2$，mm；

T——传递的转矩，$T = F\dfrac{d}{2}$，N·m；

h——键的高度，mm；

l'——键的接触长度；圆头平键 $l = L - b$，平头平键 $l = L$，单圆头平键 $l = L - b/2$，此处 L 为键的公称长度，mm；b 为键的宽度，mm；

$[\sigma_p]$——键、轴、轮毂三者中最弱材料的许用挤压应力，MPa，见表 5-2；

$[p]$——许用压强，MPa，见表 5-2。

表 5-2 键连接的许用挤压应力和压强 单位：MPa

连接工作方式	较弱的键或轴、毂的材料	载荷性质		
		静载荷	轻微冲击	冲击
静连接，$[\sigma_p]$	锻钢、铸钢	120～150	100～120	60～90
	铸铁	70～80	50～60	30～45
动连接，$[p]$	锻钢、铸钢	50	40	30

（2）半圆键连接

对于半圆键连接，因其只用于静连接，故主要失效形式是工作面的压溃，半圆键连接的受力情况如图 5.10 所示。

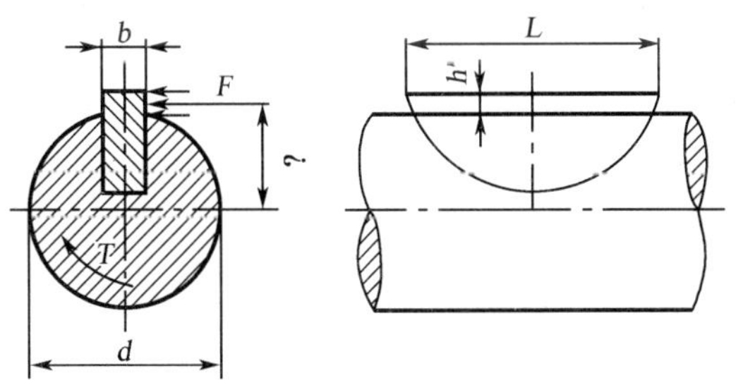

图 5.10 半圆键连接受力分析

通常按键的剪切强度进行强度校核计算，所应注意的是：半圆键的接触高度 h' 应根据键的尺寸从标准中查取；半圆键的工作长度 l 近似地取其等于键的公称长度 L。故半圆键连接中键的剪切强度条件为

$$\tau = \frac{4T \times 10^3}{dbl} \leqslant [\tau] \tag{5-3}$$

式中 b, l——键的宽度和长度；

$[\tau]$——键的许用切应力，静载时可取 120 MPa，冲击载荷时可取 60 MPa。

同样，楔键和切向键的主要失效形式都是工作面的压溃，故应校核工作面的挤压强度。

在进行强度校核后，如果强度不够时，可采用双键。这时应考虑键的合理布置。两个平键最好布置在沿周向相隔180°；两个半圆键应布置在轴的同一条母线上；两个楔键则应布置在沿周向相隔90°~120°。考虑到两键上载荷分配的不均匀性，在强度校核中只按1.5个键计算。如果轮毂允许适当加长，也可相应地增加键的长度，以提高单键连接的承载能力。但由于传递转矩时键上载荷沿其长度分布不均，故键的长度不宜过大。当键的长度大于2.25d时，其多出的长度实际上可认为并不承受载荷，故一般采用的键长不宜超过1.6~1.8d。

5.2 花键连接

花键连接中周向均布多个键齿的花键轴与带有相应键齿槽的轮毂孔互压传递转矩，花键齿侧面为工作面，可用于静连接或动连接，如图5.11所示。

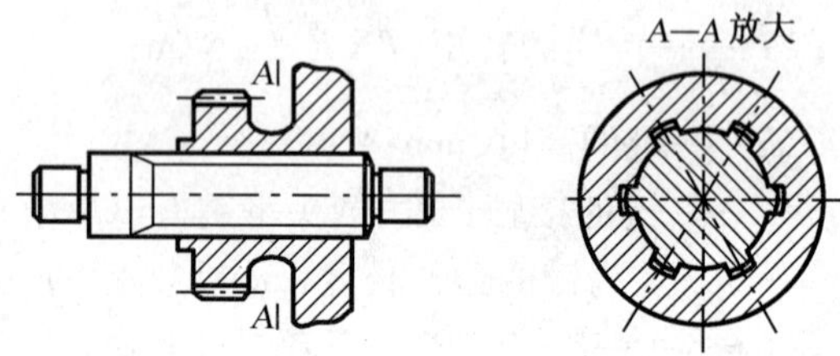

图5.11 花键连接

5.2.1 花键连接类型、特点和应用

1. 花键类型

根据齿形不同，花键连接分为矩形花键连接、渐开线花键连接和三角形花键连接三种。

(1)矩形花键

在新标准中规定矩形花键连接以小径定心方式，即外花键和内花键的小径作为配合表面。其特点是定心精度高，定心的稳定性好，应力集中较小，承载能力较大。按齿高不同分成轻系列和中系列这两个系列，分别适用于载荷较轻和中等的场合。

矩形花键的基本尺寸包括键数N(一般为偶数，常用范围4~20)、小径d(花键配合时的最小直径)、大径D(花键配合时的最大直径)及键宽B等，如图5.12所示。

(2)渐开线花键

渐开线花键的齿廓是渐开线，如图5.13所示，分度圆压力角为30°，齿高0.5m，这里m为模数，d_i为渐开线花键的分度圆直径。在国标规定中，渐开线花键采用齿形定心方式。当传递载荷时花键齿上的径向力能够起到自动定心作用，有利于各齿均匀受力。

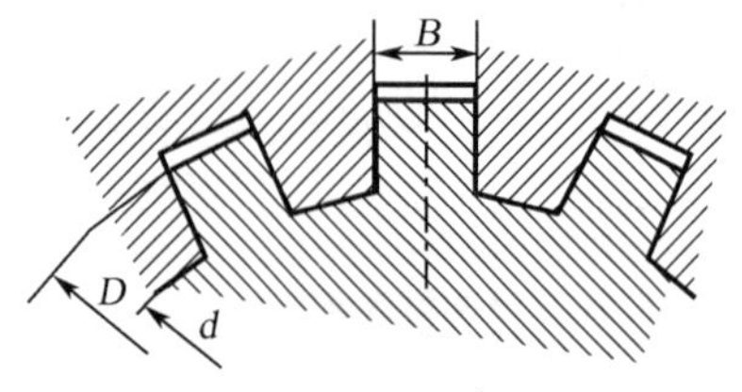

图5.12 矩形花键连接

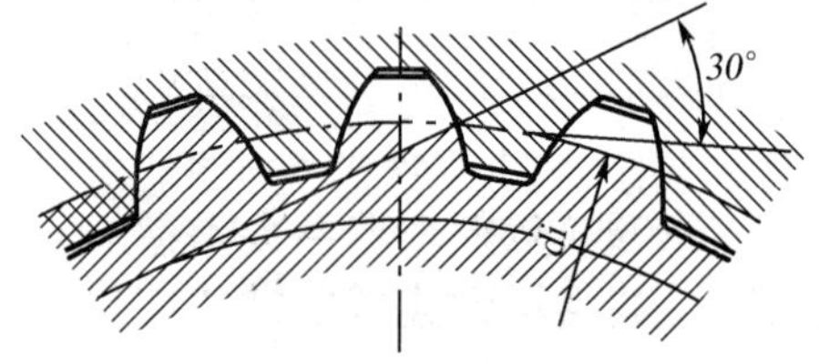

图5.13 渐开线花键连接

渐开线花键的制造工艺与齿轮完全相同，加工工艺成熟，制造精度高，花键齿根强度高，应力集中小，易于定心，用于载荷较大、轴径也大且定心精度高时的连接。

(3)三角形花键

三角形花键其齿廓也是渐开线,分度圆压力角为45°,如图5.14所示。齿高为0.4m,同样m为模数,d_i为三角形花键的分度圆直径。

由于三角形花键齿细小而多,因此适用于轻载、小直径和薄壁零件的轴毂连接,也可用作锥形轴上的辅助连接。

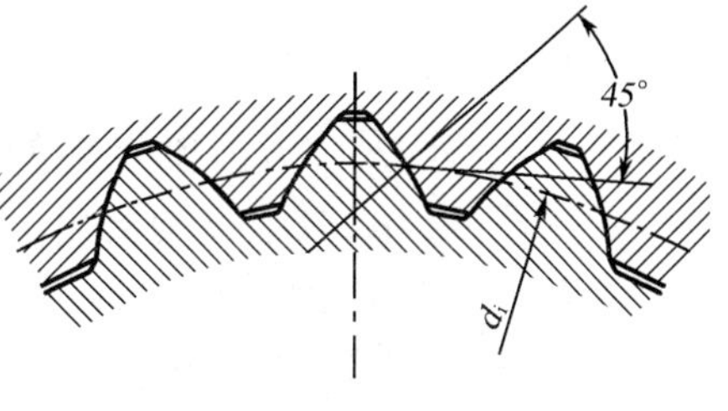

图5.14 三角形花键连接

2. 花键连接的特点

花键连接的优点主要有:轴上零件对中性好和导向性较好;齿对称布置,使轴毂承载均匀,承载能力大;齿轴一体且齿槽浅、齿根应力集中小,被连接件的强度削弱较少;齿数多,总接触面积大,压力分布较均匀。这些优点都使连接具有较高的承载能力。此外,齿可利用较完善的制造工艺,因而被连接件能得到较好的定心和轴上零件沿轴移动时能得到较好的导引,而且零件的互换性也容易保证。因此,花键连接的应用日趋广泛,特别是作为轴毂的动连接更有其独特的优越性。花键连接的齿数、尺寸、配合等均应按标准选取。但花键加工需专用设备和工具(花键轴采用滚齿技术加工、键槽加工采用拉刀),导致制造成本高。

5.2.2 花键连接的设计计算

1. 花键的材料

花键的主要失效形式为键齿面的压溃(静连接)和键齿面的磨损(动连接)。因此,花键材料一般采用强度极限σ_b不小于600 MPa的钢材制造,对于滑动花键要经过热处理(淬火或化学处理),以便有足够的硬度与耐磨性。

2. 花键连接的强度计算

设计花键连接和设计键连接相似,其强度计算,一般先选择花键连接的类型和方式,查出标准尺寸,然后再作强度验算。花键连接的受力分析如图5.15。连接的可能失效有:齿面的压溃或磨损,齿根的剪断或弯断等。对于实际采用的材料组合和标准尺寸来说,齿面的压溃或磨损常是主要的失效形式,因此,一般只作连接的挤压强度或耐磨性计算。

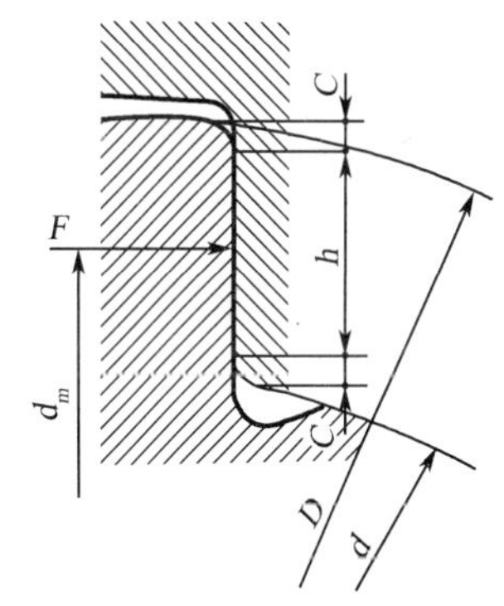

图5.15 花键连接受力分析

假设压力沿键的接触长度上均匀分布,且各齿面上压力的合力F作用在平均半径$d_m/2$处,并用载荷不均系数来估计实际压力分布不均匀的影响,则得连接所能传递的转矩T为

静连接
$$\sigma_p = \frac{2T\times10^3}{kzhl'd_m} \leqslant [\sigma_p] \tag{5-4}$$

动连接
$$p = \frac{2T\times10^3}{kzhl'd_m} \leqslant [p] \tag{5-5}$$

式中 z——花键的齿数;

T——传递的转矩$\left(T = zF\dfrac{d_m}{2}\right)$,N·m;

h——键齿侧面的工作高度，矩形花键，$h=\frac{D-d}{2}-2C$，D 为外花键大径，d 为内花键小径，C 为齿顶的倒角尺寸，mm；渐开线花键，$h=0.5m$；三角形花键，$h=0.4m$，其中 m 为模数；

l'——键齿工作长度，mm；

k——载荷分配不均系数，与齿数有关，一般取 $k=0.7\sim0.8$，齿数多时取偏小值；

d_i——分度圆直径，mm；

d_m——花键的平均直径，mm；矩形花键，$d_m=\frac{D+d}{2}$；渐开线花键，$d_m=d_i$；

$[\sigma_p]$——花键连接的许用挤压应力，MPa，见表 5-3；

$[p]$——花键连接的许用压强，MPa，见表 5-3。

表 5-3　花键连接的许用挤压应力 $[\sigma_p]$ 和许用压强 $[p]$　　单位：MPa

连接的工作方式（许用挤压应力、许用压强）		使用和制造情况	$[\sigma_p]$ 或 $[p]$	
			齿面未经热处理	齿面经热处理
静连接 $[\sigma_p]$		不良	35～50	40～70
		中等	60～100	100～140
		良好	80～120	120～200
动连接 $[p]$	在空载下移动的动连接	不良	15～20	20～35
		中等	20～30	30～60
		良好	25～40	40～70
	在载荷下移动的动连接	不良	—	3～10
		中等	—	5～15
		良好	—	10～20

注：(1) 使用和制造情况不良系指受变载荷、双向冲击载荷、振动频率高和振幅大、润滑不良（对动连接）、材料硬度不高或精度不高等；

(2) 相同情况下，$[\sigma_p]$ 或 $[p]$ 的较小值用于工作时间长和较重要的场合。

5.3 销 连 接

5.3.1 销连接的功用、分类和应用特点

销连接可传递不大的载荷，一般称之连接销，如图 5.16(a) 所示；可用来固定零件的相互位置，一般称之定位销，是组合加工和装配时的重要辅助零件，见图 5.16(b)、(c)；可作为安全保护装置中的过载剪断元件，也可称之安全销，见图 5.16(d)。

销是标准零件，按外形分类主要有圆柱销、圆锥销（包括带螺纹圆锥销、开尾圆锥销）、特殊型式销（槽销、弹簧销、开口销）。销的材料应为 35、45 钢，开口销为低碳钢。

1. 圆柱销

圆柱销利用微量过盈配合固定在铰光的销孔中，多次装拆将有损于连接的紧固和定位

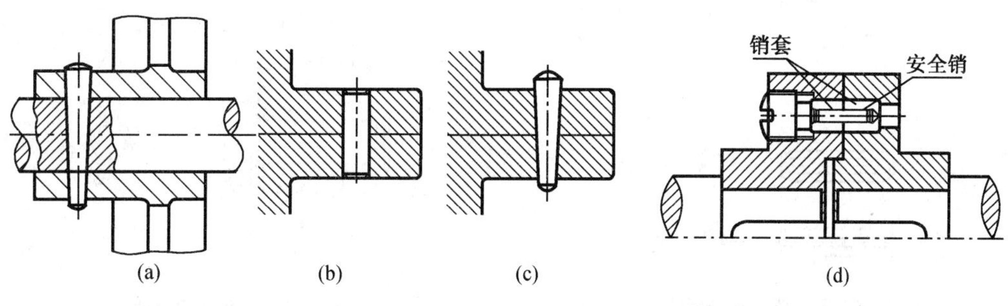

图 5.16 销连接

(a)连接销;(b)圆柱销;(c)圆锥销;(d)安全销

的精确,如图 5.16(b)所示。

2. 圆锥销

圆锥销有 1∶50 的锥度,受横向载荷时可自锁,靠锥挤压作用固定在铰光的销孔中,多次拆装不影响精度。对于受冲击、振动场合采用开尾圆锥销连接,如图 5.17 所示。对于销孔没有开通或拆卸困难可采用端部带螺纹的圆锥销,如图 5.18 所示。

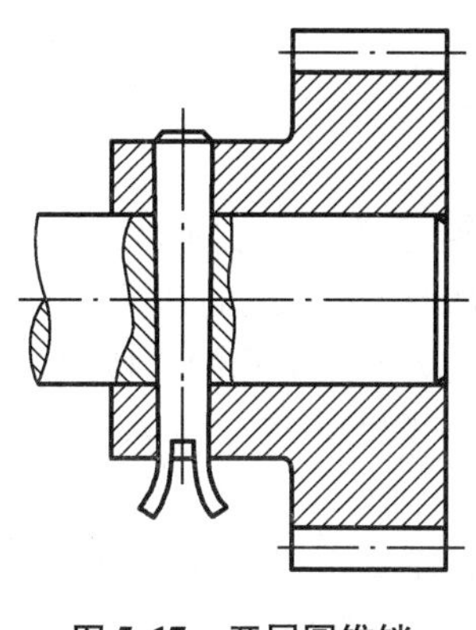

图 5.17 开尾圆锥销

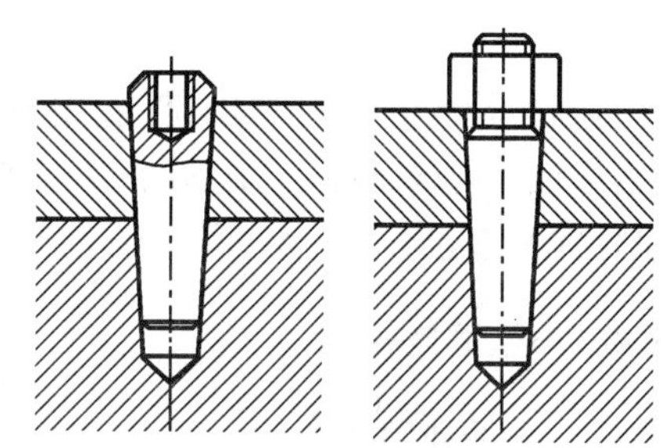

图 5.18 用于盲孔的圆锥销

3. 槽销

槽销用弹簧钢滚压或模锻而成,有三条纵向沟槽,槽销压入销孔后,它的凹槽产生收缩变形,借助材料的弹性而固定在销孔中,销孔无需铰光,如图 5.19(a)所示。槽销制造比较简单,可多次装拆,多用于传递载荷。

4. 弹性圆柱销

弹性圆柱销是由弹簧钢带制成的纵向开缝的圆管,借弹性均匀挤紧在销孔中,如图 5.19(b)所示。销孔无需铰光。这种销比实心销轻,可多次装拆,可以承受冲击和变载荷。

5. 开口销

开口销是一种防松零件,用于锁紧其他紧固件。开口销连接如图 5.20 所示,装配时,将尾部分开,以防脱出。

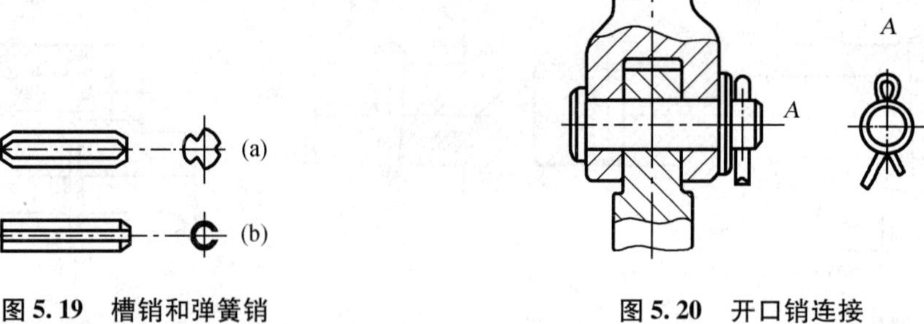

图 5.19　槽销和弹簧销

图 5.20　开口销连接

5.3.2　销连接设计计算

销连接在工作中通常受到挤压和剪切，有的还受到弯曲。设计时，可先根据连接的构造和工作要求来选择销的类型、材料和尺寸，再作适当的强度验算。对于45 钢，可取许用切应力$[\sigma_p]=80$ MPa，许用挤压应力$[\sigma_p]$可按表5－2 选取。用作安全装置的销，其尺寸须按过载时被剪断的条件决定，剪切强度极限可取$\tau_b \approx (0.6 \sim 0.7)\sigma_B$。定位销通常不受或只受很小的载荷，其尺寸由经验决定。同一面上的定位销至少要用两个。

5.4　无 键 连 接

凡是轴与轮毂的连接不用键、花键或销时，统称无键连接。主要有型面连接、过盈连接、胀紧连接。过盈连接：利用两个被连接件本身的过盈配合来实现的连接，两个连接件分别为包容件和被包容件。胀紧连接：在毂孔与轴之间装入胀紧连接套的连接。

5.4.1　型面连接

型面连接是利用非圆截面的轴与相应的毂孔构成的连接。轴和毂孔可设计成柱形或锥形。成柱形的如图 5.21(a)所示，只能传递转矩，但可用作不在载荷下移动的动连接；圆锥形的如图 5.21(b)所示，不仅可以传递转矩，还能传递轴向力。另外成形面还有方形及切边圆形等，如图 5.21(c)所示，但对中性较差。

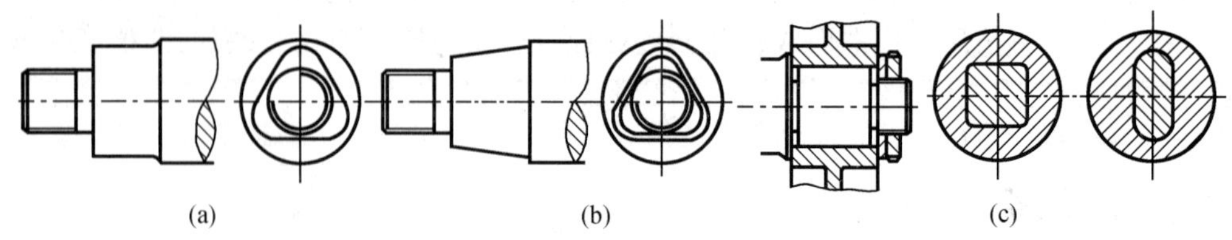

图 5.21　型面连接

型面连接特点：连接面上没有键槽及尖角，从而减少了应力集中源，故可传递较大的转矩；装拆方便，定心性好。但加工工艺上的困难，特别是为了保证配合精度，最后工序多要在专用设备上进行加工，故目前还不能得到普遍的应用。

5.4.2 胀紧连接

胀紧连接是在毂孔与轴之间装入胀紧连接套(简称胀套),可装一个(指一组)或几个,在轴向力作用下,同时胀紧轴与毂而构成的一种静连接。根据胀套结构形式的不同,GB/T 5867—1986 规定了五种胀紧连接型号(Z1 ~ Z5 型),下面简要介绍采用 Z1, Z2 型胀套的胀紧连接。

图 5.22 所示为采用 Z1 型胀套的胀紧连接,在毂孔和轴的光滑圆柱面间,加装一个胀套(图 a)或两个胀套(图 b),当拧紧螺母或螺钉时,在轴向力的作用下,内外胀套相互楔紧,工作时利用接触面间压紧力引起的摩擦力来传递转矩或轴向力。

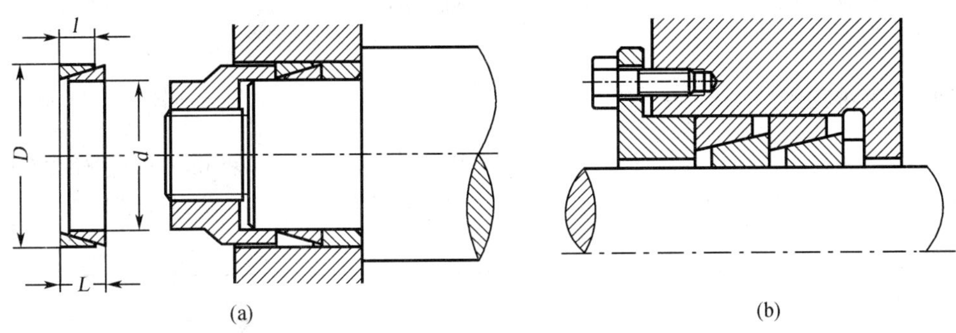

图 5.22 用 Z1 型胀套的胀紧连接

(a)一个胀套;(b)两个胀套

采用一个 Z2 型胀套的胀紧连接如图 5.23 所示。Z2 型胀套中,与轴或毂孔贴合的套筒均开有纵向缝隙,以利变形和胀紧。根据传递载荷的大小,可在轴与毂孔间加装一个或几个胀套。拧紧连接螺钉,便可将轴、毂胀紧,以传递载荷。

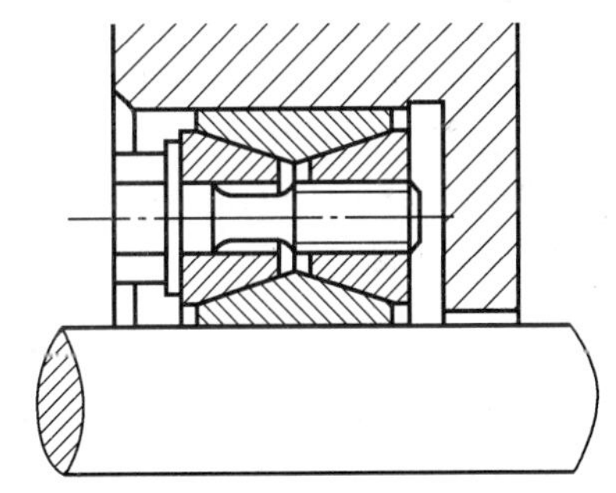

图 5.23 用 Z2 型胀套的胀紧连接

5.4.3 过盈连接

利用零件间的过盈配合来实现的连接,称为过盈配合连接。连接的两零件,其中一个为包容件,另一个为被包容件,它们装配后,由于结合处材料的弹性变形和装配过盈量,在配合表面间产生正压力,工作时依靠此正压力产生的摩擦力来传递转矩、轴向力或二者的复合载荷,如图 5.24 所示。

这种连接的优点是结构简单,定心性好,承载能力高,能承受冲击载荷,对轴的强度削弱小。缺点是配合面加工精度要求高,装拆困难。由于拆开过盈连接需要很大的外力,往往要损坏连接中零件的配合表面,所以一般过盈连接属于不可拆连接。

过盈配合连接分无辅助件和有辅助件两大类。前者应用广泛,其配合面大都为圆柱面,也有圆锥面。圆柱面过盈配合连接装配方法有两种:压入法——利用压力机将被包容件压入包容件中,由于压入过程中表面微观不平度的峰尖被擦伤或压平,因而降低了连接的紧固性;温差法——加热包容件,冷却被包容件,可避免擦伤连接表面,连接牢固。

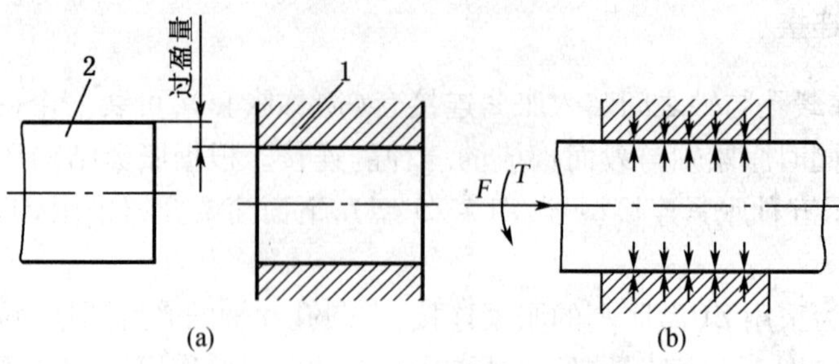

图 5.24　过盈配合连接

(a)装配前;(b)装配后

1—包容件;2—被包容件

【综合应用实例】

例　8 级精度的铸铁直齿圆柱齿轮与一钢轴用键构成静连接。装齿轮处的轴径为 60 mm，齿轮轮毂长 95 mm。连接传递的转矩为 $T=840$ N·m，载荷平稳。试选择此键连接。

解　设计计算步骤如下表。

计算与说明	主要结果
1. 键的选择 8 级精度的齿轮要求一定的定心性，因此选用平键。由于是静连接，选择 A 型平键。由表 5-1 可查得当 $d=58\sim65$ mm 时，键宽 $b=18$ mm，键高 $h=11$ mm；根据轮毂长度 95 mm，选键长 $l=80$ mm。 2. 键连接的强度计算 由表 5-2 取铸铁轮毂键槽的许用挤压应力 $[\sigma_p]=80$ MPa（载荷平德，故取大值）。键的工作长度 $l'=l-b=80-18=62$ mm；键与轮毂的接触高度 $h'=0.5h=0.5\times11=5.5$ mm。 由式 5-1 得 $\sigma_p=\frac{2T}{h'l'd}=\frac{2\times840\times10^3}{5.5\times62\times60}=82.1\ \text{MPa}>[\sigma_p]=80\ \text{MPa}$ 可见连接的挤压强度不够；考虑到相差有限，适当增大键长或改用方头键（健的全长都与毂上键槽接触）就能满足要求。为了不改动齿轮轮毂和轴的径向尺寸，并考虑到圆头键在槽中固定较牢，决定改选 $l=90$ mm 的 A 型平键。取键的材料为 45 钢。 增大健长虽能增大连接的承载能力。但键长有一定限度，通常 $l_{max}\leqslant(1.6\sim1.8)d$，以免压力沿键长分布不均匀的现象严重。又改用两个键相隔 180°布置，也能增大连接的承载能力，但由于各键的载荷分配不均匀，其承载能力只能按用一个键时的 1.5 倍计算；再加上对轴的削弱很大，在本例题的具体情况下不宜采用。	A 型平键 $b=18$ mm $h=11$ mm $l=80$ mm $[\sigma_p]=80$ MPa

本章小结

轴毂连接中最常见的是键连接、花键连接和销连接,它们均属可拆连接。键连接常用来实现轴与轮毂之间的轴向固定以传递转矩,有的可实现轴上零件的轴向固定或轴向滑动的导向。花键连接是平键连接在数目上的发展,但是,由于结构形式和制造工艺的不同,花键连接在强度、工艺和使用方面较平键连接优良;花键需用专门设备加工,成本较高。花键连接适用于定心精度要求高、载荷大或经常滑移的连接。销连接除用作轴毂连接外,还常用来确定零件间的相互位置(定位销)或作安全装置(安全销)。

另外,凡是轴与轮毂的连接不用键、花键或销时,统称无键连接,包括型面连接、胀紧连接、过盈连接。

习　　题

一、思考题

1. 试述普通平键的类型、特点和应用。

2. 平键连接有哪些失效形式?

3. 试述平键连接和楔键连接的工作原理及特点。

4. 试述设计键连接的主要步骤。

二、计算题

1. 一齿轮装在轴上,采用A型普通平键连接。齿轮、轴、键均用45钢,轴径 $d=80$ mm,轮毂长度 $L=150$ mm,传递传矩 $T=2\ 000$ N·m,工作中有轻微冲击。试确定平键尺寸,并验算连接的强度。

2. 已知某蜗轮传递的功率 $P=5$ kW,转速 $n=90$ r/min,载荷有轻微冲击,轴径 $d=60$ mm,轮毂长 $L'=100$ mm,轮毂材料为铸铁,轴材料为45钢。试设计此蜗轮与轴的键连接。

3. 已知某齿轮用一个A型平键(键尺寸 $b\times h\times l=16\times 10\times 80$)与轴相连接,轴的直径 $d=50$ mm,轴、键和轮毂材料的许用挤压应力分别为120 MPa,100 MPa,80 MPa。试求此键连接所能传递的最大转矩 T。若需传递转矩为900 N·m,此连接应作如何改进?

第6章　带　传　动

【教学目标】

1. 了解带传动的工作原理、类型、特点和应用,及带传动的张紧、安装和维护;

2. 熟悉普通V带规格和带轮结构,带传动尺寸计算,链传动失效形式、设计准则;

3. 能够进行带传动受力分析、应力分析和运动分析,并能够独立完成普通V带传动的设计及各相关参数的选择;

4. 通过普通V带传动设计计算和参数选择等方面知识的学习与实践,使学生学会通过现象分析事物的本质,能够根据实际工程问题确定已知和未知,树立良好的分析问题和解决问题的工程意识。

【知识要点】

本章的知识要点是带传动的工作原理、类型、特点和应用,普通V带规格和带轮结构、带传动尺寸计算,带传动受力分析、应力分析和运动分析,普通V带传动的设计及各相关参数的选择,带传动的张紧、安装和维护。

【导入案例】

字车机构是串行式打印机用来实现打印一个点阵字符/汉字及一行字符/汉字的机构,字车机构中装有字车,采用字车电机作为动力源,在传动系统的拖动下,字车将沿导轨作左右往复直线间歇运动,从而使字车上的打印头能沿字行方向、自左至右或自右至左完成一个点阵字符/汉字以及一行字符/汉字的打印。

字车机构的传动方式大体可以归纳为两类:挠性传动和刚性传动。挠性传动采用同步齿形带传动或钢丝绳传动。目前国内市场上针式打印机基本上采用的是挠性传动的同步齿形带传动。字车电机普遍采用步进电机。

典型的字车机构如图6.1所示。字车机构由步进电机、主齿带轮、从齿带轮、同步齿带轮、同步齿形带、字车和前后导轨等组成。字车装在前导轨和后导轨之间,同步齿形带在字车下方与字车底的凸出部嵌接。由步进电机直接带动主齿带轮并通过齿形带传动后带

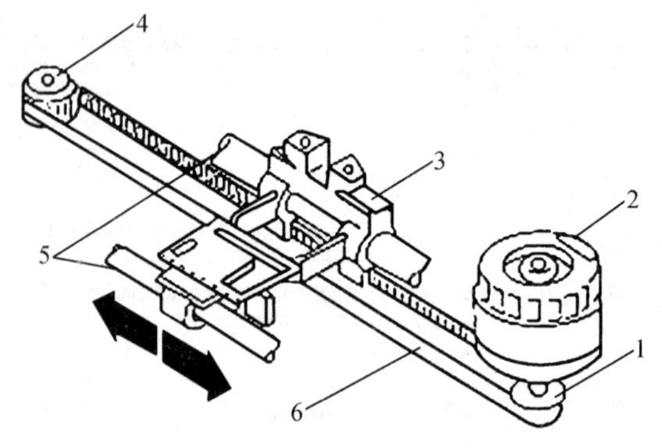

图6.1　打印机字车机构示意图

1—主齿带轮;2—步进电机;3—字车;4—从齿带轮;5—前后导轨;6—同步齿带

动从齿带轮,从而使同步齿形带移动。同步齿形带移动时,拖动字车及打印头沿导轨按照设定的移动量(mm/步)作往复的直线间歇运动。

6.1 带传动的类型、特点及应用

带传动由主动带轮1、从动带轮2和张紧在两轮上的挠性环形带3组成。工作时借助带与带轮之间的摩擦或啮合,将主动轮1的运动传给从动轮2,如图6.2所示。

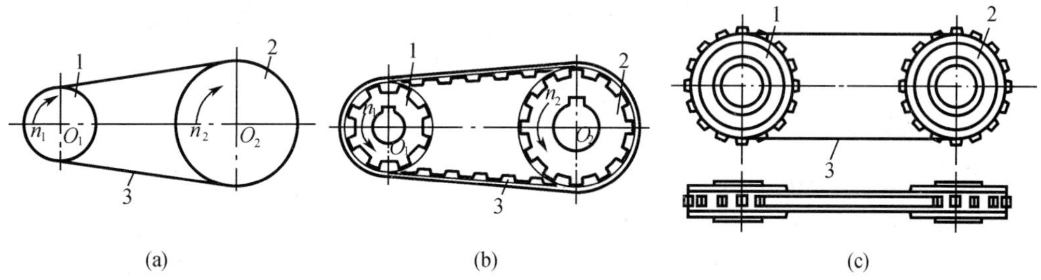

图6.2 带传动示意图

(a)摩擦带传动;(b)同步带传动;(c)齿孔带传动

6.1.1 带传动的类型

根据工作原理不同,带传动可分为摩擦带传动和啮合带传动两大类。

1.摩擦带传动

摩擦带传动是依靠带与带轮接触弧之间的摩擦力传递运动的。按带的横截面形状不同可分为四种类型。

(1)平带传动(图6.3(a))

平带的横截面为扁平矩形,带内面为工作面,与带轮接触,相互之间产生摩擦力。平带有普通平带、编织平带和高速环形平带等多种。常用的多为普通平带。平带传动结构简单,带轮制造方便,平带质轻且挠曲性好,多用于高速和中心距较大的传动中。

(2)V带传动(图6.3(b))

V带的横截面为等腰梯形,两侧面为工作面。在初拉力相同和传动尺寸相同的情况下,由于轮槽的楔形效应,V带传动所产生的摩擦力比平带传动大很多,而且允许的传动比较大,结构紧凑,故在一般机械中已取代平带传动。

(3)多楔带传动(图6.3(c))

多楔带的横截面形状为多楔形,它以绳芯结构平带为基体,内表面接有若干纵向V形带。多楔带传动的工作面为楔的侧面,这种带兼有平带挠曲性好和V带摩擦力较大的优点。与普通V带相比,多楔带传动克服了V带传动各根带受力不均的缺点,传动平稳,效率高,故适用于传递功率较大且要求结构紧凑的场合,特别是要求V带根数较多或两传动轴垂直于地面的传动。

(4)圆带传动(图6.3(d))

圆带的横截面呈圆形,传递的摩擦力较小。圆带传动仅用于载荷很小的传动,如用于缝纫机和牙科机械中。

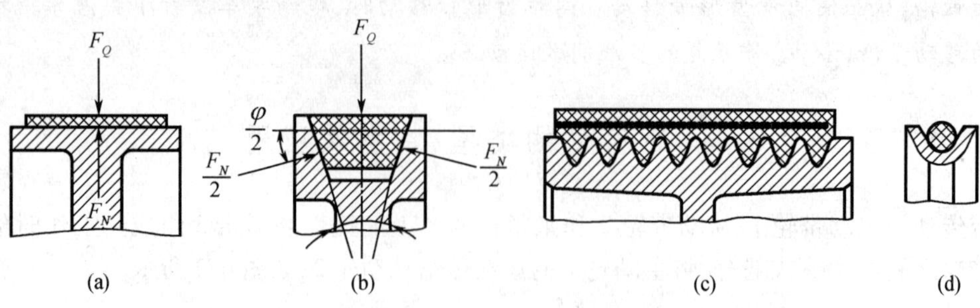

图 6.3　摩擦带传动类型

(a)平带传动;(b)V 带传动;(c)多楔带传动;(d)圆带传动

2. 啮合带传动

啮合带传动依靠带轮上的齿与带上的齿或孔啮合传递运动。啮合带传动有两种类型。

(1)同步带传动(图 6.2(b))

利用带的齿与带轮上的齿相啮合传递运动和动力,带与带轮间为啮合传动没有相对滑动,可保持主、从动轮线速度同步。如图 6.1 中的同步齿带。

(2)齿孔带传动(图 6.2(c))

带上的孔与轮上的齿相啮合,同样可避免带与带轮之间的相对滑动,使主、从动轮保持同步运动。如打印机采用的是齿孔带传动,被输送的胶片和纸张就是齿孔带。

6.1.2　带传动的形式

带传动形式根据带轮轴的相对位置及带绕在带轮上的方式不同,分开口传动、交叉传动和半交叉传动,如图 6.4 所示。

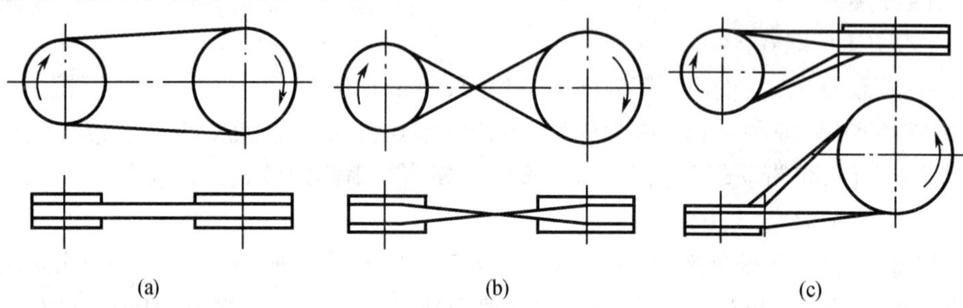

图 6.4　传动形式

(a)开口传动;(b)交叉传动;(c)半交叉传动

开口传动用于两轴平行且转向相同的传动;交叉传动用于两平行轴的反向传动;半交叉传动用于两轴空间交错的单向传动,安装时应使一轮带的宽对称面通过另一轮带的绕出点。平带可用于交叉传动和半交叉传动,V 带一般不宜用于交叉传动和半交叉传动。

6.1.3　带传动的特点及应用

摩擦带传动具有以下特点:

(1)结构简单,传动的中心距大,可实现远距离传动;

(2)带具有弹性,能缓冲、吸振,传动平稳,噪声小;

(3)过载时可产生打滑、能防止薄弱零件的损坏,起安全保护作用;但由于存在弹性滑动,不能保持准确的传动比;

(4)传动带需张紧在带轮上,对轴和轴承的压力较大;

(5)外廓尺寸大,传动效率低,带寿命较短;

(6)不宜用于高温、易燃、油性较大的场所。

根据上述特点,带传动多用于功率通常不大于 100 kW 的中、小功率,原动机输出轴的第一级传动,工作速度一般为 5 ~ 25 m/s,传动比要求不十分准确的机械,常用于汽车工业、家用电器、办公机械以及各种新型机械装备中。

6.2 普通 V 带和带轮的结构

V 带有普通 V 带、窄 V 带、宽 V 带、联组 V 带、齿形 V 带、大楔角 V 带、汽车 V 带、农机双面 V 带等 10 余种,其中应用最广泛的是普通 V 带。

6.2.1 普通 V 带的结构和规格

1. V 带的结构

普通 V 带的截面为等腰梯形,为无接头的环形带。带两侧工作面的夹角 φ 称为带的楔角,一般 $\varphi = 40°$。V 带由顶胶、抗拉体、底胶和包布层四部分组成,其结构如图 6.5 所示。顶胶和底胶材料为橡胶,分别为拉伸层和压缩层;包布层是胶帆布构成的封闭外包层。抗拉体是 V 带工作时的主要承载部分,结构有帘布芯(图 6.5(a))和绳芯(图 6.5(b))两种。帘布芯结构的 V 带抗拉强度较高,制造方便;绳芯结构的 V 带柔韧性好,抗弯强度高,适用于转速较高、带轮直径较小的场合。目前,生产中越来越多地采用绳芯结构的 V 带。

窄 V 带(图 6.5(c))与普通 V 带结构近似,但与同高度的普通 V 带相比,其宽度减少了约 1/3,承载能力却提高了 1.5 ~ 2.5 倍,这主要是因为窄 V 带抗拉体采用合成纤维绳或钢丝绳,故窄 V 带适用于传递功率较大同时又要求外形尺寸较小的场合。

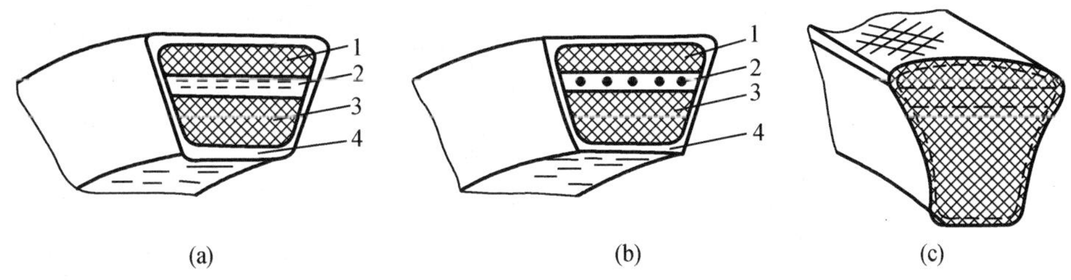

图 6.5 V 带结构

(a)帘布芯普通 V 带;(b)绳芯普通 V 带;(c)窄 V 带

1—顶胶;2—抗拉体;3—底胶;4—包布层

2. 普通 V 带尺寸规格

按 GB/T 11544—97 规定,普通 V 带分为 Y,Z,A,B,C,D,E 七种,截面高度与节宽的比值约为 0.7;窄 V 带分为 SPZ,SPA,SPB,SPC 四种,截面高度与节宽的比值约为 0.9。普通 V 带的截面尺寸如表 6 -1 所示,基准长度系列如表 6 -2 所示。V 带的型号和标准长度都压印在胶带的外表面上，以供识别和选用。例：B—1600　GB/T 11544—97，表示 B 型 V 带，带的基准长度为 1 600 mm。

表 6－1　普通 V 带截面基本尺寸　　单位：mm

型号	Y	Z	A	B	C	D	E
节宽 b_p	5.3	8.5	11	14	19	27	32
顶宽 b	6	10	13	17	22	32	38
高度 h	4	6	8	11	14	19	25
楔角 φ	40°						
单位长度质量 q /(kg·m^{-1})	0.04	0.06	0.10	0.17	0.30	0.60	0.87

V 带在规定张紧力下弯绕在带轮上时外层受拉伸变长，内层受压缩变短，两层之间存在一长度不变的中性层，沿中性层形成的面称为节面。节面的宽度称为节宽 b_p，节面的周长为带的基准长度 L_d。

表 6－2　普通 V 带基准长度 L_d 及带长修正系数 K_L

基准长度	K_L					基准长度	K_L					
L_d/mm	Y	Z	A	B	C	L_d/mm	Z	A	B	C	D	E
200	0.81					2 000		1.03	0.98	0.88		
224	0.82					2 240		1.06	1.00	0.91		
250	0.84					2 500		1.09	1.03	0.93		
280	0.87					2 800		1.11	1.05	0.95	0.83	
315	0.89					3 150		1.13	1.07	0.97	0.86	
355	0.92					3 550		1.17	1.09	0.99	0.89	
400	0.96	0.87				4 000		1.19	1.13	1.02	0.91	
450	1.00	0.89				4 500			1.15	1.04	0.93	0.90
500	1.02	0.91				5 000			1.18	1.07	0.96	0.92
560		0.94				5 600				1.09	0.98	0.95
630		0.96	0.81			6 300				1.12	1.00	0.97
710		0.99	0.83			7 100				1.15	1.03	1.00
800		1.00	0.85			8 000				1.18	1.06	1.02
900		1.03	0.87	0.82		9 000				1.21	1.08	1.05
1 000		1.06	0.89	0.84		1 000				1.23	1.11	1.07
1 120		1.08	0.91	0.86		11 200					1.14	1.10
1 250		1.11	0.93	0.88		12 500					1.17	1.12
1 400		1.14	0.96	0.90		14 000					1.20	1.15
1 600		1.16	0.99	0.92	0.83	16 000					1.22	1.18
1 800		1.18	1.01	0.95	0.86							

注：表中列有长度系数 K_L 的范围，即为各型号 V 带基准长度可取值范围。

6.2.2 普通V带轮的结构和材料

V带带轮设计的一般要求为:具有足够的强度和刚度,无过大的铸造内应力;结构制造工艺性好,质量小且分布均匀;各槽的尺寸都应保持适宜的精度和表面质量,以使载荷分布均匀和减少带的磨损;对转速高的带轮,要进行动平衡处理。

带轮常用材料为灰铸铁,当带速 $\nu \leqslant 30$ m/s 时,一般采用铸铁 HT150 或 HT200;转速较高时可用铸钢或钢板冲压焊接结构;小功率时可用铸铝或塑料。

带轮由轮缘、轮辐、轮毂三部分组成。V带轮按轮辐结构不同分为四种型式,如图6.6所示。当带轮基准直径 $d_d \leqslant (2.5 \sim 3)d$($d$ 为带轮轴的直径)时,采用实心式(图6.6(a));$d_d \leqslant 400$ mm 时,采用腹板式(图6.6(b))或孔板式(图6.6(c));$d_d > 400$ mm 时,采用轮辐式(图6.6(d))。

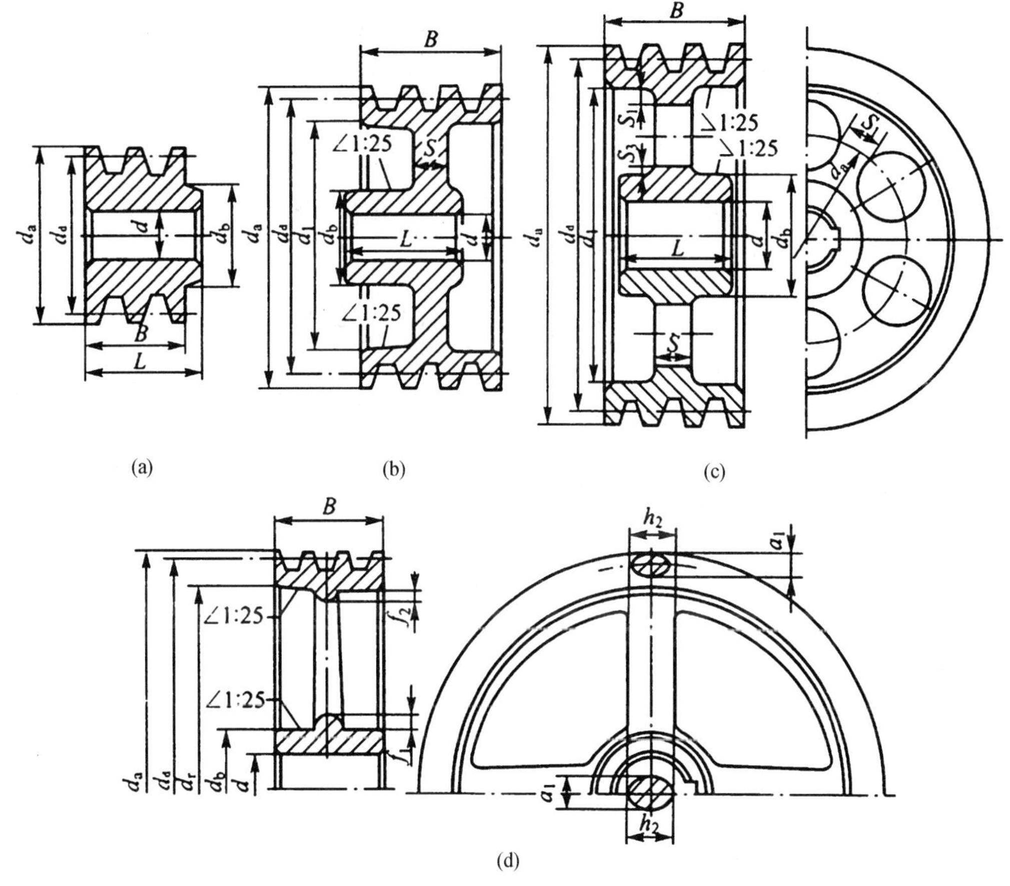

图6.6 V带轮的结构

(a)实心式;(b)腹板式;(c)孔板式;(d)轮辐式

轮缘是带轮的工作部分,制有梯形轮槽。带轮轮槽的尺寸见表6-3。表中 b_p 表示带轮轮槽宽度的一个无公差的规定值,称为轮槽的基准宽度,通常它与V带的节宽相重合。轮槽基准宽度所在的圆称为基准圆,其尺寸 d_d 称为带轮的基准直径。基准直径 d_d 按表6-4选用。

表 6-3　普通 V 带带轮轮槽尺寸　　单位:mm

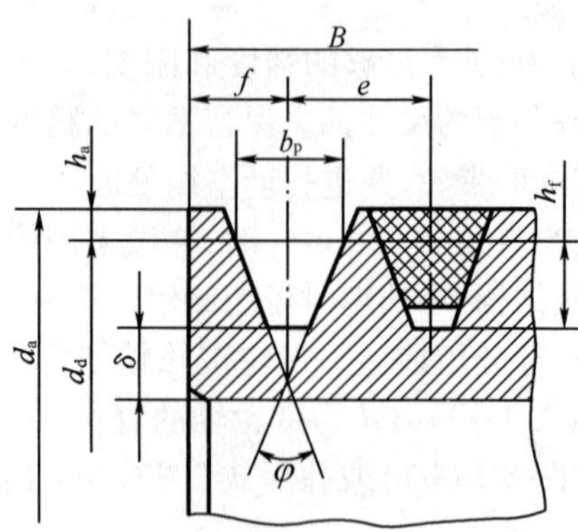

槽型截面尺寸			型号						
			Y	Z	A	B	C	D	E
b_p			5.3	8.5	11	14	19	27	32
e			8 ±0.3	12 ±0.3	15 ±0.3	19 ±0.4	25.5 ±0.5	37 ±0.6	44.5 ±0.7
f_{min}			6	7	9	11.5	16	23	28
$h_{f\,min}$			4.7	7.0	8.7	10.8	14.3	19.9	23.4
$h_{a\,min}$			1.6	2.0	2.75	3.5	4.8	8.1	9.6
δ_{min}			5	5.5	6	7.5	10	12	15
B			$B=(z-1)e+2f$,z 为带根数						
轮槽数 z 范围			1 ~ 3	1 ~ 4	1 ~ 5	1 ~ 6	3 ~ 10	3 ~ 10	3 ~ 10
φ	32°	d_d	≤60						
	34°			≤80	≤118	≤190	≤315		
	36°		>60					≤475	≤600
	38°			>80	>118	>190	>315	>475	>600

表 6-4　普通 V 带带轮基准直径系列　　单位:mm

带型	Y	Z	A	B	C	D	E
$d_{d\,min}$	20	50	75	125	200	355	500
d_d	20,22.4,25,28,31.5,35.5,40,45,50,56,63,71,75,80,85,90,95,100,106,112,118,125,132,140,150,160,170,180,200,212,224,236,250,265,280,300,315,335,355,375,400,425,450,475,500,530,560,600,630,670,710,750,800,900,1 000,1 060,1 120,1 250,1 400,1 500,1 600,1 800,1 900,2 000,2 240,2 500						

6.2.3 带传动的几何尺寸计算

如图6.7所示开口带传动，当带的张紧力为规定值时，两带轮轴线间的距离 a 称为中心距。带被张紧时，带与带轮接触弧所对的中心角称为包角，用 α 表示。包角 α 为带传动的一个重要参数。大小带轮基准直径分别为 d_{d1}，d_{d2}，则带轮包角为

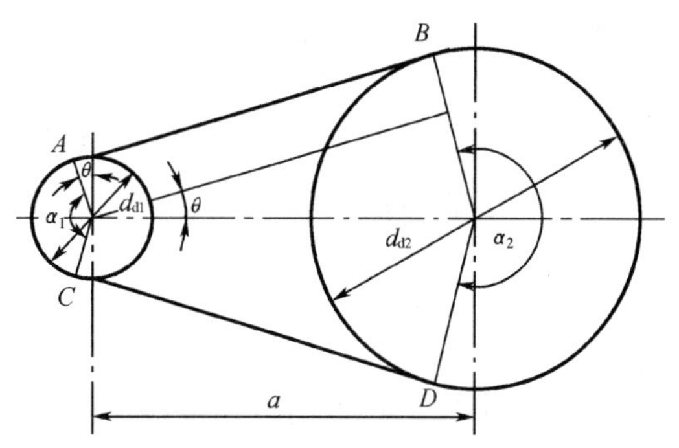

图6.7 V带传动几何尺寸关系

$$\alpha = \pi \pm 2\theta$$

因 θ 较小，取 $\theta \approx \sin\theta = \dfrac{d_{d2} - d_{d1}}{2a}$，则

$$\alpha = \pi \pm \frac{d_{d2} - d_{d1}}{a} \tag{6-1}$$

或

$$\alpha = 180° \pm \frac{d_{d2} - d_{d1}}{a} \times 57.3° \tag{6-2}$$

式中，“+”用于大带轮包角 α_2，“-”用于小带轮包角 α_1。

带长计算式为

$$L = 2\,\overline{AB} + \widehat{AC} + \widehat{BD} = 2a\cos\theta + \frac{\pi}{2}(d_{d1} + d_{d2}) + \theta(d_{d2} - d_{d1})$$

取 $\cos\theta \approx 1 - \dfrac{1}{2}\theta^2$，$\theta \approx \sin\theta = \dfrac{d_{d2} - d_{d1}}{2a}$，则

$$L \approx 2a + \frac{\pi}{2}(d_{d1} + d_{d2}) + \frac{(d_{d2} - d_{d1})^2}{4a} \tag{6-3}$$

6.3 带传动工作情况分析

6.3.1 带传动的受力分析

1. 紧边拉力、松边拉力

带传动靠摩擦来传递运动和力，在安装时，需要以一定张紧力（也即为带的初拉力 F_0）张紧在带轮上。在 F_0 作用下，带与带轮的接触面上就产生了正压力。带传动不工作时，带在带轮两边所受的拉力相等，均为 F_0，如图6.8(a)所示。

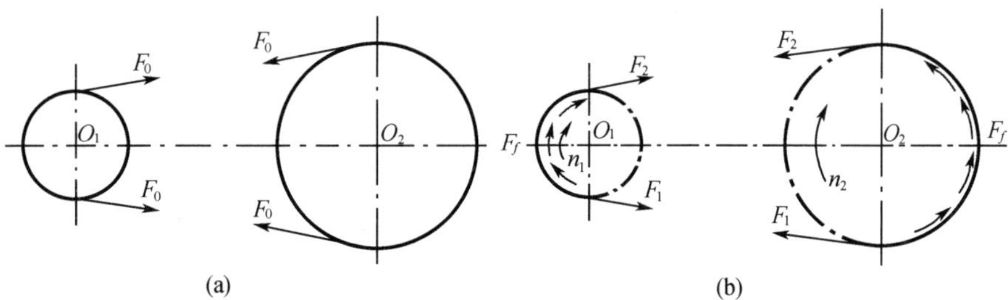

图6.8 带传动的受力情况

带传动工作时,主动轮作用在带上的摩擦力使带运行,带又通过摩擦力驱动从动轮。由于带在主、从动轮上所受的摩擦力方向相反(图 6.8(b)),使带在带轮两边的拉力发生变化;带绕进主动轮一边的拉力增大,拉力由 F_0 增至 F_1,被拉得更紧,称为紧边;绕出主动轮的一边拉力减小,由 F_0 减至 F_2,带有所放松,称为松边。如果近似地认为带工作前后的总长度不变,那么紧边拉力增量应与松边拉力减量相等,即

$$F_1 - F_0 = F_0 - F_2$$

或

$$F_1 + F_2 = 2F_0 \tag{6-4}$$

当带均匀传动时,取与带轮接触的传动带为分离体,作用在分离体上的各个力对带轮中心的力矩之和为零,则有 $F_f = F_1 - F_2$,式中,F_f 为与带轮接触的传动带工作面上的总摩擦力。带传动的有效拉力 F(即圆周力)等于传动带工作面上的总摩擦力 F_f,于是有

$$F = F_1 - F_2 \tag{6-5}$$

综合上述(6-4)、(6-5)两式,紧边拉力 F_1、松边拉力 F_2 为

$$\begin{cases} F_1 = F_0 + \dfrac{F}{2} \\ F_2 = F_0 - \dfrac{F}{2} \end{cases} \tag{6-6}$$

2. 最大有效圆周力

在一定初拉力 F_0 条件下,F_f 有极限值 F_{flim},这个极限值就是带传动所能传递的最大有效拉力 F_{ec}。若带传动所传递的有效拉力超过带与带轮间极限摩擦力 F_{flim},则带与带轮之间将产生全面的相对滑动,这种现象称为打滑。当带传动处于即将打滑而尚未打滑的临界状态时,F_1 与 F_2 的关系可用挠性体摩擦的欧拉公式表示为

$$\frac{F_1}{F_2} = e^{f\alpha} \tag{6-7}$$

式中 f——带与带轮间的摩擦系数;

α——带在小带轮上的包角。

综上所述可得

$$F_{ec} = F_{flim} = 2F_0 \frac{e^{f\alpha} - 1}{e^{f\alpha} + 1} = F_1\left(1 - \frac{1}{e^{f\alpha}}\right) \tag{6-8}$$

带在正常传动时,须使有效圆周力 $F < F_{flim}$。

由式(6-8)可知,带传动的最大有效圆周力不仅与摩擦系数和小带轮包角有关,而且与初拉力有关。增大摩擦系数、小带轮包角和初拉力,都可提高带传动的工作能力。增大初拉力,带与带轮间的正压力增大,则传动时的极限摩擦力就越大,最大有效圆周力也就越大。但初拉力过大会加剧带的磨损,致使带过快松弛,缩短带的使用寿命,因此,需要正确选择带传动的初拉力。

V 带传动与平带传动相比,在相同的初拉力(即带对带轮压力 F_Q 相同)条件下,V 带极限摩擦力为见图 6.3(b)

$$fF_N = f\frac{F_Q}{\sin\dfrac{\varphi}{2}} = \frac{f}{\sin\dfrac{\varphi}{2}}F_Q = f'F_Q$$

式中 F_N——带轮槽面支反力,N;

φ——带轮槽角,°;

$f'=\dfrac{f}{\sin\dfrac{\varphi}{2}}$——当量摩擦系数。

$f'>f$,在相同条件下,V 带能传递较大的功率。引入当量摩擦系数 f',式(6-8)中的 f 换成 f',则可用于 V 带传动。

带传动所能传递的功率为

$$P=\frac{Fv}{1\,000} \tag{6-9}$$

式中 P——传递功率,kW;

F——有效圆周力,N;

v——带的速度,m/s。

6.3.2 带传动的应力分析

带传动工作时带中的应力大致有三部分:由拉力产生的拉应力、由离心力产生的离心拉应力和带绕过带轮时产生的弯曲应力。

1. 拉应力 σ_1、σ_2(MPa)

紧边拉应力、松边拉应力为

$$\begin{cases}\sigma_1=\dfrac{F_1}{A}\\[2ex]\sigma_2=\dfrac{F_2}{A}\end{cases} \tag{6-10}$$

式中,A 为带的横截面积,mm^2。因为 $F_1>F_2$,所以 $\sigma_1>\sigma_2$;带在绕过主动轮时,拉应力由 σ_1 逐渐降至 σ_2;带在绕过从动轮时,拉应力则由 σ_2 逐渐增加到 σ_1。

2. 离心拉应力 σ_c(MPa)

当带沿带轮轮缘作圆周运动时,带上每一质点都受离心力的作用。带的离心力 $F_c=qv^2$。此力作用于整个传动带,因此,它产生的离心拉应力 σ_c 在带的所有横截面上都是相等的,即

$$\sigma_c=\frac{F_c}{A}=\frac{qv^2}{A} \tag{6-11}$$

式中 q——传动带单位长度的质量,kg/m,见表 6-1;

v——带速,带速一般在 25 m/s 以下,以限制离心拉应力的大小。

3. 弯曲应力 σ_b(MPa)

当带绕过带轮时,由于弯曲会产生弯曲应力 σ_b。根据材料力学公式有

$$\sigma_b=\frac{2Ey}{d_d}\approx\frac{Eh}{d_d} \tag{6-12}$$

式中 E——带的弹性模量,MPa;

d_d——带轮的基准直径,mm,见表 6-4;

y——带的中性层到最外层的距离,mm;

h——带的高度,mm。

由式(6-12)可知,带轮直径愈小,则带的弯曲应力愈大。为了防止产生过大的弯曲应力而影响带的使用寿命,对每种型号带都规定了带轮的最小直径,见表 6-4。

带工作时的总应力为上述三种应力之和,并沿带长变化分布,如图6.9所示。带中最大应力发生在紧边刚绕入主动轮处,其值为

$$\sigma_{\max}=\sigma_1+\sigma_c+\sigma_{b1} \tag{6-13}$$

带是在变应力状态下工作的,当应力循环次数达到一定值时,将使带产生疲劳破坏,带发生裂纹、脱层、松散,直至断裂。

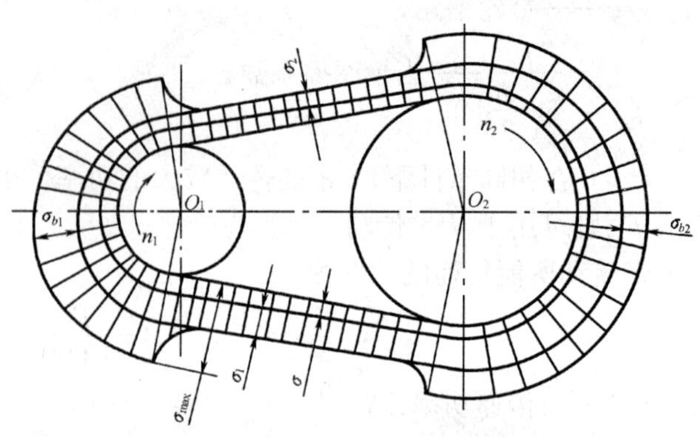

图6.9 带传动工作时的应力分布图

6.3.3 带传动的运动分析

1. 带传动的弹性滑动

带传动中的带是弹性体,在受载时会产生弹性变形。由于带在工作时紧边和松边拉力不相等,因而产生的弹性变形也不相同。带在绕过主动轮过程中,带所受的拉力由 F_1 逐渐降到 F_2,拉力减小,使带向后收缩,带在带轮接触面上出现局部微量的向后滑动,造成带的速度逐渐小于主动轮的圆周速度 v_1(即带的速度 $v<v_1$)。带在绕过从动轮过程中,带所受的拉力由 F_2 逐渐增加到 F_1,拉力增加,使带向前伸长,带在带轮接触面上出现局部微量的向前滑动,造成带的速度逐渐大于从动轮的圆周速度 v_2(即带的速度 $v>v_2$),这种带与带轮之间的微量的相对滑动称为弹性滑动。弹性滑动的大小与带传动传递的载荷成正比。弹性滑动是摩擦型带传动正常工作时的固有特性,是不可避免的。

当带传动的载荷增大到超过带与小带轮之间的极限摩擦力时,带与带轮在整个接触弧上发生相对滑动,这种现象称为打滑。打滑和弹性滑动不一样,打滑因过载引起,是可以避免的。

2. 带传动的传动比

弹性滑动导致带传动效率降低、带磨损、从动轮的圆周速度低于主动轮、传动比不准确。传动中由于带的弹性滑动引起的从动轮圆周速度降低的相对值称为滑动率 ε,即

$$\varepsilon=\frac{v_1-v_2}{v_1}=1-\frac{d_{d2}n_2}{d_{d1}n_1}=1-\frac{d_{d2}}{d_{d1}i} \tag{6-14}$$

式中 n_1,n_2——主、从动轮的转速,r/min;

v_1,v_2——主、从动轮圆周速度,m/s,且 $v_1=\dfrac{\pi d_{d1}n_1}{60\times1\,000}$,$v_2=\dfrac{\pi d_{d2}n_2}{60\times1\,000}$;

d_{d1},d_{d2}——两个带轮的基准直径,mm。

实际传动比为

$$i=\frac{n_1}{n_2}=\frac{d_{d2}}{d_{d1}(1-\varepsilon)} \tag{6-15}$$

滑动率 ε 与带材料和载荷大小有关。在正常传动中,$\varepsilon=1\%\sim2\%$,在一般计算中可不予考虑,于是传动比为

$$i=\frac{n_1}{n_2}\approx\frac{d_{d2}}{d_{d1}} \tag{6-16}$$

6.4　普通 V 带传动的设计

6.4.1　带传动的失效形式和设计准则

带传动的主要失效形式有：

(1)带在带轮上打滑，不能传递运动和动力；

(2)带由于疲劳产生脱层、撕裂和拉断；

(3)带的工作面磨损。

带传动的设计准则为：在保证不打滑的条件下，使带具有一定的疲劳强度和使用寿命。

6.4.2　单根 V 带的基本额定功率和许用功率

根据前面(6－8)式可知 V 带传动在不打滑时的最大有效圆周力为

$$F_{ec}=F_1\left(1-\frac{1}{e^{f'\alpha}}\right)=\sigma_1 A\left(1-\frac{1}{e^{f'\alpha}}\right)$$

根据带应力分析，带具有一定寿命的疲劳强度条件为 $\sigma_1+\sigma_c+\sigma_{b1}\leqslant[\sigma]$，有

$$\sigma_1\leqslant[\sigma]-\sigma_c-\sigma_{b1} \tag{6-17}$$

式中，$[\sigma]$为与带材质和应力循环次数 N 有关的许用应力。

所以，单根 V 带在不打滑又具有一定寿命时所能传递的功率(kW)为

$$P_0=\frac{F_{ec}v}{1\ 000}=([\sigma]-\sigma_c-\sigma_{b1})\left(1-\frac{1}{e^{f'\alpha}}\right)\frac{Av}{1\ 000} \tag{6-18}$$

单根普通 V 带在包角 $\alpha=180°$，特定带长，载荷平稳的特定试验条件下所能传递的功率，称为基本额定功率，用 P_0 表示，其值见表 6－5。

表 6－5　单根 V 带的基本额定功率 P_0　　单位：kW

带型	小带轮基准直径 d_{d1}/mm	小带轮转速 $n_1/(r\cdot min^{-1})$							
		400	730	800	980	1 200	1 460	1 600	2 000
Z	50	0.06	0.09	0.10	0.12	0.14	0.16	0.17	0.20
	63	0.08	0.13	0.15	0.18	0.22	0.25	0.27	0.32
	71	0.09	0.17	0.20	0.23	0.27	0.31	0.33	0.39
	80	0.14	0.20	0.22	0.26	0.30	0.36	0.39	0.44
A	75	0.27	0.42	0.45	0.52	0.60	0.68	0.73	0.84
	90	0.39	0.63	0.68	0.79	0.93	1.07	1.15	1.34
	100	0.47	0.77	0.83	0.97	1.14	1.32	1.42	1.66
	112	0.56	0.93	1.00	1.18	1.39	1.62	1.74	2.04
	125	0.67	1.11	1.19	1.40	1.66	1.93	2.07	2.44
B	125	0.84	1.34	1.44	1.67	1.93	2.20	2.33	2.64
	140	1.05	1.69	1.82	2.13	2.47	2.83	3.00	3.42
	160	1.32	2.16	2.32	2.72	3.17	3.64	3.86	4.40
	180	1.59	2.61	2.81	3.30	3.85	4.41	4.68	5.30
	200	1.85	3.05	3.30	3.86	4.50	5.15	5.46	6.13
C	200	2.41	3.80	4.07	4.66	5.29	5.86	6.07	6.34
	224	2.99	4.78	5.12	5.89	6.71	7.47	7.75	8.06
	250	3.62	5.82	6.23	7.18	8.21	9.06	9.38	9.62
	280	4.32	6.99	7.52	8.65	9.81	10.74	11.06	11.04
	315	5.14	8.34	8.92	10.23	11.53	12.48	12.72	12.14
	400	7.06	11.52	12.10	13.67	15.04	15.51	15.24	12.59

带传动实际工作条件与实验条件不一致，应对 P_0 加以修正，经过修正的单根普通 V 带所能传递的许用功率 $[P_0]$(kW) 可用下式求得

$$[P_0]=(P_0+\Delta P_0)K_\alpha K_L \tag{6-19}$$

式中 ΔP_0——传动比 $i\neq1$ 时，单根普通 V 带额定功率的增量，kW，见表 6-6；

K_α——小带轮包角修正系数，考虑包角不等于 180°时传动能力的下降，见表 6-7；

K_L——带长修正系数，实际带长不等于实验带长时对传动能力的影响见表 6-2。

表 6-6 单根普通 V 带额定功率的增量 ΔP_0 单位：kW

带型	小带轮转速 $n_1/(\mathrm{r\cdot min^{-1}})$	传动比 i									
		1.00 ~ 1.01	1.02 ~ 1.04	1.05 ~ 1.08	1.09 ~ 1.12	1.13 ~ 1.18	1.19 ~ 1.24	1.25 ~ 1.34	1.35 ~ 1.51	1.52 ~ 1.99	≥2.0
Z	400	0.00	0.00	0.00	0.00	0.00	0.00	0.00	0.00	0.01	0.01
	730	0.00	0.00	0.00	0.00	0.00	0.00	0.01	0.01	0.01	0.02
	800	0.00	0.00	0.00	0.00	0.01	0.01	0.01	0.01	0.02	0.02
	980	0.00	0.00	0.00	0.01	0.01	0.01	0.01	0.02	0.02	0.02
	1 200	0.00	0.00	0.01	0.01	0.01	0.01	0.02	0.02	0.02	0.03
	1 460	0.00	0.00	0.01	0.01	0.01	0.02	0.02	0.02	0.02	0.03
	2 000	0.00	0.01	0.01	0.02	0.02	0.02	0.02	0.03	0.03	0.04
A	400	0.00	0.01	0.01	0.02	0.02	0.03	0.03	0.04	0.04	0.05
	730	0.00	0.01	0.02	0.03	0.04	0.05	0.06	0.07	0.08	0.09
	800	0.00	0.01	0.02	0.03	0.04	0.05	0.06	0.08	0.09	0.10
	980	0.00	0.01	0.03	0.04	0.05	0.06	0.07	0.08	0.10	0.11
	1 200	0.00	0.02	0.03	0.05	0.07	0.08	0.10	0.11	0.13	0.15
	1 460	0.00	0.02	0.04	0.06	0.08	0.09	0.11	0.13	0.15	0.17
	2 000	0.00	0.03	0.06	0.08	0.11	0.13	0.16	0.19	0.22	0.24
B	400	0.00	0.01	0.03	0.04	0.06	0.07	0.08	0.10	0.11	0.13
	730	0.00	0.02	0.05	0.07	0.10	0.12	0.15	0.17	0.20	0.22
	800	0.00	0.03	0.06	0.08	0.11	0.14	0.17	0.20	0.23	0.25
	980	0.00	0.03	0.07	0.10	0.13	0.17	0.20	0.23	0.26	0.30
	1 200	0.00	0.04	0.08	0.13	0.17	0.21	0.25	0.30	0.34	0.38
	1 460	0.00	0.05	0.10	0.15	0.20	0.25	0.31	0.36	0.40	0.46
	2 000	0.00	0.07	0.14	0.21	0.28	0.35	0.42	0.49	0.56	0.63
C	400	0.00	0.04	0.08	0.12	0.16	0.20	0.23	0.27	0.31	0.35
	730	0.00	0.07	0.14	0.21	0.27	0.34	0.41	0.48	0.55	0.62
	800	0.00	0.08	0.16	0.23	0.31	0.39	0.47	0.55	0.63	0.71
	980	0.00	0.09	0.19	0.27	0.37	0.47	0.56	0.65	0.74	0.83
	1 200	0.00	0.12	0.24	0.35	0.47	0.59	0.70	0.82	0.94	1.06
	1 460	0.00	0.14	0.28	0.42	0.58	0.71	0.85	0.99	1.14	1.27
	2 000	0.00	0.20	0.39	0.59	0.78	0.98	1.17	1.37	1.57	1.76

表6-7 小带轮包角系数 K_α

包角 α	180°	170°	160°	150°	140°	130°	120°	110°	100°	90°
K_α	1.00	0.98	0.95	0.92	0.89	0.86	0.82	0.78	0.74	0.69

6.4.3 V带传动的设计步骤和传动参数选择

设计V带传动的已知条件一般是：已知传递的功率 P，传动的用途，大小带轮的转速 n_1、n_2，或 n_1 和传动比 i 传动位置及对传动外廓尺寸的要求等。

设计计算的内容包括：V带型号、长度、根数、传动中心距，带轮直径、带轮结构尺寸和材料、带的初拉力和压轴力、张紧装置与防护等。

普通V带传动设计的步骤和传动参数选择如下。

1. 选择V带型号

根据传递功率、传递用途和工作情况等确定传动的设计功率为

$$P_c = K_A P \tag{6-20}$$

式中 P 为所需传递的功率，kW；

K_A——工作情况系数，由表6-8查取。

V带的型号根据传动的设计功率 P_c 和小带轮的转速 n_1，按图6.10所示的普通V带选型图选取。

表6-8 工况系数 K_A

工况		K_A					
载荷性质	工作机	空、轻载启动			重载启动		
		每天工作小时数/h					
		<10	10~16	>16	<10	10~16	>16
载荷变动微小	液体搅拌机，通风机和鼓风机（≤7.5 kW），离心式水泵和压缩机，轻负荷输送机	1.0	1.1	1.2	1.1	1.2	1.3
载荷变动小	带式输送机，通风机（>7.5 kW），旋转式水泵和压缩机（非离心式），发电机，金属切削机床，印刷机等	1.1	1.2	1.3	1.2	1.3	1.4
载荷变动较大	斗式提升机，往复式水泵和压缩机，起重机，冲剪机床，橡胶机械，纺织机械等	1.2	1.3	1.4	1.4	1.5	1.6

注：在反复启动、正反转频繁等场合，将查出的系数 K_A 乘以1.2。

2. 确定带轮的基准直径 d_{d1}，d_{d2}

（1）选择小带轮的基准直径 d_{d1}

小带轮基准直径 d_{d1} 是最重要的参数。小带轮直径越小，带传动越紧凑，但带内的弯曲应力越大，导致带的疲劳强度下降，带寿命降低，且传递同样的功率所需V带根数多。因

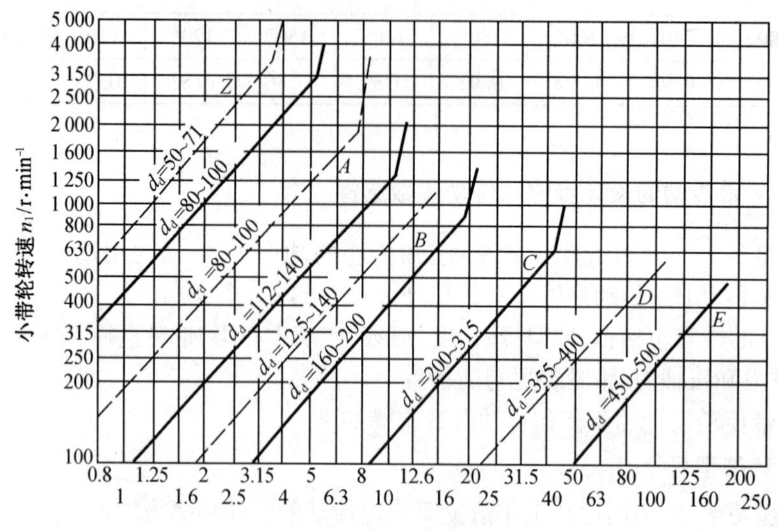

图 6.10　普通 V 带选型图

此，d_{d1}不能太小。表 6－4 中规定了带轮的最小直径。若传动尺寸不受限制，可选用较大的 d_{d1}（参考表 6－5 中的值）。

（2）验算带的速度 v

$$v=\frac{\pi d_{d1} n_1}{60\times 1\ 000} \tag{6-21}$$

当传递功率一定时，提高带速，需要的有效拉力将减小，可减少带的根数。但带速过高，离心力过大，带与带轮之间正压力减少，传动能力降低。因此，带速一般应在 5～25 m/s 之间。

（3）确定大轮的基准直径 d_{d2}

$$d_{d2}=id_{d1}(1-\varepsilon)$$

计算出的 d_{d2}应圆整成相近的带轮基准直径系列值（见表 6－4），并在槽型所限的 d_d 值范围内（见表 6－3）。

3. 确定中心距 a 和带的基准长度 L_d

（1）初定中心距 a_0

中心距 a 为带传动另一重要参数。a 太小，带的长度短，带应力循环次数增多，降低寿命，而且包角 α_1 也小，传动能力低；a 过大，将引起带的抖动，传动结构也不紧凑。初定中心距时，a_0 可在如下范围内选取

$$0.7(d_{d1}+d_{d2})\leqslant a_0\leqslant 2(d_{d1}+d_{d2})$$

（2）确定带的基准长度 L_d

根据已定的带轮基准直径和初选中心距 a_0，可按下式初步计算带传动所需的长度 L_{d0}

$$L_{d0}=2a_0+\frac{\pi}{2}(d_{d1}+d_{d2})+\frac{(d_{d2}-d_{d1})}{4a_0} \tag{6-22}$$

根据 L_{d0}由表 6－2 选取带的基准长度 L_d。

（3）确定实际中心距 a

$$a\approx a_0+\frac{L_d-L_{d0}}{2} \tag{6-23}$$

考虑安装，更换V带和调整、补偿张紧力的需要，中心距通常设计成可调节的，中心距变化范围为：$a_{\min}=a-0.015L_d$，$a_{\max}=a+0.03L_d$。

(4)验算小带轮包角 α_1

$$\alpha_1=180°-\frac{d_{d2}-d_{d1}}{a}\times 57.3°\geqslant 120° \tag{6-24}$$

为保证带传动工作能力，应使小带轮包角 $\alpha_1\geqslant 120°$。若 α_1 太小，可增大中心距 a 或设置张紧轮。

4. 确定V带的根数 z

$$z=\frac{P_c}{[P_0]}=\frac{P_c}{(P_0+\Delta P_0)K_\alpha K_L} \tag{6-25}$$

将 z 向上圆整取整数。为了使各根带间受力均匀，带的根数 z 不能过多，一般取2~5根为宜。通常 $z<10$。若 z 超出允许范围，应加大带轮直径或改选较大截面的带型，重新计算。

5. 确定单根V带的初拉力 F_0

初拉力 F_0 小，带传动能力小，易打滑；初拉力 F_0 过大，则带的寿命降低。一般认为，保证带传动正常工作的单根V带合适的初拉力为

$$F_0=500\times\frac{(2.5-K_\alpha)P_c}{K_\alpha zv}+qv^2 \tag{6-26}$$

6. 计算带作用于轴上的力 F_Q

为了设计轴和轴承，需要确定带作用在带轮轴上的压力 F_Q(图6.11)。F_Q 近似按下式计算

$$F_Q=2zF_0\sin\frac{\alpha_1}{2} \tag{6-27}$$

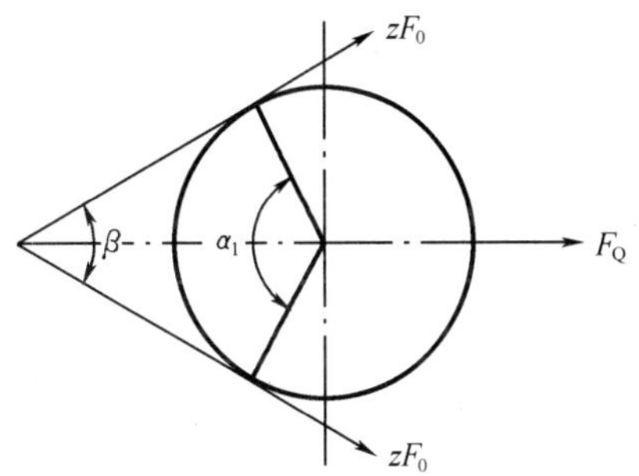

图6.11 带传动作用于轴上的力

7. 带轮的结构设计(略)

【综合应用实例】

例 试设计某机床用的普通V带传动，已知电动机功率 $P=5.4$ kW，转速 $n_1=1\,440$ r/min，传动比 $i=1.92$，要求两带轮轴中心距不大于800 mm，每天两班制工作。

解 设计计算步骤如下表。

计算与说明	主要结果
1. 选择V带型号 查表6-8，选取工况系数 $K_A=1.2$，$P_c=K_AP=1.2\times5.4=6.48$ kW 根据 P_c 和 n_1 查图6.10，选A型带。	A型带
2. 确定带轮的基准直径 d_{d1}、d_{d2} (1)选取小带轮的基准直径 d_{d1} 由表6-4，对A型带，$d_{d1\min}=75$ mm。由于 P_d—n_1 坐标的交点落在图6.10中A型带区域内虚线的下方，并靠近虚线，参考表6-5故选取小带轮的基准直径 $d_{d1}=112$ mm。	$d_{d1}=112$ mm

计算与说明	主要结果
(2)验算带的速度 v $v=\frac{\pi d_{d1}n_1}{60\times1\ 000}=\frac{\pi\times112\times1\ 440}{60\times1\ 000}=8.44\ \text{m/s}<25\ \text{m/s}$ 速度没有超出范围。	$v=8.44\ \text{m/s}<25\ \text{m/s}$
(3)确定大带轮的基准直径 d_{d2} 取 $\varepsilon=0.02$ $d_{d2}=id_{d1}(1-\varepsilon)=1.92\times112\times(1-0.02)=210.74\ \text{mm}$ 查表 6-4,圆整取标准值 $d_{d2}=212\ \text{mm}$。	$d_{d2}=212\ \text{mm}$
3. 确定中心距 a 和带的基准长度 L_d (1)初选中心距 a_0 根据题意,取 $a_0=650\ \text{mm}$。 (2)确定带的基准长度 L_d 初算带长 L_{d0} $L_{d0}=2a_0+\frac{\pi}{2}(d_{d1}+d_{d2})+\frac{(d_{d2}-d_{d1})^2}{4a_0}$ $=2\times650+\frac{\pi}{2}(112+212)+\frac{(212-112)^2}{4\times650}$ $=1\ 812.78\ \text{mm}$ 由表 6-2,取基准长度 $L_d=1\ 800\ \text{mm}$。	$L_d=1\ 800\ \text{mm}$
(3)确定中心距 a $a\approx a_0+\frac{L_d-L_{d0}}{2}\approx650+\frac{2\ 000-1\ 812.78}{2}\approx643.61\ \text{mm}$ 取 $a=644\ \text{mm}$。 安装时所需的最小中心距 $a_{min}=a-0.015L_d=644-0.015\times1\ 800=617\ \text{mm}$ 张紧或补偿带伸长所需的最大中心距 $a_{max}=a+0.03L_d=644+0.03\times1\ 800=698\ \text{mm}$	
(4)验算小带轮包角 α_1 $\alpha_1=180°-\frac{d_{d2}-d_{d1}}{a}\times57.3°=180°-\frac{212-112}{644}\times57.3°$ $=171.1°>120°$,合适。	$\alpha_1=171.1°$
4. 确定 V 带的根数 z 查表 6-5 和表 6-6 得 $P_0=1.60\ \text{kW}$,$\Delta P_0=0.15\ \text{kW}$;查表 6-7,插值得 $K_\alpha=0.982$; 查表 6-2 得 $K_L=1.01$。将各数值代入式(6-22)得 $z=\frac{P_c}{[P_0]}=\frac{P_c}{(P_0+\Delta P_0)K_\alpha K_L}=\frac{6.48}{(1.60+0.15)\times0.982\times1.01}$ $=3.73$ 取 $z=4$。	$z=4$

计算与说明	主要结果
5. 计算初拉力 F_0 查表 6-1,A 型带 $q=0.10\ \text{kg/m}$ $F_0=500\times\dfrac{(2.5-K_\alpha)P_c}{K_\alpha zv}+qv^2$ $=500\times\dfrac{(2.5-0.982)\times6.48}{0.982\times4\times8.44}+0.1\times8.44^2=152.8\ \text{N}$	$F_0=152.8\ \text{N}$
6. 计算带作用在轴上的力 F_Q $F_Q=2zF_0\sin\dfrac{\alpha_1}{2}=2\times4\times152.8\times\sin\dfrac{171.1°}{2}=1\ 218.7\ \text{N}$	$F_Q=1\ 218.7\ \text{N}$
7. 带轮结构设计(略)	

6.5 带传动的张紧、安装与维护

6.5.1 带传动的张紧方法

V 带工作一段时间后会因塑性变形和磨损使初拉力减小而松弛,造成传动能力下降。为了保证带传动的工常工作,应定期检查带的松紧程度,对带进行重新张紧。常见的张紧装置有如下三类。

(1)定期张紧装置

定期调整中心距以恢复初拉力。常见的有滑轨式(图 6.12(a))和摆架式(图 6.12(b))两种,均靠调节螺钉调节带的张紧程度。滑道式适用于水平传动或倾斜不大的传动场合。

(2)自动张紧装置(图 6.12(c))

将装有带轮的电动机安装在浮动的摆架上,利用电动机自重,使带始终在一定的张紧力下工作。

(3)张紧轮张紧装置(图 6.12(d))

当中心距不可调节时,采用张紧轮张紧。张紧轮一般应设置在松边内侧,并尽量靠近大带轮。张紧轮的轮槽尺寸与带轮相同,直径应小于小带轮的直径。若设置在外侧时,则应使其靠近小轮,这样可以增大小带轮的包角。

6.5.2 带传动的安装与维护

V 带传动的安装与维护需要注意以下几点。

(1)两轮的轴线必须安装平行,两轮轮槽应对齐,否则将加剧带的磨损,甚至使带从带轮上脱落。

(2)应通过调整中心距的方法来安装带并张紧,带套上带轮后慢慢地拉紧至规定的初拉力。新带使用前,最好预先拉紧一段时间后再使用。同组使用的 V 带应型号相同、长度相等。

(3)应定期检查胶带,若发现有的胶带过度松弛或已疲劳损坏时,应全部更换新带,不

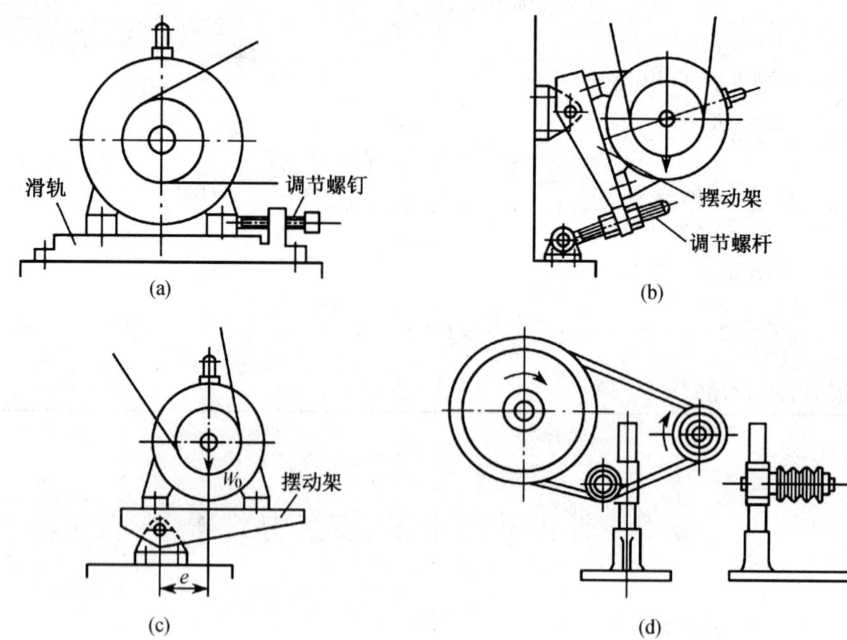

图 6.12　带传动的张紧

能新旧并用。若一些旧带尚可使用,应测量长度,选长度相同的旧胶带组合使用。

(4)带传动装置外面应加防护罩,以保证安全。

(5)禁止带与酸、碱或油接触,以免腐蚀带,不能暴晒,带传动工作温度不应超过 60 ℃。

(6)如果带传动装置需闲置一段时间后再用,应将传动带放松。

本 章 小 结

本章主要讲述了带传动的类型、工作原理、特点及应用;普通 V 带规格和带轮结构;带传动的受力分析、应力分析和弹性滑动;对普通 V 带传动的失效形式、设计准则、设计步骤及参数选择进行了较详细阐述。本章重点为普通 V 带传动设计计算。

习　　题

一、思考题

1. 试分析摩擦带传动的工作原理。

2. 带传动有哪些类型,各有什么特点?

3. 普通 V 带和窄 V 带有什么区别,二者有哪些尺寸规格?

4. 带传动工作时,紧边和松边是怎么产生的?如何理解紧边和松边的拉力差即为带传动的有效圆周力?

5. 试从产生原因、对带传动的影响、可否避免等几个方面说明弹性滑动与打滑的区别。

6. 带传动为什么要张紧,张紧装置有哪些?

二、计算题

1. 已知 V 带传递的实际功率 $P=5$ kW，带速 $v=10$ m/s，紧边拉力是松边拉力的 2 倍。试求有效拉力(圆周力)F 和紧边拉力 F_1 的值。

2. C6140 车床中的电动机和床头箱间采用垂直布置的 V 带传动。已知电动机功率 $P=4.5$ kW，转速 $n=1\ 440$ r/min，传动比 $i=2.2$，两班制工作，带传动中心距要求在 900 mm 左右。试设计此 V 带传动。

第 7 章　链　传　动

【教学目标】

1. 了解链传动的类型、特点及应用，链传动的布置、张紧和润滑；

2. 熟悉滚子链、链轮结构，滚子链失效形式，链传动功率曲线图；

3. 能够进行链传动运动特性分析和受力分析，滚子链设计计算和各相关参数选择；

4. 通过滚子链传动设计计算和参数选择等方面知识的学习与实践，使学生掌握不同零件设计的区别和联系，并学会归纳和总结。

【知识要点】

本章的知识要点是链传动的类型、特点及应用，滚子链、链轮结构，链传动运动特性分析和受力分析，滚子链失效形式，链传动功率曲线图，滚子链设计计算和各相关参数选择，链传动的布置、张紧和润滑。

【导入案例】

链条炉排是工业锅炉中历史悠久、结构可靠、运行稳定的一种机械化燃煤设备，获得了广泛的应用。链条炉排的结构形式一般可分链带式、横梁式和鳞片式三种。其运行过程是煤从煤斗内依靠自重落到炉排前端，随炉排自前向后缓慢移动，经煤闸板进入炉膛。煤闸板的高度可以自由调节，以控制煤层的厚度。空气从炉排下面分区送风室引入，与煤层运动方向相交。煤在炉膛内受到辐射加热，依次完成预热、干燥、着火、燃烧，直到燃尽。灰渣则随炉排移动到后部，经过挡渣板（俗称老鹰铁）落入后部水冷灰渣斗，由除渣机排出。

横梁式炉排适用于蒸发量 20 ~ 40 t/h 甚至更大的锅炉。其结构采用了许多刚性较大的横梁，如图 7.1 所示。炉排片装在横梁的相应槽内，横梁固定在传动链条上。传动链条一般是两条（当炉排很宽时，可装置多条），由装在前轴（主动轴）上的链轮带动。

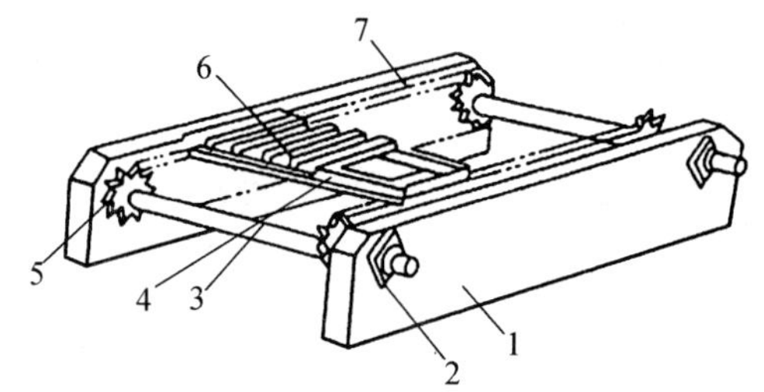

图 7.1　横梁式链条炉排结构

1—炉排墙板；2—轴承；3—轴；4—横梁支架；5—链轮；6—炉排片；7—链条

横梁式炉排的优点是：结构刚性大，炉排片受热不受力，而横梁和链条受力不受热，比较安全耐用；炉排面积可以较大，阻力小而风量分布均匀；运行中漏煤、漏风量少。缺点是：结构笨重，金属耗量多，约是链带式炉排的 2.7 倍；制造和安装要求高；受热不均时，横梁易出现扭曲、跑偏等故障。

7.1 链传动的类型、特点及应用

7.1.1 链传动的组成与类型

1. 链传动的组成

链传动是一种具有中间挠性件(链)的啮合传动装置,依靠链条与链轮轮齿的啮合来传递运动和动力。它由主动链轮1、从动链轮2和链条3组成,如图7.2所示。

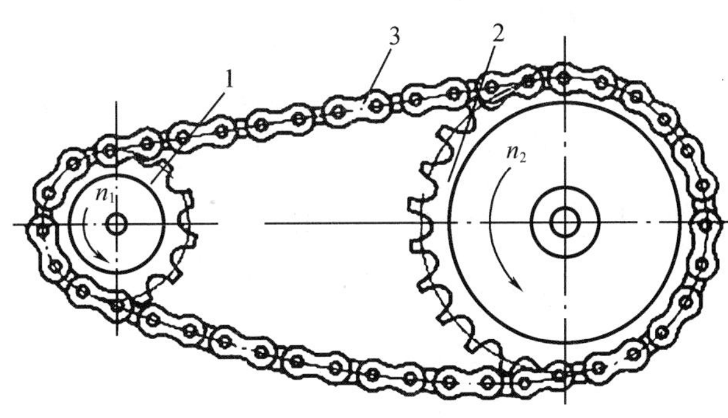

图7.2 链传动

1—主动轮;2—从动轮;3—链条

2. 链传动的类型

链的种类繁多,按用途来分,链可分为三大类。

(1)传动链

用于一般机械传动,以传递运动和动力,工作速度 $v \leqslant 15$ m/s。

(2)输送链

在各种输送装置和机械化装卸设备中,用以输送物品,工作速度 $v \leqslant 4$ m/s。

(3)起重链

在起重机械中用以提升重物,工作速度 $v \leqslant 0.25$ m/s。

在一般机械传动装置中,通常应用的是传动链。根据结构的不同,传动链又可分为套筒链、套筒滚子链(简称滚子链)、齿形链等多种,如图7.3所示。

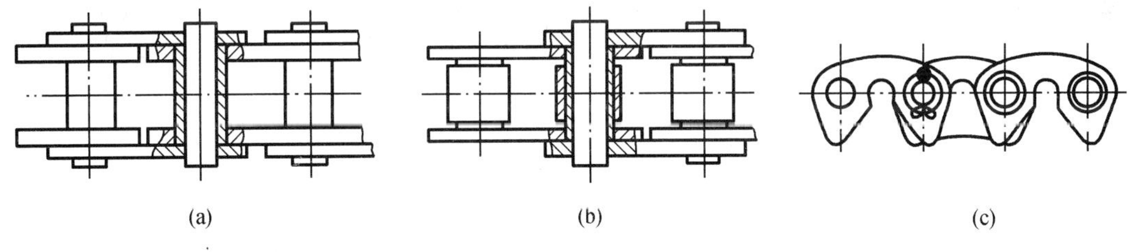

图7.3 传动链的类型

(a)套筒链;(2)滚子链;(3)齿形链

7.1.2 链传动的特点及应用

与摩擦型带传动相比,链传动无弹性滑动和打滑现象,平均传动比准确,工作可靠,效率较高(封闭式链传动的传动效率 $\eta = 0.95 \sim 0.98$);传动功率大,过载能力强,相同工况下的传动尺寸小;所需张紧力小,作用于轴上的压力小;能在高温、多尘、潮湿、有污染等恶劣环境中工作。与齿轮传动相比,制造和安装精度要求较低,成本低,易于实现较大中心距的传动或多轴传动。

链传动的瞬时链速和传动比不恒定,传动平稳性较差,有噪声;不宜用于载荷变化很大和急速反向的传动中。

通常,链传动传递的功率 $P \leqslant 100$ kW,链速 $v \leqslant 15$ m/s,传动比 $i < 8$,传动中心距 $a \leqslant 5 \sim 6$ m。目前,链传动最大的传递功率可达5 000 kW,链速可达40 m/s,传动比可达15,中心距可达8 m。链传动常用于农业机械、建筑机械、石油机械、采矿、起重、金属切削机床、摩托车和自行车等。

7.2 滚子链及链轮

7.2.1 滚子链的结构和规格

1. 滚子链的结构

在链传动中,滚子链的应用最为广泛。滚子链由内链板1、外链板2、销轴3、套筒4和滚子5组成,见图7.4(a)。两片外链板与销轴采用过盈配合连接,构成外链节,见图7.4(b)。两片内链板与套筒也为过盈配合连接,构成内链节,见图7.4(c)。销轴穿过套筒,将内、外链节交替连接成链条。套筒、销轴间为间隙配合,内、外链节可相对转动,构成铰链。滚子与套筒间亦为间隙配合,使链条与链轮啮合时形成滚动摩擦,以减轻磨损。链板制成8字形,使链板各截面接近等强度,同时也减少了链的质量和运动时的惯性力。

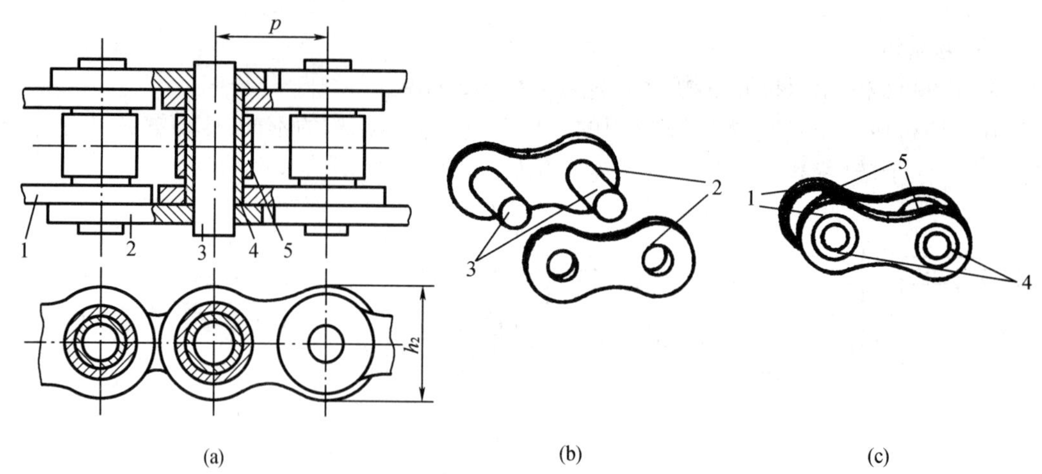

图7.4 滚子链的结构

(a)滚子链构成;(b)外链节;(c)内链节

2. 链节数与接头形式、排数

滚子链的接头形式如图7.5所示。当链节数为偶数时,内外链板正好相接。当节距较小时,常采用弹簧卡(图7.5(a))锁住连接链板;节距较大时,止锁件多用钢丝锁销(图7.5(b))或开口销(图7.5(c))。当链节数为奇数时,需采用如图7.5(d)所示的过渡链节。过渡链节的链板为了兼作内外链板,制成弯链板,工作时受附加弯曲作用,使承载能力降低。因此,应尽量采用偶数链节。

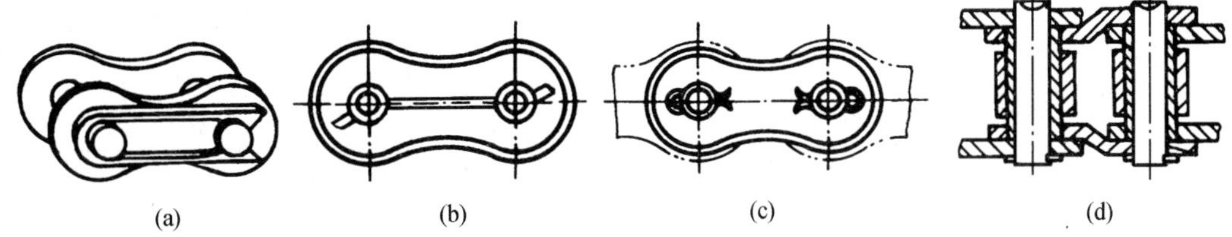

图 7.5 滚子链的接头形式

(a)弹簧卡;(b)钢丝锁销;(c)开口销;(d)过渡链节

链条的排数有单排、双排和多排。当传递大功率时,可采用双排链(图7.6)或多排链。多排链的承载能力与排数成正比 。但由于制造和装配误差,很难保证各排链之间受载均匀,因此排数不宜过多,一般不超过4排。

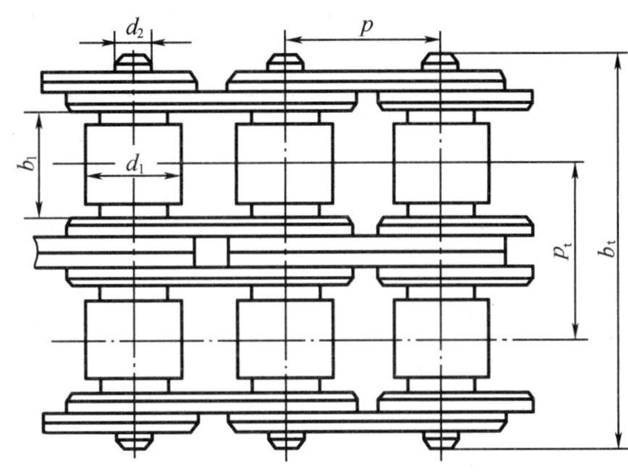

图 7.6 双排滚子链

3. 滚子链的标准规格

两相邻销轴中心间的距离称为节距 p。节距 p 是滚子链和链轮啮合的基本参数。节距越大,链条各零件的尺寸越大,其承载能力也越大。另外,滚子链参数还有滚子外径 d_1、内链节内宽 b_1(多排链还有排距 p_t)等。滚子链已标准化(GB/T 1243—1997),分为A、B两个系列。其中A系列适用于以美国为中心的西半球区域,B系列适用于欧洲区域,我国以A系列设计应用为主。A系列滚子链主要尺寸参数见图7.4(a)和图7.6,规格及数值见表7-1,其中,节距 p 与链号存在如下关系:

$$节距\ p = 链号 \times \frac{25.4}{16}$$

滚子链的选取可标记为: $\boxed{链号}$ - $\boxed{排数}$ × $\boxed{链节数}$ $\boxed{标准编号}$

例如:8A-1×100 GB/T 1243—1997 表示:A系列8号链、节距12.7 mm、单排、100节的滚子链。

表 7-1 滚子链规格和主要参数

链号	节距 p/mm	排距 p_t/mm	滚子外径 d_1/mm	内链节内宽 b_1/mm	销轴直径 d_2/mm	销轴长度 b_t/mm		内链板高度 h_2/mm	极限拉伸载荷 F_{Qlim}/N		单排质量 q/(kg·m^{-1})
						单排	双排		单排	双排	
08A	12.7	14.38	7.95	7.85	3.96	17.8	32.3	12.07	13 800	27 600	0.6
10A	15.875	18.11	10.16	9.40	5.08	21.8	39.9	15.09	21 800	43 600	1.0
12A	19.05	22.78	11.91	12.57	5.94	26.9	49.8	18.08	31 100	62 300	1.5

表 7-1(续)

链号	节距 p/mm	排距 p_t/mm	滚子外径 d_1/mm	内链节内宽 b_1/mm	销轴直径 d_2/mm	销轴长度 b_t/mm		内链板高度 h_2/mm	极限拉伸载荷 F_{Qlim}/N		单排质量 q/(kg·m^{-1})
						单排	双排		单排	双排	
16A	25.4	29.29	15.88	15.75	7.92	33.5	62.7	24.13	55 600	112 100	2.6
20A	31.75	35.76	19.05	18.9	9.53	41.1	77.0	30.18	86 700	173 500	3.8
24A	38.1	45.44	22.23	25.22	11.10	50.8	96.3	36.20	124 600	249 100	5.6
28A	44.45	48.87	25.4	25.22	12.70	54.9	103.6	42.24	169 000	338 100	7.5
32A	50.8	58.55	28.58	31.55	14.27	65.5	124.2	48.26	222 400	444 800	10.1
40A	63.5	71.55	39.68	37.85	19.54	80.3	151.9	60.33	347 000	693 900	16.1
48A	76.2	87.83	47.63	47.35	23.80	95.5	183.4	72.39	500 400	1 000 800	22.6

注:过渡链节的极限拉伸载荷按 $0.8F_Q$ 计算。

7.2.2 滚子链链轮

1. 链轮齿形

链轮齿形应保证链节能平稳、自由地进入和退出啮合,在啮合时冲击和接触应力尽量小,且形状简单,便于加工。在 GB/T 1243—1997 中没有规定具体的链轮齿形,但规定了最大、最小齿槽形状,凡在两者之间的各标准齿形均可采用。目前常采用三圆弧一直线齿廓,如图 7.7 所示,它是由三段圆弧 aa、ab、cd 和一段直线 bc 组成。该齿廓有利于链节的啮入和退出。

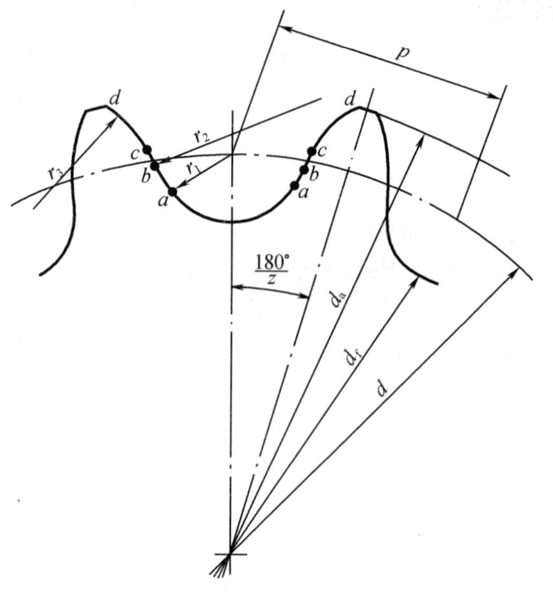

图 7.7 三圆弧一直线齿形

当链轮轮齿采用标准齿形且用标准刀具加工时,在链轮工作图上无需绘出端面齿形,只要在图右上角列表注明链轮的基本参数和齿形按 3R GB/T 1243—1997 规定制造即可,而链轮的轴向齿廓(见表 7-2 中图(b))则需在工作图上绘出,以便车削链轮毛坯,尺寸参考其他文献。

2. 链轮的尺寸参数

若已知节距 p、滚子外径 d_1 和齿数 z 时,链轮的主要尺寸按表 7-2 中公式计算。

3. 链轮材料

链轮轮齿应具有足够的疲劳强度、耐磨性和耐冲击性,故链轮材料多采用渗碳钢和合金钢,如 15,20,20Cr 等经渗碳淬火,热处理后齿面硬度均在 46HRC 以上。高速轻载时,可采用夹布胶木,使传动平稳,减少噪声。

由于小链轮轮齿的啮合次数比大链轮多,所受冲击和磨损也较严重,故应采用较好的材料。

表7-2 滚子链链轮主要尺寸

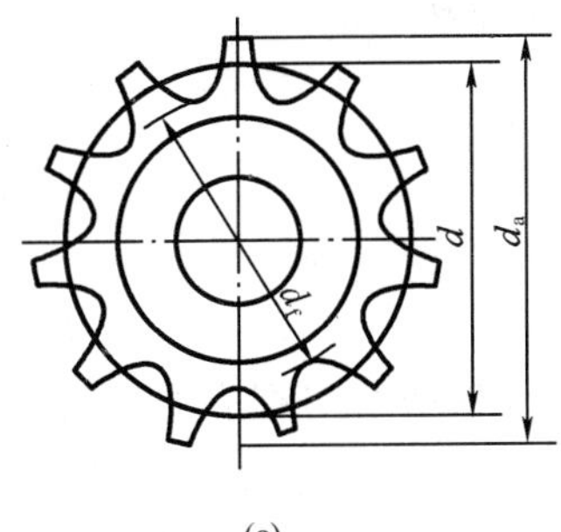

(a)

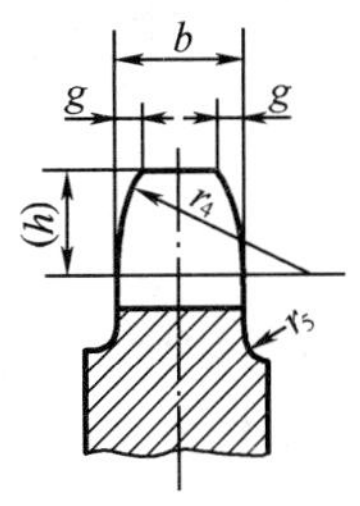

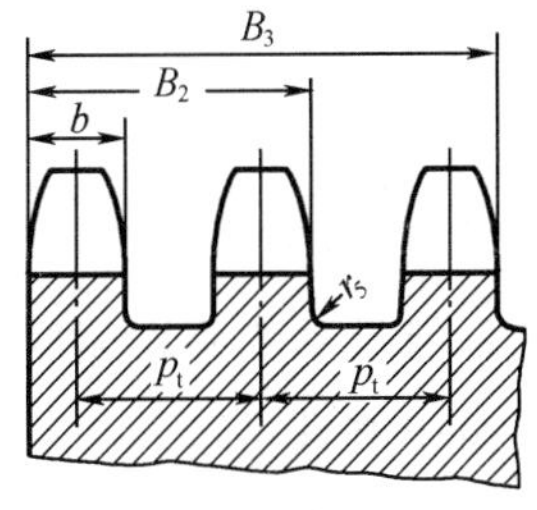

(b)

名称	符号	计算公式	备注
分度圆直径	d	$d=\dfrac{p}{\sin\left(\dfrac{180°}{z}\right)}$	
齿顶圆直径	d_a	$d_{amax}=d+1.25p-d_1$ $d_{amin}=d+\left(1-\dfrac{1.6}{z}\right)p-d_1$ 若为三圆弧一直线齿形,则 $d_a=p[0.54+\cot(180°/z)]$	可在 d_{amax} 和 d_{amin} 范围内任意选取,但选用 d_{amax} 时,若采用展成法加工,可能顶切
齿根圆直径	d_f	$d_f=d-d_1$	

4. 链轮结构

链轮的结构如图7.8所示。直径小的链轮制成实心式(图7.8(a));中等尺寸的链轮做成孔板式(图7.8(b));直径较大时,可采用组合式结构。图7.8(c)所示为齿圈式的焊接结构;图7.8(d)所示为将齿圈用螺栓连接在轮芯上的装配结构,以便更换磨损的齿圈。

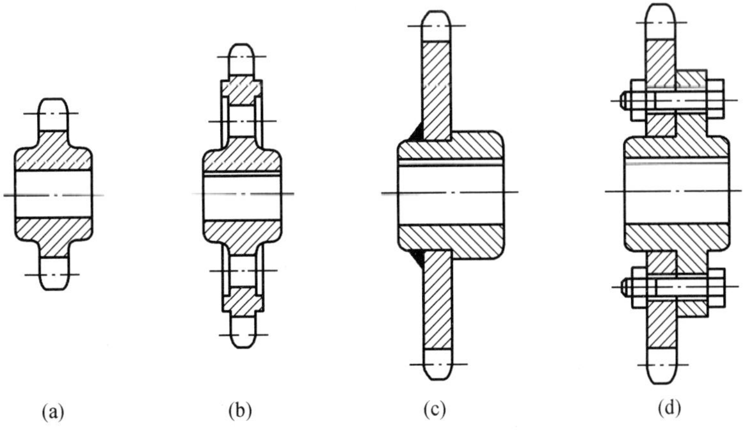

图7.8 链轮的结构

7.3 链传动的运动特性

7.3.1 链传动的运动特性

1. 链传动的平均速度与平均传动比

链由刚性链节通过销轴铰接而成，当链绕在链轮上时，链节与相应的轮齿啮合后这一段链条曲折成正多边形的一部分(图7.9)。该正多边形的边长为链条的节距p，边数等于链轮齿数z。链轮每转一圈，随之转过的链长为zp，故链的平均速度(单位为m/s)为

$$v=\frac{z_1n_1p}{60\times1\ 000}=\frac{z_2n_2p}{60\times1\ 000} \tag{7-1}$$

式中 z_1,z_2——主、从动轮齿数；

n_1,n_2——主、从动轮的转速，r/min。

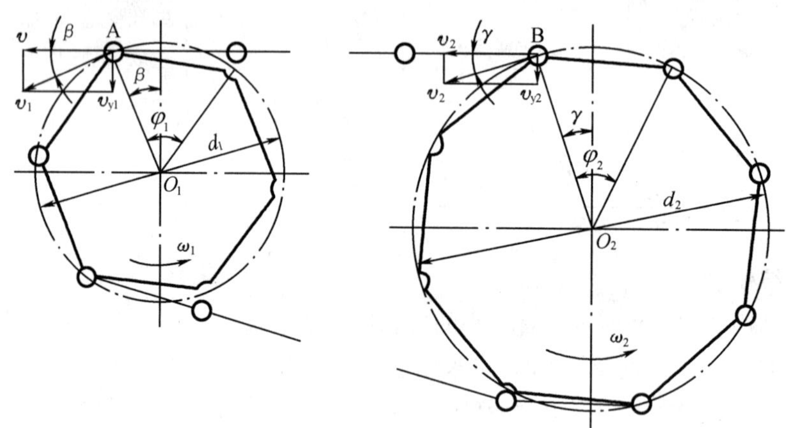

图7.9 链传动的速度分析

由式(7-1)得链传动的平均传动比为

$$i=\frac{n_1}{n_2}=\frac{z_2}{z_1} \tag{7-2}$$

2. 链传动的瞬时速度与瞬时传动比

如图7.9所示，链轮转动时，绕在其上的链条的销轴轴心沿链轮节圆$\left(\text{半径为}R_1,R_1=\dfrac{p}{2\sin\left(\dfrac{180°}{z_1}\right)}\right)$运动，而链节其余部分的运动轨迹基本不在节圆上。设主动链轮以角速度ω_1转动时，该链条链节A作等速圆周运动，其圆周速度$v_1=\omega_1R_1$。

为便于分析，设链在转动时主动边始终处于水平位置。v_1可分解为沿链条前进方向的水平分速度v_{x1}和垂直于链条前进方向的竖直分速度v_{y1}，其值分别为

$$v_{x1}=v_1\cos\beta=\omega_1R_1\cos\beta$$
$$v_{y1}=v_1\sin\beta=\omega_1R_1\sin\beta$$

式中，β 为链节 A 圆周速度与水平方向的夹角。

由图 7.9 可知，链条的每一链节在主动链轮上对应的中心角为 $\varphi_1(\varphi_1 = 360°/z_1)$，则随主动链轮等速回转，$\beta$ 角在 $[-\varphi_1/2, +\varphi_1/2]$ 之间变化，链节 A 在水平方向分速度 v_{x1}、在竖直方向分速度 v_{y1} 都作周期性变化。链条每转过一个节距，v_{x1}，v_{y1} 就变化一次。

设从动链轮瞬时角速度为 ω_2，则链条链节 B 瞬时圆周速度为 $v_2 = \omega_2 R_2$，同理，v_2 可分解为沿链条前进方向的水平分速度 v_{x2} 和垂直于链条前进方向的竖直分速度 v_{y2}，其值分别为

$$v_{x2} = v_2\cos\gamma = \omega_2 R_2\cos\gamma$$

$$v_{y2} = v_2\sin\gamma = \omega_2 R_2\sin\gamma$$

式中 γ——链节 B 圆周速度与水平方向的夹角，β 角在 $[-\varphi_2/2, +\varphi_2/2]$ 之间变化，其中，$\varphi_2 = 360°/z_2$；

v_{x1}，v_{x2}——链条链节 A，B 沿链条前进方向的水平分速度，其大小等于链条沿水平方向的链速 v，即 $v = v_{x1} = v_{x2}$，得

$$\omega_1 R_1\cos\beta = \omega_2 R_2\cos\gamma$$

所以链传动瞬时传动比为

$$i_{12} = \frac{\omega_1}{\omega_2} = \frac{R_2\cos\gamma}{R_1\cos\beta} \tag{7-3}$$

随着 β 角和 γ 角的不断变化，链传动的瞬时传动比也是不断变化的。当主动链轮以等角速度回转时，从动链轮的角速度将周期性地变化。只有在 $z_1 = z_2$，且传动的中心距恰为节距 p 的整数倍时，传动比才可能在啮合过程中保持不变，恒为 1。链传动的传动比变化与链条绕在链轮上的多边形特性有关，故将以上现象称为链传动的多边形效应。

由上面分析可知，链轮齿数 z 越小，链传动的运动不均匀性越严重。

3. 链传动的动载荷

链传动中的动载荷主要由以下因素产生。

(1) 链速 v 的周期性变化产生的加速度 a，从而引起动载荷。

$$a = \frac{\mathrm{d}v}{\mathrm{d}t} = -R_1\omega_1^2\sin\beta \tag{7-4}$$

当链节位于 $\beta = \pm\varphi_1/2$ 时，加速度达到最大值，即

$$\alpha_{max} = \pm R_1\omega_1^2\sin\frac{\varphi_1}{2} = \pm R_1\omega_1^2\sin\frac{180°}{z_1} = \pm\frac{\omega_1^2 p}{2} \tag{7-5}$$

由上式可知，当链的质量一定时，链轮转速越高，节距越大，则链的动载荷就越大。

(2) 链的垂直方向分速度 v_y 周期性变化，使链产生上下振动，进而产生动载荷。它也是链传动动载荷中很重要的一部分。

(3) 当链条的链节啮入链轮齿间时，由于链条铰链与链轮轮齿之间存在相对速度，造成啮合冲击和动载荷。

另外，由于链和链轮的制造误差、安装误差，以及由于链条的松弛，在启动、制动、反转、突然超载或卸载情况下出现的惯性冲击，也将增大链传动的动载荷。

7.3.2 链传动的受力分析

链传动在安装时，应使链条受到一定张紧力，张紧力通过使链条保持适当的垂度所产

生悬垂拉力来获得，以使链传动松边不致过松，防止出现链条的不正常啮合、跳齿或脱链。与带传动相比，链传动所需的张紧力要小很多。

1. 作用在链条上的力

(1)圆周力 F(单位 N)(链的有效拉力 F)

$$F=\frac{1\,000P}{v} \tag{7-6}$$

式中 P——传递的功率，kW；

v——链速，m/s。

(2)离心拉力 F_c(单位 N)

$$F_c=qv^2 \tag{7-7}$$

式中，q 为链条单位长度的质量，kg/m。

(3)悬垂拉力 F_y(单位 N)

$$F_y=K_y\cdot q\cdot g\cdot a \tag{7-8}$$

式中 K_y——下垂度 $y=0.02a$ 时的垂度系数；其选取与 β(链条中心线与水平方向的夹角)有关，见表 7-3；

g——重力加速度，$g=9.81\ \mathrm{m/s^2}$；

a——链传动的中心距，mm。

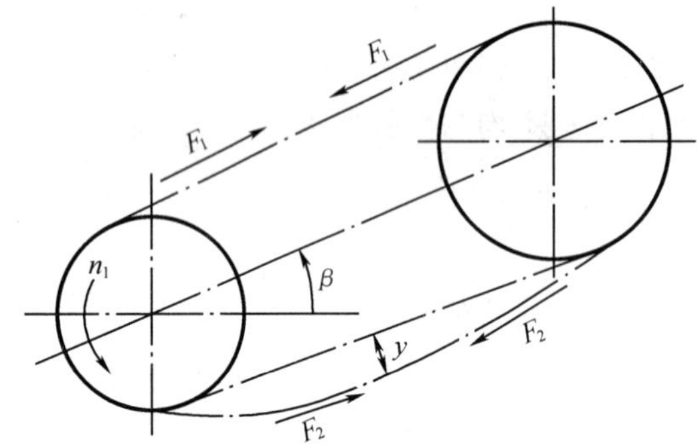

图 7.10 链传动的垂度

表 7-3 垂度系数 K_y

布置方式	K_y	
水平布置	7	
倾斜布置	$\beta=30°$	6
	$\beta=60°$	4
	$\beta=75°$	2.5
垂直布置	1	

2. 紧边拉力 F_1(N)和松边拉力 F_2(N)

链传动工作时，存在紧边拉力和松边拉力。如果不计传动中的载荷，则紧边拉力和松边拉力分别为

$$F_1=F+F_c+F_y \tag{7-9}$$

$$F_2=F_c+F_y \tag{7-10}$$

3. 作用在链轮轴上的压力 F_Q(N)

$$F_Q=(1.05\sim1.15)F \tag{7-11}$$

水平传动时取 $F_Q=1.15F$，垂直传动时取 $F_Q=1.05F$。

7.4 滚子链传动的失效形式及功率曲线

7.4.1 链传动的失效形式

链传动的失效多为链条失效。主要表现在以下几个方面。

1. 链条疲劳破坏

链传动时,由于链条在松边和紧边所受拉力不同,故其在运行中受变应力作用。经一定循环次数后,链板将会因疲劳而断裂,或套筒、滚子表面将会因冲击而出现疲劳点蚀。在润滑良好时,疲劳强度是决定链传动能力主要因素。

2. 链条铰链的磨损

链传动时,销轴与套筒间的压力较大,又有相对运动,若再润滑不良,导致销轴、套筒严重磨损,链条平均节距增大。达到一定程度后,将破坏链条与链轮的正确啮合,发生跳齿或脱链,这是常见的失效形式之一。开式传动极易引起铰链磨损,急剧降低链寿命。

3. 链条铰链的胶合

在高速重载时,链节所受冲击载荷、振动较大,销轴和套筒接触表面间难以形成中间油膜层,导致摩擦严重且产生高温,在重载作用下发生胶合。胶合限定了链传动的极限转速。

4. 滚子和套筒的冲击破坏

链传动时不可避免地产生冲击和振动,以至滚子、套筒因受冲击而破坏。

5. 链条的过载拉断

低速($v<0.6$ m/s)重载的链传动过载并超过了链条静力强度的情况下,链条就会被拉断。

7.4.2 功率曲线图

链传动的承载能力受到不同失效形式的限制,而各种失效形式都与链速有关。试验研究表明,对于中等速度、润滑良好的传动,承载能力主要受链板疲劳断裂的限制;当小链轮转速较高时,承载能力主要取决于滚子、套筒的冲击疲劳强度;转速再高时,则要受到销轴和套筒抗胶合能力的限制。图7.11所示为A系列滚子链的额定功率曲线。可以看出,每种链所允许传递的功率均随转速升高而增大,达到一定转速后反而降低。折线以下为其安全区。

额定功率曲线是在规定试验条件下试验并考虑安全裕量后得到的,其试验条件为:①主动链轮和从动链轮安装在水平平行轴上;②主动链轮齿数$z_1=25$;③无过渡链节的单排滚子链;④链条长120个链节;⑤传动减速比$i=3$;⑥链条预期使用寿命15 000 h;⑦工作环境温度在-5 ℃ ~ $+70$ ℃之间;⑧两链轮共面,链条保持规定的张紧度;⑨平稳运转,无过载、冲击或频繁启动;⑩清洁的环境,合适的润滑。

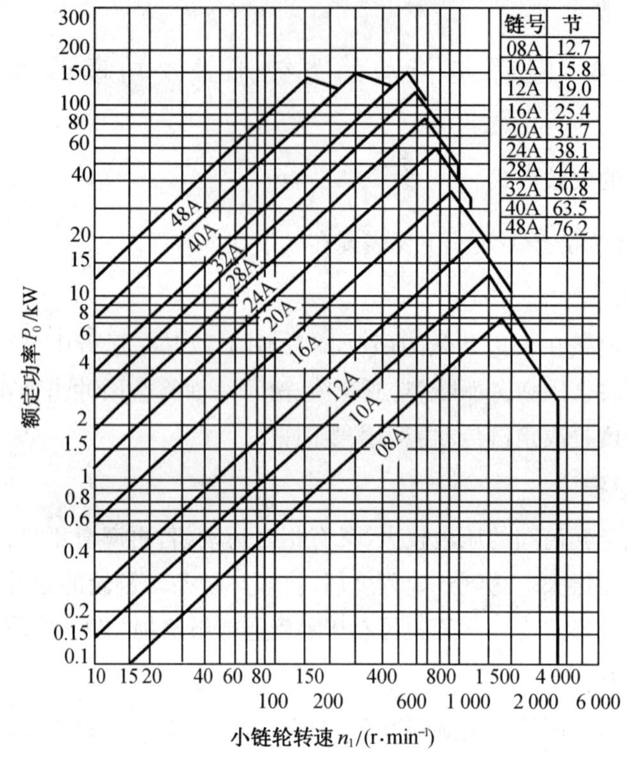

图 7.11　A 系列单排滚子链($v>0.6$ m/s)的额定功率曲线

链传动的工作条件和试验条件不同时,应对额定功率加以修正。修正时考虑的因素包括:①工作情况;②主动链轮齿数;③链条长度(链节数);④链传动的排数;⑤润滑方式等。若链传动的润滑方式与推荐用的润滑方式不符,额定功率 P_0 值应予降低。

修正后,应满足

$$P_0=\frac{K_A P}{K_m K_z K_L} \tag{7-12}$$

式中　P——链传动的名义功率,kW;

K_A——工况系数(表 7-4);

K_m——多排链系数(表 7-5),考虑实际链排数引入的系数;

K_z——小链轮齿数系数(表 7-6),考虑实际齿数引入的系数,当链轮转速使工作处于额定功率曲线凸峰左侧时(受链板疲劳限制),查取表 7-6 中 K_z 值,当工作处于曲线凸峰右侧时(受滚子、套筒冲击疲劳限制),查取表 7-6 中 K_z' 值;

K_L——链长系数(表 9-7),考虑实际链长(链节数)引入的系数,K_L,K_L' 值的查法同 K_z。

表7-4 工况系数 K_A

载荷种类	工作机	动力机		
		内燃机—液力传动	电动机或汽轮机	内燃机—机械传动
平稳载荷	液体搅拌机，中小型离心式鼓风机，离心式压缩机，轻型输送机，离心泵，均匀荷的一般机械	1.0	1.0	1.2
中等冲击	大型或不均匀载荷的输送机，中型起重机和提升机，农业机械，食品机械，木工机械，干燥机，粉碎机	1.2	1.3	1.4
较大冲击	工程机械，矿山机械，石油机械，石油钻井机械，锻压机械，冲床，剪床，重型起重机械，振动机械	1.4	1.5	1.7

表7-5 多排链系数 K_m

排数	1	2	3	4	5	6
K_m	1	1.7	2.5	3.3	4	4.6

表7-6 小链轮齿数系数 K_z(K'_z)

Z_1	9	11	13	15	17	19	21	23	25	27
K_z	0.446	0.554	0.664	0.775	0.887	1.00	1.11	1.23	1.34	1.46
K'_z	0.326	0.441	0.566	0.701	0.846	1.00	1.16	1.33	1.51	1.60

表7-7 链长系数 K_L(K'_L)

链节数 L_p	50	60	70	80	90	100	110	120	130	140	150	180	200	220
K_L	0.835	0.87	0.92	0.945	0.97	1.00	1.03	1.055	1.07	1.10	1.135	1.175	1.215	1.265
K'_L	0.70	0.76	0.83	0.90	0.95	1.00	1.055	1.10	1.15	1.175	1.26	1.34	1.415	1.50

注：L_p 为其他数值时，用插值法求 K_L 和 K'_L。

7.5 滚子链传动的设计计算

7.5.1 链传动设计内容

设计链传动时，一般已知传递的功率 P，小链轮转速 n_1，大链轮转速 n_2 或传动比 i，载荷情况和使用条件等。须确定链号（节距），链轮的齿数 z_1，z_2，链节数 L_p，中心距 a，以及链轮的结构尺寸和传动润滑方式等。

7.5.2 链传动主要参数的选择及设计步骤

1. 确定链轮齿数 z_1、z_2 和传动比 i

小链轮齿数 z_1 少，可减少外廓尺寸，但会增加运动不均匀性和动载荷，传动平稳性差，链条磨损很快。因此要限制小链轮的最少齿数 z_{min}，一般 $z_{min}>17$。对于高速传动或承受冲击载荷的链传动，z_1 不少于25。z_1 亦不可过多，否则传动尺寸太大，且磨损后的链条更易发生跳链和脱链。根据 $z_2=iz_1$，一般使 $z_2\leqslant z_{max}=120$。z_1 可根据传动比按表7－8选取，$z_1\approx 29-2i$。通常，链传动的传动比 $i\leqslant 6$。推荐 $i=2\sim 3.5$。

表7－8　链传动传动比与小链轮齿数

传动比 i	1～2	3～4	5～6	>6
齿数 z_1	31～27	25～23	21～17	17

由于链节数常为偶数，为使磨损均匀，链轮齿数一般应取与链节数互为质数的奇数，并优先选用齿数系列17，19，21，23，25，38，57，76，95，114。

2. 初选中心距 a_0，计算链节数 L_p

（1）初定中心距 a_0

中心距大时，单位时间内链节应力循环次数少，磨损慢，链的使用寿命长。而且小链轮上包角较大，同时啮合齿数较多，对传动有利。但中心距过大，会引起从动边垂度过大，传动时出现松边颤动。最小中心距应保证小链轮上包角不小于120°。初定中心距时，可取 $a_0=(30\sim 50)p$，最大取 $a_{max}=80p$。

（2）计算链节数 L_p

链条的长度常用链节数 L_p 表示，链条总长为 $L=pL_p$。

$$L_p=2\frac{a_0}{p}+\frac{z_1+z_2}{2}+\left(\frac{z_2-z_1}{2\pi}\right)^2\frac{p}{a_0} \tag{7-13}$$

计算出的 L_p 应圆整成整数，最好取偶数。

3. 选择链条型号，确定链的节距 p

暂取 $K_m=1$，并根据表7－5查取 K_A、根据表7－7查取 K_z、根据表7－8查取 K_L，根据公式(7－12)计算实际工作条件下的额定功率 P_0。

根据 P_0 和小链轮的转速 n_1，查图7.11确定滚子链的型号和节距。

p 是链传动最主要的参数，决定链传动的承载能力。在一定条件下，p 越大，承载能力越高，但引起冲击、振动和噪声也越大。为使传动平稳和结构紧凑，尽量使用节距较小的单排链。在高速、大功率时，可选用小节距多排链。

4. 确定实际中心距 a

实际中心距按下式计算

$$a=\frac{p}{4}\left[\left(L_p-\frac{z_1+z_2}{2}\right)+\sqrt{\left(L_p-\frac{z_1+z_2}{2}\right)^2-8\left(\frac{z_2-z_1}{2\pi}\right)^2}\right] \tag{7-14}$$

为保证链条松边有合适的垂度 $y=(0.01\sim 0.02)a$，实际中心距比计算中心距 a 应该小

2 ~ 3 mm,以便张紧。

5. 验算链速 v(m/s)

$$v = \frac{z_1 n_1 p}{60 \times 1\ 000} \tag{7-15}$$

一般应使 0.6 m/s≤v≤15 m/s。

6. 计算作用在轴上的压力 F_Q

$$F_Q = (1.05 \sim 1.15)F = (1.05 \sim 1.15)\frac{1\ 000P}{v} \tag{7-16}$$

7. 确定润滑方式

根据链节距 p 和链速 v,查图 7.13,确定润滑方式。

8. 链轮结构设计

根据大小链轮的直径分别选择相应的结构形式。

7.6 链传动的布置、张紧与润滑

7.6.1 链传动的布置

链传动的布置是否合理,对传动的工作能力及使用寿命都有较大影响,应从以下几个方面考虑:

(1)两链轮轴线布置在同一水平面内且两链轮的回转平面应在同一平面内;

(2)两链轮中心线连线倾角应小于 45°;

(3)链传动最好紧边在上,松边在下。

7.6.2 链传动的张紧

张紧的目的主要是为了避免链条在垂度过大时产生啮合不良和链条的振动,同时也可增大包角。链传动的张紧采用下列方法。

(1)调整中心距

增大中心距使链张紧,对于滚子链传动,中心距的可调整量为 $2p$。

(2)缩短链长

对于因磨损而变长的链条,若无张紧装置、中心距不可调时,可去掉 1 ~ 2 个链节,使链缩短而张紧。

(3)采用张紧装置

张紧轮可以是链轮,也可以是滚轮,直径应与小链轮的直径相近。张紧轮一般置于松边靠近小链轮处外侧。张紧轮有自动张紧(图 7.12(a)、(b))和定期张紧(图 7.12(c)),前者多用弹簧、吊重等自动张紧装置,后者可用螺旋、偏心等调整装置,另外还可用压板、托板张紧(图 7.12(d)、(e))。

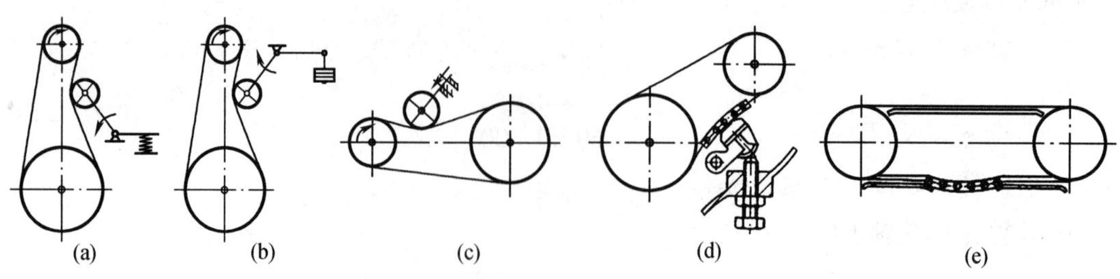

图 7.12　链传动的张紧装置

7.6.3　链传动的润滑

链传动的润滑十分重要，良好的润滑可缓和冲击、减少摩擦和减轻磨损，延长链条使用寿命。

链传动的润滑方式可根据链速和节距由图 7.13 选定。人工润滑时，在链条松边内外链板间隙中注油，每班一次；滴油润滑时，单排链每分钟用油杯滴油 5 ~ 20 滴，链速高时取大值；油浴润滑时，链条浸油深度 6 ~ 12 mm；飞溅润滑时，链条不得浸入油池，甩油盘浸油深度为 12 ~ 15 mm，甩油盘的圆周速度大于 3 m/s。润滑油推荐采用牌号为 32，46，68 的全损耗系统用油。对开式及重载低速传动，可在润滑油中加入 MoS2，WS2 等添中剂。对于不便使用润滑油的场合，可用润滑脂，进行定期清洗和更换润滑脂。

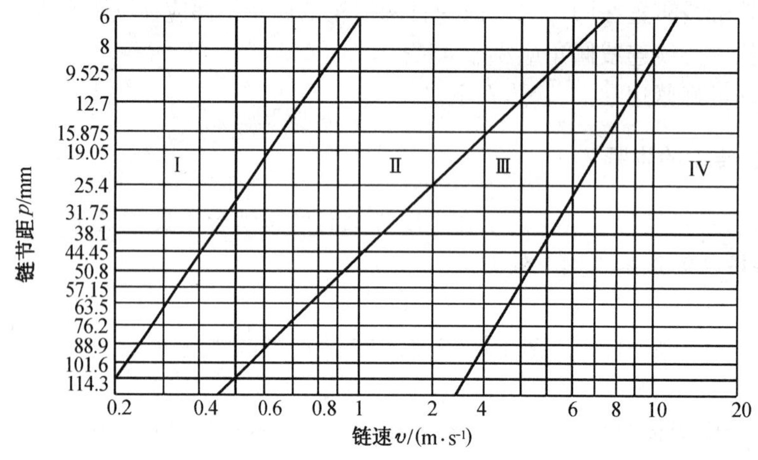

图 7.13　链传动润滑方式选择图

Ⅰ—人工润滑；Ⅱ—滴油润滑；Ⅲ—油浴或飞溅润滑；Ⅳ—油泵压力喷油润滑

为了安全和清洁，链传动常加防护罩或链条箱。

【综合应用实例】

例　设计一小型带式输送机传动系统低速级的链传动。已知小链轮传动功率 $P=5.0$ kW，$n_1=320$ r/min，传动比 $i=3$，载荷平稳，链传动中心距可调，两轮中心边线与水平面夹角不超过 30°。

解 设计计算步骤如下表。

计算与说明	主要结果
1. 确定链轮齿数 z_1,z_2	
根据传动比 $i=3$，查表 7-8	
小链轮齿数 $z_1=29-2i=29-2\times3=23$	$z_1=23$
大链轮齿数 $z_2=iz_1=3\times23=69$	$z_2=69$
2. 初选中心距 a_0，计算链节数 L_p	
初定中心距 $a_0=40p$，由式(7-13)可得	
$L_p=2\frac{a_0}{p}+\frac{z_1+z_2}{2}+\left(\frac{z_2-z_1}{2\pi}\right)^2\frac{p}{a_0}$	
$=\frac{2\times40p}{p}+\frac{23+69}{2}+\left(\frac{69-23}{2\pi}\right)^2\frac{p}{40p}=127.34$	
取链节数 $L_p=128$。	$L_p=128$
3. 计算所需的额定功率 P_0，选择链条型号，确定链的节距 p	
暂定为单排链，则 $K_m=1$，由表 7-4 查得 $K_A=1.0$；已知 $n_1=320$ r/min，由图 7.11 可知，小链轮转速使工作点处于额定功率曲线凸峰左侧，由表 7-6 查得 $K_z=1.23$；由表 7-7 插值得 $K_L=1.067$，则	
$P_0=\frac{K_AP}{K_mK_zK_L}=\frac{1.0\times5.0}{1.23\times1.067\times1.0}=3.81\text{kW}$	
据 $P_0=3.81$ kW 和小链轮转速 $n_1=320$ r/min，由图 7.11 选用 12A 滚子链，节距 $p=19.05$ mm。	12A-1×128 GB/T 1243—1997
4. 确定实际中心距 a	
$a=\frac{p}{4}\left[\left(L_p-\frac{z_1+z_2}{2}\right)+\sqrt{\left(L_p-\frac{z_1+z_2}{2}\right)^2-8\left(\frac{z_2-z_1}{2\pi}\right)^2}\right]$	$p=19.05$ mm
$=\frac{19.05}{4}\left[(128-\frac{23+69}{2})+\sqrt{(128-\frac{23+69}{2})^2-8\left(\frac{69-23}{2\pi}\right)^2}\right]$	
$=768.4$ mm	$a=765$ mm
考虑到张紧，可取实际中心距 $a'=a-\Delta a=768.4-0.004\times768.4=765$ mm	
5. 验算链速 v	
$v=\frac{z_1n_1p}{60\times1\ 000}=\frac{23\times320\times19.05}{60\times1\ 000}=2.3\text{ m/s}>0.6\text{ m/s}$	$v=2.34$ m/s
6. 计算作用在轴上的力 F_Q	
水平传动时	$F_Q=2\ 457.26$ N
$F_Q=1.15F=1.15\times\frac{1\ 000P}{v}=1.15\times\frac{1\ 000\times5}{2.34}=2\ 457.26\text{ N}$	
7. 确定润滑方式	
根据 $p=19.05$ mm 和 $v=2.34$ m/s，查图 7.13 可知，选Ⅱ区滴油润滑。	滴油润滑
8. 链轮结构设计(略)	

本章小结

本章主要介绍了链传动的类型、特点、应用，滚子链、链轮结构；对链传动的运动特性进行了分析，包括平均速度与平均传动比、瞬时传动比、链传动的动载荷、链传动的受力；由决定链传动承载能力的失效形式得出额定功率曲线；最后介绍了滚子链传动主要参数及设计计算步骤。本章对链传动的张紧和润滑也作了简单阐述。

习　　题

一、思考题

1. 链传动与带传动相比有什么优缺点？
2. 滚子链结构组成如何，它们之间各有什么配合关系？
3. 链传动瞬时传动比为什么不准确？
4. 链传动的失效形式及设计准则是什么？
5. 链传动中为什么小链轮齿数不宜过少，而大链轮齿数又不宜过多？

二、计算题

一滚子链传动，已知：链节距 $p=15.875$ mm，小链轮齿数 $z_1=18$，大链轮齿数 $z_2=60$，中心距 $a=700$ mm，小链轮转速 $n_1=730$ r/min，载荷平稳。试计算：链节数、链所能传递的最大功率及链的工作拉力。

第8章 齿轮传动

【教学目标】

1. 了解齿轮传动的特点、类型及应用，齿轮材料及选用原则，热处理及许用应力，齿轮传动的结构形式及润滑方式；

2. 熟悉并理解齿轮传动常见的失效形式、产生原因、抗失效措施及设计准则；

3. 能够独立完成齿轮传动的计算：载荷计算、受力分析、强度计算及各相关参数的选择；

4. 通过齿轮传动设计计算和参数选择等方面知识的学习与实践，使学生了解机械设计的重要性和复杂性，学会机械设计的基本方法，并逐步培养其严谨的工作态度和认真细致的工作作风。

【知识要点】

本章的知识要点是齿轮传动的失效形式、设计准则、受力分析、强度计算及相关参数的选择。

【导入案例】

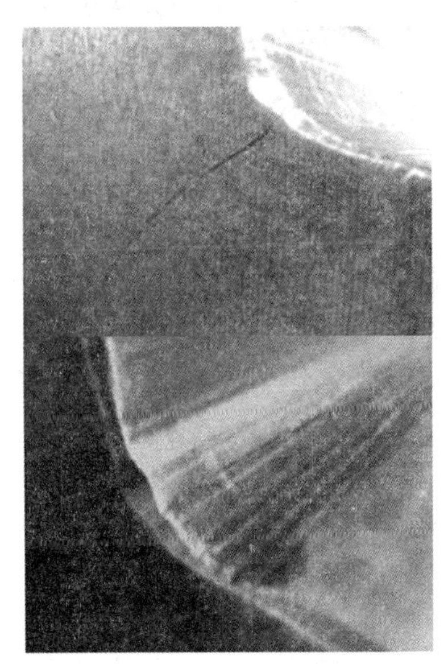

图8.1 某搅拌机齿轮减速器小齿轮轴疲劳裂纹

某厂有一立式混凝土搅拌机，其传动部分为一级普通V带传动和两级斜齿轮传动的齿轮减速箱，齿轮由轴和滚动轴承支承。搅拌机的齿轮减速器中小齿轮轴有一齿在联轴器端断裂，如图8.1所示。该齿轮前后使用时间1 294 h，远未达到寿命(按3年连续工作取26 280 h)。小齿轮材料为中碳合金钢40CrMnMo，调质，HRC25～28，齿面中频淬火，HRC45～50。宏观分析小齿轮轮齿折断，表征为疲劳裂纹，设计时满足弯曲疲劳强度要求。实测齿面硬度达到HRC 43～50，满足设计要求。实际齿面粗糙度Ra达12以上，沿齿宽方向留有加工刀痕。小齿轮轴最小直径为Φ300 mm，轴弯曲的可能性不大。实际小齿轮轴齿顶径向跳动0.05 mm，大齿轮齿顶径向跳动0.09 mm，合格。非联轴器端侧隙为2.20 mm，联轴器端侧隙为2.11 mm，合格。长度方向斑点为70%，高度方向：非联轴器端斑点为40%，中间部分斑点为30%，联轴器端斑点为50%，中部不合格。综合分析可知设计齿根弯曲强度足够，但是在安装调整过程产生偏载，在小齿轮轴联轴器端增加附加载荷，加上选材及加工误差造成强度降低，导致疲劳裂纹。改变齿轮材料为20Cr2Ni4，18Cr2Ni4W，采用渗碳、淬火、磨齿的加工工艺，同时调整侧隙，消除偏载，提高接触精度，获得较好效果。

8.1 概　　述

齿轮传动是机械传动中最重要的传动之一,形式很多,应用广泛,传递的功率可以达到10^5 kW,圆周速度可达200 m/s,齿轮的直径能做到10 m以上,单级传动比可达8或更大。常见的齿轮传动应用场合包括家用电器的机械定时器、汽车变速箱和差速器、机床主轴箱以及用于各种物料输送机械的齿轮减速器等。

8.1.1 齿轮传动的特点

(1)结构紧凑、传动效率高

在常用的机械传动中,齿轮传动所需的空间尺寸一般较小,且齿轮传动的效率很高,如一级圆柱齿轮传动的效率可达99%,这对大功率传动十分重要。

(2)功率和速度适用范围广

带传动和链传动的圆周速度都有一定的限制,而齿轮传动可以达到的速度要大得多。

(3)工作可靠、寿命长

齿轮传动若设计制造正确合理、使用维护良好,工作将十分可靠,寿命可长达一二十年,这也是其他机械传动所不能比拟的。这对车辆及在矿井内工作的机械尤为重要。

(4)瞬时传动比为常数

齿轮传动是一种可以实现恒速、恒传动比的机械啮合传动形式,齿轮传动广泛应用的最重要原因之一是其能够实现稳定的传动比。

但是齿轮的制造及安装精度要求高,价格较贵,且不宜用于传动距离过大的场合。

8.1.2 齿轮传动类型

(1)齿轮传动因装置形式不同分为开式、半开式及闭式。农业机械、建筑机械及简易的机械设备中,有一些齿轮传动没有防尘罩或机壳,齿轮完全暴露在外边,这种称为开式齿轮传动。开式齿轮传动不仅外界杂物极易侵入,而且润滑不良,因此工作条件不好,轮齿也容易磨损,故只用于传递功率小、圆周速度低、不重要的机械中。当齿轮传动装有简单的防护罩,有时还把大齿轮部分地浸入油池中,则称为半开式齿轮传动。它的工作条件虽有改善,但仍不能做到严密防止外界杂物侵入,润滑条件也不算最好。汽车、机床、航空发动机等所用的齿轮传动,都是装在经过精确加工而且封闭严密的箱体(机匣)内,这称为闭式齿轮传动(齿轮箱)。它与开式或半开式的相比,润滑及防护等条件最好,多用于传递功率大、圆周速度高、使用寿命长及重要的场合。

(2)根据齿轮传动使用情况不同,有低速、高速,及轻载、重载之别。

(3)根据齿轮材料的性能及热处理工艺的不同,有硬齿面齿轮和软齿面齿轮。硬齿面齿轮是指齿面硬度高于350HBS或38HRC的齿轮,通常为钢材经表面淬火或渗碳淬火或渗氮处理获得。硬齿面齿轮的承载能力大、寿命长,主要用于载荷大、尺寸要求紧凑的场合。软齿面齿轮是指齿面硬度低于350HBS或38HRC的齿轮,通常为钢材经正火或调质处理获得。软齿面齿轮的承载能力较低,一般用于载荷不大或尺寸较大的齿轮。

8.1.3　齿轮传动要求

齿轮传动类型很多,以适应不同要求,但从传递运动和动力要求出发,各种齿轮传动都必须解决以下两个基本问题。

(1)传动平稳,涉及齿轮啮合原理方面的许多内容,在机械原理课程中有较详细的介绍。

(2)承载能力足够:要求齿轮传动在尺寸和质量较小的情况下,保证正常使用所需的强度、耐磨性等要求,以期在使用寿命内不发生失效。

本章着重讨论齿轮传动承载能力的问题。

8.2　齿轮传动的失效形式及设计准则

8.2.1　齿轮的失效形式

一般齿轮传动的失效主要是轮齿的失效。因齿轮传动的装置、使用情况及齿轮齿面硬度不同,齿轮传动也就出现了不同的失效形式,这里只就较为常见的轮齿折断和工作齿面磨损、点蚀、胶合及塑性变形等略作介绍。齿轮的其他部分(如齿圈、轮辐、轮毂等),除了对齿轮的质量大小需加严格限制外,通常只按经验设计,所定的尺寸对强度及刚度来说均较富余,实践中也极少失效。

1. 轮齿折断

轮齿折断有多种形式,在正常情况下,主要是齿根弯曲疲劳折断。因为在轮齿受载时,齿根处产生的弯曲应力最大,再加上齿根过渡部分的截面突变及加工刀痕等引起的应力集中作用,所以当轮齿重复受载后,齿根处就会产生疲劳裂纹,并逐步扩展,致使轮齿疲劳折断,如图8.2(a)所示,疲劳折断疲劳扩展区断口较光滑。此外,在轮齿受到突然过载时,也可能出现瞬时过载折断或剪断,如图8.2(b)所示,瞬时过载折断断口较粗糙;在轮齿受到严重磨损后齿厚过分减薄时,也会在正常载荷作用下发生折断。

在斜齿圆柱齿轮(简称斜齿轮)传动中,轮齿工作面上的接触线为一斜线,轮齿受载后,如有载荷集中时,就会发生局部折断,如图8.2(c)所示。若制造及安装不良或轴的弯曲变形过大,轮齿局部受载过大时,即使是直齿圆柱齿轮(简称直齿轮)也会发生局部折断。

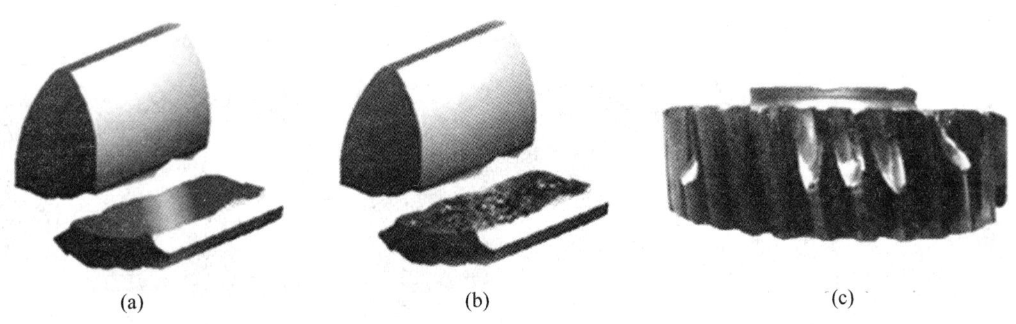

图8.2　轮齿折断

(a)轮齿疲劳折断;(b)轮齿瞬时过载折断;(c)轮齿局部折断

为了提高轮齿的抗折断能力,可采取下列措施:①用增大齿根过渡圆角半径及消除加工刀痕的方法来减小齿根应力集中;②增大轴及支承的刚性,使轮齿接触线上受载均匀;③采用合适的热处理方法使齿芯材料具有足够的韧性;④采用喷丸、滚压等工艺措施对齿根表层进行强化处理。

2. 齿面点蚀

在润滑良好的闭式齿轮传动中,常见的齿面失效形式多为点蚀。所谓点蚀就是齿面材料在变化着的接触应力作用下,由于疲劳而产生的麻点状损伤现象。齿面上最初出现的点蚀仅为针尖大小的麻点,若工作条件未加改善,麻点就会逐渐扩大,甚至数点连成一片,最后形成了明显的齿面损伤,如图 8.3 所示。齿轮在啮合过程中,齿面间的相对滑动起着形成润滑油膜的作用,而且相对滑动速度愈高,愈易在齿面间形成油膜,润滑也就愈好。当轮齿在靠近节线处啮合时,由于相对滑动速度低,形成油膜的条件差,润滑不良,摩擦力较大,特别是直齿轮传动,通常这时只有一对齿啮合,轮齿受力也最大,因此,点蚀也就首先出现在靠近节线的齿根面上,然后再向其他部位扩展。

开式齿轮传动,由于齿面磨损较快,很少出现点蚀。

提高齿面抗点蚀能力的措施:①提高齿轮硬度;②改善齿面的接触状况,减小载荷集中;③提高润滑油的黏度和采用合适的添加剂。

3. 齿面磨损

在齿轮传动中,齿面随着工作条件的不同会出现多种不同的磨损形式。当轮齿的工作齿面间落入磨料性物质(如砂粒、铁屑、灰尘等杂质)时,齿面将产生齿面磨损,如图 8.4 所示。齿面磨损严重时,轮齿不仅失去了正确的齿廓形状,而且轮齿变薄易引起折断。齿面磨损是开式齿轮传动的主要失效形式之一。

提高齿面抗磨损能力的措施:①合理选择润滑油、润滑方式和添加剂,使轮齿啮合区得到良好润滑;②注意润滑油的清洁和更换,改善密封形式和加设润滑油的过滤装置;③适当提高齿面硬度和降低齿面粗糙度值;④改用闭式齿轮传动,以避免磨粒磨损。

4. 齿面胶合

对于高速重载的齿轮传动(如航空发动机减速器的主传动齿轮),齿面间的压力大,瞬间温度高,润滑效果差,当瞬时温度过高时,相啮合的两齿面就会发生粘在一起的现象,由于此时两齿面又在作相对滑动,相粘结的部位即被撕破,于是在齿面上沿相对滑动的方向形成伤痕,如图 8.5 所示,称为胶合。传动时齿面瞬时温度愈高、相对滑动速度愈大的地方,愈易发生胶合。

图 8.3　齿面点蚀

图 8.4　齿面磨损

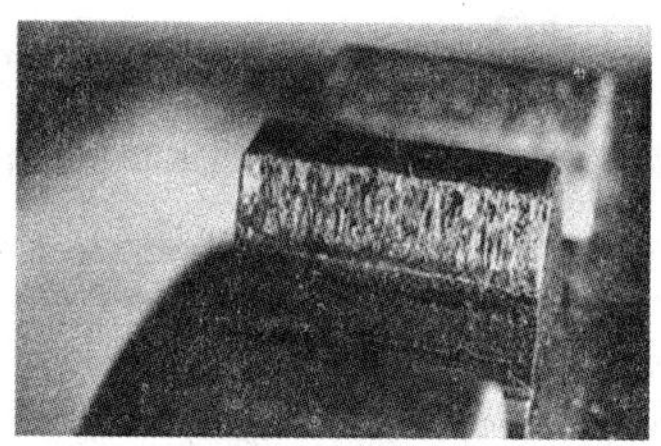

图 8.5　齿面胶合

有些低速重载的重型齿轮传动,由于齿面间的油膜遭到破坏,也会产生胶合失效。此时,齿面的瞬时温度并无明显增高,故称为冷胶合。胶合通常发生在齿面上相对滑动速度大的齿顶和齿根部位。

提高齿面抗胶合能力的措施包括:①提高齿面硬度;②采用抗胶合能力强的润滑油(如硫化油);③在润滑油中加入极压添加剂;④改善散热条件,降低供油温度,以降低齿轮的整体温度。

5. 齿面塑性变形

塑性变形属于轮齿永久变形一大类的失效形式,它是由于在过大的应力作用下,轮齿材料处于屈服状态而产生的齿面或齿体塑性流动所形成的。塑性变形一般发生在硬度低的齿轮上,但在重载作用下,硬度高的齿轮上也会出现。

塑性变形又分为滚压塑变和锤击塑变。滚压塑变是由于啮合轮齿的相互滚压与滑动而引起的材料塑性流动所形成的。因为材料的塑性流动方向和齿面上所受的摩擦力方向一致(图 8.6),所以在主动轮的轮齿上沿相对滑动速度为零的节线处将被碾出沟槽(图 8.7(a)),而在从动轮的轮齿上则在节线处被挤出脊棱(图 8.7(b))。这种现象称为滚压塑变。锤击塑变则是伴有过大的冲击而产生的塑性变形,它的特征是在齿面上出现浅的沟槽,且沟槽的取向与啮合轮齿的接触线相一致。

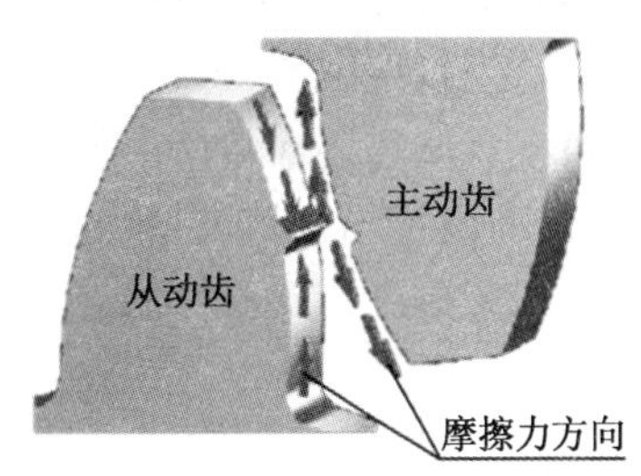

图 8.6 齿面滚压塑变变形图

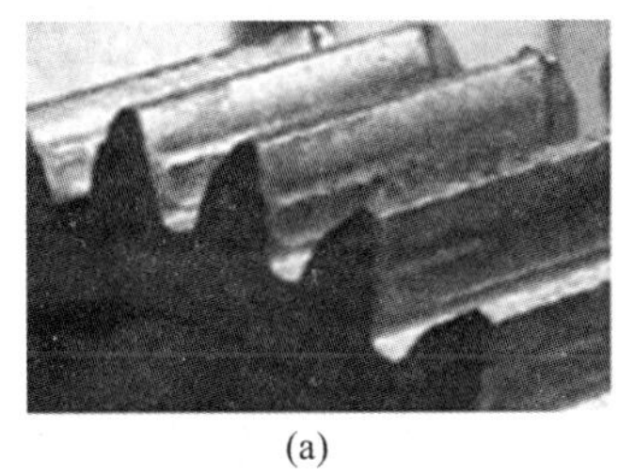

(a)

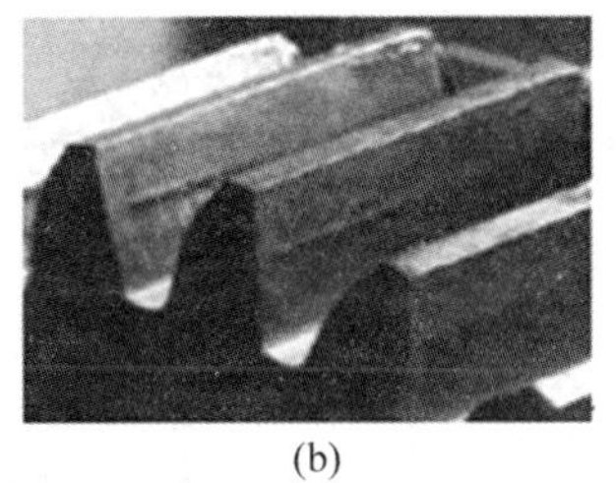

(b)

图 8.7 主、从动轮齿面塑性变形

(a)主动轮塑性变形;(b)从动轮塑件变形

提高齿面抗塑性变形能力的措施包括:①提高轮齿齿面硬度;②采用高黏度的或加有极压添加剂的润滑油;③避免频繁启动、过载或冲击。

前已说明,轮齿的失效形式很多。除上述五种主要失效形式外,还可能出现齿面融化、齿面烧伤、电蚀、异物啮入和由于不同原因产生的多种腐蚀和裂纹等等,可参看有关资料。

8.2.2 设计准则

由上述分析可知,所设计的齿轮传动在具体的工作情况下,必须具有足够的、相应的工作能力,以保证在整个工作寿命期间不致失效。因此,针对上述各种工作情况及失效形式,都应分别确定相应的设计准则。但是对于齿面磨损、塑性变形等,因为尚未建立起广为工程实际使用而且行之有效的计算方法及设计数据,所以目前设计一般使用的齿轮传动时,通常只按保证齿根弯曲疲劳强度及保证齿面接触疲劳强度两准则进行计算。对于高速大功率的齿轮传动(如航空发动机主传动、汽车发电机组传动等),还要按保证齿面抗胶合能力的准则进行计算(参阅 GB/T 3480—1997)。至于抵抗其他失效的能力,目前虽然不进行计算,但应采取相应的措施,以增强轮齿抵抗这些失效的能力。

由实践得知,在闭式齿轮传动中,通常以保证齿面接触疲劳强度为主。但对于齿面硬度很高、齿芯强度又低的齿轮(如用 20、20Cr 等钢经渗碳后淬火的齿轮)或材质较脆的齿轮,通常则以保证齿根弯曲疲劳强度为主。如果两齿轮均为硬齿面且齿面硬度一样高时,则视具体情况而定。

功率较大的传动,例如输入功率超过 75 kW 的闭式齿轮传动,发热量大,易于导致润滑不良及轮齿胶合损伤等,为了控制温升,还应作散热能力计算。

开式(半开式)齿轮传动,按理应根据保证齿面抗磨损及齿根抗折断能力两准则进行计算,但如前所述,对齿面抗磨损能力的计算方法迄今尚不够完善,故对开式(半开式)齿轮传动,目前仅以保证齿根弯曲疲劳强度作为设计准则。为了延长开式(半开式)齿轮传动的寿命,可视具体需要而将所求得的模数适当增大 10% ~20%。

前面已指出,对于齿轮的轮圈、轮辐、轮毂等部位的尺寸,通常仅进行结构设计,不进行强度计算。

8.3　齿轮材料的选择及其许用应力

由轮齿的失效形式可知,齿轮材料应该具有足够的齿面硬度,以获得抗磨损、抗点蚀、抗胶合及抗塑性变形的能力;而齿芯要韧性好,在变载荷和冲击载荷作用下应有足够的抗弯曲疲劳折断的能力。同时,还应具有良好的机械加工和热处理工艺性能。

8.3.1　常用的齿轮材料

工程中常用的齿轮材料是钢,其次为铸铁,有时也采用铜等非铁金属材料和非金属材料。

1. 钢及其热处理

钢材的韧性好,耐冲击,还可通过热处理或化学热处理改善其力学性能及提高齿面的硬度,故它最适于用来制造齿轮。

钢制齿轮常采用调质、正火、整体淬火、表面淬火,以及渗碳、渗氮等热处理方法。各种热处理方式使用的钢材及适用场合可参考表 8－1。

表 8－1　齿轮常用热处理方法及其概略情况

热处理	钢材	可达硬度	主要特点及应用场合
调质	中碳钢、中碳合金钢	整体 220 ~280HBS	硬度适中,具有一定强度、韧度,综合力学性能好,热处理后可由滚齿或插齿进行精加工,适用于单件、小批量生产或对传动尺寸无严格限制的场合
正火	中碳钢、铸钢	整体 160 ~210HBS	工艺简单、易于实现,可代替调质处理,适于因条件限制不便进行调质的大尺寸齿轮及不太重要的齿轮

表8－1(续)

热处理	钢材	可达硬度	主要特点及应用场合
整体淬火	中碳钢、中碳合金钢	整体45～55HRC	工艺简单,轮齿变形大,需要磨齿。因齿芯部与齿面同硬度,韧性差,不能承受冲击载荷
表面淬火	中碳钢、中碳合金钢	齿面48～54HRC	通常在调质或正火后进行。齿面承载能力较强,齿芯部韧性好。齿轮变形比较小,可不磨齿,齿面硬度难以均匀一致,可用于承受中等冲击的齿轮
渗碳淬火	多为低碳合金钢,如20CrMnTi	齿面58～62HRC	渗碳深度一般取0.3m(模数),但小于1.5～1.8 mm。齿面硬度较高,耐磨损,承载能力较强,齿芯部韧性好,耐冲击。轮齿变形大,需要磨齿。适用于重载、高速及受冲击载荷的齿轮
渗氮	渗氮钢,如38CrMoAlA	齿面65HRC	齿面硬,变形小,可不磨齿。工艺时间长,硬化层薄(0.0～50.3 mm),不耐冲击。适用于不受冲击且润滑良好的齿轮
碳氮共渗	渗碳钢		工艺时间短,兼有渗碳和渗氮的优点,比渗氮处理硬化层厚,生产率高,可代替渗碳淬火

(1)锻钢

锻钢具有强度高、韧性好、便于制造等特点,还可通过各种热处理的方法来改善其力学性能,故大多数齿轮都用锻钢制造。常用的是含碳量为0.15%～0.6%的碳钢或合金钢。合金钢的力学性能优于碳钢,所以,对于高速、重载,要求尺寸小、质量小,以及重要的齿轮装置多用性能优良的合金钢来制造。

对于要求不高的齿轮传动,或大尺寸齿轮,常用软齿面齿轮。软齿面齿轮常用含碳量为0.35%～0.45%的碳钢或合金调质钢制造,齿坯经正火或调质后切齿即可,其精度一般为8级甚至可达7级。这类齿轮制造简单、较经济、生产率高,但尺寸较大、承载能力不高、使用寿命短、使用维修费用高,总的经济性不高。

对于高速、重载,以及高精度、高性能的齿轮传动,应采用硬齿面齿轮。齿轮在切齿后,作表面硬化处理,最后进行磨齿、研齿等精加工,精度可达4～5级。这类齿轮随之成本提高,但因承载能力高、性能好、使用寿命长,总的经济性较高。

常用表面硬化处理方法可分为以下两大类。

一类是表面化学热处理,例如渗碳、渗氮、氮碳共渗、硫氮碳共渗等。其中,渗碳淬火处理常用含碳量低于0.25%的渗碳合金钢,经渗碳淬火后齿轮齿面硬度较高,一般为58～63HRC,且芯部具有良好的韧性,承载能力相对最高,但因热处理变形大,热处理后需精切,成本也最高。渗氮钢齿轮经渗氮或氮碳共渗处理后,其齿面硬度可高达650～850HV以上,有较高的承载能力,良好的抗磨损、抗腐蚀及抗胶合能力,但硬化层深度较浅,硬度梯度较大,承载能力尤其是承受冲击载荷的能力一般不如渗碳淬火齿轮。由于渗氮处理的变形较小,对于6～7级精度齿轮无需热处理后精切齿部,因此,应用范围日益扩大,可用于无强烈冲击载荷的高速齿轮及耐磨性要求高的齿轮,在内齿轮和齿圈的硬化处理中更是常用。

另一类是表面热处理，如对调质钢进行火焰淬火、感应淬火、激光淬火等。经正确表面热处理的齿轮，小齿轮的齿面硬度一般为 50 ~ 55HRC，大齿轮为 45 ~ 55HRC，具有较高的耐磨性和接触强度，齿根弯曲强度也有所提高，但总体性能不如渗碳和氮碳共渗的好。在低速重载、机床、机车、汽车、农机等行业中广泛采用感应淬火。

(2)铸钢

铸钢的耐磨性及强度均较好，但由于铸造时内应力较大，故应经正火或退火处理，必要时也可进行调质处理。当齿轮的尺寸较大或结构复杂，受力较大时，可考虑采用铸钢。常用的铸钢有 ZG310—570，ZG340—640 等。

2. 铸铁

普通灰铸铁的抗弯强度、抗冲击和耐磨损性能均较差，但铸铁工艺性好，成本较低，故铸铁齿轮一般常用于低速轻载、冲击小等不重要的齿轮传动中。球墨铸铁的力学性能和抗冲击能力比灰铸铁高，高强度球墨铸铁可以代替铸钢铸造大直径的轮坯。常用的铸铁材料有 HT300，HT350，QT600—3 等。

齿轮常用材料、热处理方式及其力学性能列于表 8 – 2 中。

表 8 – 2　齿轮常用材料、热处理方式及其力学特性

材料牌号	热处理方法	强度极限 σ_b/MPa	屈服极限 σ_s/MPa	硬度(HBS)	
				齿芯部	齿面
HT250	人工时效	250		170 ~ 241	
HT300		300		187 ~ 255	
HT350		350		197 ~ 269	
QT500—5	正火	500		147 ~ 241	
QT600—2		600		229 ~ 302	
ZG310—570		570	320	156 ~ 217	
ZG340—640		640	350	169 ~ 229	
45		580	290	162 ~ 217	
ZG340—640	调质	700	380	341 ~ 269	
45		650	360	217 ~ 255	
30CrMnSi		1 100	900	310 ~ 360	
35SiMn		750	450	217 ~ 269	
38SiMnMo		700	550	217 ~ 269	
40Cr		700	500	241 ~ 286	
45	调质后表面淬火			217 ~ 255	40 ~ 50HRC
40Cr				241 ~ 286	48 ~ 55HRC
20Cr	渗碳后淬火	650	400	300	58 ~ 62HRC
20CrMnTi		1 100	850		
12Cr2Ni4		1 100	850	320	
20Cr2Ni4		1 200	1 100	350	
35CrAlA	调质后氮化(氧化层厚 $\delta \geqslant 0.3 \sim 0.5$ mm)	950	750	255 ~ 321	850HV
38CrMoAlA		1 000	850		
夹布塑胶	—	100	—	25 ~ 35	

注：40Cr 钢可用 40MnB 或 40MnVB 钢代替；20Cr，20CrMnTi 钢可用 20M2B 或 20MnVB 钢代替。

8.3.2 齿轮材料的选择原则

齿轮材料选择和热处理是影响齿轮承载能力和使用寿命的关键因素,也是关系齿轮性能、质量和成本的重要环节。迄今,齿轮材料以钢为主,其他材料应用不多。随着齿轮技术的发展,传动参数不断提高,设计制造技术不断进步,国内外已普遍采用硬齿面齿轮。硬齿面齿轮不仅大大提高承载能力、改善技术性能,还可因结构尺寸减小而获得良好的经济效益。在选择齿轮材料时,下述几点可供参考。

1. 载荷的大小和性质

对于经常承受较大冲击载荷的齿轮,要求齿轮材料有较高的强度和韧性,一般选用合金渗碳钢(如20CrMnTi)制造,齿面要求磨齿等精加工方法加工。

如果载荷较为平稳,可选用中碳结构钢(如45,40Cr等)经正火或调质处理后,获得较低的表面硬度(一般不大于350HBS),用高速钢刀具切齿成形,达到7级精度。也可在调质处理后进行表面淬火,齿面表层硬度达40~55HRC。

2. 圆周速度

在相同的制造精度下,齿轮的圆周速度越高,内部动载荷就越大。因此,考虑到动载荷的影响,齿轮的圆周速度越高,则要求齿轮材料越好及制造精度越高。

3. 生产批量大小

单件小批量生产可以根据现有条件选择材料。对于锻造毛坯,最好采用自由锻。成批大量生产的齿轮,需要根据性能要求精心选择材料,可以考虑采用热模锻。

4. 生产厂家现有工艺条件的限制

选择材料也需要参考生产厂家的工艺条件,一般工厂能够锻造的盘形零件毛坯直径在500 mm以下。当齿轮的齿顶圆直径超过500 mm时,适宜采用铸铁或者铸钢材料。铸铁材料允许的最大圆周速度为6 m/s。直径较小的齿轮(如齿顶圆直径<500 mm时)也可以考虑直接采用轧制圆钢。内齿轮的工作齿面为凹齿廓,磨齿加工困难。当要求7级以上精度或高的齿面硬度时,可选用氮化钢制造,经氮化处理。

5. 配对齿轮选材软硬组合

就一对相啮合齿轮而言,它们的材料或齿面硬度应有所区别。因为配对齿轮中的小齿轮齿根弯曲强度较低,同时小齿轮受载次数比大齿轮多,因此从强度和磨损这两个方面考虑,通常应将小齿轮材料选得好一些,或将它的齿面硬度选得高一些。金属制的软齿面齿轮,配对两轮齿面的硬度差应保持为30~50HBS或更多。当小齿轮与大齿轮的齿面具有较大的硬度差(如小齿轮齿面为淬火并磨制,大齿轮齿面为常化或调质),且速度又较高时,较硬的小齿轮齿面对较软的大齿轮齿面会起较显著的冷作硬化效应,从而提高了大齿轮齿面的疲劳极限。因此,当配对的两齿轮齿面具有较大的硬度差时,大齿轮的接触疲劳许用应力可提高约20%,但应注意硬度高的齿面,粗糙度值也要相应减小。

8.3.3 齿轮的许用应力

本书荐用的齿轮的疲劳极限是用 $m=3\sim5$ mm,$\alpha=20°$,$b=10\sim50$ mm,$v=10$ m/s,齿面粗糙度约为$\overset{0.8}{\bigtriangledown}$的直齿圆柱齿轮副试件,按失效概率为1%,经持久疲劳试验确定的。对一般的齿轮传动,因绝对尺寸、齿面粗糙度、圆周速度及润滑等对实际所用齿轮的疲劳极限的影响不大,通常都不予考虑,只要考虑应力循环次数对疲劳极限的影响即可。当设计齿轮的工作条件与试验条件不同时,需对齿轮的疲劳极限加以修正,经修正的许用弯曲应力和接触应力分别为

$$[\sigma_F]=\frac{K_{FN}\sigma_{Flim}Y_{ST}}{S_F}$$

$$[\sigma_H]=\frac{K_{HN}\sigma_{Hlim}}{S_H}$$

式中 σ_{Flim}——试验齿轮的弯曲疲劳极限,MPa,按图 8.8 查取;

σ_{Hlim}——试验齿轮的弯曲疲劳极限,MPa,按图 8.9 查取;

Y_{ST}——试验齿轮的应力修正系数,按国家标准,取 $Y_{ST}=2.0$;

S_F——弯曲疲劳强度计算时的安全系数,由于一旦发生断齿,就会引起严重的事故,因此在进行齿根弯曲疲劳强度计算时取 $S_F=1.25\sim1.5$;

S_H——接触疲劳强度计算时的安全系数,由于点蚀破坏发生后只引起噪声、振动增大,并不立即导致不能继续工作的后果,故可取 $S_H=1$;

K_{FN},K_{HN}——按弯曲疲劳强度计算和按接触疲劳强度计算时的寿命系数,用于考虑应力循环次数的影响。

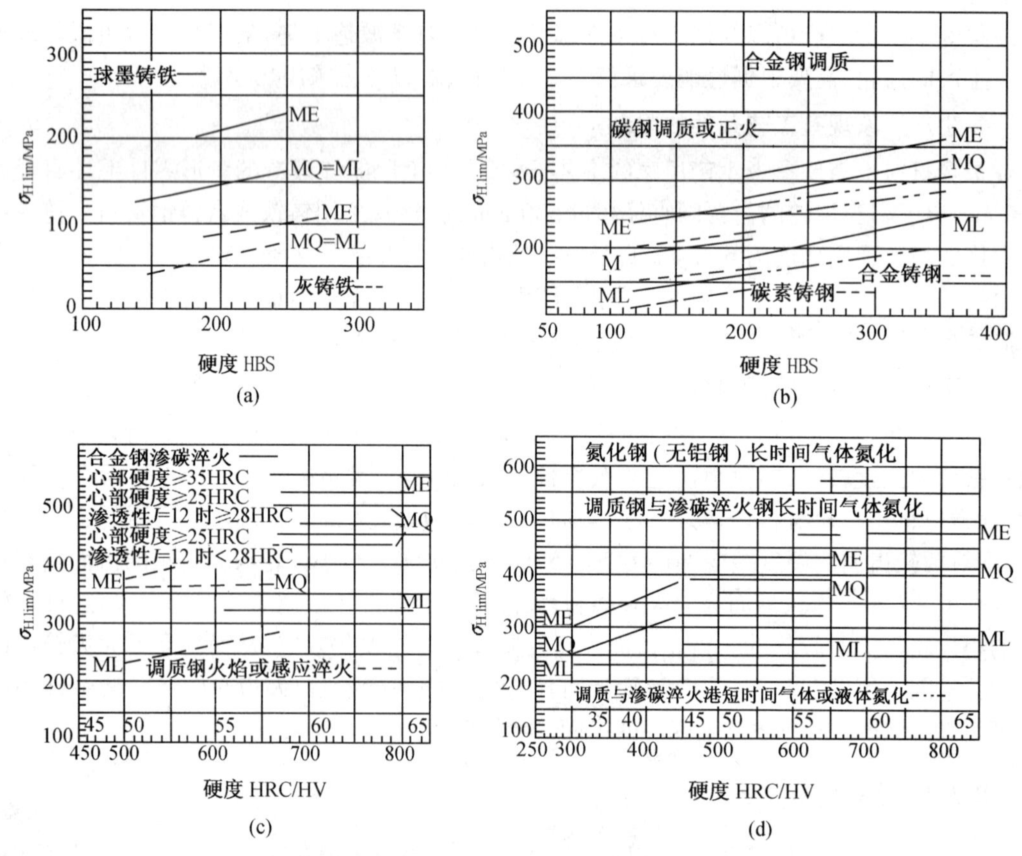

图 8.8 齿轮材料的弯曲疲劳强度极限 σ_{Flim}

(a)铸铁;(b)调质钢和铸钢;(c)表面硬化钢;(d)氮化钢

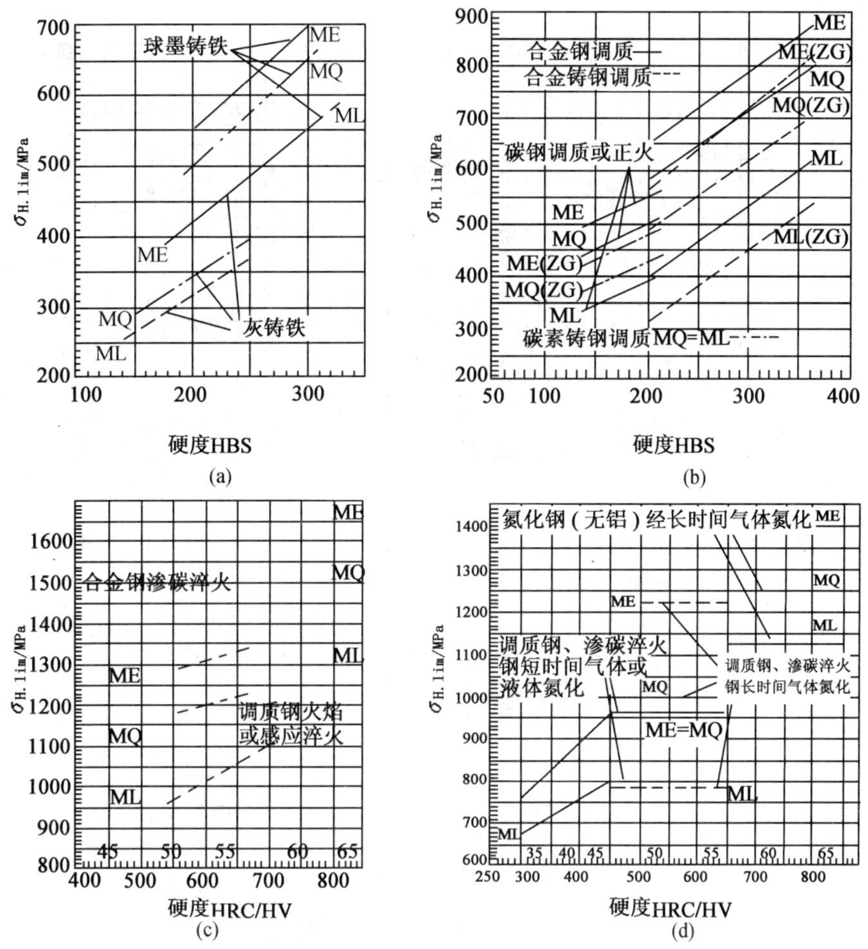

图 8.9　齿轮材料的接触疲劳强度极限 σ_{Hlim}

(a)铸铁；(b)调质钢和铸钢；(c)表面硬化钢；(d)氮化钢

K_{FN}，K_{HN} 可分别查图 8.10 和图 8.11，两图中应力循环次数 N 的计算方法是：设 n 为齿轮的转速(单位为 r/min)；j 为齿轮每转一圈时，同一齿面啮合的次数；L_h 为齿轮的工作寿命(单位为 h)，则齿轮的工作应力循环次数 N 按下式计算

$$N = 60njL_h$$

由于材料品质的不同，在图 8.8 和图 8.9 中对齿轮的疲劳强度极限共给出了代表材料品质的三个等级 ME，MQ 和 ML。其中 ME 是齿轮材料品质和热处理质量很高时的疲劳强度极限取值线，MQ 是齿轮材料品质和热处理质量达到中等要求时的疲劳强度极限取值线，ML 是齿轮材料品质和热处理质量达到最低要求时的疲劳强度极限取值线。

图 8.8 和图 8.9 所示的极限应力值，一般选取其中间偏下值，即在 MQ 和 ML 中间取值。若齿面硬度超出图中荐用的范围，可大体按外插法查取相应的极限应力值。图 8.8 中的 σ_{Flim} 值是在单向弯曲条件即受脉动循环应力下得到的疲劳极限。对于受双向弯曲的齿轮(如行星轮、中间惰轮)，轮齿受对称循环应力作用，此时的弯曲疲劳极限应取图示值的 70%。

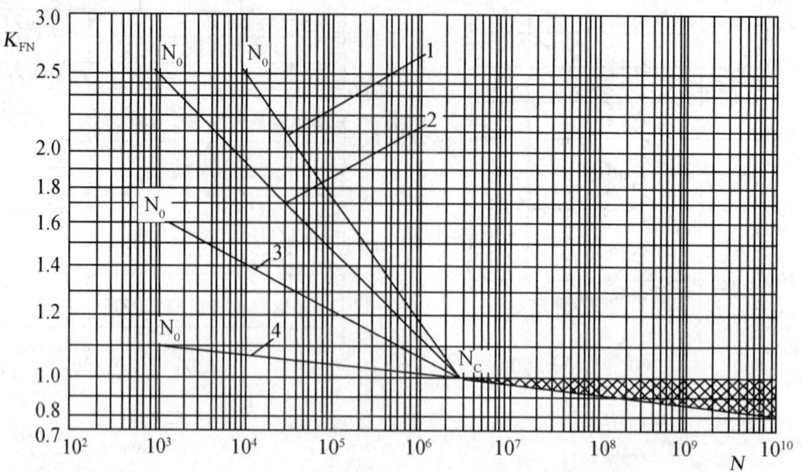

图 8.10　弯曲疲劳寿命系数 K_{FN}（$N>N_c$ 时，可根据经验在网纹内取 K_{FN} 值）

1—调质钢，球墨铸铁（珠光体、贝氏体），珠光体可锻铸铁；

2—渗碳淬火的渗碳钢，全齿廓火焰或感应淬火的钢、球墨铸铁；

3—渗氮的渗氮钢，球墨铸铁（铁素体）、灰铸铁、结构钢；

4—碳氮共渗的调质钢、渗碳钢

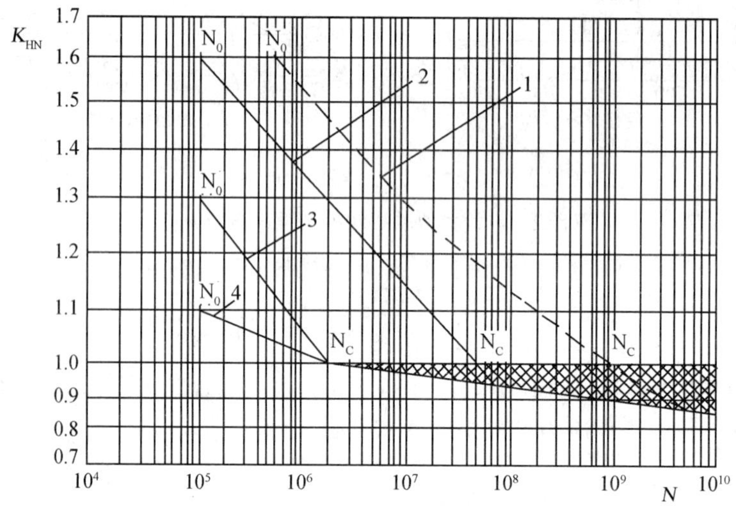

图 8.11　接触疲劳寿命系数 K_{HN}（$N>N_c$ 时，可根据经验在网纹内取 K_{HN} 值）

1—允许一点点蚀时的结构钢，调质钢，球墨铸铁（珠光体、贝氏体），珠光体可锻铸铁，渗碳淬火的渗碳钢；2—结构钢，调质钢，渗碳淬火钢，火焰或感应淬火的钢、球墨铸铁（珠光体、贝氏体），珠光体可锻铸铁；3—灰铸铁，球墨铸铁（铁素体），渗氮的渗氮钢，调质钢，渗碳钢；4—碳氮共渗的调质钢、渗碳钢

夹布塑胶的弯曲疲劳许用应力$[\sigma_F]=50$ MPa，接触疲劳许用应力$[\sigma_H]=110$ MPa。

8.4 齿轮传动的计算载荷

在计算齿轮传动的强度时，必须知道作用在齿轮上的载荷，由齿轮传递的功率计算出的载荷称为名义载荷。在实际传动中，由于原动机及工作机的振动和冲击，轮齿在啮合过程中会产生动载荷；由于齿轮制造及安装误差或齿轮及其支承件变形等因素的影响，载荷在啮合的各轮齿间分配不均，同时载荷在齿宽方向分布也不均匀。因此，在计算齿轮传动的强度时，应将名义载荷乘以载荷系数，即按计算载荷进行计算。以齿轮的法向力 F_n 为例，其计算载荷 F_{nc} 表示为

$$F_{nc} = KF_n$$

$$K = K_A K_v K_\alpha K_\beta$$

式中 K——载荷系数；

K_A——工作情况系数；

K_v——动载系数；

K_α——齿间载荷分布系数；

K_β——齿向载荷分配系数。

1. 工作情况系数 K_A

工作情况系数 K_A 是考虑齿轮啮合时外部因素引起的附加载荷影响的系数。这种附加载荷取决于原动机和从动机械的特性、质量比、联轴器类型以及运行状态等。K_A 的实用值应针对设计对象，通过实践确定。表 8－3 所列的值可供参考。

表 8－3 工作情况系数

载荷状态	工作机器	原动机			
		电动机、均匀运转的蒸汽机、燃气轮机	蒸汽机、燃气轮机液压装置	多缸内燃机	单缸内燃机
均匀平稳	发电机、均匀传送的带式输送机或板式输送机、螺旋输送机、轻型升降机、包装机、机床进给机构、通风机、均匀密度材料搅拌机等	1.00	1.10	1.25	1.50
轻微冲击	不均匀传送的带式输送机或板式输送机、机床的主传动机构、重型升降机、工业与矿用风机、重型离心机、变密度材料搅拌机等	1.25	1.35	1.50	1.75
中等冲击	橡胶挤压机、橡胶和塑料做间断工作的搅拌机、轻型球磨机、木工机械、钢坯初轧机、提升装置、单缸活塞泵等	1.50	1.60	1.75	2.00
严重冲击	挖掘机、重型球磨机、橡胶糅合机、破碎机、重型给水泵、旋转式钻探装置、压砖机、带材冷轧机、压坯机等	1.75	1.85	2.00	2.25 或更大

注：表中所列 K_A 值仅适用于减速传动；若为增速传动，K_A 值约为表值的 1.1 倍。当外部机械与齿轮装置间有挠性连接时，通常 K_A 值可适当减小。

2. 动载系数 K_v

齿轮传动不可避免地会有制造及装配的误差,轮齿受载后还要产生弹性变形。这些误差及变形实际上将使啮合轮齿的法节 p_{b1} 与 p_{b2} 不相等(参看图 8. 12 和图 8. 13),因而轮齿就不能正确地啮合传动,瞬时传动比就不是定值,从动齿轮在运转中就会产生角加速度,于是引起了动载荷或冲击。对于直齿轮传动,轮齿在啮合过程中,不论是由双对齿啮合过渡到单对齿啮合,或是由单对齿啮合过渡到双对齿啮合的期间,由于啮合齿对的刚度变化,也要引起动载荷。为了计及动载荷的影响,引入了动载系数 K_v。

齿轮的制造精度及圆周速度对轮齿啮合过程中产生动载荷的大小影响很大。提高制造精度,减小齿轮直径以降低圆周速度,均可减小动载荷。

为了减小动载荷,可将轮齿进行齿顶修缘,即把齿顶的一小部分齿廓曲线(分度圆压力角 $\alpha=20°$ 的渐开线)修整成 $\alpha>20°$ 的渐开线。如图 8. 12 所示,因 $p_{b2}>p_{b1}$,则后一对轮齿在未进入啮合区时就开始接触,从而产生动载荷。为此将从动轮 2 进行齿顶修缘,图中从动轮 2 的虚线齿廓即为修缘后的齿廓,实线齿廓则为未经修缘的齿廓。由图明显地看出,修缘后的轮齿齿顶处的法节 $p'_{b2}<p_{b2}$,因此当 $p_{b2}>p_{b1}$ 时,对修缘了的轮齿,在开始啮合阶段(图 8. 12),相啮合的轮齿的法节差就小一些,啮合时产生的动载荷也就小一些。

又如图 8. 13 所示,若 $p_{b1}>p_{b2}$,则在后一对齿已进入啮合区时,其主动齿齿根与从动齿齿顶还未啮合。要待前一对齿离开正确啮合区一段距离以后,后一对齿才能开始啮合,在此期间,仍不免要产生动载荷。若将主动轮 1 也进行齿顶修缘(如图 8. 13 中虚线齿廓所示),即可减小这种动载荷。

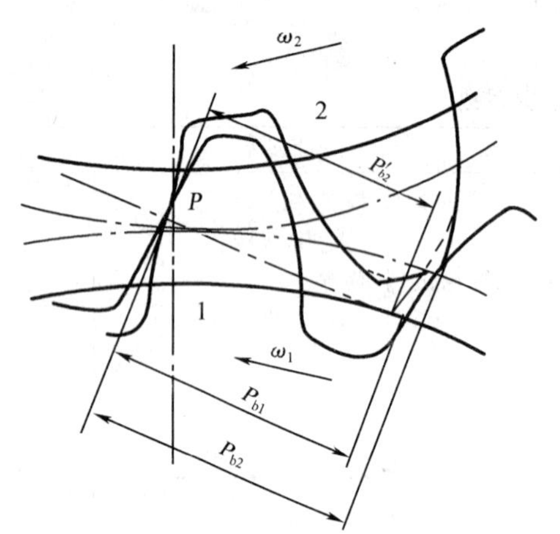

图 8. 12　从动轮齿修缘

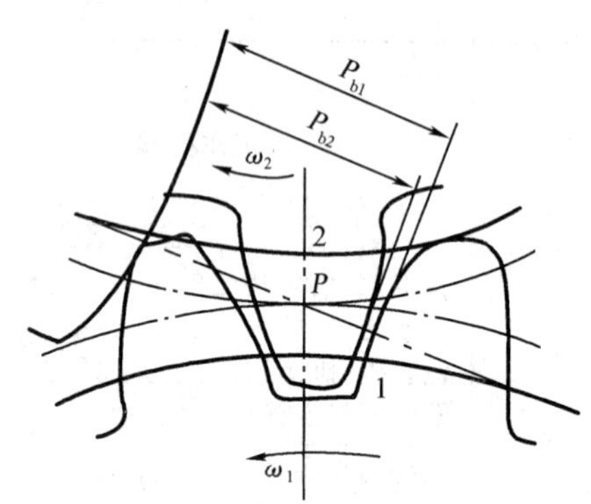

图 8. 13　主动轮齿修缘

高速齿轮传动或齿面经硬化的齿轮,轮齿应进行修缘。但应注意,若修缘量过大,不仅重合度减小过多,而且动载荷也不一定就相应减小,故轮齿的修缘量应定得适当。

动载系数 K_v 的实用值,应针对设计对象通过实践确定。对于一般齿轮传动的动载系数 K_v,可参考图 8. 14 选用。图中 6 ~ 10 为齿轮传动的精度系数,它与齿轮(第Ⅱ公差组)的精度有关。如将其看做齿轮精度查取 K_v 值,是偏于安全的。

若为直齿锥齿轮传动,应按图中低一级的精度线及锥齿轮平均分度圆处的圆周速度 v 查取 K_v 值。

3. 齿间载荷分配系数 K_α

一对相互啮合的斜齿(或直齿)圆柱齿轮,如在啮合区 B_1B_2(图 8.15,并参看图 8.21)中有两对(或多对)齿同时工作时,则载荷应分配在这两对(或多对)齿上。

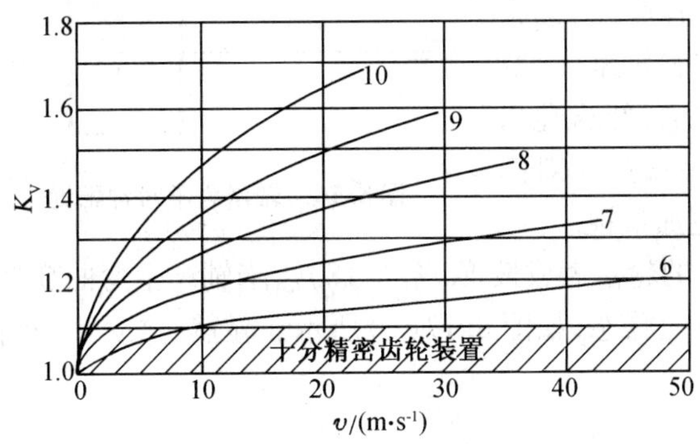

图 8.14 动载荷系数 K_v 值

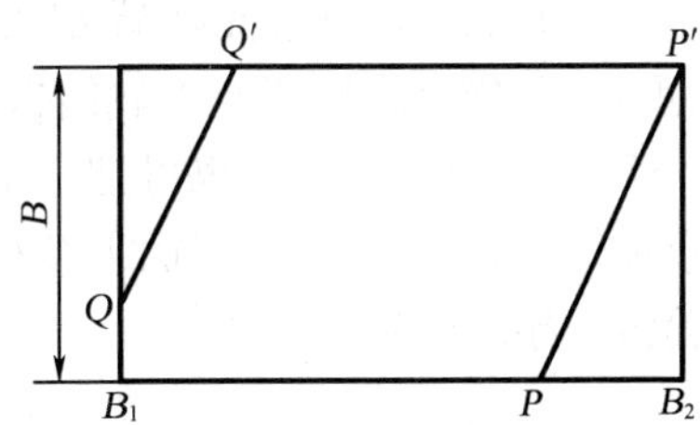

图 8.15 啮合区内齿间载荷的分配

图 8.15 中两对齿同时啮合的接触线总长 $L = PP' + QQ'$。但由于齿距误差及弹性变形等原因,总载荷 F_n 并不是按 PP' 与 QQ' 的比例分配在 PP' 及 QQ' 这两条接触线上。因此其中一条接触线上的平均载荷可能会大,而另一条接触线的平均载荷则可能会小。为此,引入齿间载荷分配系数 K_α,K_α 的值可用详尽的算法计算。对一般不需做精确计算的 $\beta \leqslant 30°$ 的斜齿圆柱齿轮传动可查表 8-4。

表 8-4 齿间载荷分配系数 $K_{H\alpha}$、$K_{F\alpha}$

<table>
<tr><td colspan="2">F_AF_t/b</td><td colspan="4">≥100 N/mm</td><td><100 N/mm</td></tr>
<tr><td colspan="2">精度等级Ⅱ组</td><td>5</td><td>6</td><td>7</td><td>8</td><td>5 级或更低</td></tr>
<tr><td rowspan="2">经表面硬化的斜齿轮</td><td>$K_{H\alpha}$</td><td rowspan="2">1.0</td><td rowspan="2">1.1</td><td rowspan="2">1.2</td><td rowspan="2">1.4</td><td rowspan="2">≥1.4</td></tr>
<tr><td>$K_{F\alpha}$</td></tr>
<tr><td rowspan="2">未经表面硬化的斜齿轮</td><td>$K_{H\alpha}$</td><td colspan="2" rowspan="2">1.0</td><td rowspan="2">1.1</td><td rowspan="2">1.2</td><td rowspan="2">≥1.4</td></tr>
<tr><td>$K_{F\alpha}$</td></tr>
</table>

注:①对直齿轮及修形齿轮,取 $K_{H\alpha} = K_{F\alpha} = 1$;

②如大、小齿轮精度等级不同时,按精度等级较低者取值;

③$K_{H\alpha}$ 为按齿面接触疲劳强度计算时用的齿间载荷分配系数,$K_{F\alpha}$ 为按齿根弯曲疲劳强度计算时用的齿间载荷分配系数。

4. 齿向载荷分布系数 K_β

如图 8.16 所示,当轴承相对于齿轮做不对称配置时,受载前,轴无弯曲变形,轮齿啮合正常,两个节圆柱恰好相切;受载后,轴产生弯曲变形[图 8.17(a)],轴上的齿轮也就随之偏斜,这就使作用在齿面上的载荷 p(单位长度载荷)沿接触线分布不均匀[图 8.17(b)]。当然,轴的扭转变形,轴承、支座的变形,以及制造、装配的误差等也是使齿面上载荷分布不均的因素。

计算轮齿强度时,为了计及齿面上载荷沿接触线分布不均的现象,通常以系数 K_{β} 来表征齿面上载荷分布不均的程度对轮齿强度的影响。

为了改善载荷沿接触线分布不均的程度,可以采取增大轴、轴承及支座的刚度,对称地配置轴承,以及适当地限制轮齿的宽度等措施。同时应尽可能避免齿轮做悬臂布置(即两个支承皆在齿轮的一边)。对高速、重载(如航空发动机)的齿轮传动应更加重视。

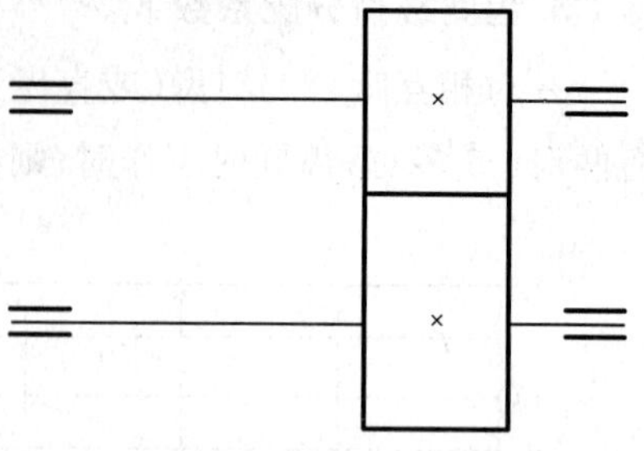

图 8.16　轴承为不对称配置

除上述一般措施外,也可把一个齿轮的轮齿做成鼓形(图 8.18)。当轴产生弯曲变形而导致齿轮偏斜时,鼓形齿齿面上载荷分布的状态,如图 8.17(c)所示。显然,这对于载荷偏于轮齿一端的现象大有改善。

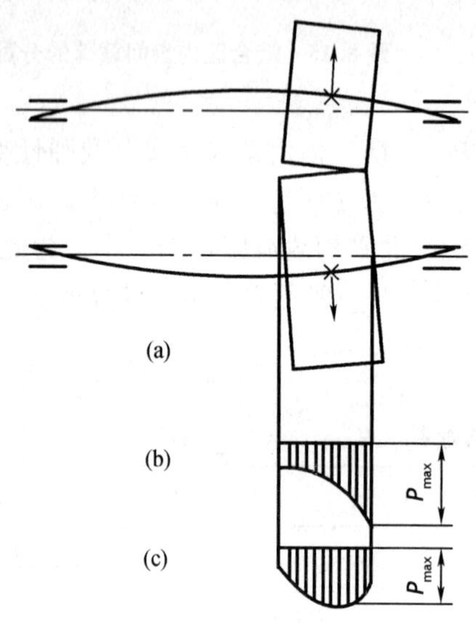

图 8.17　轮齿所受的载荷

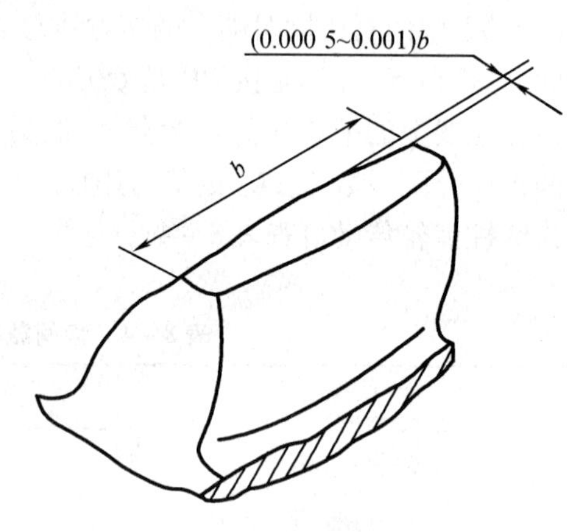

图 8.18　鼓形齿

由于小齿轮轴的弯曲及扭转变形,改变了轮齿沿齿宽的正常啮合位置,因而相应于轴的这些变形量,沿小齿轮齿宽对轮齿作适当的修形,可以大大改善载荷沿接触线分布不均的现象。这种沿齿宽对轮齿进行修形,多用于圆柱斜齿轮及人字齿轮传动,故通常称其为轮齿的螺旋角修形。

齿向载荷分布系数 K_{β} 可分为 $K_{H\beta}$ 和 $K_{F\beta}$。其中 $K_{H\beta}$ 为按齿面接触疲劳强度计算时所用的系数,而 $K_{F\beta}$ 为按齿根弯曲疲劳强度计算时所用的系数。表 8－5 给出了圆柱齿轮(包括直齿及斜齿)的齿向载荷分布系数的值,可根据齿轮在轴上的支承情况、齿轮的精度等级、齿宽 b(单位为 mm)与齿宽系数 ϕ_d 按表 8－5 查取该齿轮的 $K_{H\beta}$ 值。若齿宽 b 与表值不符,则可用插值法查取 $K_{H\beta}$ 值。

表 8-5 按接触疲劳强度计算时的齿向载荷分布系数 $K_{H\beta}$

小齿轮支承位置		软齿面齿轮									硬齿面齿轮					
		对称布置			非对称布置			悬臂布置			对称布置		非对称布置		悬臂布置	
ϕ_d	精度等级 / b/mm	6	7	8	6	7	8	6	7	8	5	6	5	6	5	6
0.4	40	1.145	1.158	1.191	1.148	1.161	1.194	1.176	1.189	1.222	1.096	1.098	1.100	1.102	1.140	1.143
	80	1.151	1.167	1.204	1.154	1.170	1.206	1.182	1.198	1.234	1.100	1.104	1.104	1.108	1.144	1.149
	120	1.157	1.176	1.216	1.160	1.179	1.219	1.188	1.207	1.247	1.104	1.111	1.108	1.115	1.148	1.155
	160	1.163	1.186	1.228	1.168	1.188	1.231	1.194	1.216	1.259	1.108	1.117	1.112	1.121	1.152	1.162
	200	1.169	1.195	1.241	1.172	1.198	1.244	1.200	1.226	1.272	1.112	1.124	1.116	1.128	1.156	1.168
0.6	40	1.181	1.194	1.227	1.195	1.208	1.241	1.337	1.350	1.383	1.148	1.150	1.168	1.170	1.376	1.388
	80	1.187	1.203	1.240	1.201	1.217	1.254	1.343	1.359	1.396	1.152	1.156	1.172	1.171	1.380	1.396
	120	1.193	1.212	1.252	1.207	1.226	1.266	1.349	1.369	1.408	1.156	1.163	1.176	1.183	1.385	1.404
	160	1.199	1.222	1.264	1.213	1.236	1.278	1.355	1.378	1.421	1.160	1.169	1.180	1.189	1.390	1.411
	200	1.205	1.231	1.277	1.219	1.245	1.291	1.361	1.387	1.433	1.164	1.176	1.184	1.196	1.395	1.419
0.8	40	1.231	1.244	1.278	1.275	1.289	1.322	1.725	1.738	1.722	1.220	1.223	1.284	1.287	2.044	2.057
	80	1.237	1.254	1.290	1.281	1.298	1.334	1.731	1.748	1.784	1.224	1.229	1.288	1.293	2.049	2.064
	120	1.243	1.263	1.302	1.287	1.307	1.347	1.737	1.757	1.796	1.228	1.236	1.292	1.299	2.054	2.072
	160	1.249	1.272	1.313	1.293	1.316	1.359	1.743	1.766	1.809	1.232	1.242	1.296	1.306	2.058	2.080
	200	1.255	1.281	1.327	1.299	1.325	1.371	1.749	1.775	1.821	1.236	1.248	1.300	1.312	2.063	2.087
1.0	40	1.296	1.309	1.342	1.404	1.417	1.450	2.502	2.515	2.548	1.314	1.316	1.491	1.504	3.382	3.395
	80	1.302	1.318	1.355	1.410	1.426	1.463	2.508	2.524	2.561	1.318	1.323	1.496	1.511	3.387	3.402
	120	1.308	1.328	1.367	1.416	1.436	1.475	2.514	2.534	2.573	1.322	1.329	1.500	1.519	3.391	3.410
	160	1.314	1.337	1.380	1.422	1.445	1.488	2.520	2.543	2.586	1.326	1.336	1.505	1.526	3.396	3.417
	200	1.320	1.346	1.392	1.428	1.454	1.500	2.526	2.552	2.598	1.330	1.348	1.510	1.534	3.401	3.425

齿轮的 $K_{F\beta}$ 可根据其 $K_{H\beta}$ 之值、齿宽 b 与齿高 h 之比 b/h 从图 8.19 中查得。

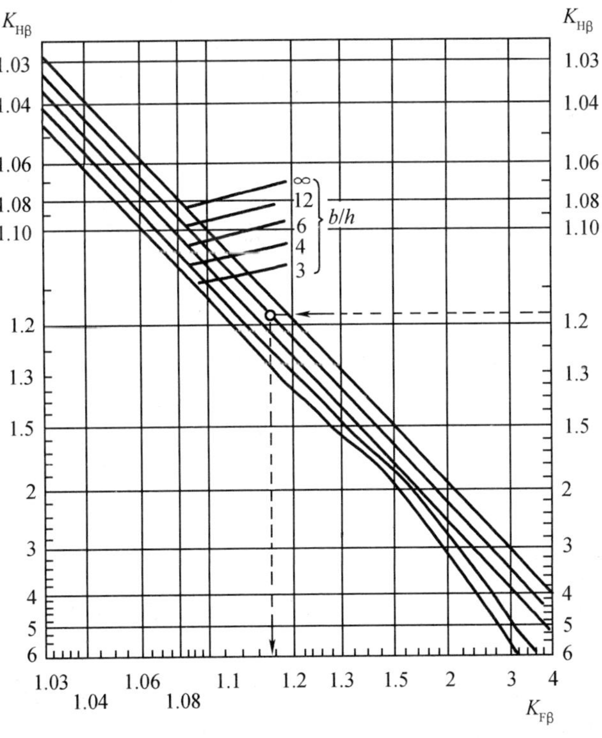

图 8.19 按弯曲疲劳强度计算时的齿向载荷分布系数 $K_{F\beta}$

8.5 标准直齿圆柱齿轮传动的强度计算

8.5.1 轮齿的受力分析

要计算齿轮传动时的载荷，即求轮齿上所受的力，就需要对齿轮传动做受力分析。当然，对齿轮传动进行力分析也是计算安装齿轮的轴及轴承时所必需的。

齿轮传动一般均加以润滑，啮合轮齿间的摩擦力通常很小，计算轮齿受力时，可不予考虑。

沿啮合线作用在齿面上的法向载荷 F_n 垂直于齿面，为了计算方便，将法向载荷 F_n（单位为 N）在节点处分解为两个相互垂直的分力，即圆周力 F_t 与径向力 F_r（单位均为 N），如图 8.20 所示。由此得

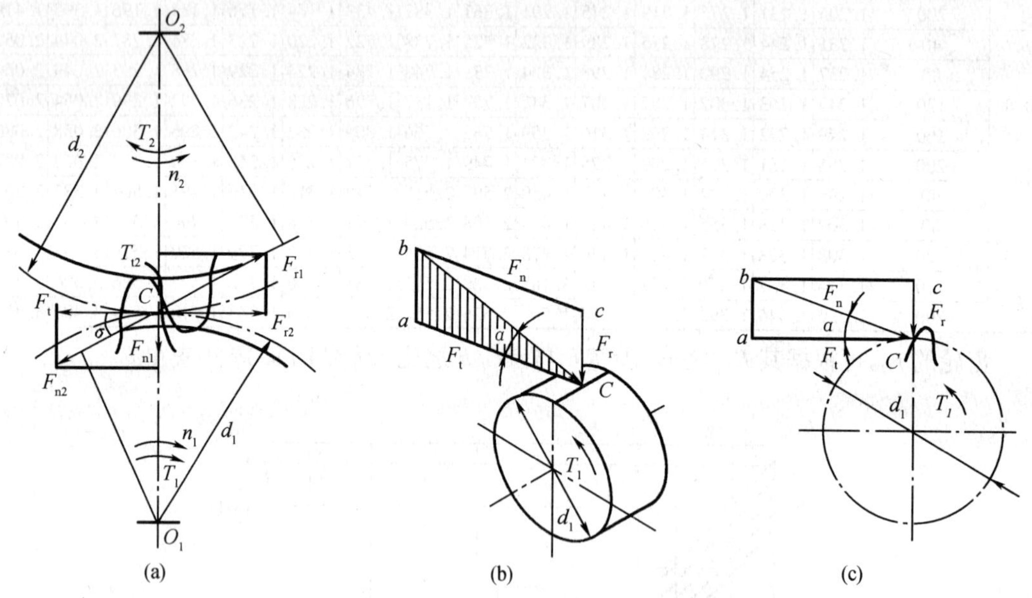

图 8.20 直齿圆柱齿轮轮齿的受力分析

(a)啮合受力分析图；(b)单齿受力分析图；(c)端面受力分析图

$$\left.\begin{aligned} F_t &= \frac{2T_1}{d_1} \\ F_r &= F_t \tan\alpha \\ F_n &= \frac{F_t}{\cos\alpha} \end{aligned}\right\}$$

式中 T_1——小齿轮传递的转矩，N · mm；

d_1——小齿轮的节圆直径，对标准齿轮即为分度圆直径，mm；

α——啮合角，对标准齿轮 $\alpha = 20°$。

主动轮上的圆周力 F_{t1} 是从动轮对主动轮的作用力，它产生的力矩一定与主动轮轴上的驱动力矩平衡，所以产生力矩的方向与主动轮的转向相反；而从动轮上的圆周力 F_{t2} 是主动轮对从动轮的驱动力，它产生的驱动力矩与从动轮的转向相同。

主、从动齿轮的径向力 F_{r1},F_{r2}的方向为沿半径方向指向各自的齿面轮心。

8.5.2　齿根弯曲疲劳强度计算

轮齿在受载时,齿根所受的弯矩最大,因此齿根处的弯曲疲劳强度最弱。当轮齿在齿顶处啮合时,处于双对齿啮合区,此时弯矩的力臂虽然最大,但力并不是最大,因此弯矩并不是最大。根据分析,齿根所受的最大弯矩发生在轮齿啮合点位于单对齿啮合区的最高点。因此,齿根弯曲强度也应按载荷作用于单对齿啮合区最高点来计算。由于这种算法比较复杂,通常只用于高精度的齿轮传动(如6级精度以上的齿轮传动)。

对于制造精度较低的齿轮传动(如7,8,9级精度),由于制造误差大,实际上多由在齿顶处啮合的轮齿分担较多的载荷,为便于计算,通常按全部载荷作用于齿顶来计算齿根的弯曲强度。当然,采用这样的算法,轮齿的弯曲强度比较富余。

下面仅介绍中等精度齿轮传动的弯曲疲劳强度计算。图8.21所示为轮齿在齿顶啮合时的受载情况。

在计算齿根弯曲应力时,应确定齿根危险截面位置和在齿根处产生最大弯矩时载荷的作用点。根据应力实验分析,危险截面可用30°切线法确定,如图8.22所示,作与轮齿对称线成30°角并与齿根过渡曲线相切的两条切线,通过两切点作平行于齿轮轴线的截面,此截面即为齿根危险截面。由于假设全部载荷由一对齿承担,因此,当法向力作用于齿顶时在齿根处产生最大弯矩。为使问题简化,可将轮齿视为宽度为 b 的悬臂梁。

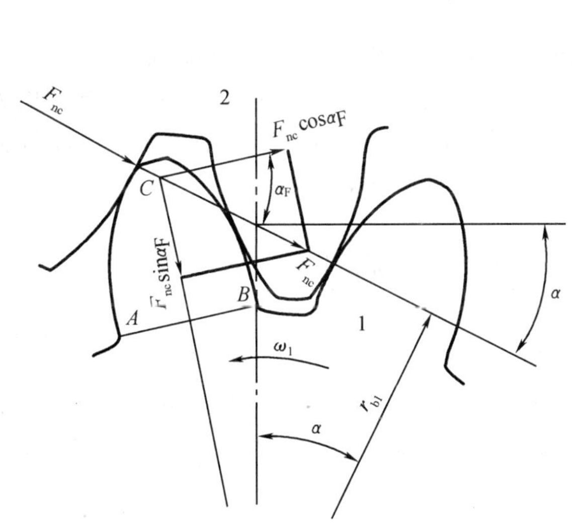

图8.21　齿顶啮合受载

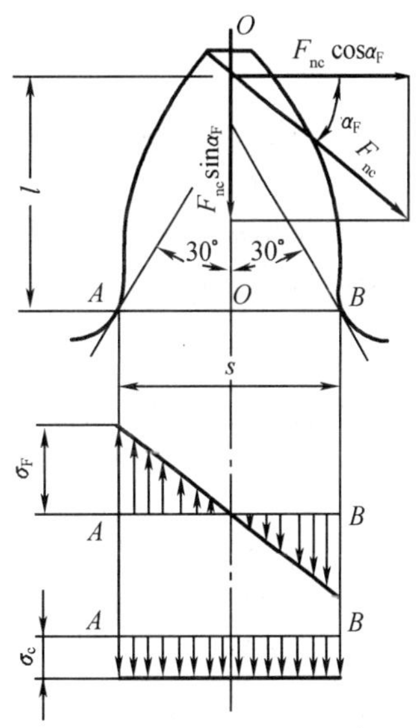

图8.22　齿根应力图

作用于齿顶的计算载荷 F_{nc} 可分解为互相垂直的两个分力 $F_{nc}\cos\alpha_F$ 和 $F_{nc}\sin\alpha_F$。水平分力 $F_{nc}\cos\alpha_F$ 使齿根产生弯曲应力 σ_F,垂直分力 $F_{nc}\sin\alpha_F$ 使齿根产生压应力 σ_c。与弯曲应力 σ_F 相比,压应力 σ_c 很小,可忽略。图8.22所示为齿顶受载时,轮齿根部的应力图。

轮齿长期工作后,受拉侧的疲劳裂纹发展较快,故按悬臂梁计算齿根受拉侧计算弯曲应力为

$$\sigma_F = \frac{M}{W}$$

式中　M——齿根最大弯矩，N · mm；

W——轮齿危险截面的抗弯截面系数，mm^3。

σ_F 的单位为 MPa。显然

$$M = F_{nc}\cos\alpha_F l = KF_n\cos\alpha_F l = K\frac{F_t}{\cos\alpha}\cos\alpha_F l$$

$$W = \frac{bs^2}{6}$$

可得

$$\sigma_F = \frac{M}{W} = \frac{KF_t\cos\alpha_F l}{\cos\alpha}\cdot\frac{6}{bs^2} = \frac{KF_t}{bm}\cdot\frac{6\left(\frac{l}{m}\right)\cos\alpha_F}{\left(\frac{s}{m}\right)^2\cos\alpha}$$

式中　l——弯矩力臂，mm；

s——危险截面厚度，mm；

α_F——载荷作用角。

其余符号意义同前。令

$$Y_{Fa} = \frac{6\left(\frac{l}{m}\right)\cos\alpha_F}{\left(\frac{s}{m}\right)^2\cos\alpha}$$

Y_{Fa}是一个无因次量，只与轮齿的齿廓形状有关，而与齿的大小（模数 m）无关，称为齿形系数，其值可查表 8-6。实际计算时，还应计入齿根危险截面处的过渡圆角所引起的应力集中作用以及弯曲应力以外的其他应力对齿根应力的影响，引入应力校正系数 Y_{Sa}，Y_{Sa}亦为一个无因次量，只与轮齿的齿廓形状有关，其值可查表 8-6。

表 8-6　齿形系数 Y_{Fa}及应力校正系数 Y_{Sa}

$z(z_v)$	17	18	19	20	21	22	23	24	25	26	27	28	29
Y_{Fa}	2.97	2.91	2.85	2.80	2.76	2.72	2.69	2.65	2.62	2.60	2.57	2.55	2.53
Y_{Sa}	1.52	1.53	1.54	1.55	1.56	1.57	1.575	1.58	1.59	1.595	1.60	1.61	1.62
$z(z_v)$	30	35	40	45	50	60	70	80	90	100	150	200	∞
Y_{Fa}	2.52	2.45	2.40	2.35	2.32	2.28	2.24	2.22	2.20	2.18	2.14	2.12	2.06
Y_{Sa}	1.625	1.65	1.67	1.68	1.70	1.73	1.75	1.77	1.78	1.79	1.83	1.865	1.97

取 $F_t = \frac{2T_1}{d_1}$，得直齿轮齿根危险截面的弯曲疲劳强度校核公式为

$$\sigma_F = \frac{KF_tY_{Fa}Y_{Sa}}{bm} = \frac{2KT_1Y_{Fa}Y_{Sa}}{bd_1m} \leqslant [\sigma_F] \tag{8-1}$$

式中，$[\sigma_F]$为齿轮许用弯曲应力，MPa。取 $b = \phi_d d_1$，$d_1 = mz$，经整理得直齿轮齿根弯曲疲劳强度设计公式为

$$m \geqslant \sqrt[3]{\frac{2KT_1}{\varphi_d z_1^2} \cdot \frac{Y_{Fa}Y_{Sa}}{[\sigma_F]}} \qquad (8-2)$$

式中，$\phi_d = b/d_1$，称为相对于分度圆直径 d_1 的齿宽系数；m 的单位为 mm。

8.5.3 齿面接触疲劳强度计算

一对齿轮的啮合，可视为以啮合点处齿廓曲率半径 ρ_1，ρ_2 所形成的两个圆柱体的接触(图 8.23)。

根据赫兹公式，并以计算载荷 F_{nc} 代替 F，齿宽 b 代替接触线长度 L，可得齿面接触应力为

$$\sigma_H = \sqrt{\frac{F_{nc}\left(\frac{1}{\rho_1} \pm \frac{1}{\rho_2}\right)}{\pi b\left(\frac{1-\mu_1^2}{E_1} + \frac{1-\mu_2^2}{E_2}\right)}}$$

为计算方便，取

$$\frac{1}{\rho_\Sigma} = \frac{1}{\rho_1} \pm \frac{1}{\rho_2}$$

$$Z_E = \sqrt{\frac{1}{\pi\left(\frac{1-\mu_1^2}{E_1} + \frac{1-\mu_2^2}{E_2}\right)}}$$

则上式为

$$\sigma_H = \sqrt{\frac{F_{nc}}{b\rho_\Sigma}} \cdot Z_E$$

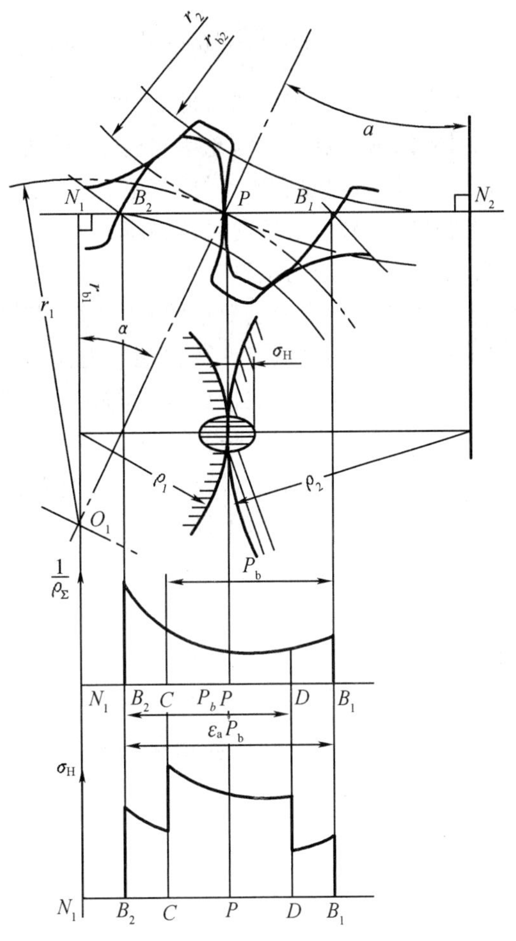

图 8.23 齿面上的接触应力

式中 ρ_Σ——啮合齿面上啮合点的综合曲率半径，mm；

Z_E——弹性影响系数，$\sqrt{\text{MPa}}$；数值列于表 8-7。

表 8-7 弹性影响系数 Z_E 单位：$\sqrt{\text{MPa}}$

弹性模量 E/MPa 齿轮材料	配对齿轮材料				
	灰铸铁	球墨铸铁	铸钢	锻钢	夹布塑胶
	11.8×10^4	17.3×10^4	20.2×10^4	20.6×10^4	0.785×10^4
锻钢	162.0	181.4	188.9	189.8	56.4
铸钢	161.4	180.5	188	—	—
球墨铸铁	156.6	173.9	—		
灰铸铁	143.7	—			

注：表中所列夹布塑胶的泊松比 μ 为 0.5，其余材料的 μ 均为 0.3。

因为渐开线齿廓上各点的曲率半径并不相同，在啮合过程中接触点又是不断变化的，

所以工作齿廓各点所受的载荷也不同。因此计算齿面的接触强度时，就应同时考虑啮合点所受的载荷及综合曲率$\left(\frac{1}{\rho_\Sigma}\right)$的大小。对端面重合度$1<\varepsilon_\alpha\leqslant 2$的直齿轮传动，如图8.23所示，以小齿轮单对齿啮合的最低点（图中C点）产生的接触应力为最大，与小齿轮啮合的大齿轮，对应的啮合点是大齿轮单对齿啮合的最高点，位于大齿轮的齿顶面上。如前所述，同一齿面往往齿根面先发生点蚀，然后才扩展到齿顶面，亦即齿顶面比齿根面具有较高的接触疲劳强度。因此，虽然此时接触应力大，但对大齿轮不一定会构成威胁。由图8.23可看出，大齿轮在节点处的接触应力较大，同时，大齿轮单对齿啮合的最低点（图中D点）处接触应力也较大。按理应分别对小轮和大轮节点与单对齿啮合的最低点处进行接触强度计算，但按单对齿啮合的最低点计算接触应力比较复杂，并且当小齿轮齿数$z_1\geqslant 20$时，按单对齿啮合的最低点计算所得的接触应力与按节点啮合计算得的接触应力极为相近。为了计算方便，通常以节点啮合为代表进行齿面的接触强度计算。

下面介绍按节点啮合进行接触强度计算的方法。

节点啮合的综合曲率半径为

$$\frac{1}{\rho_\Sigma}=\frac{1}{\rho_1}\pm\frac{1}{\rho_2}=\frac{\rho_2\pm\rho_1}{\rho_1\rho_2}=\frac{\frac{\rho_2}{\rho_1}\pm 1}{\rho_1\left(\frac{\rho_2}{\rho_1}\right)}$$

轮齿在节点啮合时，两轮齿廓曲率半径之比与两轮的直径或齿数成正比，即$\frac{\rho_2}{\rho_1}=\frac{d_2}{d_1}=\frac{z_2}{z_1}=u$，故得

$$\frac{1}{\rho_\Sigma}=\frac{1}{\rho_1}\cdot\frac{u\pm 1}{u}$$

如图8.23所示，小齿轮轮齿节点P处曲率半径$\rho_1=\overline{N_1P}$。对标准齿轮，节圆就是分度圆，故得$\rho_1=\frac{d_1\sin\alpha}{2}$，代入上式得

$$\frac{1}{\rho_\Sigma}=\frac{2}{d_1\sin\alpha}\cdot\frac{u\pm 1}{u}$$

因此，可得齿面接触应力为

$$\sigma_{\mathrm{H}}=\sqrt{\frac{F_{\mathrm{nc}}}{b\rho_\Sigma}}\cdot Z_{\mathrm{E}}=\sqrt{\frac{KF_{\mathrm{t}}}{b\cos\alpha}\cdot\frac{2}{d_1\sin\alpha}\cdot\frac{u\pm 1}{u}}\cdot Z_{\mathrm{E}}=\sqrt{\frac{KF_{\mathrm{t}}}{bd_1}\cdot\frac{u\pm 1}{u}}\cdot\sqrt{\frac{2}{\sin\alpha\cos\alpha}}\cdot Z_{\mathrm{E}}$$

令$Z_{\mathrm{H}}=\sqrt{\frac{2}{\sin\alpha\cos\alpha}}$，$Z_{\mathrm{H}}$称为区域系数（标准直齿轮时$\alpha=20°$，$Z_{\mathrm{H}}=2.5$），并将$F_{\mathrm{t}}=\frac{2T_1}{d_1}$代入上式，可得直齿轮齿面接触疲劳强度校核公式为

$$\sigma_{\mathrm{H}}=\sqrt{\frac{2KT_1}{bd_1^2}\cdot\frac{u\pm 1}{u}}\cdot Z_{\mathrm{H}}\cdot Z_{\mathrm{E}}\leqslant[\sigma_{\mathrm{H}}] \tag{8-3}$$

将$b=\phi_{\mathrm{d}}d_1$代入上式并整理，可得直齿轮齿面接触疲劳强度设计公式为

$$d_1\geqslant\sqrt[3]{\frac{2KT_1}{\varphi_{\mathrm{d}}}\cdot\frac{u\pm 1}{u}\left(\frac{Z_{\mathrm{H}}\cdot Z_{\mathrm{E}}}{[\sigma_{\mathrm{H}}]}\right)^2} \tag{8-4}$$

若将 $Z_H=2.5$ 代入以上两式得

$$\sigma_H=2.5Z_E\sqrt{\frac{2KT_1}{bd_1^2}\cdot\frac{u\pm1}{u}}\leqslant[\sigma_H] \tag{8-3a}$$

$$d_1\geqslant2.32\sqrt[3]{\frac{2KT_1}{\varphi_d}\cdot\frac{u\pm1}{u}\left(\frac{Z_E}{[\sigma_H]}\right)^2} \tag{8-4a}$$

各式中 σ_H,$[\sigma_H]$的单位为 MPa,其余各符号的意义和单位同前。

8.5.4 齿轮传动的强度计算说明

(1)式(8-1)在推导过程中并没有区分主、从动齿轮,故对主、从动齿轮都是适用的。由式(8-1)可得$\frac{KF_t}{bm}\leqslant\frac{[\sigma_F]}{Y_{Fa}Y_{Sa}}$,不等式左边对主、从动轮是一样的,但右边却因两轮的齿形、材料的不同而不同。因此按齿根弯曲疲劳强度设计齿轮传动时,应将$\frac{[\sigma_{F1}]}{Y_{Fa1}Y_{Sa1}}$或$\frac{[\sigma_{F2}]}{Y_{Fa2}Y_{Sa2}}$中较小的数值代入设计公式进行计算,这样才能满足抗弯强度较弱的那个齿轮的要求。

(2)因配对齿轮的接触应力皆一样,即 $\sigma_{H1}=\sigma_{H2}$,若按齿面接触疲劳强度设计直齿轮传动时,应将$[\sigma_{H1}]$或$[\sigma_{H2}]$中较小的数值代入设计公式进行计算。

(3)当配对两齿轮的齿面均属硬齿面时,两轮的材料、热处理方法及硬度均可取成一样的。设计这种齿轮传动时,可分别按齿根弯曲疲劳强度及齿面接触疲劳强度的设计公式进行计算,并取其中较大者作为设计结果。

(4)当用设计公式初步计算齿轮的分度圆直径 d_1(或模数 m_n)时,动载系数 K_v、齿间载荷分配系数 K_α 及齿向载荷分布系数 K_β 不能预先确定,此时可试选一载荷系数 K_t(如取 $K_t=1.2\sim1.4$),则算出来的分度圆直径(或模数)也是一个试算值 d_{1t}(或 m_{nt}),然后按 d_{1t} 值计算齿轮的圆周速度,查取动载系数 K_v、齿间载荷分配系数 K_α 及齿向载荷分布系数 K_β,计算载荷系数 K。若算得的 K 值与试选的 K_t 值相差不多,就不必再修改原计算;若二者相差较大时,应按下式校正试算所得分度圆直径 d_{1t}(或 m_{nt})

$$d_1=d_{1t}\sqrt[3]{\frac{K}{K_t}}$$

$$m_n=m_{nt}\sqrt[3]{\frac{K}{K_t}}$$

(5)由式(8-2)可知,在齿轮的齿宽系数、齿数及材料已选定的情况下,影响齿轮弯曲疲劳强度的主要因素是模数。模数愈大,齿轮的弯曲疲劳强度愈高。由式(8-4)可知,在齿轮的齿宽系数、材料及传动比已选定的情况下,影响齿轮齿面接触疲劳强度的主要因素是齿轮直径。小齿轮直径越大,齿轮的齿面接触疲劳强度就越高。

8.6 齿轮传动的设计参数与精度选择

8.6.1 齿轮传动设计参数的选择

1. 压力角 α 的选择

由机械原理可知,增大压力角 α,轮齿的齿厚及节点处的齿廓曲率半径亦皆随之增加,有利于提高齿轮传动的弯曲强度及接触强度。我国对一般用途的齿轮传动规定的标准压力角为 $\alpha=20°$。为增强航空用齿轮传动的弯曲强度及接触强度,我国航空齿轮传动标准还规定了 $\alpha=25°$ 的标准压力角。但增大压力角并不一定对传动有利。对重合度接近 2 的高速齿轮传动,推荐采用齿顶高系数为 1~1.2,压力角为 16°~18°的齿轮,这样做可增加轮齿的柔性,降低噪声和动载荷。

2. 齿数 z 的选择

若保持齿轮传动的中心距 a 不变,增加齿数,除能增大重合度、改善传动的平稳性外,还可减小模数,降低齿高,因而减少金属切削量,节省制造费用。另外,降低齿高还能降低滑动速度,以减少磨损及胶合的危险性。但模数小了,齿厚随之减薄,则要降低轮齿的弯曲强度。不过在一定的齿数范围内,尤其是当承载能力主要取决于齿面接触强度时,以齿数多一些为好。

闭式齿轮传动一般转速较高,为了提高传动的平稳性,减小冲击振动,以齿数多一些为好,小齿轮的齿数可取为 $z=20\sim30$。开式(半开式)齿轮传动,由于轮齿主要为磨损失效,为使轮齿不致过小,故小齿轮不宜选用过多的齿数,一般可取 $z=17\sim20$。

为使轮齿免于根切,对于 $\alpha=20°$ 的标准直齿圆柱齿轮,应取 $z\geqslant17$。

小齿轮齿数确定后,按齿数比 $u=\frac{z_2}{z_1}$ 可确定大齿轮齿数 z_2。为了使各个相啮合齿对磨损均匀,传动平稳,z_2 与 z_1 一般应互为质数。

3. 齿数比 u

设计齿轮机构时,应使传动系统结构紧凑,质量轻,因此齿数比 u 不宜过大,单级齿轮传动齿数比 u 可按表 8-8 选取,当要求传动比大时,可以采用两级或多级齿轮传动。

表 8-8 单级齿轮传动齿数比 u 的推荐值

传动类型		齿数比 u 的推荐值			u 的最大值
闭式传动	圆柱齿轮	直齿 3~4	斜齿 3~5	人字齿 4~6	7~10
	直齿锥齿轮	4~6			6
开式传动	4~6				15~20

4. 齿宽系数 ϕ_d 的选择

由齿轮的强度计算公式可知,轮齿越宽,承载能力也越高,因而轮齿不宜过窄;但增大齿宽又会使齿面上的载荷分布更趋不均匀,故齿宽系数应取得适当。圆柱齿轮齿宽系数 ϕ_d 的推荐值列于表 8-9。

表 8-9 齿宽系数 ϕ_d 的推荐值

齿轮相对于轴承的布置	载荷情况	软齿面或软齿面组合		硬齿面组合	
		推荐值	最大值	推荐值	最大值
对称	变动小	0.8~0.4	1.8	0.4~0.9	1.1
	变动大		1.4		0.9

表 8-9(续)

齿轮相对于轴承的布置	载荷情况	软齿面或软齿面组合		硬齿面组合	
		推荐值	最大值	推荐值	最大值
不对称	变动小	0.6~1.2	1.4	0.3~0.6	0.9
	变动大		1.15		0.7
悬臂	变动小	0.3~0.4	0.8	0.2~0.25	0.55
	变动大		0.6		0.44

注:①大、小齿轮皆为硬齿面时,ϕ_d 取表中偏下限值;若皆为软齿面或仅大齿轮为软齿面时,ϕ_d 可取表中偏上限的数值。

②金属切削机床的齿轮传动,若传递的功率不大时,ϕ_d 可小到0.2。

③非金属齿轮可取 $\phi_d=0.5\sim1.2$。

圆柱齿轮的实用齿宽,在按 $b=\phi_d d_1$ 计算后再做适当圆整,而且常将小齿轮的齿宽在圆整值的基础上人为地加宽5~10 mm,以防止大小齿轮因装配误差产生轴向错位时导致啮合齿宽减小而增大轮齿单位齿宽的工作载荷。

8.6.2　齿轮精度的选择

国家标准对圆柱齿轮副规定了12个精度等级,其中1级为最高精度等级,12级为最低精度等级,常用的是6~9级精度。根据误差的特性及误差对传动性能的主要影响,国家标准又将齿轮的各项公差分成第Ⅰ,Ⅱ,Ⅲ公差组,分别反映传递运动的准确性、传动的平稳性和载荷分布的均匀性。各类机器所用齿轮传动的精度等级范围列于表8-10中。

表 8-10　各类机器所用的齿轮传动的精度等级范围

机器名称	精度等级	机器名称	精度等级
汽轮机	3~6	拖拉机	6~8
金属切削机床	3~8	通用减速器	6~8
航空发动机	4~8	锻压机床	6~9
轻型汽车	5~8	起重机	7~10
载重汽车	7~9	农业机械	8~11

注:主传动齿轮或重要的齿轮传动,精度等级偏上限选择;辅助传动的齿轮或一般齿轮传动,精度等级居中或偏下限选择。

齿轮的精度等级应根据传动的用途、使用条件、传动功率、圆周速度及其他技术要求决定。选择时,先根据载荷和齿轮的圆周速度确定第Ⅱ公差组的等级,第Ⅰ公差组可比第Ⅱ公差组低一级或同级,第Ⅲ公差组通常与第Ⅱ公差组同级。按载荷及速度推荐的齿轮传动精度等级如图8.24所示。

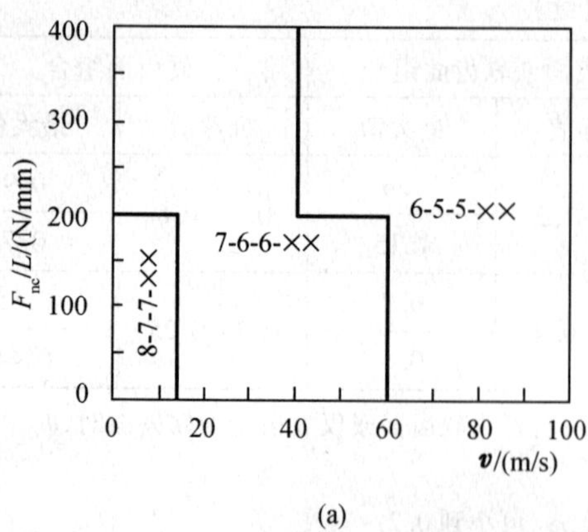

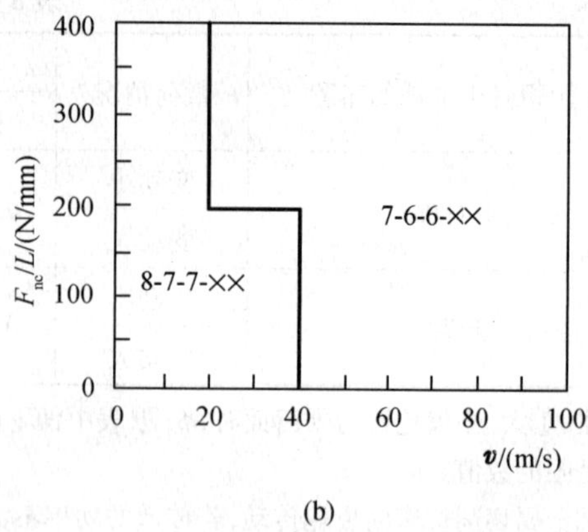

图 8.24　齿轮传动的精度选择

(a)圆柱齿轮;(b)锥齿轮

【综合应用实例】

例 8.1　设计如图 8.25 所示带式输送机的二级直齿圆柱齿轮减速器高速级齿轮传动,已知传递的功率 $P=5.5$ kW,小齿轮转速 $n_1=960$ r/min,齿数比 $u=4.2$,输送机每日工作 8 h,预期寿命 10 年,每年工作 254 天,载荷平稳,转向不变。

图 8.25　带式输送机传动系统

解　设计计算步骤如下表

计算与说明	主要结果
1. 选择齿轮的材料、热处理、精度及齿数 (1)输送机为一般机器,速度不高,选用 8 级精度(GB/T 10095—2000)。 (2)材料选择。由表 8-2,选小齿轮材料为 45 钢,调质,齿面硬度为 230HBS;大齿轮材料为 45 钢,正火,齿面硬度为 190HBS,硬度相差 40HBS,合适。 (3)选小齿轮齿数 $z_1=24$,则大齿轮齿数 $z_2=uz_1=4.2\times24=100.8$,圆整取 $z_2=101$。 实际齿数比 $u'=\dfrac{z_2}{z_1}=\dfrac{101}{24}=4.21$ 齿数比误差为 $\left\|\dfrac{u'-u}{u}\right\|=\left\|\dfrac{4.21-4.2}{4.2}\right\|=0.24\%<5\%$(允许) 由于两齿轮均为齿面硬度≤350HBS 的软齿面,故可按齿面接触疲劳强度进行设计,然后按齿根弯曲疲劳强度进行校核。	小齿轮: 45 钢、调质、 230HBS; 大齿轮: 45 钢、正火、 190HBS; $Z_1=24$ $Z_2=101$

计算与说明	主要结果
2. 按齿面接触疲劳强度设计	
设计公式：$d_1 \geqslant \sqrt[3]{\frac{2KT_1}{\varphi_d} \cdot \frac{u \pm 1}{u}\left(\frac{Z_H \cdot Z_E}{[\sigma_H]}\right)^2}$	
1)确定公式中的各计算参数	
(1)试选载荷系数 $K_t = 1.8$(t 表示试选)	
(2)计算小齿轮传递的转矩：	
$T_1 = 9.55 \times 10^6 \frac{P_1}{n_1} = 9.55 \times 10^6 \times \frac{5.5}{960} = 5.47 \times 10^4 \text{ N} \cdot \text{mm}$	$T_1 = 5.47 \times 10^4 \text{ N} \cdot \text{mm}$
(3)由表 8-9 选取齿宽系数 $\varphi_d = 1.0$(软齿面、非对称布置)	
(4)由表 8-7 查得材料的弹性影响系数 $Z_E = 189.8 \sqrt{\text{MPa}}$	
(5)区域系数 $Z_H = 2.5$	
(6)由图 8.9 按齿面硬度查得小齿轮的接触疲劳强度极限 $\sigma_{\text{Hlim1}} = 590$ MPa(适当延伸)，大齿轮的接触疲劳强度极限 $\sigma_{\text{Hlim2}} = 470$ MPa。	$\sigma_{\text{Hlim1}} = 590$ MPa $\sigma_{\text{Hlim2}} = 470$ MPa
(7)计算应力循环次数：	
$N_1 = 60n_1jL_h = 60 \times 960 \times 1 \times (10 \times 254 \times 8) = 1.17 \times 10^9$	
$N_2 = N_1/u' = 1.17 \times 10^9/4.2 = 2.78 \times 10^8$	
(8)由图 8.11 取接触疲劳寿命系数 $K_{\text{HN1}} = 0.9$，$K_{\text{HN2}} = 0.95$	
(9)计算接触疲劳许用应力。取失效概率为 1%，安全系数 $S = 1$，得	
$[\sigma_{\text{H1}}] = \frac{K_{\text{HN1}}\sigma_{\text{Hlim1}}}{S_H} = 0.9 \times 590 = 531$ MPa	
$[\sigma_{\text{H2}}] = \frac{K_{\text{HN2}}\sigma_{\text{Hlim1}}}{S_H} = 0.95 \times 470 = 446.5$ MPa	
2)设计计算	
(1)试算小齿轮分度圆直径 d_{1t}，代入$[\sigma_H]$中的较小值。即	
$d_{1t} \geqslant \sqrt[3]{\frac{2KT_1}{\varphi_d} \cdot \frac{u \pm 1}{u}\left(\frac{Z_H \cdot Z_E}{[\sigma_H]}\right)^2}$ $= \sqrt[3]{\frac{2 \times 1.8 \times 5.47 \times 10^4}{1} \cdot \frac{4.21 + 1}{4.21}\left(\frac{189.8 \times 2.5}{446.5}\right)^2} = 57.29 \text{ mm}$	$d_{11} = 57.29$ mm
(2)计算圆周速度 v：	
$v = \frac{\pi d_{1t} n_1}{60 \times 1\,000} = \frac{3.14 \times 57.29 \times 960}{60 \times 1000} = 2.88 \text{ m/s}$	
(3)计算齿宽 b：	
$b = \phi_d d_{1t} = 1 \times 57.29 = 57.29$ mm	
(4)计算齿宽与齿高之比$\frac{b}{h}$：	
模数 $m_t = \frac{d_{1t}}{z_1} = \frac{57.29}{24} = 2.387$ mm	$m_t = 2.387$ mm

计算与说明	主要结果
齿高 $h=2.25m_t=2.25\times2.387=5.37$ mm	
$\frac{b}{h}=\frac{57.29}{5.37}=10.67$	
(5)计算载荷系数。根据 $v=2.88$ m/s,8 级精度,由图 8.14 查得动载荷系数 $K_v=1.13$;	
直齿轮 $K_{H\alpha}=K_{F\alpha}=1$	
由表 8-3 查得使用系数 $K_A=1$;	
由表 8-5 用插值法查得 8 级精度、小齿轮相对支承非对称布置时:	
$K_{H\beta}=1.456$	
由$\frac{b}{h}=10.67$,$K_{H\beta}=1.456$ 查图 8.19 得 $K_{F\beta}=1.41$;故载荷系数	
$K=K_AK_vK_{H\alpha}K_{H\beta}=1\times1.13\times1\times1.456=1.645$	$K=1.645$
(6)按实际的载荷系数校正所算得的分度圆直径得	
$d_1=d_{1t}\sqrt[3]{\frac{K}{K_t}}=57.29\times\sqrt[3]{\frac{1.645}{1.8}}=57.49$ mm	
(7)计算模数 m:	
$m=\frac{d_1}{z_1}=\frac{57.49}{24}=2.395$ mm,取标准模数 $m=2.5$ mm	$m=2.5$ mm
(8)计算分度圆直径、中心距、齿宽	
$d_1=mz_1=2.5\times24=60$ mm	$d_1=60$ mm
$d_2=mz_2=2.5\times101=252.5$ mm	$d_2=252.5$ mm
$a=\frac{d_1+d_2}{2}=\frac{60+252.5}{2}=156.25$ mm	$a=156.25$ mm
计算齿宽 b:	
$b=\phi_dd_1=1\times60=60$ mm	$b_1=60$ mm
取 $b_2=65$ mm,$b_1=60$ mm	$b_2=65$ mm
3. 校核齿根弯曲疲劳强度	
校核公式为:	
$\sigma_F=\frac{2KT_1Y_{Fa}Y_{Sa}}{bd_1m}\leqslant[\sigma_F]$	
1)确定公式中的各个计算参数	
(1)载荷系数:	
$K=K_AK_vK_{F\alpha}K_{F\beta}=1\times1.13\times1\times1.41=1.593$	
(2)齿形系数与应力校正系数为:	
小齿轮 $Y_{Fa1}=2.65$,$Y_{Sa1}=1.58$	

计算与说明	主要结果
大齿轮 $Y_{Fa2}=2.1808, Y_{Sa2}=1.7808$	
(3)计算弯曲疲劳许用应力。由图 8.8 查得小齿轮的弯曲疲劳强度极限 $\sigma_{Flim1}=215$ MPa；由图 8.8 查得大齿轮的弯曲疲劳强度极限 $\sigma_{Flim2}=190$ MPa；由图 8.10 查得弯曲疲劳寿命系数 $F_{FN1}=0.89, F_{FN2}=0.92$	$\sigma_{FE1}=430$ MPa $\sigma_{FE2}=380$ MPa
取弯曲疲劳安全系数 $S_F=1.3$，取应力修正系数 $Y_{ST}=2.0$，则	
$[\sigma_{F1}]=\dfrac{K_{FN1}\sigma_{FE1}Y_{ST}}{S_F}=\dfrac{0.89\times430\times2}{1.3}=588.77$ MPa	
$[\sigma_{F2}]=\dfrac{K_{FN2}\sigma_{FE2}Y_{ST}}{S_F}=\dfrac{0.92\times380\times2}{1.3}=537.85$ MPa	
2)校核计算	
$\sigma_{F1}=\dfrac{2KT_1Y_{Fa}Y_{Sa}}{bd_1m}=\dfrac{2\times1.593\times5.47\times10^4\times2.65\times1.58}{60\times60\times2.5}$ $=81.08\text{MPa}\leqslant[\sigma_{F1}]$	
$\sigma_{F2}=\sigma_{F1}\dfrac{Y_{Fa2}Y_{Sa2}}{Y_{Fa1}Y_{Sa1}}=81.08\times\dfrac{2.1808\times1.7808}{2.65\times1.58}=75.2\text{MPa}\leqslant[\sigma_{F2}]$	
所以大小齿轮的弯曲疲劳强度均足够。	
4. 齿轮的机构设计(略)	

8.7　标准斜齿圆柱齿轮传动的强度计算

8.7.1　轮齿的受力分析

在斜齿圆柱齿轮传动中，若不计齿面间的摩擦力，作用在齿面上的法向载荷 F_n 仍垂直于齿面。如图 8.26 所示，作用于主动轮上的 F_n 位于法面 $Pabc$ 内，与节圆柱的切面 $Pa'ae$ 倾斜一法向啮合角 α_n。力 F_n 可分解为沿齿轮的周向、指向轮心及沿齿轮轴线方向的三个相互垂直的分力。

首先，将力 F_n 在法面内分解成指向轮心的径向力 F_t 和在 $Pa'ae$ 面内的分力 F'，然后再将力 F' 在 $Pa'ae$ 面内分解成沿齿轮周向的圆周力 F_t 及沿齿轮轴向的轴向力 F_a。已知：F_n 与 F' 的夹角为法向压力角 α_n，对标准斜齿轮 $\alpha_n=20°$；F_t 与线 Pb' 的夹角为端面压力角 α_t；F' 与 F_t 的夹角为斜齿轮的螺旋角 β；F_n 与线 Pb' 的夹角为啮合平面的螺旋角，亦即斜齿轮基圆螺旋角 β_b。则各力的大小为

$$\begin{cases} F_t=\dfrac{2T_1}{d_1} \\ F_r=\dfrac{F_t\tan\alpha_n}{\cos\beta} \\ F_n=F_t\tan\beta \\ F_n=\dfrac{F_t}{\cos\alpha_n\cos\beta}=\dfrac{F_t}{\cos\alpha_t\cos\beta_b} \end{cases}$$

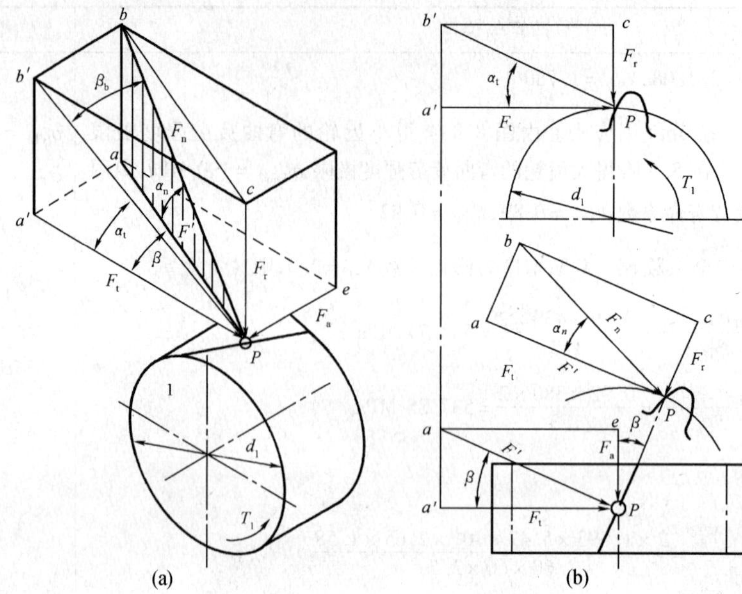

图 8.26 斜齿轮的轮齿受力分析

(a)主体受力分析图;(b)分解受力分析图

斜齿圆柱齿轮圆周力和径向力方向的判定与直齿圆柱齿轮的相同。轴向力 F_a 的作用方向从主动轮上按左右手法则判断,如图 8.27 所示。

需要强调指出,用左右手法则判断轴向力的方向时,仅适用于主动轮。主动轮为左右旋时,伸出左右手,四指指向与主动轮旋转方向相同,手握主动轮轴线,则大拇指所指方向就是作用在主动齿轮上的轴向力 F_{a1} 的方向,从动轮轴向力 F_{a2} 的大小与 F_{a1} 相等,而方向相反。

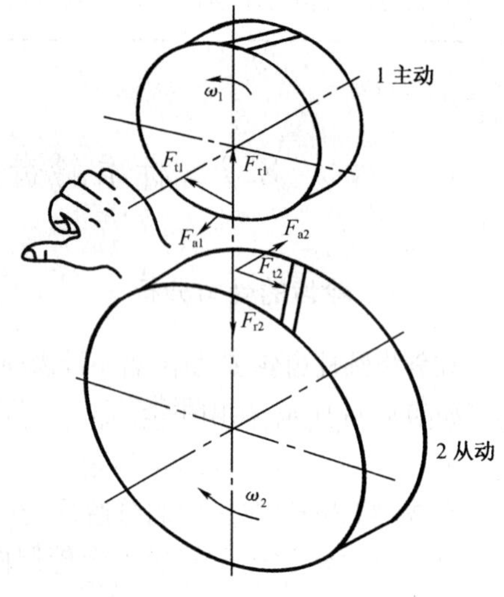

图 8.27 斜齿圆柱齿轮传动轴向力方向判断

从动轮轮齿上的载荷也可分解为 F_r,F_t 和 F_a 各力,它们分别与主动轮上的各力大小相等方向相反。

轴向力 F_a 与 $\tan\beta$ 成正比,为了不使轴承受过大的轴向力,斜齿圆柱齿轮传动的螺旋角 β 不宜选得过大,常在 $\beta=8°\sim20°$ 之间选择,在工程中,斜齿轮的实际螺旋角常根据配凑的中心距来确定。在人字齿轮传动中,同一个人字齿上按力学分析所得的两个轴向分力大小相等,方向相反,轴向分力的合力为零。因而人字齿轮的螺旋角 β 可取较大的数值(15°~40°),传递的功率也较大。人字齿轮传动的受力分析及强度计算都可沿用斜齿轮传动的公式。

8.7.2 齿根弯曲疲劳强度计算

斜齿轮传动齿面上的接触线为一斜线,受载时轮齿的失效形式为局部折断。斜齿轮的齿根弯曲强度，若按轮齿局部折断分析则较繁杂，工程上常用其法面当量直齿轮进行计算。结合直齿圆柱齿轮齿根弯曲疲劳强度公式，考虑斜齿轮传动端面重合度 ε_α，引入螺旋角影响系数 Y_β（考虑螺旋角 β 对轮齿弯曲强度的影响），并用法面模数 m_n 代替 m，得斜齿轮齿根弯曲疲劳强度校核公式为

$$\sigma_F=\frac{KF_tY_{Fa}Y_{Sa}Y_\beta}{bm_n\varepsilon_\alpha}=\frac{2KT_1Y_{Fa}Y_{Sa}Y_\beta}{bd_1m_n\varepsilon_\alpha}\leqslant[\sigma_F] \tag{8-5}$$

斜齿轮齿根弯曲疲劳强度设计公式为

$$m_n\geqslant\sqrt[3]{\frac{2KT_1Y_\beta\cos^2\beta}{\phi_dz_1^2\varepsilon_\alpha}\cdot\frac{Y_{Fa}Y_{Sa}}{[\sigma_F]}} \tag{8-6}$$

式中　Y_{Fa}——斜齿轮的齿形系数，可近似地按当量齿数 $z_v=z/\cos^3\beta$ 由表8－6查取；

Y_{Sa}——斜齿轮的应力校正系数，可近似地按当量齿数 z_v 由表8－6查取；

ε_α——端面重合度，可按机械原理所述公式计算，对于标准和未修缘的斜齿轮也可近似按下式计算，即

$$\varepsilon_\alpha=\left[1.88-3.2\left(\frac{1}{z_1}\pm\frac{1}{z_2}\right)\right]$$

式中　“＋”号用于外啮合，“－”号用于内啮合；

Y_β——螺旋角影响系数，数值查图8.28。图8.28中的参数 ε_β 为斜齿轮的纵向重合度，按以下公式计算

$$\varepsilon_\beta=\frac{b\sin\beta}{\pi m_n}=0.318\phi_dz_1\tan\beta$$

式(8－5)和式(8－6)中 σ_F，$[\sigma_F]$的单位为MPa，m_n 的单位为mm，其余各符号的意义和单位同前。

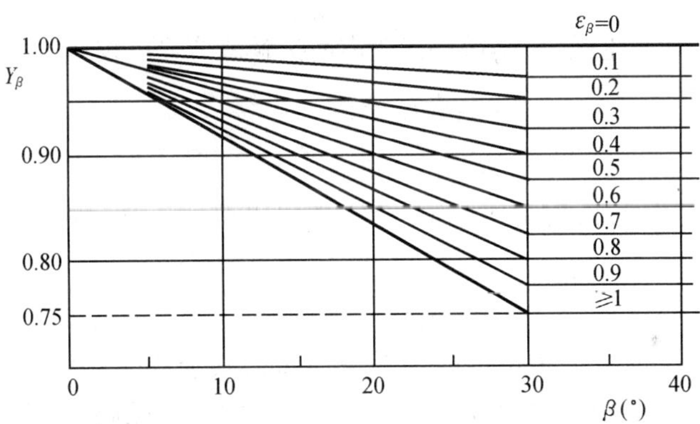

图8.28　螺旋角影响系数

8.7.3　齿面接触疲劳强度计算

斜齿轮齿面接触疲劳强度计算的原理和方法与直齿圆柱齿轮的基本相同，仍按齿轮节点处进行计算。不同的是斜齿轮啮合点的曲率半径应按法面计算，而且接触线的总长度 L 比直齿轮的大，应为啮合区内所有啮合齿上接触线长度之和。

节点处的有关参数计算如下。

法向计算载荷为

$$F_{nc}=KF_n=\frac{KF_t}{\cos\alpha_t\cos\beta_b}$$

如图 8.29 所示，对于渐开线斜齿圆柱齿轮，在啮合平面内，节点 P 处的法面曲率半径 ρ_n 与端面曲率半径 ρ_t 的几何关系为

$$\rho_n=\frac{\rho_t}{\cos\beta_b}$$

节点处的端面曲率半径为

$$\rho_t=\frac{d\sin\alpha_t}{2}$$

于是，节点处综合曲率半径为

$$\frac{1}{\rho_\Sigma}=\frac{1}{\rho_{n1}}\pm\frac{1}{\rho_{n2}}=\frac{2\cos\beta_b}{d_1\sin\alpha_t}\left(\frac{u\pm1}{u}\right)$$

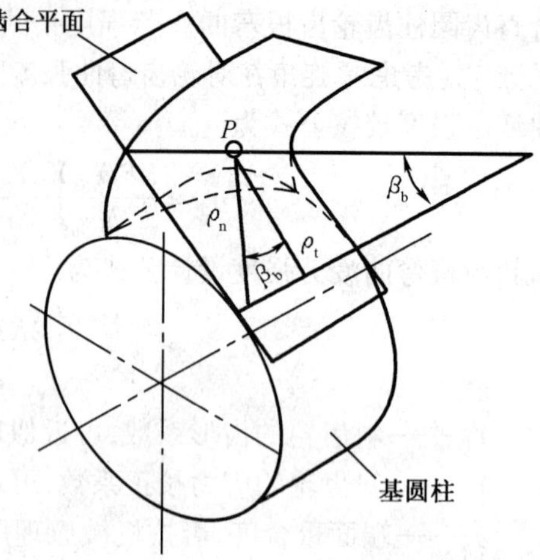

图 8.29　斜齿圆柱齿轮法面曲率半径

在啮合过程中，接触线总长一般是变动的，据研究，可用$\frac{b\varepsilon_\alpha}{\cos\beta_b}$作为接触线总长度 L 的代表值。

将 F_{nc}，$\frac{1}{\rho_\Sigma}$及 $L=\frac{b\varepsilon_\alpha}{\cos\beta_b}$代入赫兹公式，得

$$\sigma_H=\sqrt{\frac{F_{nc}}{L\rho_\Sigma}}\cdot Z_E=\sqrt{\frac{KF_t}{bd_1\varepsilon_\alpha}\cdot\frac{u\pm1}{u}}\cdot\sqrt{\frac{2\cos\beta_b}{\sin\alpha_t\cos\alpha_t}}\cdot Z_E$$

令 $Z_H=\sqrt{\frac{2\cos\beta_b}{\sin\alpha_t\cos\alpha_t}}$，$Z_H$ 称为区域系数，法向压力角 $\alpha_n=20^\circ$ 的标准斜齿轮的 Z_H 值查图 8.30。并将 $F_t=\frac{2T_1}{d_1}$代入上式，于是得斜齿轮齿面接触疲劳强度校核公式为

$$\sigma_H=\sqrt{\frac{2KT_1}{bd_1^2\varepsilon_\alpha}\cdot\frac{u\pm1}{u}}\cdot Z_H\cdot Z_E\leqslant[\sigma_H] \tag{8-7}$$

将 $b=\phi_d d_1$ 代入上式并整理，可得斜齿轮齿面接触疲劳强度设计公式为

$$d_1\geqslant\sqrt[3]{\frac{2KT_1}{\phi_d\varepsilon_\alpha}\cdot\frac{u\pm1}{u}\left(\frac{Z_HZ_E}{[\sigma_H]}\right)^2} \tag{8-8}$$

以上两式中：σ_H，$[\sigma_H]$的单位为 MPa，d_1 的单位为 mm，其余各符号的意义和单位同前。

应该注意，对于斜齿圆柱齿轮传动，因齿面上的接触线是倾斜的，所以在同一齿面上就会有齿顶面与齿根面同时参与啮合的情况（直齿轮传动，齿面上的接触线与轴线平行，就没有这种现象）。由于齿轮齿顶面比齿根面具有较高的接触疲劳强度，设小齿轮的齿面接触疲劳强度比大齿轮的高（即小齿轮的材料较好，齿面硬度较高），那么，当大齿轮的齿根面产生点蚀，齿根面上接触线已不能再承受原来所分担的载荷，而要部分地由齿顶面上的一段接触线来承担时，因同一齿面上，齿顶面的接触疲劳强度较高，所以即使承担的载荷有所增大，只要还未超过其承载能力时，大齿轮的齿顶面仍然不会出现点蚀；同时，因小齿轮齿面的接触疲劳强度较高，与大齿轮齿顶面相啮合的小齿轮的齿根面，也未因载荷增大而出现点蚀。这就是说，在斜齿轮传动中，当大齿轮的齿根面产生点蚀时，仅实际承载区由大齿轮

的齿根面向齿顶面有所转移而已，并不导致斜齿轮传动的失效（直齿轮传动齿面上的接触线为一平行于轴线的直线，大齿轮齿根面点蚀时，纵然小齿轮不坏，这对齿轮也不能再继续工作了）。因此，斜齿轮传动齿面的接触疲劳强度应同时取决于大、小齿轮。实用中斜齿轮传动的许用接触应力约可取为 $[\sigma_H]=\dfrac{[\sigma_{H1}]+[\sigma_{H2}]}{2}$，当 $[\sigma_H]>1.23[\sigma_{H2}]$ 时，取 $[\sigma_H]=1.23[\sigma_{H2}]$，$[\sigma_{H2}]$ 为较软齿面的许用接触应力。

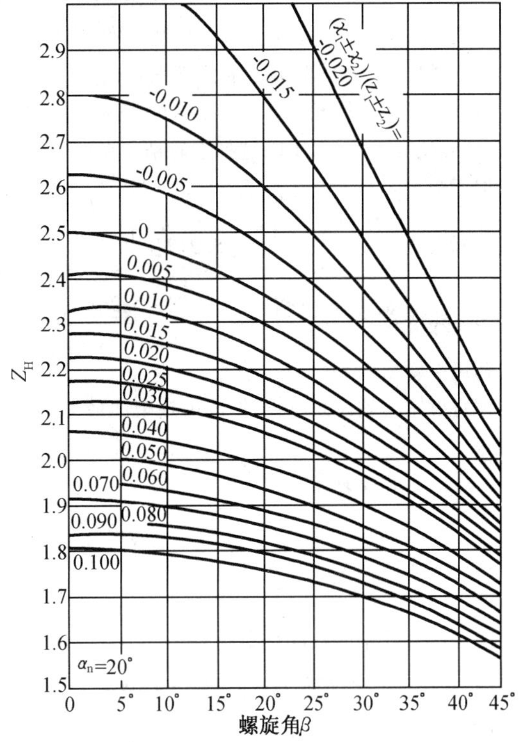

图 8.30 区域系数 $Z_H(\alpha_n=20°)$

【综合应用实例】

例 8.2 设计用于轻型球磨机（图8.31）的二级斜齿圆柱齿轮减速箱中的高速级齿轮传动。已知输入功率 $P=29$ kW，电动机转速 $n_1=980$ r/min，齿数比 $u=5.2$，允许传动比误差 ±5%，工作环境有尘埃，二班制，每年工作 250 天，寿命 10 年，要求结构紧凑。

图 8.31 轻型球磨机

解 设计计算步骤如下表

计算与说明	主要结果
1. 选择材料、热处理、齿轮精度等级和齿数 设计的是闭式齿轮传动，为使结构紧凑，材料选用 20CrMnTi 合金钢。由表 8－2，齿面硬度 58～62HRC；选择齿轮精度 6 级。 取齿数 $z_1=23$，$z_2=uz_1=5.2\times23=117.6$，取 $z_2=120$ 实际齿数比 $u'=\frac{z_2}{z_1}=\frac{120}{23}=5.2174$ 齿数比误差为 $\left\|\frac{u'-u}{u}\right\|=\left\|\frac{5.2174-5.2}{5.2}\right\|=0.33\%<5\%$（允许） 初选螺旋角 $\beta=15°$ 该对齿轮为硬齿面齿轮，先按齿根弯曲疲劳强度设计，再按齿面接触疲劳强度校核。	大小齿轮： 20CrMnTi、 渗碳淬火、 58～62HRC $z_1=23$ $z_2=120$
2. 齿根弯曲疲劳强度设计 设计公式：$m_n\geqslant\sqrt[3]{\frac{2KT_1Y_\beta\cos^2\beta}{\phi_d z_1^2\varepsilon_\alpha}\cdot\frac{Y_{Fa}Y_{Sa}}{[\sigma_F]}}$ 1）确定公式中的各计算参数 （1）试选载荷系数 $K_t=1.8$（t 表示试选） （2）计算小齿轮传递的转矩： $T_1=9.55\times10^6\frac{P_1}{n_1}=9.55\times10^6\times\frac{29}{980}=2.826\times10^5\text{ N}\cdot\text{mm}$	$T_1=2.826\times10^5\cdot\text{mm}$
（3）初选螺旋角 $\beta=15°$ （4）齿形系数与应力校正系数为 $z_{v1}=\frac{z_1}{\cos^3\beta}=\frac{23}{\cos^3 15°}=25.5$ $z_{v2}=\frac{z_2}{\cos^3\beta}=\frac{120}{\cos^3 15°}=133$ 小齿轮 $Y_{Fa1}=2.65$，$Y_{Sa1}=1.59$ 大齿轮 $Y_{Fa2}=2.2$，$Y_{Sa2}=1.82$ （5）由表 8－9 选取齿宽系数 $\phi_d=0.5$（非对称布置） （6）螺旋角影响系数 Y_β $\varepsilon_\beta=\frac{b\sin\beta}{\pi m_n}=0.318\phi_d z_1\tan\beta=0.318\times0.5\times23\times\tan15°=0.98$ $Y_\beta=1-\varepsilon_\beta\frac{\beta}{120°}=1-\frac{15°}{120°}=0.878$ （7）端面重合度 ε_α $\varepsilon_\alpha=1.88-3.2\left(\frac{1}{z_1}+\frac{1}{z_2}\right)\cos\beta=1.88-3.2\left(\frac{1}{23}+\frac{1}{120}\right)\cos15°=1.77$ （8）许用弯曲应力的确定 由图 8.8 查得齿轮材料的弯曲疲劳强度极限 $\sigma_{Flim1}=\sigma_{Flim2}=500\text{ MPa}$	

计算与说明	主要结果
应力循环次数	
$N_1=60n_1jL_h=60\times980\times1\times(10\times250\times16)=2.352\times10^9$	
$N_2=N_1/u'=2.352\times10^9/5.2174=4.508\times10^8$	
由图8.10查得疲劳寿命系数	
$F_{FN1}=0.88,F_{FN2}=0.9$	
按规定取 $Y_{ST}=2$,并取弯曲疲劳强度安全系数 $S_F=1.25$,则	
$[\sigma_{F1}]=\dfrac{K_{FN1}\sigma_{Flim1}Y_{ST}}{S_F}=\dfrac{0.88\times500\times2}{1.25}=704\ \text{MPa}$	
$[\sigma_{F2}]=\dfrac{K_{FN2}\sigma_{Flim2}Y_{ST}}{S_F}=\dfrac{0.9\times500\times2}{1.25}=720\ \text{MPa}$	
(9)比较	
$\dfrac{Y_{Fa1}Y_{Sa1}}{[\sigma_{F1}]}=\dfrac{2.65\times1.59}{704}=0.006,\dfrac{Y_{Fa2}Y_{Sa2}}{[\sigma_{F2}]}=\dfrac{2.2\times1.82}{720}=0.0056$	
2)设计计算	
(1)试算 m_{nt},代入 $\dfrac{Y_{Fa}Y_{Sa}}{[\sigma_F]}$ 中的较大值。即	
$m_{nt}\geqslant\sqrt[3]{\dfrac{2KT_1Y_\beta\cos^2\beta}{\phi_d z_1^2\varepsilon_\alpha}\cdot\dfrac{Y_{Fa}Y_{Sa}}{[\sigma_F]}}$	
$=\sqrt[3]{\dfrac{2\times1.8\times2.826\times10^5\cos^2 15^\circ}{0.5\times23^2\times1.77}\times0.006}=2.3\ \text{mm}$	
取标准 $m_n=2.5$ mm	$m_n=2.5$ mm
(2)计算中心距 a	
$a=\dfrac{m_n(z_1+z_2)}{2\cos\beta}=\dfrac{2.5\times(23+120)}{2\cos15^\circ}=185.06\ \text{mm}$	
圆整,取中心距 $a=185$ mm	$a=185$ mm
$\cos\beta=\dfrac{m_n(z_1+z_2)}{2a}=\dfrac{2.5\times(23+120)}{2\times185}=0.966216$	$\beta=14.94^\circ$
$\beta=14.94^\circ$	
(3)计算分度圆直径	
$d_1=\dfrac{m_n z_1}{\cos\beta}=\dfrac{2.5\times23}{0.966216}=59.51\ \text{mm}$	$d_1=59.51$ mm
$d_2=\dfrac{m_n z_2}{\cos\beta}=\dfrac{2.5\times120}{0.966216}=310.49\ \text{mm}$	$d_2=310.49$ mm
(4)计算齿宽 b 与齿高之比 $\dfrac{b}{h}$:	
$b=\phi_d d_1=0.5\times59.51=29.78$ mm,取 $b_1=35$ mm,$b_2=30$ mm	$b_1=35$ mm
$\dfrac{b}{h}=\dfrac{b}{2.25m_n}=\dfrac{30}{2.25\times2.5}=5.33$	$b_2=30$ mm
(5)计算圆周速度 v:	

计算与说明	主要结果
$v=\frac{\pi d_1 n_1}{60\times 1\ 000}=\frac{3.14\times 59.51\times 980}{60\times 1\ 000}=3.05\ \text{m/s}$ (6)计算载荷系数 轻型球磨机，中等冲击，由表 8－3 查得使用系数 $K_A=1.5$ 由图 8.14 查得动载荷系数 $K_v=1.05$ 由表 8－4 查得 $K_{H\alpha}=K_{F\alpha}=1$ 由表 8－5 用插值法查得 6 级精度、小齿轮相对支承非对称布置时： $K_{H\beta}=1.137$ 由 $\frac{b}{h}=5.33$，$K_{H\beta}=1.137$ 查图 8.19 得 $K_{F\beta}=1.09$；故载荷系数 $K=K_A K_v K_{F\alpha}$，$K_{F\beta}=1.5\times 1.05\times 1\times 1.09=1.72$ K 与 K_t 接近，对求得参数不作修正。	$K=1.72$
3. 校核齿面接触疲劳强度 校核公式为 $\sigma_H=\sqrt{\frac{2KT_1}{bd_1^2\varepsilon_\alpha}\cdot\frac{u\pm 1}{u}}\cdot Z_H\cdot Z_E\leqslant[\sigma_H]$ 1)确定公式中的各个计算参数 (1)载荷系数： $K=K_A K_v K_{H\alpha} K_{H\beta}=1.5\times 1.05\times 1\times 1.137=1.79$ (2)由表 8－7 查得材料的弹性影响系数 $Z_E=189.8\ \sqrt{\text{MPa}}$ (3)由图 8.30 查得区域系数 $Z_H=2.42$ (4)计算接触疲劳许用应力 由图 8.9 查得，齿轮材料接触疲劳极限应力 $\sigma_{H\lim1}=\sigma_{H\lim2}=1\ 500\ \text{MPa}$ 由图 8.11 取接触疲劳寿命系数 $K_{HN1}=0.89$，$K_{HN2}=0.94$，则 $[\sigma_{H1}]=\frac{K_{HN1}\sigma_{H\lim1}}{S_H}=\frac{0.89\times 1\ 500}{1}=1\ 335\ \text{MPa}$ $[\sigma_{H2}]=\frac{K_{HN1}\sigma_{H\lim1}}{S_H}=\frac{0.94\times 1\ 500}{1}=1\ 410\ \text{MPa}$ $[\sigma_H]=\frac{[\sigma_{H1}]+[\sigma_{H2}]}{2}=\frac{1\ 335+1\ 410}{2}=1\ 372.5\text{MPa}$ 2)校核计算 $\sigma_H=\sqrt{\frac{2KT_1}{bd_1^2\varepsilon_\alpha}\cdot\frac{u\pm 1}{u}}\cdot Z_H\cdot Z_E\leqslant[\sigma_H]$ $=\sqrt{\frac{2\times 1.79\times 2.826\times 10^5}{30\times 59.51^2\times 1.77}\cdot\frac{5.217\ 4+1}{5.217\ 4}}\times 2.42\times 189.8$ $=1\ 162\ \text{MPa}<1\ 372.5\ \text{MPa}$ 所以大小齿轮的接触疲劳强度均足够。 4. 齿轮的机构设计(略)	

8.8 标准直齿锥齿轮传动的强度计算

直齿锥齿轮传动可实现轴线成任意夹角相交轴之间的传动，本节只介绍轴交错角 $\Sigma=90°$的标准直齿锥齿轮传动的强度计算。由于锥齿轮的理论齿廓为球面渐开线，而实际加工出的齿形与其有较大的误差，不易获得较高的精度，在传动中会产生较大的振动和噪声，因而直齿锥齿轮传动的设计通常适用于圆周速度小于5 m/s的传动。

8.8.1 直齿锥齿轮传动几何参数

由于直齿锥齿轮的轮齿从大端向小端逐渐收缩，刚度不同，引起载荷沿齿宽方向分布不均匀，受力分析和强度计算都很复杂。为了简化计算，一般把直齿圆锥齿轮传动看成齿宽中点处背锥上的当量直齿圆柱齿轮的传动，以当量直齿圆柱齿轮作为计算基础。

图8.32为一对相互啮合的直齿圆锥齿轮，由图可得

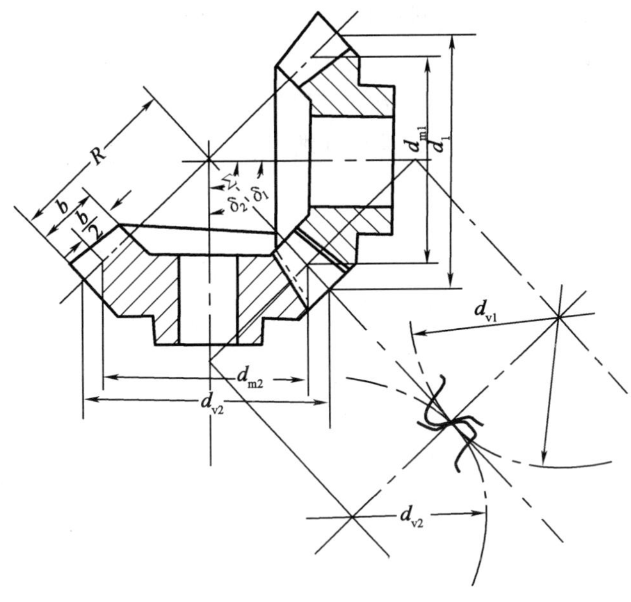

图8.32 直齿锥齿轮传动几何参数

齿数比

$$u=\frac{z_2}{z_1}=\frac{d_2}{d_1}=\cot\delta_1=\tan\delta_2$$

锥顶距

$$R=\sqrt{\left(\frac{d_1}{2}\right)^2+\left(\frac{d_2}{2}\right)^2}=d_1\frac{\sqrt{u^2+1}}{2}$$

分度圆锥角

$$\cos\delta_1=\frac{d_2/2}{R}=\frac{u}{\sqrt{u^2+1}},\cos\delta_2=\frac{d_1/2}{R}=\frac{1}{\sqrt{u^2+1}}$$

令 $\phi_R=\frac{b}{R}$，称为相对于锥顶距 R 的齿宽系数，则

齿宽

$$b=\phi_R R=\phi_R d_1\frac{\sqrt{u^2+1}}{2}$$

齿宽中点分度圆直径　　$d_{m1}=d_1(1-0.5\phi_R),d_{m2}=d_2(1-0.5\phi_R)$

当量齿轮分度圆直径　　$d_{v1}=\dfrac{d_{m1}}{\cos\delta_1}=d_1(1-0.5\phi_R)\dfrac{\sqrt{u^2+1}}{u}$

$$d_{v2}=\frac{d_{m2}}{\cos\delta_2}=d_2(1-0.5\phi_R)\sqrt{u^2+1}$$

当量齿轮模数　　$m_m=\dfrac{d_{m1}}{z_1}=m(1-0.5\phi_R)$

当量齿轮齿数　　$z_{v1}=\dfrac{z_1}{\cos\delta_1},z_{v2}=\dfrac{z_2}{\cos\delta_2}$

当量齿轮的齿数比　　$u_v=\dfrac{z_{v2}}{z_{v1}}=\dfrac{z_2\cos\delta_1}{z_1\cos\delta_2}=u^2$

8.8.2　轮齿的受力分析

忽略轮齿的变形，认为直齿圆锥齿轮齿面间的法向载荷 F_n 集中作用在平均分度圆锥齿宽中点处的法向平面内。与圆柱斜齿轮受力分析类似，如图 8.33(a)所示，将法向载荷 F_n 分解为切于分度圆锥面的圆周力 F_t 及垂直于分度圆锥母线的分力 F'，再将力 F' 分解为指向锥齿轮轮心的径向力 F_r 及沿轴线方向的轴向力 F_a。小锥齿轮、大锥齿轮轮齿上所受各力的方向如图 8.33(b)所示，各力的大小分别为

$$\begin{cases}F_t=\dfrac{2T_1}{d_{m1}}\\F_{r1}=F_t\tan\alpha\cos\delta_1=F_{a2}\\F_{a1}=F_t\tan\alpha\sin\delta_1=F_{r2}\\F_n=\dfrac{F_t}{\cos\alpha}\end{cases}$$

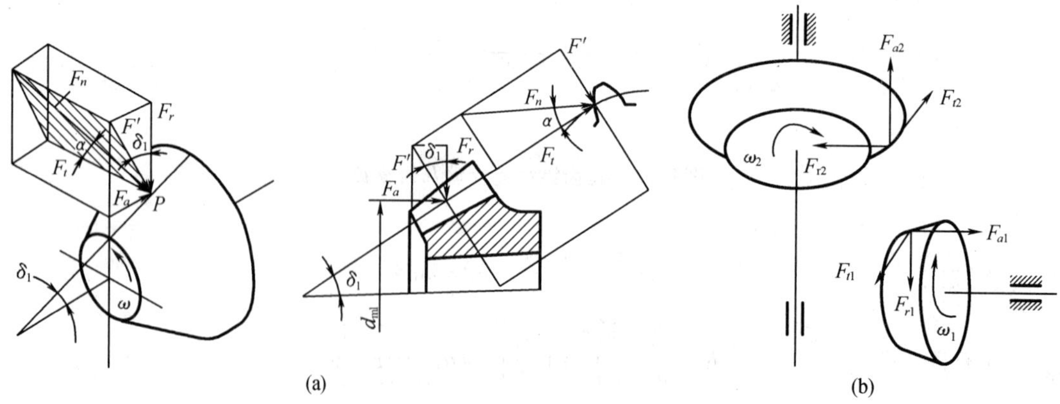

图 8.33　直齿锥齿轮的轮齿受力分析

(a)小锥齿轮受力分析；(b)小、大锥齿轮相互作用力

直齿锥齿轮轴向力的方向分别指向各自的大端，其他各分力的判断和直齿圆柱齿轮相同。且 F_{r1} 与 F_{a2}，F_{a1} 与 F_{r2} 大小相等，方向相反。

8.8.3　齿根弯曲疲劳强度计算

直齿锥齿轮的齿根弯曲疲劳强度可近似地按齿宽中点处的当量直齿圆柱齿轮考虑。沿用直齿圆柱齿轮的弯曲应力公式,代入圆锥齿轮当量齿轮相关参数得

$$\sigma_F=\frac{2KT_{v1}Y_{Fa}Y_{Sa}}{bd_{v1}m_m}$$

式中,T_{v1}为小当量齿轮传递的扭矩,N · mm,

$$T_{v1}=F_{t1}\frac{d_{v1}}{2}=F_{t1}\frac{d_{m1}}{2\cos\delta_1}=\frac{T_1}{\cos\delta_1}=T_1\frac{\sqrt{u^2+1}}{u}$$

运用直齿锥齿轮传动几何参数计算公式,经整理得锥齿轮齿根弯曲疲劳强度校核公式为

$$\sigma_F=\frac{4KT_1Y_{Fa}Y_{Sa}}{\phi_R(1-0.5\phi_R)^2m^3z_1^2\sqrt{u^2+1}}\leqslant[\sigma_F] \qquad (8-9)$$

直齿锥齿轮齿根弯曲疲劳强度设计公式为

$$m\geqslant\sqrt[3]{\frac{4KT_1}{\phi_R(1-0.5\phi_R)^2z_1^2\sqrt{u^2+1}}\cdot\frac{Y_{Fa}Y_{Sa}}{[\sigma_F]}} \qquad (8-10)$$

以上两式中:Y_{Fa},Y_{Sa}分别为齿形系数和应力校正系数,按当量齿数分别查表8-6;K为直齿锥齿轮的载荷系数,直齿锥齿轮由于制造精度较低,齿面载荷分配不均匀程度较大,一般认为全部载荷由一对齿承担,因此锥齿轮的载荷系数$K=K_AK_vK_\beta$,其中使用系数K_A可由表8-3查取;动载系数K_v可按图8.14中低一级的精度线及v_m(m/s)查取;齿向载荷分布系数K_β可按下列布置情况取值:当两锥齿轮均为两端支承时,$K_\beta=1.5\sim1.65$;当其中之一为悬臂时,$K_\beta=1.65\sim1.88$;当两者均为悬臂时,$K_\beta=1.88\sim2.25$。

8.8.4　齿面接触疲劳强度计算

锥齿轮的齿面接触疲劳强度,仍按直齿圆锥齿轮齿宽中点处的当量圆柱齿轮计算,且计算相关参数如下。

法向计算载荷为

$$F_{nc}=KF_n=\frac{KF_{t1}}{\cos\alpha}=\frac{2KT_1}{d_{m1}\cos\alpha}$$

综合曲率半径为

$$\frac{1}{\rho_\Sigma}=\frac{1}{\rho_{v1}}+\frac{1}{\rho_{v2}}=\frac{2\cos\delta_1}{d_{m1}\sin\alpha}\left(1+\frac{1}{u_v}\right)$$

接触线长度取锥齿轮齿宽　　$L=b$

将以上三式代入赫兹公式,得

$$\sigma_H=\sqrt{\frac{F_{nc}}{L\rho_\Sigma}}\cdot Z_E=\sqrt{\frac{2KT_1}{bd_{m1}\cos\alpha}\frac{2\cos\delta_1}{d_{m1}\sin\alpha}\left(1+\frac{1}{u_v}\right)}\cdot Z_E$$

运用直齿锥齿轮传动几何参数计算公式,将上式整理得直齿锥齿轮齿面接触疲劳强度校核公式为

$$\sigma_H=\sqrt{\frac{4KT_1}{\phi_R(1-0.5\phi_R)^2d_1^3u}}\cdot Z_H\cdot Z_E\leqslant[\sigma_H] \qquad (8-11)$$

直齿锥齿轮齿面接触疲劳强度设计公式为

$$d_1 \geqslant \sqrt[3]{\frac{4KT_1}{\phi_R(1-0.5\phi_R)^2 u}\left(\frac{Z_H Z_E}{[\sigma_H]}\right)^2} \qquad (8-12)$$

以上两式中：Z_H，Z_E 与直齿圆柱齿轮相同；σ_H，$[\sigma_H]$ 的单位为 MPa，d_1 的单位为 mm，其余各符号的意义和单位同前。

8.9 齿轮的结构设计

通过齿轮传动的强度计算，确定齿数、模数、螺旋角、分度圆直径等主要参数和尺寸后，还要通过结构设计确定齿圈、轮辐、轮毂等的结构形式及尺寸大小。齿轮的结构形式主要依据齿轮的尺寸、材料、加工工艺、经济性等因素而定，各部分尺寸由经验公式求得。

1. 齿轮轴和盘式齿轮

较小的钢制圆柱齿轮，其齿根圆至键槽底部的距离 $\delta \leqslant 2m$（m 为模数），或圆锥齿轮小端齿根圆至键槽底部的距离 $\delta \leqslant 1.6m$（m 为大端模数）时（图 8.34）齿轮和轴做成一体，称为齿轮轴（图 8.35）。

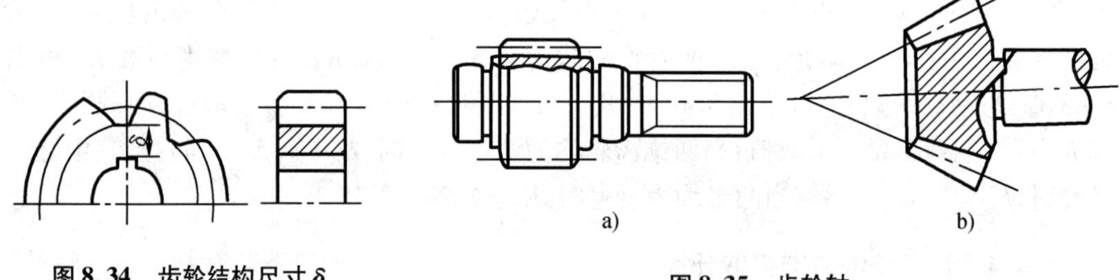

图 8.34 齿轮结构尺寸 δ

图 8.35 齿轮轴

齿轮轴的刚度较好，但制造较复杂，齿轮损坏时轴将同时报废。故直径较大的齿轮应把齿轮和轴分开制造。

当齿顶圆直径 $d_a \leqslant 200$ mm，且 δ 超过上述尺寸，可做成盘式结构的齿轮，如图 8.36 所示。

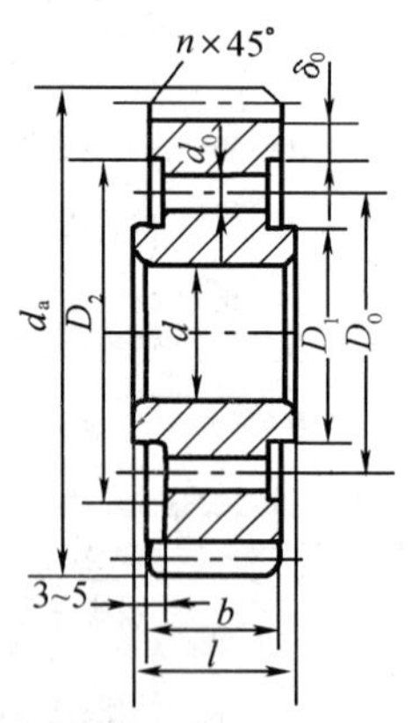

适用条件：$d_a \leqslant 200$ mm

$D_1 = 1.6d$

$d_0 = 0.2(D_2 - D_1)$

$\delta_0 = 2.5m_n$，但不小于 8 mm

$1.5d > t \geqslant b$

$D_0 = 0.5(D_2 + D_1)$

当 $d_0 < 10$ mm 时可不必制孔

$n = 0.5m_n$

图 8.36 盘式齿轮

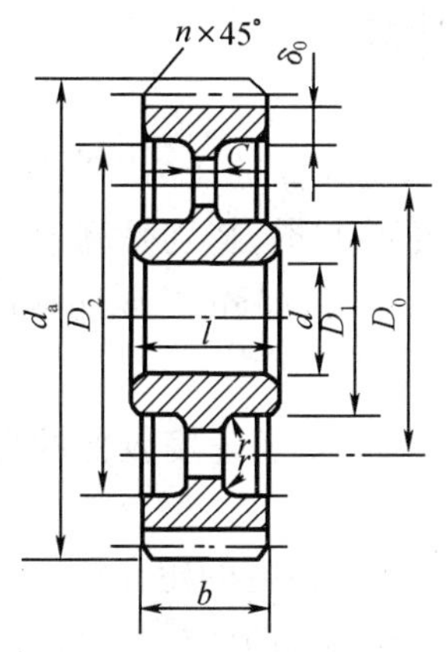

适用条件：$d_a \leqslant 500$ mm 锻钢

$\delta_0=(2.5\sim4)m_n$，但不小于 8 mm

$d_0=0.25(D_2-D_1)$；

$D_0=0.5(D_2+D_1)$；

$C=0.3b$（自由锻）；

$C=0.2b$（模锻），但不小于 8 mm

$r\approx0.5C$

$n=0.5m$

图 8.37 腹板式齿轮

2. 腹板式和轮辐式齿轮

齿顶圆直径 $d_a \leqslant 500$ mm 的较大尺寸的齿轮，为减轻质量、节省材料，可做成腹板式的结构，如图 8.37 所示。

齿顶圆直径 400 mm $< d_a \leqslant 1\ 000$ mm 时常用铸铁或铸钢制成轮辐式结构，如图 8.38 所示。

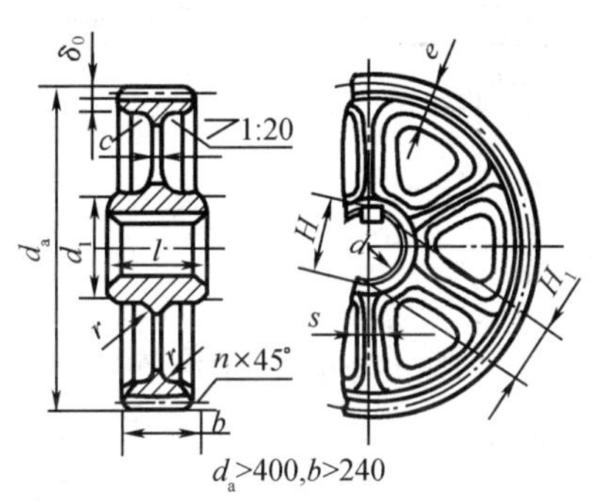

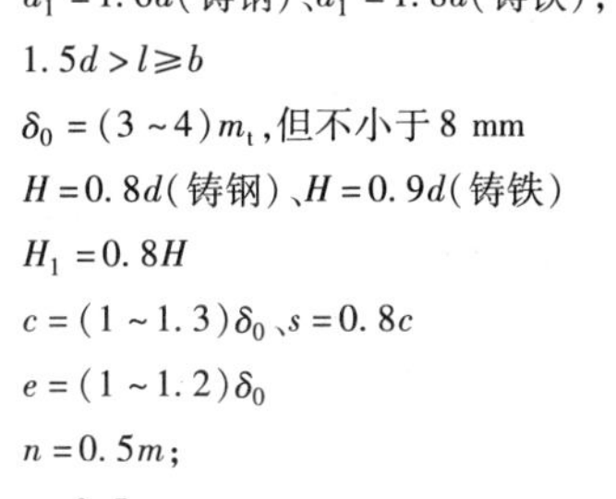

$d_1=1.6d$（铸钢）、$d_1=1.8d$（铸铁）；

$1.5d>l\geqslant b$

$\delta_0=(3\sim4)m_t$，但不小于 8 mm

$H=0.8d$（铸钢）、$H=0.9d$（铸铁）

$H_1=0.8H$

$c=(1\sim1.3)\delta_0$、$s=0.8c$

$e=(1\sim1.2)\delta_0$

$n=0.5m$；

$r=0.5c$

图 8.38 轮幅式齿轮

3. 组合式的齿轮结构

为了节省贵重钢材，便于制造、安装，直径很大的齿轮（$d_a>600$ mm），常采用组装齿圈式结构的齿轮。如图 8.39 所示为镶圈式齿轮，图 8.40 所示为焊接式齿轮。

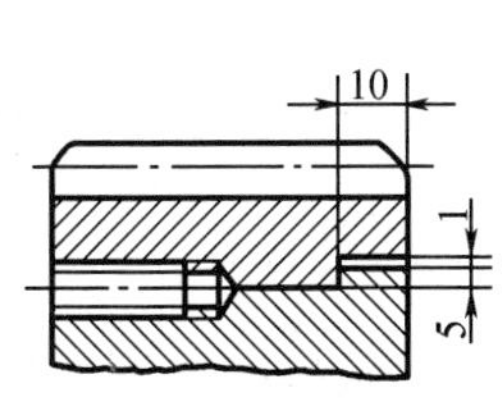

图 8.39 镶圈式齿轮结构

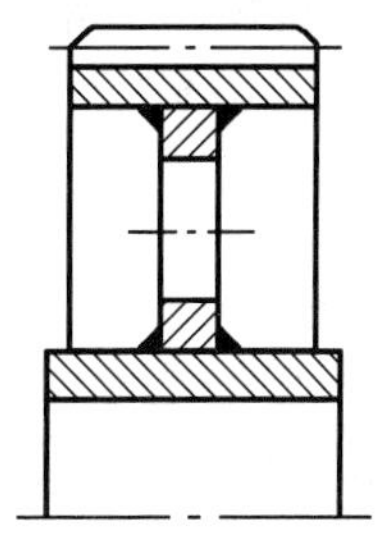

图 8.40 焊接式齿轮结构

8.10 齿轮传动的润滑

齿轮啮合传动时,相啮合的齿面间既有相对滑动,又承受较高的压力,会产生摩擦和磨损,造成发热、影响齿轮的使用寿命。因此,必须考虑齿轮的润滑,特别是高速齿轮的润滑更应给予足够的重视。良好的润滑可提高效率,减少磨损,还可以起散热及防锈蚀等作用。

1. 润滑方式的选择

齿轮传动的润滑方式,主要取决于齿轮圆周速度的大小。对于速度较低的齿轮传动或开式齿轮传动,定期人工加润滑油或润滑脂。

对于闭式齿轮传动,当齿轮圆周速度 $v<12$ m/s 时,采用大齿轮的轮齿浸入油池中进行浸油润滑(图 8.41)。齿轮在传动时,就把润滑油带到啮合的齿面上,同时也将油甩到箱壁上,借以散热。对圆柱齿轮浸油深度通常不宜超过一个齿高,但一般亦不应小于 10 mm;

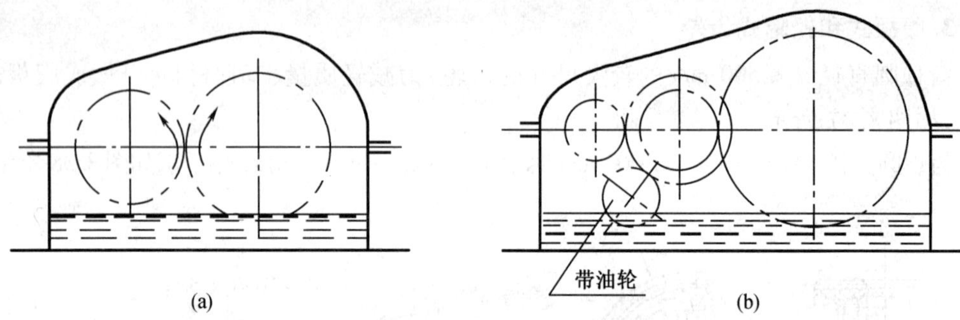

图 8.41 浸油润滑

(a)无带油轮;(b)有带油轮

对锥齿轮应浸入全齿宽,至少应浸入齿宽的一半。在多级齿轮传动中,可借助带油轮将油带到未浸入油池内的齿轮的齿面上(图 8.41)。油池中油量的多少取决于齿轮传递的功率大小。对单级传动,每传递 1 kW 的功率,需油量约为 0.35 ~0.7 L;对多级传动,需油量按级数成倍增加。

当齿轮的圆周速度 $v>12$ m/s 时,应采用喷油润滑(图 8.42)。油泵以一定的供油压力借助喷嘴将润滑油喷到轮齿的齿面上,当 $v \leqslant 25$ m/s 时,喷嘴位于轮齿啮入边或啮出边均可;当 $v>25$ m/s,喷嘴位于轮齿啮出边,以便借助润滑油及时冷却刚啮合过的轮齿,同时亦对轮齿进行润滑。

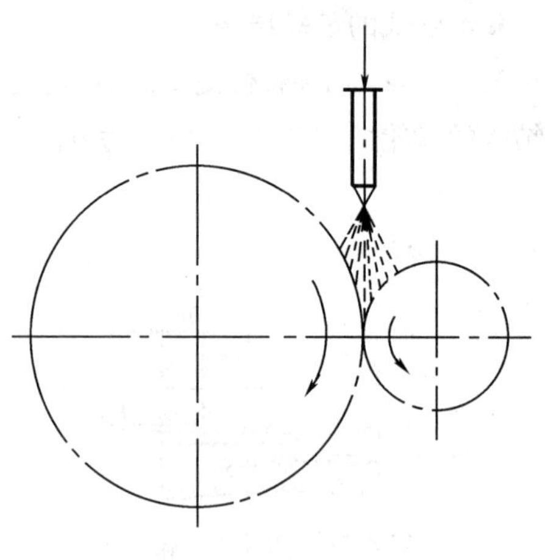

图 8.42 喷油润滑

2. 润滑油的选择

选择润滑剂时,要考虑齿面上的载荷及齿轮的圆周速度和工作温度,以使齿面上能保持有一定厚度且能承受一定压力的润滑油油膜。一般根据齿轮的圆周速度 v 选择润滑油黏度,根据黏度选择润滑油的牌号。表8－11为齿轮传动荐用的润滑油黏度。

表8－11　齿轮润滑油黏度选择

齿轮材料	强度极限 σ_b /MPa	圆周速度 v/(m/s)						
		<0.5	0.5～1	1～2.5	2.5～5	5～12.5	12.5～25	>25
		运动黏度 ν/cSt(40 ℃)						
塑料、铸铁、青铜	—	350	2320	150	100	80	55	—
钢	450～1000	500	350	220	150	100	80	55
	1 000～1 250	500	500	350	220	150	100	80
渗碳钢或表面淬火钢	1 250～1 580	900	500	500	350	220	150	100

本章小结

本章主要讲述了齿轮传动的特点、类型及应用，齿轮传动的失效形式、设计准则，齿轮材料及选用原则、热处理及材料的许用应力，齿轮传动的计算载荷，圆柱直齿轮、斜齿轮、直齿锥齿轮受力分析及强度计算，齿轮传动参数的选择，齿轮传动的结构形式及润滑方式。本章的重点是齿轮传动的失效形式、设计准则、受力分析、强度计算及相关参数的选择。

习　　题

一、选择题

1. 对于软齿面的闭式齿轮传动，其主要失效形式为________。

A. 轮齿疲劳折断　　B. 齿面磨损

C. 齿面疲劳点蚀　　D. 齿面胶合

2. 高速重载齿轮传动，当润滑不良时，最可能出现的失效形式为________。

A. 轮齿疲劳折断　　B. 齿面磨损

C. 齿面疲劳点蚀　　D. 齿面胶合

3. 一对45钢调质齿轮，过早地发生了齿面点蚀，更换时可用________的齿轮代替。

A. 40Cr调质　　B. 适当增大模数m

C. 45钢齿面高频淬火　　D. 铸钢ZG310－570

4. 设计一对软齿面减速齿轮传动，从等强度要求出发，选择硬度时应使________。

A. 大、小齿轮的硬度相等　　B. 小齿轮硬度高于大齿轮硬度

C. 大齿轮硬度高于小齿轮硬度　　D. 小齿轮用硬齿面，大齿轮用软齿面

5. 设计硬齿面齿轮传动，当直径一定，常取较少的齿数，较大的模数以________。

A. 提高轮齿的弯曲疲劳强度　　B. 提高齿面的接触疲劳强度

C. 减少加工切削量，提高生产率　　D. 提高轮齿抗塑性变形能力

6. 一对减速齿轮传动中，若保持分度圆直径 d_1 不变，而减少齿数并增大模数，其齿面接触应力将________。

A. 增大　　B. 减小

C. 保持不变　　D. 略有减小

7. 圆柱齿轮传动的中心距不变,减小模数、增加齿数,可以________。

A. 提高齿轮的弯曲强度　　B. 提高齿面的接触强度

C. 改善齿轮传动的平稳性　　D. 减少齿轮的塑性变形

8. 一对齿轮传动的接触强度已够,而弯曲强度不足,首先应考虑的改进措施是________。

A. 增大中心距　　B. 使中心距不变,增大模数

C. 使中心距不变,增加齿数　　D. 模数不变,增加齿数

9. 在下列措施中,________可以降低齿轮传动的齿面载荷分布系数

A. 降低齿面粗糙度　　B. 提高轴系刚度

C. 增加齿轮宽度　　D. 增大端面重合度

10. 对于齿面硬度≤350 HBS 的齿轮传动,若大、小齿轮均采用 45 钢,一般采取的热处理方式为________。

A. 小齿轮淬火,大齿轮调质　　B. 小齿轮淬火,大齿轮正火

C. 小齿轮调质,大齿轮正火　　D. 小齿轮正火,大齿轮调质

二、填空题

1. 对于开式齿轮传动,虽然主要失效形式是________,但通常只按________强度计算。这时影响齿轮强度的主要几何参数是________。

2. 在齿轮传动中,齿面疲劳点蚀是由于________的反复作用而产生的,点蚀通常首先出现在________。

3. 齿轮设计中,对闭式软齿面传动,当直径 d_1 一定,一般 z_1 选得________些;对闭式硬齿面传动,则取________的齿数 z_1,以使________增大,提高轮齿的弯曲疲劳强度;对开式齿轮传动,一般 z_1 选得________些。

4. 减小齿轮内部动载荷的措施有________、________、________。

5. 一对直齿圆柱齿轮,齿面接触强度已足够,而齿根弯曲强度不足,可采用下列措施:________,________,________来提高弯曲疲劳强度。

6. 齿轮传动的润滑方式主要根据齿轮的________选择。闭式齿轮传动采用油浴润滑时的油量根据________确定。

三、思考题

1. 齿轮传动的主要失效形式有哪些?开式、闭式齿轮传动的失效形式有什么不同?设计准则通常是按哪些失效形式制订的?

2. 齿根弯曲疲劳裂纹首先发生在危险截面的哪一边,为什么?为提高轮齿抗弯曲疲劳折断的能力,可采取哪些措施?

3. 齿轮为什么会产生齿面点蚀与剥落,点蚀首先发生在什么部位,为什么?防止点蚀有哪些措施?

4. 齿轮材料的选用原则是什么?常用材料和热处理方法有哪些?

5. 进行齿轮承载能力计算时,为什么不直接用名义工作载荷,而要用计算载荷?

6. 载荷系数 K 由哪几部分组成,各考虑什么因素的影响?

四、分析计算题

1. 图 8.43 所示为二级斜齿圆柱齿轮减速器。已知:齿轮 1 的螺旋线方向和轴Ⅲ的转

向，齿轮2的参数 $m_n=3$ mm，$z_2=57$，$\beta_2=14°$；齿轮3的参数 $m_n=5$ mm，$z_3=21$。试求：

(1)为使轴Ⅱ所受的轴向力最小，齿轮3应选取的螺旋线方向，并在图(b)上标出齿轮2和齿轮3的螺旋线方向；

(2)在图(b)上标出齿轮2,3所受各分力的方向；

(3)如果使轴Ⅱ的轴承不受轴向力，则齿轮3的螺旋角 β_3 应取多大值(忽略摩擦损失)？(注：轴Ⅱ用深沟球轴承。)

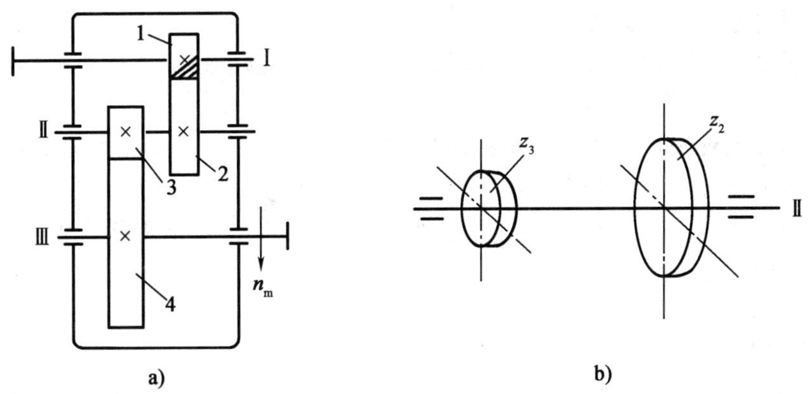

图8.43　分析计算题1图

第9章 蜗杆传动

【教学目标】

1. 了解蜗杆传动的类型、特点及应用；

2. 熟悉普通圆柱蜗杆传动的主要参数，蜗杆传动的失效形式、设计准则和常用材料及选用原则；

3. 能够独立完成蜗杆传动的受力分析及强度计算，效率分析和热平衡计算；

4. 通过蜗杆传动受力分析、强度计算和参数选择等方面知识的学习与实践，使学生感受机械设计的重要性和复杂性，学会不同零件设计间的区别，并逐步培养其严谨的工作态度和认真细致的工作作风。

【知识要点】

本章的知识要点是蜗杆传动的主要参数、失效形式、设计准则、受力分析、强度计算、热平衡计算及相关参数的选择。

【导入案例】

万能分度头是重要的铣床附件，可用T型螺栓固定在铣床工作台上，利用分度头，可以根据加工的要求将工件在水平、倾斜或垂直的位置上进行装夹分度，如铣削多边形工件、花键、齿轮等，还可与工作台联动铣削螺旋槽。

图9.1所示为万能分度头传动结构，分度头的手柄与单头蜗杆相连，主轴上装有40齿的蜗轮组成蜗轮蜗杆机构，其传动比为1∶40，即手柄转动一圈，主轴转动1/40圈。如要将工件在圆周上分z等分，则工件上每一等分为$1/z$圈，设主轴转动$1/z$圈时，手柄应转动$n=40/z$圈。例如铣削齿数$z=26$的齿轮，每次分度时手柄应转动的圈数为$n=\frac{40}{z}=\frac{40}{26}=1\frac{7}{13}$，即手柄应转动1整圈加7/13圈，7/13圈的准确圈数由分度盘来确定。

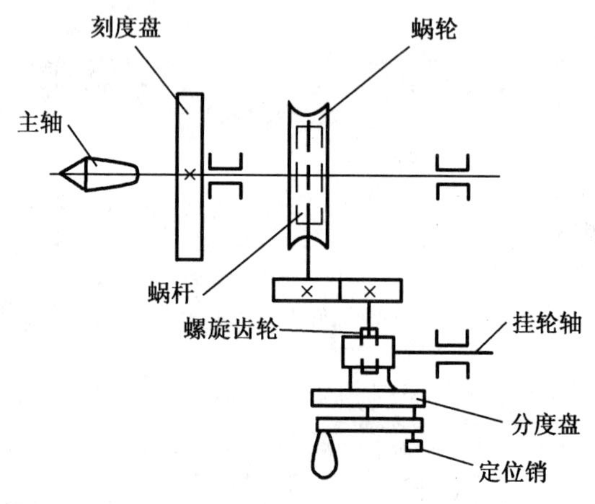

图9.1 万能分度头传动结构

9.1 蜗杆传动的类型、特点及应用

蜗杆传动由带螺旋齿的蜗杆、带斜齿的蜗轮和机架组成，用来传递空间两交错轴的运动和动力，如图9.2所示。通常两轴交错角Σ为90°，一般蜗杆为主动件，蜗轮为从动件，作减速运动。蜗杆根据螺旋线的旋向不同，有右旋和左旋之分，通常采用右旋蜗杆。

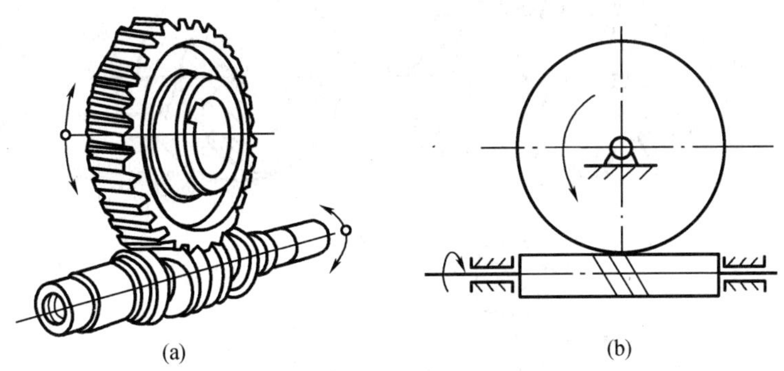

图9.2 蜗杆传动

(a)立体图；(b)示意图

9.1.1 蜗杆传动的类型

根据蜗杆形状的不同，蜗杆传动可分为圆柱面蜗杆传动(图9.3(a))、环面蜗杆传动(图9.3(b))和锥面蜗杆传动(图9.3(c))三种类型。

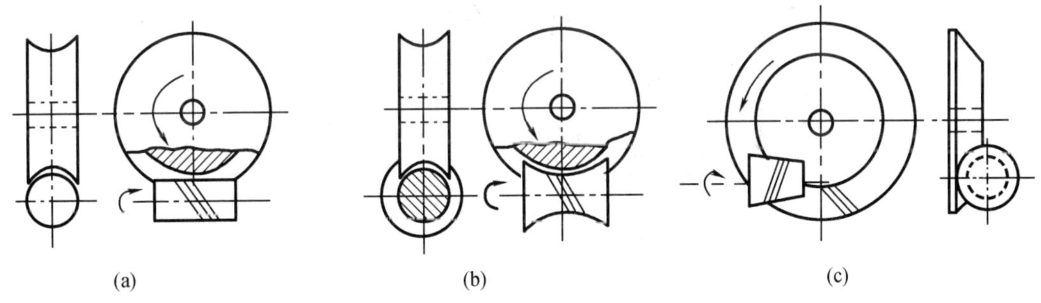

图9.3 蜗杆传动的类型

圆柱蜗杆传动，按蜗杆轴面齿型又可分为普通蜗杆传动和圆弧齿圆柱蜗杆(*ZC*蜗杆)传动。

普通蜗杆传动多用直母线刀刃的车刀在车床上切制，按螺旋齿面在相同剖面内的齿廓曲线形状的不同又可分为阿基米德蜗杆(*ZA*蜗杆)、渐开线蜗杆(*ZI*蜗杆)和法面直廓蜗杆(*ZN*蜗杆)等几种，其中阿基米德蜗杆传动最为简单，是认识其他蜗杆传动的基础。

(1)如图9.4所示，车制阿基米德蜗杆时刀刃顶平面通过蜗杆轴线。该蜗杆在轴向剖面*I*—*I*内的齿廓为直线，在法向剖面*N*—*N*内齿廓外凸；在垂直于轴线的剖面(端面)上，齿廓曲线为阿基米德螺旋线。阿基米德蜗杆易车削,但因难以磨削,齿的精度和表面质量不高,故传动精度较低,常用于低速轻载或不太重要的场合。

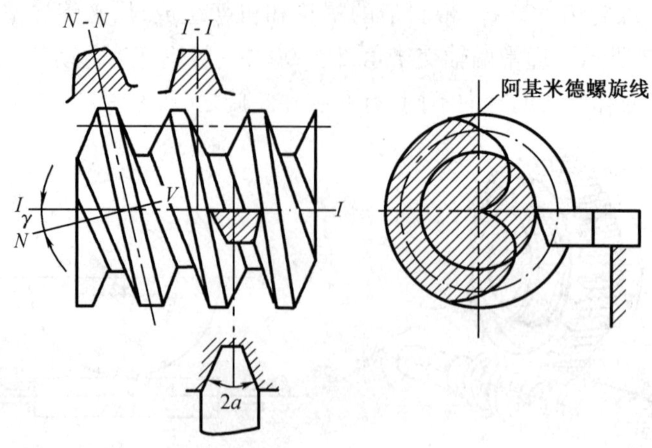

图 9.4　阿基米德蜗杆(*ZA* 蜗杆)

(2)如图 9.5 所示,车制渐开线蜗杆时,刀刃顶平面与基圆柱相切,两把刀具分别切出左、右侧螺旋面。该蜗杆轴向齿廓为外凸曲线,端面齿廓为渐开线。渐开线蜗杆也可用滚刀加工,并可在专用机床上磨削,制造精度较高,适用于转速较高、功率较大的精密传动。

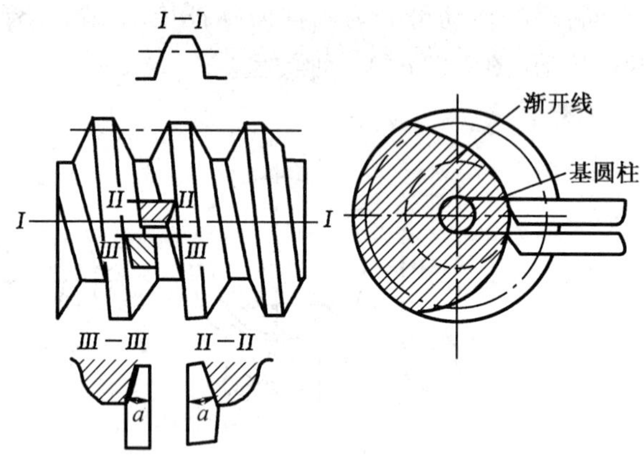

图 9.5　渐开线蜗杆(*ZI* 蜗杆)

(3)如图 9.6 所示,车制法向直廓蜗杆时,刀刃置于垂直于螺旋线的法面 *N*—*N* 内,切制出的蜗杆法向齿形为直边梯形,端面内的齿形为延伸渐开线。该蜗杆可以用直母线砂轮磨齿。

蜗杆传动的类型很多,本章仅讨论阿基米德蜗杆传动。

9.1.2　蜗杆传动的特点及应用

蜗杆传动的特点如下。

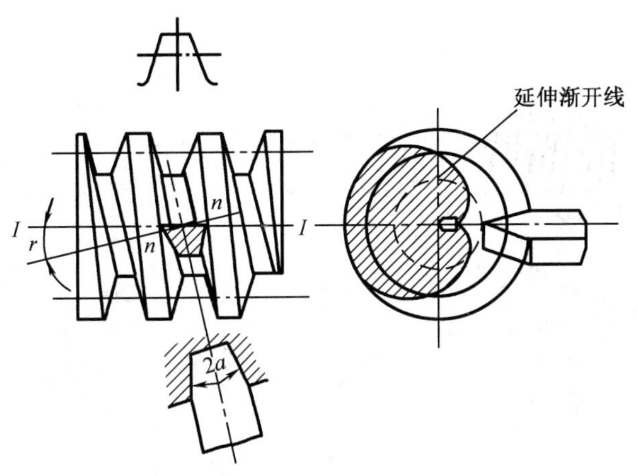

图9.6　法向直廓蜗杆(ZN 蜗杆)

(1)结构紧凑,传动比大

单级传动比在传递力时一般为 $i=5\sim80$,常用的为 $i=15\sim50$,只传动运动时(如分度机构),传动比可达1000。

(2)传动平稳,噪声小

由于蜗杆上的齿是连续的螺旋齿,与蜗轮轮齿逐渐进入和退出啮合,同时啮合的齿数较多,故传动平稳,噪声小。

(3)具有自锁性

当蜗杆导程角小于轮齿间的当量摩擦角时,蜗轮不能带动蜗杆转动,呈自锁状态。

(4)传动效率低

蜗杆蜗轮啮合处有较大的相对滑动,齿面摩擦剧烈、发热量大,传动效率低。一般 $\eta=0.7\sim0.9$,具有自锁性能的蜗杆传动效率仅为0.4,故不适于传递大功率。

(5)制造成本高

为减轻齿面的磨损和防止胶合,蜗轮齿圈常用贵重的青铜合金制造,材料成本较高。

基于以上特点,蜗杆传动常用在机床、汽车、仪表、起重运输机械、冶金机械及其他机械制造。最大传动功率可达750 kW,通常在50 kW以下;最大滑动速度可达35 m/s,通常在15 m/s以下。

9.2　普通圆柱蜗杆传动的主要参数和几何尺寸计算

通过蜗杆轴线并垂直于蜗轮轴线的平面称为中间平面。如图9.7所示的阿基米德蜗杆传动,在中间平面内蜗杆与蜗轮的啮合相当于齿条与渐开线齿轮的啮合。因此,蜗杆传动的设计计算都以中间平面为准。

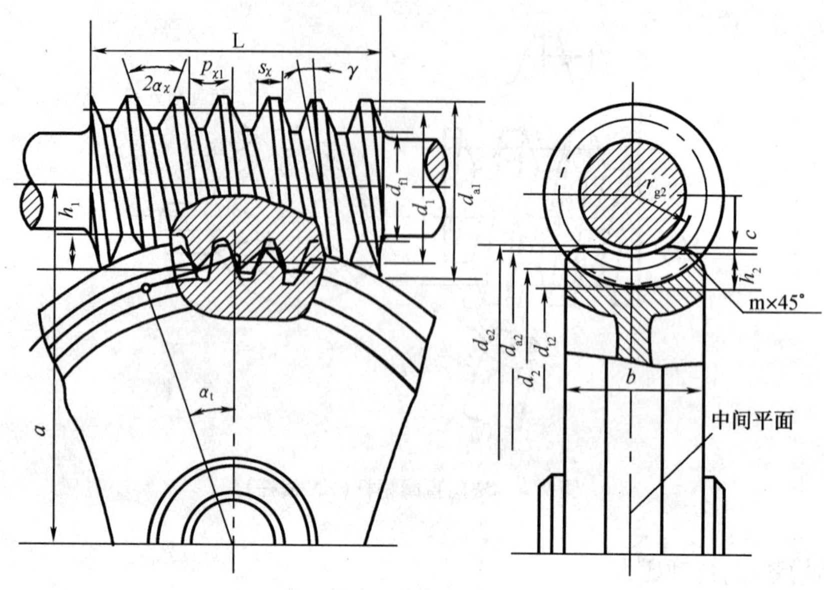

图 9.7　阿基米德蜗杆传动

9.2.1　普通圆柱蜗杆传动的主要参数及选择

1. 模数 m 和压力角 α

由于蜗杆传动在中间平面内相当于齿条与渐开线齿轮的啮合，而中间平面是蜗杆的轴向平面和蜗轮的端面（见图 9.7），故蜗杆的轴向齿距 p_{x1} 应等于蜗轮的端面齿距 p_{t2}，蜗杆、蜗轮都以中间平面内的参数为标准值。与齿轮传动相同，为保证蜗杆、蜗轮轮齿的正确啮合，在中间平面内蜗杆与蜗轮的模数和压力角应分别相等且均为标准值。故蜗杆传动正确啮合的条件为

$$\begin{cases} m_{x1} = m_{t2} = m \\ \alpha_{x1} = \alpha_{t2} = \alpha \\ \gamma = \beta \end{cases} \tag{9-1}$$

式中　m_{x1}, α_{x1}——蜗杆的轴面模数和轴面压力角；

m_{t2}, α_{t2}——蜗轮的端面模数和端面压力角；

m——标准模数，见表 9-1；

α——标准压力角，ZA 蜗杆的轴面压力角 $\alpha_{x1} = 20°$；

γ, β——蜗杆导程角和蜗轮螺旋角。

为了正确啮合，蜗杆导程角 γ 应和蜗轮的螺旋角 β 大小相等，且螺旋线旋向一致。

表9-1 柱蜗杆基本尺寸和参数($\Sigma=90°$)(摘自GB10085—1988)

模数 m /mm	分度圆直径 d_1/mm	蜗杆头数 z_1	直径系数 q	m^2d_1 /mm^3
1	18	1(自锁)	18.000	18
1.25	20	1	16.000	31.25
	22.4	1(自锁)	17.920	35
1.6	20	1,2,4	12.500	51.2
	28	1	17.500	71.68
2	(18)	1,2,4	9.000	72
	22.4	1,2,4	11.200	89.6
	(28)	1,2,4	14.000	112
	35.5	1(自锁)	17.750	142
2.5	(22.4)	1,2,4	8.960	140
	28	1,2,4,6	11.200	175
	(35.5)	1,2,4	14.200	221.9
	45	1(自锁)	18.000	281
3.15	(28)	1,2,4	8.889	278
	35.5	1,2,4,6	11.27	352
	45	1,2,4	14.286	447.5
	56	1(自锁)	17.778	556
4	(31.5)	1,2,4	7.875	504
	40	1,2,4,6	10.000	640
	(50)	1,2,4	12.500	800
	71	1(自锁)	17.750	1136
5	(40)	1,2,4	8.000	1 000
	50	1,2,4,6	10.000	1 250
	(63)	1,2,4	12.600	1 575
	90	1(自锁)	18.000	2 250
6.3	(50)	1,2,4	7. 936	1 985
	63	1,2,4,6	10.000	2 500

模数 m /mm	分度圆直径 d_1/mm	蜗杆头数 z_1	直径系数 q	m^2d_1 /mm^3
6.3	(80)	1,2,4	12.698	3 175
	112	1(自锁)	17.778	4 445
8	(63)	1,2,4	7.875	4 032
	80	1,2,4,6	10.000	5 376
	(100)	1,2,4	12.500	6 400
	140	1(自锁)	17.500	8 960
10	(71)	1,2,4	7.100	7 100
	90	1,2,4,6	9.000	9 000
	(112)	1,2,4	11.200	11 200
	160	1(自锁)	16.000	16 000
12.5	(90)	1,2,4	7.200	14 062
	112	1,2,4	8.960	17 500
	(140)	1,2,4	11.200	21 875
	200	1(自锁)	16.000	31 250
16	(112)	1,2,4	7.000	28 672
	140	1,2,4	8.750	35 840
	(180)	1,2,4	11.250	46 080
	250	1(自锁)	15.625	64 000
20	(140)	1,2,4	7.000	56 000
	160	1,2,4	8.000	64 000
	(224)	1,2,4	11.200	89 600
	315	1(自锁)	15.750	126 000
25	(180)	1,2,4	7.200	112 500
	200	1,2,4	8.000	125 000
	(280)	1,2,4	11.200	175 000
	400	1(自锁)	16.000	250 000

注:①表中模数和分度圆直径仅列出了第一系列的较常用数据;②括号内的数字尽可能不用。

2. 蜗杆头数 z_1 和蜗轮齿数 z_2

蜗杆头数 z_1,即为蜗杆螺旋线的数目。蜗杆的头数一般取 $z_1=1,2,4,6$。当传动比大或传递转矩大时,z_1 取小值;要求自锁时取 $z_1=1$;当要求传动功率较大、传动效率高、传动速度大时,z_1 取大值(称为多头蜗杆),但蜗杆头数过多,加工精度难于保证。

在动力传动中,为增加同时啮合齿的对数,使传动平稳,通常规定蜗轮的齿数 $z_{2\min}>28$,

一般取 $z_2=29\sim83$。z_2 过少将产生根切；z_2 过大，会导致模数 m 过小使齿根弯曲疲劳强度不足；而当模数一定时，蜗轮直径 d_2 过大，导致蜗杆长度增加，刚度减小。

z_1，z_2 可根据传动比 i 按表 9－2 选取。

表 9－2　z_1 和 z_2 的推荐值

传动比 i	5～8	7～16	15～32	30～83
蜗杆头数 z_1	6	4	2	1
蜗轮齿数 z_2	29～48	29～64	30～64	30～83

在蜗杆传动设计中，传动比的公称值按下列数值选取：5，7.5，10，12.5，15，20，25，30，40，50，60，70，80。其中 10，20，40，80 为基本传动比，应优先选用。

3. 蜗杆分度圆上的导程角 γ

如图 9.8 所示，将蜗杆分度圆柱展开，其螺旋线与端平面的夹角 γ 称为蜗杆的导程角。可得

$$\tan\gamma=\frac{p_z}{\pi d_1}=\frac{z_1 p_{x1}}{\pi d_1}=\frac{z_1 m}{d_1} \tag{9-2}$$

式中　p_{x1}——蜗杆轴向齿距，mm；

d_1——蜗杆分度圆直径，mm。

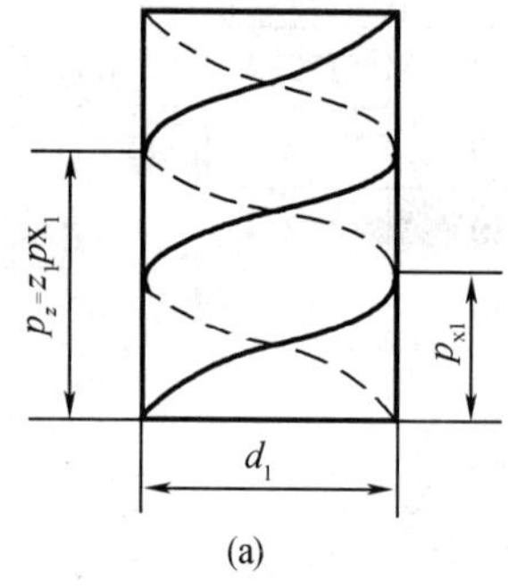

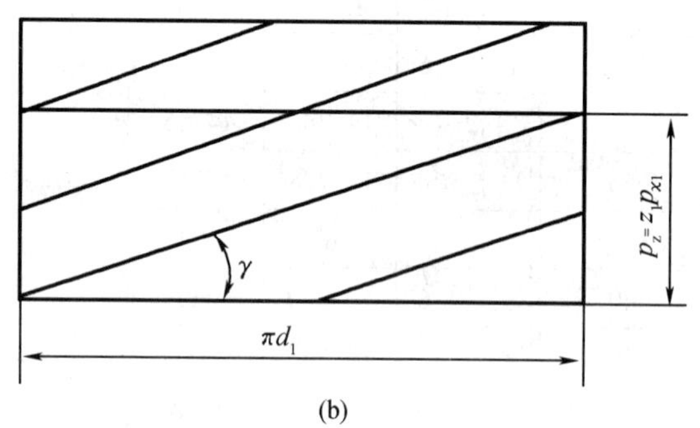

图 9.8　分度圆柱展开图

（a）展开前；（b）展开后

蜗杆导程角大时，传动效率高。要求效率高的传动常取 $\gamma=15^\circ\sim30^\circ$，即采用多头蜗杆；对要求具有自锁性能的传动，应采用 $\gamma<3^\circ30''$ 的蜗杆传动，此时蜗杆的头数为 1。

4. 蜗杆的分度圆直径 d_1 和蜗杆直径系数 q

在蜗杆传动中，为了保证蜗杆与配对蜗轮的正确啮合，常用与蜗杆具有同样尺寸的蜗轮滚刀来加工与其配对的蜗轮。这样，只要有一种尺寸的蜗杆，就得有一把对应的蜗轮滚刀。对于同一模数，可以有很多不同直径的蜗杆，因而对每一模数就要配备很多蜗轮滚刀。显然，这样很不经济。为了限制蜗轮滚刀的数量以便于滚刀的标准化，就对每一标准模数规定了一定数量的蜗杆分度圆直径 d_1，即 d_1 亦标准化。d_1 与 m 有一定的匹配，如表 9－1 所示。

由式（9　－2）得

$$d_1=m\frac{z_1}{\tan\gamma}=mq \tag{9-3}$$

式中，$q=\frac{z_1}{\tan\gamma}$称为蜗杆直径系数，当 m 一定时，q 值增大，则蜗杆直径 d_1 增大，蜗杆的刚度提高。小模数蜗杆一般有较大的 q 值，以使蜗杆有足够的刚度。

5. 传动比 i 和中心距 a

蜗杆传动的传动比 i 等于蜗杆与蜗轮转速之比。当蜗杆回转一周时，蜗轮被蜗杆推动转过 z_1 个齿（或 z_1/z_2 周），因此传动比为

$$i=\frac{n_1}{n_2}=\frac{z_2}{z_1} \tag{9-4}$$

式中，n_1，n_2分别为蜗杆和蜗轮的转速，r/min。

蜗杆传动中，当蜗杆节圆与蜗轮分度圆重合时，蜗杆轴线与蜗轮轴线间的距离称为中心距。其计算公式为

$$a=\frac{1}{2}(d_1+d_2)=\frac{m}{2}(q+z_2) \tag{9-5}$$

GB10085—1988 中对一般蜗杆传动减速器装置的中心距 a（mm）推荐为 40，50，63，80，100，125，160，（180），200，（225），250，（280），315，（355），400，（450），500。在蜗杆传动设计时中心距应按上述标准圆整，且括号内的数字尽量不用。

9.2.2　蜗杆传动的几何尺寸

标准阿基米德蜗杆传动的主要几何尺寸计算公式如表 9－3 所示。

表 9－3　阿基米德蜗杆传动的主要几何尺寸计算

名称	计算公式	
	蜗杆	蜗轮
齿顶高和齿根高	$h_{a1}=h_{a2}=m, h_{f1}=h_{f2}=1.2\ m$	
分度圆直径	$d_1=mq$	$d_2=mz_2$
齿顶圆直径	$d_{a1}=m(q+2)$	$d_{a2}=m(z_2+2)$
齿根圆直径	$d_{f1}=m(q-2.4)$	$d_{f2}=m(z_2-2.4)$
顶隙	$c=0.2m$	
蜗杆轴向齿距、蜗轮端面齿距	$p_{x1}=p_{t2}=\pi m$	
蜗杆分度圆导程角、蜗轮分度圆螺旋角	$\gamma=\arctan(z_1/q)$	$\beta=\gamma$
中心距	$a=\frac{m}{2}(q+z_2)$	
蜗杆宽度（蜗杆螺纹部分长度）、蜗轮母圆半径	$z_1=1、2, L\geqslant(11+0.06z_2)m$ $z_1=3、4, L\geqslant(12.5+0.09z_2)m$	$r_{g2}=a-\frac{1}{2}d_{a2}$
蜗轮外圆直径		$z_1=1, d_{e2}=d_{a2}+2m$ $z_1=2\sim3, d_{e2}=d_{a2}+1.5m$ $z_1=4\sim6, d_{e2}=d_{a2}+m$
蜗轮轮缘宽度		$z_1=1、2, b\leqslant0.75d_{a1}$ $z_1=4\sim6, b\leqslant0.67d_{a1}$

9.3 蜗杆传动的失效形式、设计准则、材料和结构

9.3.1 失效形式和设计准则

蜗杆传动的失效形式与齿轮传动类似。但由于蜗杆、蜗轮的齿面间相对滑动速度较大、发热量大而使传动效率低,故传动更易发生磨损和胶合,尤其在开式传动和润滑不清洁的闭式传动中,轮齿磨损速度很快。所以蜗杆传动的主要失效形式为胶合、磨损和点蚀。由于蜗杆的齿是螺旋齿,其强度高于蜗轮,因而失效多发生在强度较低的蜗轮齿面上。

蜗杆传动的设计准则为:

对闭式蜗杆传动,蜗轮的主要失效形式是胶合和点蚀,按蜗轮轮齿的齿面接触疲劳强度进行设计,并按齿根弯曲疲劳强度进行校核,此外,闭式蜗杆传动散热较困难,还须进行热平衡计算;

对开式蜗杆传动,多发生蜗轮齿面磨损和轮齿折断,通常只需按蜗轮齿根弯曲疲劳强度进行设计。

实践证明,闭式蜗杆传动,当载荷平稳,无冲击时,蜗轮轮齿因弯曲强度不足而失效的情况多发生于齿数 $z_2>80\sim100$ 时,所以在齿数少于以上数值时,不必校核弯曲强度;当蜗杆细长且支承跨距大时,还应进行蜗杆轴的刚度计算。

9.3.2 蜗杆传动的材料和结构

1. 蜗杆、蜗轮的材料选择

针对蜗杆传动的主要失效形式,蜗杆和蜗轮材料不仅要求有足够的强度,更重要的是要具有良好的减摩性、耐磨性和抗胶合能力。因此,蜗杆传动中常采用青铜蜗轮齿圈(低速时可用铸铁)与淬硬的钢制蜗杆相匹配。

蜗杆一般用碳钢或合金钢制造,蜗杆常用材料见表 9-4。

蜗轮材料可参考相对滑动速度 v_s 来选择。常用的材料为铸锡青铜、铸铝铁青铜及灰铸铁等。常用材料见表 9-5。

表 9-4 蜗杆常用材料及应用

材料	热处理	硬度	表面粗糙度/μm	应用
45, 42SiMn, 40Cr, 42CrMo, 38SiMnMo, 40CrNi	表面淬火	45~55HRC	1.6~0.8	中速、中载、一般传动
20Cr, 15CrMn, 20CrMnTi, 20CrMn	渗碳淬火	56~62HRC	1.6~0.8	高速、重载、重要传动
45 钢	调质或正火	220~270HBS	6.3	低速,轻、中载,不重要传动

表 9-5　蜗轮常用材料及应用

材料	牌号	适用的滑动速度/(m/s)	特性	应用
铸锡青铜	ZCuSn10P1	≤25	耐磨性、跑合性、抗胶合能力、可加工性能均较好,但强度低,成本高	连续工作的高速、重载的重要传动
	ZCuSn5Pb5Zn5	≤12		速度较高的轻、中、重载传动
铸铝铁青铜	ZCuA110Fe3	≤10	耐冲击,强度较高,可加工性能好,抗胶合能力较差,价格较低	速度较低的重载传动
黄铜	ZCuZn38Mn2Pb2	≤10		速度较低,载荷稳定的轻、中载传动
灰铸铁	HT150 HT200 HT250	≤2	铸造性能、可加工性能好,价格低,抗点蚀和抗胶合能力强,抗弯强度低,冲击韧度低	低速,不重要的开式传动;蜗轮尺寸较大的传动;手动传动

2. 蜗杆、蜗轮的结构

蜗杆常和轴做成一体,称为蜗杆轴,如图 9.9 所示,只有当 $d_f/d \geqslant 1.7$ 时才采用蜗杆齿圈套装在轴上的型式。按蜗杆的螺旋部分加工方法的不同,可分为车制蜗杆和铣削蜗杆。车制蜗杆需有退刀槽,故刚性较差(图 9.9(a));铣削蜗杆无退刀槽时 d 可大于 d_f(图 9.9(b)),刚性较好。

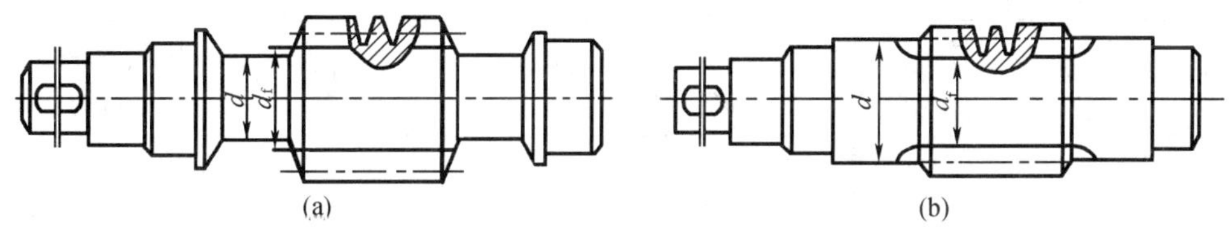

图 9.9　蜗杆轴结构

蜗轮结构分为整体式和组合式两种,如图 9.10 所示。

铸铁蜗轮及直径小于 100 mm 的青铜蜗轮可做成整体式,如图 9.10(a)所示。

直径大的蜗轮,为了节约贵重的有色金属,常采用组合结构,即齿圈用有色金属制造,而轮芯用钢或铸铁制成。组合形式有以下三种。

(1)齿圈式,如图 9.10(b)所示。齿圈用青铜材料,两者采用过盈配合(H7/s6 或 H7/r6),并沿配合面安装 4~6 个紧定螺钉,该结构多用于尺寸不大或工作温度变化较小的场合。

(2)螺栓连接式,如图 9.10(c)所示。齿圈和轮芯用普通螺栓或铰制孔螺栓连接,常用于尺寸较大或容易磨损且磨损后需更换齿圈的场合。

(3)组合浇铸式,如图 9.10(d)所示。在铸铁轮芯上预制出榫槽,浇注上青铜轮缘,然后切齿,适用于中等尺寸、批量生产的蜗轮。

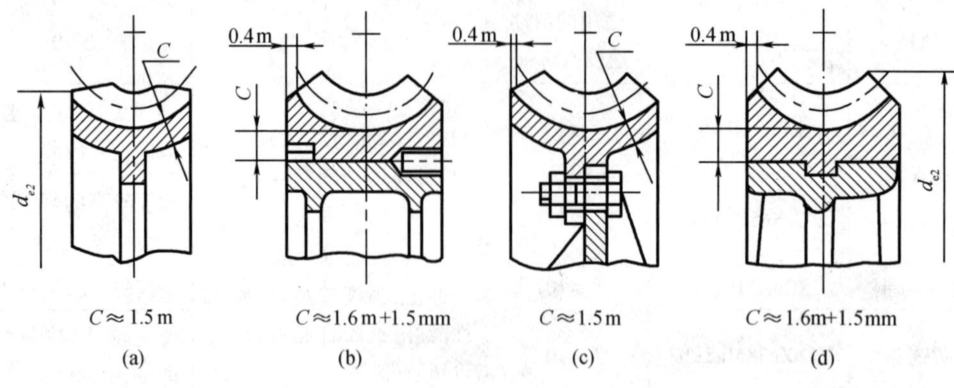

图 9.10 蜗轮的结构形式

9.3.3 蜗杆传动的精度等级

GB100089—1988 规定，蜗杆传动的精度有 12 个等级，1 级为最高，12 级最低；对于传递动力用的蜗杆传动，一般可按照 6～9 级精度制造，6 级用于蜗轮速度较高的传动，9 级用于低速及手动传动，具体根据表 9－6 选取。分度机构、测量机构等要求运动精度高的传动，按照 5 级或 5 级以上的精度制造。

表 9－6 蜗杆传动精度等级的选择

精度等级	蜗轮圆周速度 /(m/s)	蜗杆齿面的表面粗糙度 R_a 值/μm	蜗轮齿面的表面粗糙度 R_a 值/μm	使用范围
6	>5	≤0.4	≤0.8	中等精密机床的分度机构
7	<7.5	≤0.8	≤0.8	中速动力传动
8	<3	≤1.6	≤1.6	速度较低或短期工作的传动
9	<15	≤3.2	≤3.2	不重要的低速传动或手动传动

9.4 蜗杆传动的强度计算

9.4.1 蜗杆传动的受力分析

1. 蜗轮旋转方向的判定

蜗轮旋转方向，按照蜗杆螺旋线旋向和旋转方向，应用左右手定则判定。

当蜗杆为右旋时，用右手沿蜗杆转动方向握住蜗杆，大拇指所指方向的相反方向即为蜗轮上啮合点的线速度方向，因此，蜗轮逆时针转动，如图9.11(a)所示；当蜗杆为左旋时，用左手沿蜗杆转动方向握住蜗杆，蜗轮转向判定方法同上，如图9.11(b)所示。

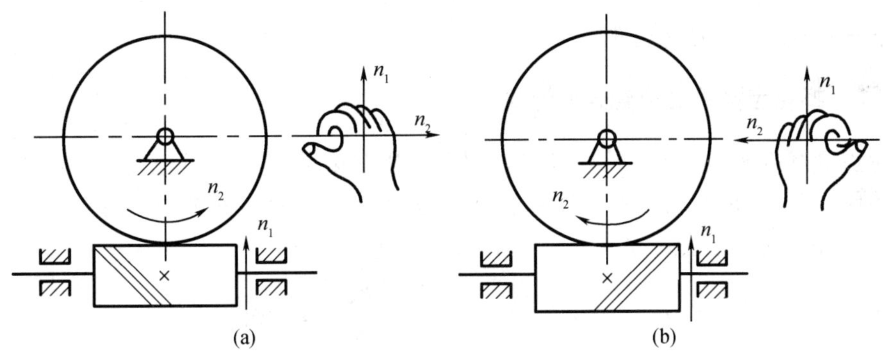

图9.11　蜗轮旋转方向的判断

2. 轮齿上的作用力

蜗杆传动受力分析与斜齿圆柱齿轮的受力分析相似，如图9.12所示。若不计齿面间的摩擦力，蜗轮作用于蜗杆齿面上的法向力 F_n 在节点 C 处可分解为三个相互垂直的分力：圆周力 F_{t1}、轴向力 F_{a1}、径向力 F_{r1}。由图9.12可知，蜗轮上的圆周力 F_{t2}、径向力 F_{r2}、轴向力 F_{a2} 与蜗杆上的轴向力 F_{a1}、径向力 F_{r1}、圆周力 F_{t1} 为三对大小相等、方向相反的作用力与反作用力。

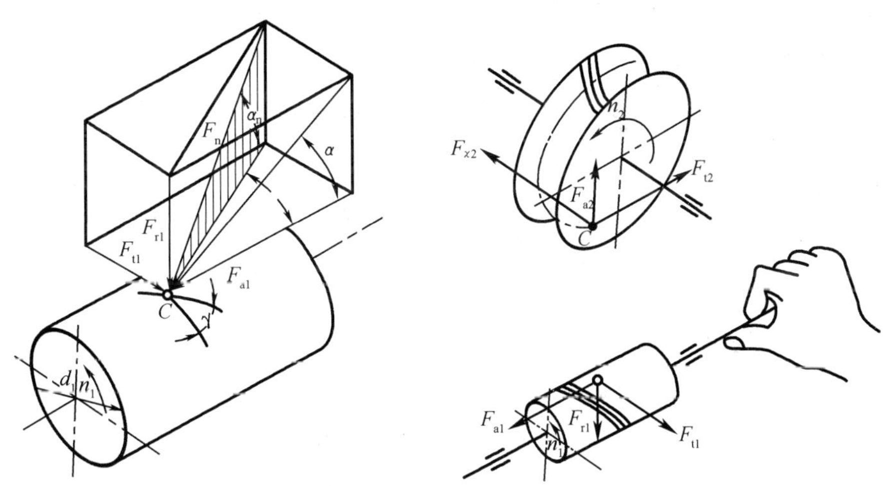

图9.12　蜗杆传动受力分析

各力的大小可按下列公式计算，单位均为N

$$F_{t1} = F_{a2} = \frac{2T_1}{d_1} \tag{9-6}$$

$$F_{a1} = F_{t2} = \frac{2T_2}{d_2} \tag{9-7}$$

$$F_{r1} = F_{r2} = F_{t2}\tan\alpha \tag{9-8}$$

$$T_2 = T_1 i\eta \tag{9-9}$$

式中　T_1, T_2——分别为作用在蜗杆和蜗轮上的转矩，N·mm；

d_1, d_2——分别为蜗杆和蜗轮的分度圆直径，mm；

η——蜗杆传动的总效率。

9.4.2　蜗轮齿面接触疲劳强度计算

蜗轮齿面接触疲劳强度计算与斜齿轮相似，以赫兹公式为原始公式，以节点啮合处的相应参数代入后，对钢制蜗杆和青铜蜗轮或铸铁蜗轮配对的蜗杆传动，经推导可得蜗轮齿面接触疲劳强度的校核公式如下

$$\sigma_H = 480\sqrt{\frac{KT_2}{d_1 d_2^2}} = 480\sqrt{\frac{KT_2}{m^2 d_1 z_2^2}} \leqslant [\sigma_H] \tag{9-10}$$

设计公式为

$$m^2 d_1 \geqslant KT_2\left(\frac{480}{z_2[\sigma_H]}\right)^2 \tag{9-11}$$

式中　T_2——蜗轮轴的转矩，N·mm；

K——载荷系数，$K=1\sim1.5$，当载荷平稳相对滑动速度较小时取较小值，反之取较大值，严重冲击时取 $K=1.5$；

$[\sigma_H]$——蜗轮材料的许用接触应力，MPa。

当蜗轮材料为锡青铜（$\sigma_b<300$MPa）时，其主要失效形式为疲劳点蚀，$[\sigma_H]=Z_N[\sigma_{0H}]$。$[\sigma_{0H}]$为蜗轮材料的基本许用接触应力，如表 9-7 所示；Z_N 为寿命系数，$Z_N=\sqrt[8]{10^7/N}$，N 为应力循环次数，$N=60n_2L_h$，n_2 为蜗轮转速，r/min，L_h 为工作寿命，h；$N>25\times10^7$ 时应取 $N=25\times10^7$，$N<2.6\times10^5$ 时应取 $N=2.6\times10^5$。

当蜗轮的材料为铝青铜或铸铁（$\sigma_b>300$ MPa）时，蜗轮的主要失效形式为胶合，许用应力与应力循环次数无关，其值如表 9-8 所示。

表 9-7　锡青铜蜗轮的基本许用接触应力$[\sigma_{0H}]$（$N=10^7$）　　单位：MPa

蜗轮材料	铸造方法	适用的滑动速度 v_S/(m/s)	蜗杆齿面硬度	
			≤350HB	>45HRC
ZCuSn10P1	砂　型	≤12	180	200
	金属型	≤25	200	220
ZCuSn5Pb5Zn5	砂　型	≤10	110	125
	金属型	≤12	135	150

表 9-8　铸铝青铜及铸铁蜗轮的许用接触应力$[\sigma_H]$　　单位：MPa

蜗轮材料	蜗杆材料	滑动速度 v_S/(m/s)						
		0.5	1	2	3	4	6	8
ZCuAl10Fe3	淬火钢	250	230	210	180	160	120	90
ZCuZn38Mn2Pb2	淬火钢	215	200	180	150	135	95	75
HT150；HT200	渗碳钢	130	115	90	—	—	—	—
HT150	调质钢	110	90	70	—	—	—	—

9.4.3　蜗轮轮齿齿根弯曲疲劳强度计算

由于蜗轮轮齿的齿形比较复杂，很难精确地计算轮齿的弯曲应力，通常近似地将蜗轮看作斜齿轮按圆柱齿轮弯曲强度公式来计算。借用斜齿轮齿根弯曲疲劳强度计算式，代入蜗轮有关参数，经推导得蜗轮齿根弯曲疲劳强度校核公式如下

$$\sigma_F = \frac{1.53KT_2}{d_1 d_2 m} Y_{Fa2} Y_\beta \leqslant [\sigma_F] \tag{9-12}$$

设计公式为

$$m^2 d_1 \geqslant \frac{1.53KT_2}{z_2[\sigma_F]} Y_{Fa2} Y_\beta \tag{9-13}$$

式中　Y_{Fa2}——蜗轮的齿形系数，按蜗轮的当量齿数 $z_v = \frac{z_2}{\cos^3\gamma}$ 由表9-9查取；

Y_β——蜗轮螺旋角系数，$Y_\beta = 1 - \frac{\gamma}{140°}$；

$[\sigma_F]$——蜗轮材料的许用弯曲应力，$[\sigma_F] = Y_N[\sigma_{0F}]$。$[\sigma_{0F}]$为蜗轮材料的基本许用弯曲应力，如表9-10所示。

$Y_N = \sqrt[9]{10^6/N}$——寿命系数，$N = 60n_2L_h$。当 $N > 25 \times 10^7$ 时，取 $N = 25 \times 10^7$；当 $N < 10^5$ 时，取 $N = 10^5$。

表9-9　蜗轮的齿形系数 Y_{Fa2}（$\alpha = 20°, h_a^* = 1$）

γ \ z_v	20	24	26	28	30	32	35	37	40	45	56	60	80	100	150	300
4°	2.79	2.65	2.60	2.55	2.52	2.49	2.45	2.42	2.39	2.35	2.32	2.27	2.22	2.18	2.14	2.09
7°	2.75	2.61	2.56	2.51	2.48	2.44	2.40	2.38	2.35	2.31	2.28	2.23	2.17	2.14	2.09	2.05
11°	2.66	2.52	2.47	2.42	2.39	2.35	2.31	2.29	2.26	2.22	2.19	2.14	2.08	2.05	2.00	1.96
16°	2.49	2.35	2.30	2.26	2.22	2.19	2.15	2.13	2.10	2.06	2.02	1.98	1.92	1.88	1.84	1.79
20°	2.33	2.19	2.14	2.09	2.06	2.02	1.98	1.96	1.93	1.89	1.86	1.81	1.75	1.72	1.67	1.63
23°	2.18	2.05	1.99	1.95	1.91	1.88	1.84	1.82	1.79	1.75	1.72	1.67	1.61	1.58	1.53	1.49
26°	2.03	1.89	1.84	1.80	1.76	1.73	1.69	1.67	1.64	1.60	1.57	1.52	1.46	1.43	1.38	1.34
27°	1.98	1.84	1.70	1.75	1.71	1.68	1.64	1.62	1.59	1.55	1.52	1.47	1.41	1.38	1.33	1.29

表9-10　蜗轮材料的基本许用弯曲应力$[\sigma_{0F}]$（$N = 10^6$）　　单位：MPa

材料	铸造方法	σ_b	σ_s	蜗杆硬度≤45HRC		蜗杆硬度>45HRC	
				单向受载	双向受载	单向受载	双向受载
ZCuSn10Pb1	砂模	200	140	51	32	64	40
	金属模	250	150	58	40	73	50
ZCuSn5Pb5Zn5	砂模	180	90	37	29	46	36
	金属模	200	90	39	32	49	40
ZCuAi10Fe3	金属模	500	200	90	80	113	100
HT150	砂模	150	—	38	24	48	30
HT200	砂模	200	—	48	30	60	38

9.5　蜗杆传动相对滑动速度、效率、润滑和热平衡计算

9.5.1　齿面间相对滑动速度

蜗杆传动中蜗杆的螺旋齿面和蜗轮齿面之间有较大的相对滑动，滑动速度 v_s 沿蜗杆螺旋线的切线方向，如图 9.13 所示，v_1 为蜗杆的圆周速度，v_2 为蜗轮的圆周速度，作速度三角形得

$$v_s=\sqrt{v_1^2+v_2^2}=\frac{v_1}{\cos\gamma}=\frac{\pi d_1 n_1}{60\times 1\,000\cos\gamma} \tag{9-14}$$

式中　d_1——蜗杆直径，mm；

n_1——蜗杆转速，r/min。

滑动速度 v_s 对蜗杆传动有很大的影响。当润滑条件较差时，滑动速度大，会加快磨损，摩擦发热严重而发生胶合；润滑条件好时，增大 v_s 有利于油膜形成，摩擦系数 f_v 反而下降，磨损情况得以改善，从而提高啮合效率和抗胶合能力。其概略值如图 9.14 所示。

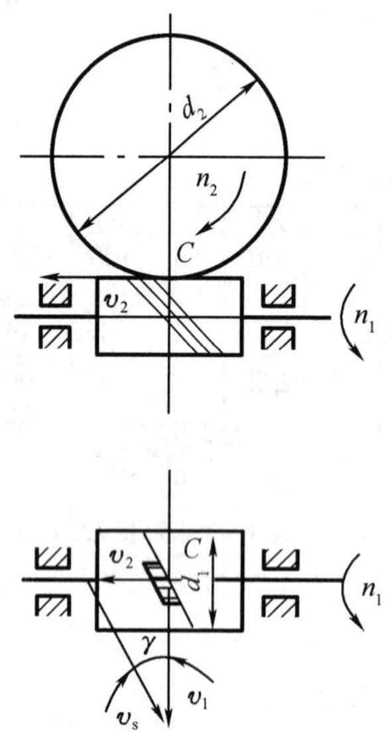

图 9.13　蜗杆传动滑动速度图

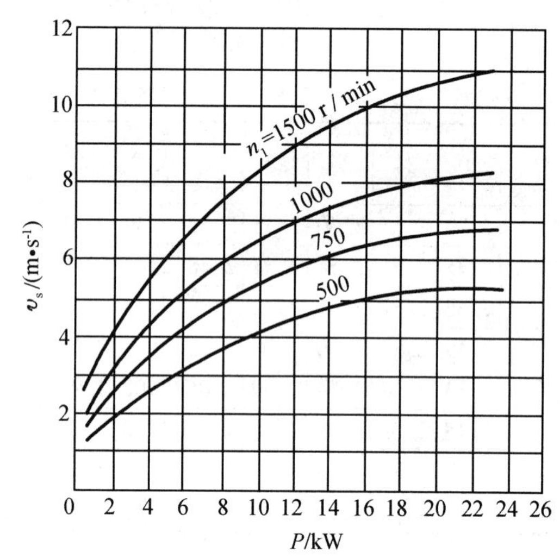

图 9.14　滑动速度 v_s 的概略值

9.5.2　蜗杆传动的效率

闭式蜗杆传动的功率损耗一般包括三部分，即啮合摩擦损耗、轴承摩擦损耗和浸入油池零件搅油时的溅油损耗，因此蜗杆传动总效率为

$$\eta=\eta_1\eta_2\eta_3 \tag{9-15}$$

式中，η_1，η_2，η_3 分别为单独考虑啮合摩擦损耗、轴承摩擦损耗和溅油损耗时的效率。

啮合效率 η_1 是总效率的主要部分，蜗杆为主动件时啮合效率按螺旋传动公式求出

$$\eta_1 = \frac{\tan\gamma}{\tan(\gamma + \rho_v)}$$

取轴承效率与搅油效率之积 $\eta_2\eta_3 = 0.95 \sim 0.97$，则蜗杆传动总效率为

$$\eta = (0.95 \sim 0.97)\frac{\tan\gamma}{\tan(\gamma + \rho_v)} \tag{9-16}$$

式中　γ——蜗杆导程角，η 值与蜗杆导程角 γ 密切相关，η 值随 γ 的增大而增大，在初步计算时，蜗杆的传动效率 η 可由表9-11近似选取；

ρ_v——当量摩擦角，$\rho_v = \arctan f_v$，其值见表9-12。

表9-11　蜗杆的传动效率 η

蜗杆头数 z_1	1	2	4	6
闭式传动	0.7～0.75	0.75～0.82	0.82～0.92	0.86～0.95
开式传动	0.60～0.70		—	—

表9-12　当量摩擦系数 f_v 和当量摩擦角 ρ_v

蜗轮材料	锡青铜				铝青铜		灰铸铁			
蜗杆齿面硬度	≥45HRC		<45HRC		≥45HRC		≥45HRC		<45HRC	
滑动速度 v_s /(m/s)	f_v	ρ_v	f_v	ρ_v	f_v	ρ_v	f_v	ρ_v	f_v	ρ_v
0.01	0.110	6°17′	0.120	6°51′	0.180	10°12′	0.018	10°12′	0.190	10°45′
0.05	0.090	5°09′	0.100	5°43′	0.140	7°58′	0.140	7°58′	0.160	9°05′
0.10	0.080	4°34′	0.090	5°09′	0.130	7°24′	0.130	7°24′	0.140	7°58′
0.25	0.065	3°43′	0.075	4°17′	0.100	5°43′	0.100	5°43′	0.120	6°51′
0.50	0.055	3°09′	0.065	3°43′	0.090	5°09′	0.090	5°09′	0.100	5°43′
1.00	0.045	2°35′	0.055	3°09′	0.070	4°00′	0.070	4°00′	0.090	5°09′
1.50	0.040	2°17′	0.050	2°52′	0.065	3°43′	0.065	3°43′	0.080	4°34′
2.00	0.035	2°00′	0.045	2°35′	0.055	3°09′	0.055	3°09′	0.070	4°00′
2.50	0.030	1°43′	0.040	2°17′	0.050	2°52′				
3.00	0.028	1°36′	0.035	2°00′	0.045	2°35′				
4.00	0.024	1°22′	0.031	1°47′	0.040	2°17′				
5.00	0.022	1°16′	0.029	1°40′	0.035	2°00′				
8.00	0.018	1°02′	0.026	1°29′	0.030	1°43′				
10.0	0.016	0°55′	0.024	1°22′						
15.0	0.014	0°48′	0.020	1°09′						
24.0	0.013	0°45′								

注：对于硬度≥45HRC的蜗杆，ρ_v 值系指 $R_a < 0.32 \sim 1.25$ μm，经跑合并充分润滑的情况。

9.5.3 蜗杆传动的润滑

为提高蜗杆传动的效率,降低齿面的工作温度,避免胶合和减少磨损,对蜗杆传动进行良好的润滑显得特别重要。

闭式蜗杆传动的润滑油黏度和润滑方法可参考表9-13选择。开式传动则采用黏度较高的齿轮油或润滑脂进行润滑。闭式蜗杆传动用油池润滑,在 $v_s \leqslant 5$ m/s 时常采用蜗杆下置式,浸油深度约为一个齿高,但油面不得超过蜗杆轴承的最低滚动体中心,如图9.15(a),(b)所示;$v_s > 5$ m/s 时常用上置式,如图9.15(c)所示,油面允许达到蜗轮半径1/3处。

表9-13 蜗杆传动的润滑油黏度及润滑方法

滑动速度 v_s/(m/s)	<1	<2.5	<5	>5~10	>10~15	>15~25	>25
工作条件	重载	重载	中载	—	—	—	—
运动黏度 $\nu_{40\,℃}$/(mm^2/s)	1 000	680	320	220	150	100	68
润滑方法	浸油			浸油或喷油	喷油润滑,油压/MPa		
					0.07	0.2	0.3

9.5.4 蜗杆传动的热平衡计算

由于蜗杆传动效率低,发热量大,若产生的热量不能及时散逸,将使润滑油温度升高、黏度下降,油膜破坏、磨损加剧,甚至导致齿面胶合。因此,对连续工作的闭式蜗杆传动应进行热平衡计算,将润滑油温度控制在许可的范围内。

在单位时间内,蜗杆传动由于摩擦发热功率损耗而产生的热量 Q_1(W)为

$$Q_1 = 1\,000P_1(1-\eta)$$

式中 P_1——蜗杆传动的输入功率,kW;

η——蜗杆传动的效率。

自然冷却时单位时间内经箱体外壁散逸到周围空气中的热量 Q_2(W)为

$$Q_2 = K_S A(t_1 - t_0)$$

式中 K_S——传热系数,W/(m^2·℃),箱体通风良好时,可取 $K_S = 14 \sim 17.5$ W/(m^2·℃),通风不良时,取 $K_S = 14 \sim 17.5$ W/(m^2·℃);

A——散热面积,m^2,指箱体外壁与空气接触而内壁被油飞溅到的箱壳面积,散热片的面积按其表面积的50% 计算;

t_1——箱体内的油温;

t_0——周围空气的温度,通常取 $t_0 = 20$ ℃。

根据热平衡条件 $Q_1 = Q_2$,可得满足热平衡条件时润滑油的温度为

$$t_1 = \frac{1\,000(1-\eta)P_1}{K_s A} + t_0 \leqslant [t_1] \tag{9-16}$$

一般取许用油温 $[t_1] = 75 \sim 80$ ℃,最高不超过90 ℃。若工作温度超过许用温度,可采用下列措施:

(1)在箱体壳外铸出散热片,增加散热面积 A;

(2) 在蜗杆轴上装风扇(图9.15(a)),提高散热系数,此时 $K_s \approx 20 \sim 28\ \mathrm{W/(m^2 \cdot ℃)}$;

(3)加冷却装置,在箱体油池内装蛇形冷却管(图9.15(b)),或用循环油冷却(图9.15(c))。

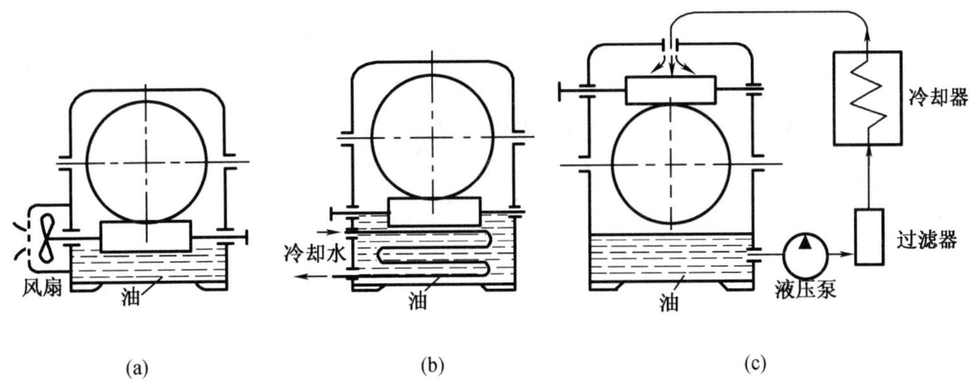

图9.15　蜗杆传动的散热方法

【综合应用实例】

例　设计用于带式运输机的一级闭式蜗杆传动。蜗杆轴输入功率 $P=4$ kW,转速 $n=960$ r/min,传动比 $i=20$,连续单向运转,载荷平稳,一班制工作,预期寿命10年。

解　设计计算步骤如下表。

计算与说明	主要结果
1. 选择材料,确定许用应力 (1)选择材料 蜗杆:45钢表面淬火45~55HRC 蜗轮:ZCuSn10P1 砂模铸造(由图9.14初估 $v_s=4\mathrm{m/s}$) (2)确定许用应力 $[\sigma_{0H}]=200$ MPa(表9-7) $n_2=\frac{n_1}{i}=\frac{960}{20}-48$ r/min $L_h=8\times300\times10=24\ 000$ h $N=60\times n_2\times L_h=60\times48\times24\ 000=6.9\times10^7$ $Z_N=\sqrt[8]{10^7/N}=\sqrt[8]{\frac{10^7}{6.9\times10^7}}=0.785$ $[\sigma_H]=Z_N[\sigma_{0H}]=0.785\times200=157$ MPa	蜗杆45钢, 表面淬火, 45~55HRC; 蜗轮 ZCuSn10P1, 砂模铸造 $[\sigma_H]=157$ MPa
2. 确定 z_1,z_2 传动比 $i=20$,根据表9-2取 $z_1=2,z_2=i\times z_1=20\times2=40$	 $z_1=2,z_2=40$
3. 计算蜗轮转矩 T_2	

计算与说明	主要结果
根据表 9－11，初选 $\eta=0.8$	
$T_2=9.55\times10^6\dfrac{P}{n_1}\eta i$ $=9.55\times10^6\dfrac{4}{960}\times0.8\times20=6.37\times10^5\ \text{N}\cdot\text{m}$	$T_2=6.37\times10^5$ N·mm
4. 按齿面接触疲劳强度计算	
该传动为闭式蜗杆传动，载荷平稳，相对速度较小，取 $K=1.1$	
$m^2d_1\geqslant KT_2\left(\dfrac{480}{z_2[\sigma_H]}\right)^2=1.1\times6.37\times10^5\left(\dfrac{480}{40\times157}\right)^2$ $=4\ 093.5\ \text{mm}^3$	
由表 9－2 取 $m^2d_1=5\ 376\ \text{mm}^3$ 得：	$m=8$ mm
$m=8$ mm，$q=10$，$d_1=80$ mm	$q=10$ $d_1=80$ mm
$d_2=mz_2=8\times40=320$ mm	$d_2=320$ mm
$\gamma=\arctan(z_1/q)=\arctan(2/10)=11.31°$	$\gamma=11.31°$
5. 校核齿根弯曲疲劳强度（略）	
6. 验算传动效率 η	
$v_1=\dfrac{\pi d_1n_1}{60\times1\ 000}=\dfrac{3.14\times80\times960}{60\times1\ 000}=4.02\ \text{m/s}$	
$v_s=\dfrac{v_1}{\cos\gamma}=\dfrac{4.02}{\cos11.31°}=4.1\ \text{m/s}$	
查表 9－12 得：$\rho_v=1°20'=1.33°$	
$\eta=(0.95\sim0.97)\dfrac{\tan\gamma}{\tan(\gamma+\rho_v)}$ $=(0.95\sim0.97)\dfrac{\tan11.31°}{\tan(11.31°+1.33°)}$ $=0.85\sim0.87$	$\eta=0.85\sim0.87$，与估初值 $\eta=0.8$ 相近
7. 几何尺寸计算	
蜗杆：	
$d_1=80$ mm	$d_1=80$ mm
$d_{a1}=m(q+2)=8(10+2)=96$ mm	$d_{a1}=96$ mm
$d_{f1}=m(q-2.4)=8(10-2.4)=60.8$ mm	$d_{f1}=60.8$ mm
$p_{x1}=\pi m=3.14\times8=25.12$ mm	$p_{x1}=25.12$ mm
$L\geqslant(11+0.06z_2)m$ $=(11+0.06\times40)\times8\approx107$ mm	$L\approx107$ mm
蜗轮：	
$d_2=mz_2=8\times40=320$ mm	$d_2=320$ mm
$d_{a2}=m(z_2+2)=8\times(40+2)=336$ mm	$d_{a2}=336$ mm

计算与说明	主要结果
$d_{f2}=m(z_2-2.4)=8(40-2.4)=300.8\ \text{mm}$	$d_{f2}=300.8\ \text{mm}$
$d_{e2}=d_{a2}+1.5m=336+1.5\times 8=348\ \text{mm}$	$d_{e2}=348\ \text{mm}$
$b_2\leqslant 0.75d_{a1}=0.75\times 96=72\ \text{mm}$	$b_2\leqslant 72\ \text{mm}$
中心距	
$a=m(q+z_2)/2=8(10+40)/2=200\ \text{mm}$	$a=200\ \text{mm}$
8. 热平衡计算	
取 $t_0=20\ ℃$、$t_1=65\ ℃$、$K_s=14\ \text{W}/(\text{m}^2\cdot ℃)$	所需散热面积：
$A=\dfrac{1\,000(1-\eta)P_1}{K_s(t_1-t_0)}=\dfrac{1\,000(1-0.85)\times 4}{14(65-20)}\approx 0.95\ \text{m}^2$	$A\approx 0.95\ \text{m}^2$
9. 结构设计绘制工作图(略)	

本章小结

蜗杆传动多用于两轴空间交错成90°的运动传递。一般蜗杆为主动件，蜗轮为从动件。本章介绍了蜗杆传动的类型、特点与应用，以及蜗杆蜗轮的材料、结构，蜗杆传动的失效形式与设计准则；重点介绍了阿基米德蜗杆传动的基本参数与几何尺寸计算，蜗杆传动的受力分析与强度计算，蜗杆传动的效率、润滑及闭式蜗杆传动的热平衡计算方法与散热措施。

习　题

一、思考题

1. 与齿轮传动相比，蜗杆传动有何优点，适用于什么场合？

2. 普通圆柱蜗杆传动主要参数有哪些，与齿轮传动参数有何区别？

3. 设计蜗杆传动时如何确定蜗杆的分度圆直径 d_1 和模数 m，为什么要规定 m 和 d_1 的对应标准值？

4. 蜗杆传动的主要失效形式是有什么，设计准则是什么？

5. 蜗杆传动为什么常采用青铜蜗轮而不采用钢制蜗轮？为什么青铜蜗轮常采用组合结构？

6. 对连续工作的闭式蜗杆传动为什么要进行热平衡计算？若蜗杆传动的油温过高应采取哪些措施？

二、分析计算题

1. 标出图 9.16 中未注明的蜗杆或蜗轮的旋向及转向(蜗杆为主动件)，并绘出蜗杆和蜗轮啮合点作用力的方向。

2. 如图 9.17 所示为斜齿圆柱齿轮—蜗杆传动，主动齿轮转动方向和齿的旋向如图示，当要求蜗杆轴的轴向力为最小时，试画出蜗轮的转向和作用在轮齿上的力(以三个分力表示)，并说明蜗轮轮齿螺旋方向。

3. 已知一蜗杆减速器中蜗杆的参数为 $z_1=2$，右旋，$d_{a1}=48\ \text{mm}$，$p_{x1}=12.56\ \text{mm}$，中心距 $a=100\ \text{mm}$，试计算蜗轮的几何尺寸(d_2，z_2，d_{a2}，d_{f2}，β)。

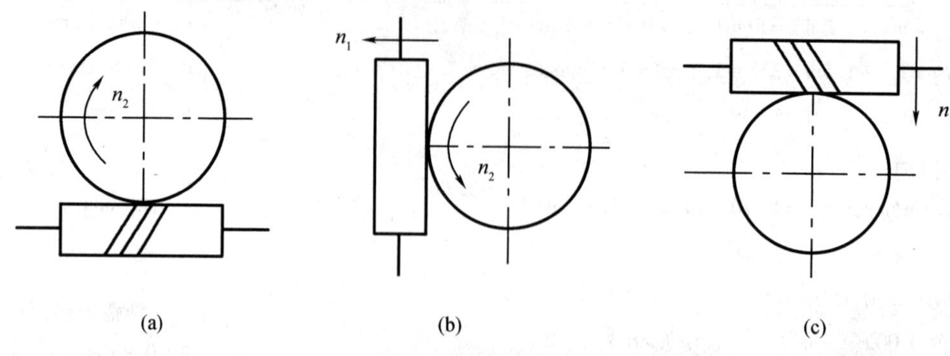

图 9.16　蜗杆蜗轮传动

4. 绞车采用蜗杆传动(如图 9.18 所示),$m = 8$ mm,$q = 8$,$z_1 = 1$,$z_2 = 40$ 卷筒直径 $D = 200$ mm,问:

(1)使重物 Q 上升 1 m,手柄应转多少圈?并在图上标出重物上升时手柄的转向。

(2)若当量摩擦系数 $f_v = 0.2$,该机构是否自锁?

(3)设 $Q = 1\ 000$ kg,人手最大推力为 150 N 时,手柄长度 L 的最小值。

(注:忽略轴承效率)

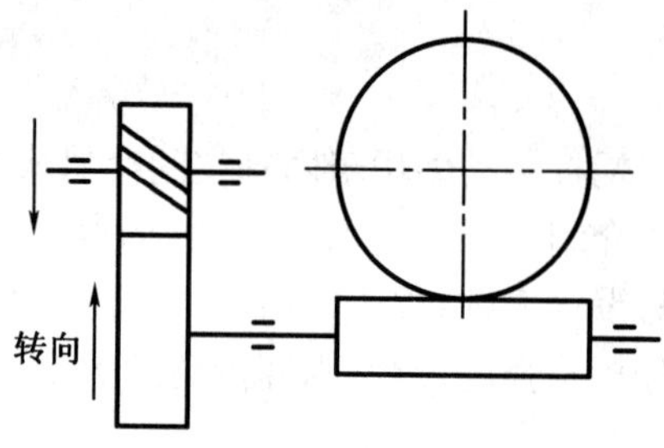

图 9.17　斜齿圆柱齿轮—蜗杆传动

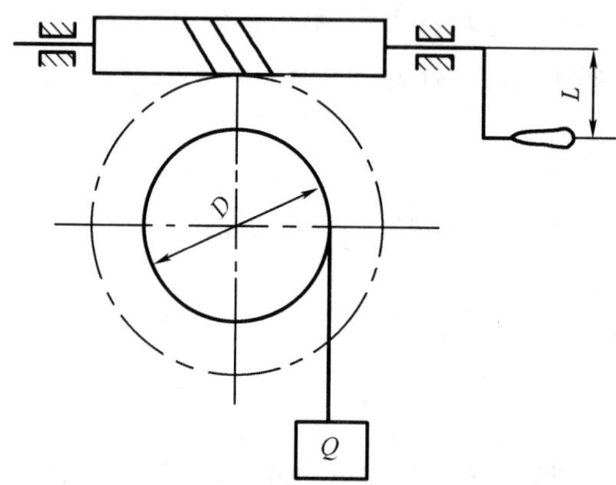

图 9.18　蜗杆传动绞车

第 10 章　轴

【教学目标】

1. 了解轴的功用、类型及材料；熟悉轴结构设计的要求和方法；

2. 能够独立完成轴的受力分析及强度计算；

3. 通过轴的结构设计、受力分析及强度计算，使学生感受机械设计的反复性，学会机械设计的一般步骤，并逐步培养其严谨工作的耐力。

【知识要点】

本章的知识要点是轴的功用、类型及材料，轴的结构设计、轴的强度计算。

【导入案例】

在前置发动机后轮驱动汽车的万向传动装置(图 10.1)中，万向节传动轴安装在变速器输出轴与驱动桥主减速器输入轴之间。万向节传动轴由轴管、伸缩套和万向节组成，伸缩套能自动调节变速器与驱动桥之间距离的变化，万向节是保证变速器输出轴与驱动桥输入轴两轴线夹角的变化，并实现两轴的等角速传动。

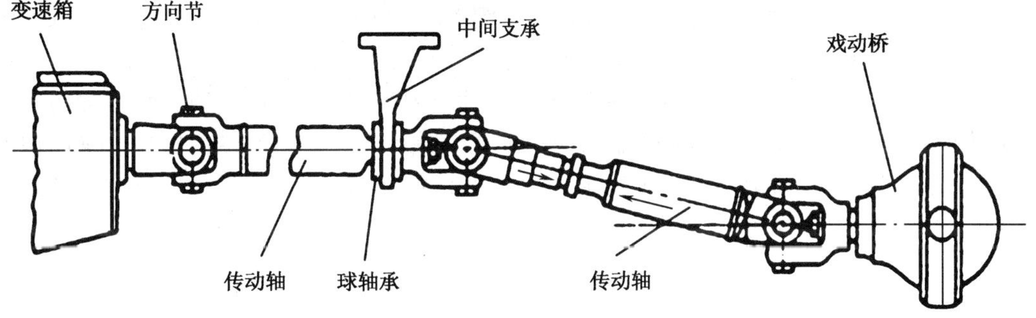

图 10.1　汽车万向传动装置

万向节传动轴常见故障表现为传动轴损坏、磨损、变形以及失去动平衡，造成汽车在行驶中产生异响和振动，严重时会导致相关部件的损坏。汽车行驶中，在起步或急加速时发出“咯噔”的声响，而且明显表现出机件松旷的感觉，如果不是驱动桥传动齿轮松旷则显然是传动轴机件松旷。松旷的部位不外乎是万向节十字轴承或钢碗与凸缘叉，伸缩套的花键轴与花键套。汽车行驶中若底盘发生“嗡嗡”声，而且运行速度越高，声音越大，则这个汽车传动轴常见故障一般是由于万向节十字轴与轴承磨损松旷、传动轴中间轴承磨损、中间橡胶支承损坏或吊架松动，或是由于吊架固定的位置不对所致。

一般来讲，十字轴轴径与轴承旷量不应超过 0.13 mm，伸缩花键轴与花键套啮合间隙不应大于 0.3 mm，超过使用极限应当修复或更换。

10.1 概　　述

轴是组成机器的重要零件之一，各种作回转(或摆动)运动的零件(如带轮、齿轮、联轴器等)都必须安装在轴上才能进行运动及动力的传递。因此，轴的主要功用是支承回转零件及传递运动和动力。

10.1.1　轴的分类

轴按不同的分类方法，有不同的类型。根据承受载荷不同，轴可分为转轴、心轴和传动轴。转轴同时承受扭矩和弯曲载荷的作用，例如齿轮减速器中的轴(图10.2)；心轴只承受弯矩而不传递转矩，例如铁路车辆的轴、自行车的前轴(图10.3)，心轴按轴旋转与否分为转动心轴和固定心轴两种；传动轴只承受扭矩而不承受弯矩或承受弯矩很小，例如汽车传动轴(图10.1、图10.4)。

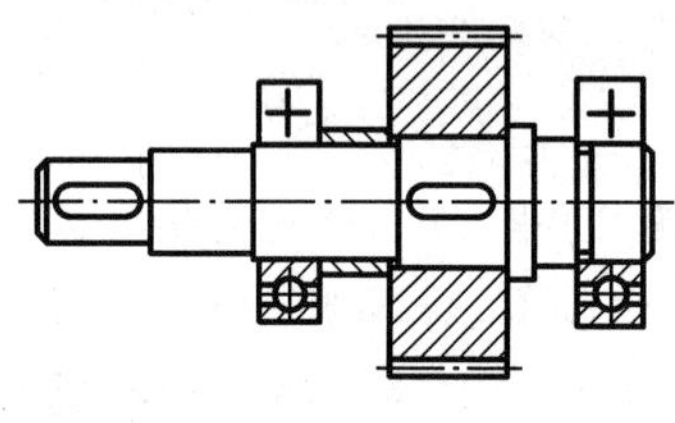

图10.2　转轴

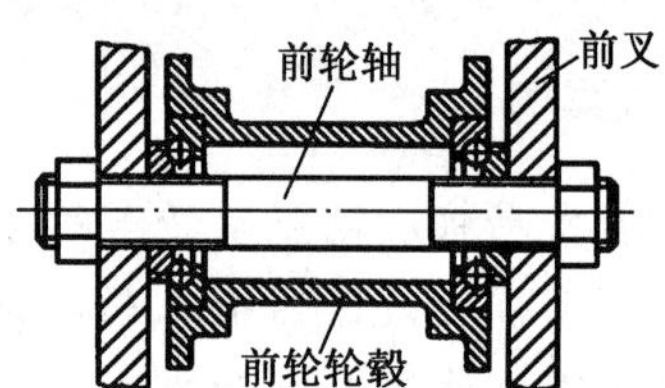

图10.3　心轴

按轴线形状不同，轴可分为直轴(图10.1～图10.4)、曲轴(图10.5)和挠性钢丝轴(图10.6)。直轴按外形可以分为光轴和阶梯轴(图10.2)，阶梯轴便于轴上零件的拆装和定位。轴一般做成实心的，但为了减轻质量或满足某种功能，也可以做成空心轴。曲轴常用于往复式机械中，例如内燃机、空气压缩机等，可以实现直线运动与旋转运动的转换。挠性钢丝轴是由几层紧贴在一起的钢丝层构成，它不受空间的限制，可以将扭矩或旋转运动灵活地传到任何所需的位置，常用于振捣器等设备中。

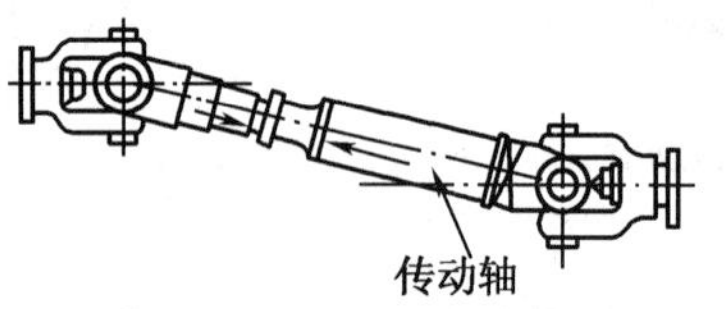

图10.4　传动轴

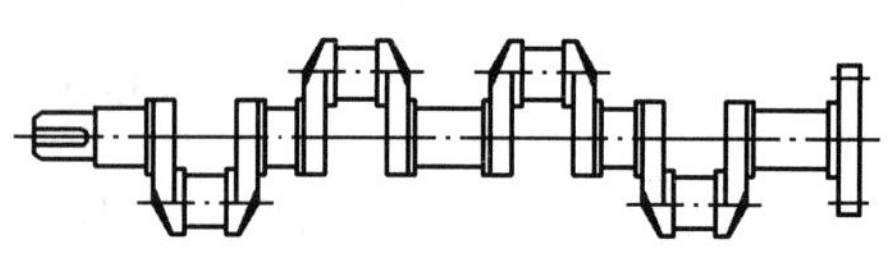

图10.5　曲轴

10.1.2　轴的材料

因为轴工作时产生的应力多为变应力，所以轴的失效多为疲劳损坏，因此轴的材料应具有足够的疲劳强度、较小的应力集中敏感性和良好的加工性能等。

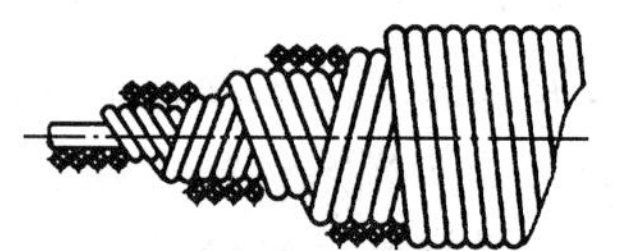

图10.6　挠性钢丝轴

轴的主要材料是碳钢和合金钢。

碳钢价格低廉,对应力集中的敏感性较低,可以利用热处理提高其耐磨性和抗疲劳强度。常用的有35,40,45,50钢,其中以45钢使用最广。对于受力较小的或不太重要的轴,可以使用Q235,Q275等普通碳素钢。

对于要求强度较高、尺寸较小或有其他特殊要求的轴,可以采用合金钢材料。耐磨性要求较高的可以采用20Cr,20CrMnTi等低碳合金钢;要求较高的轴可以使用40Cr(或用35SiMn,40MnB代替),40CrNi(或用38SiMnMo代替)等进行热处理。

合金钢比碳素钢机械强度高,热处理性能好。但对应力集中敏感性高,价格也较高。设计时应特别注意从结构上避免和降低应力集中,提高表面质量等。

对于形状复杂的轴,如曲轴、凸轮轴等,也采用球墨铸铁或高强度铸造材料来进行铸造加工,易于得到所需形状,而且具有较好的吸振性能和好的耐磨性,对应力集中的敏感性也较低。

同时应该知道,在一般工作温度下,各种碳钢和合金钢的弹性模量相差不大,故在选择钢的种类和热处理方法时,所依据的主要是强度和耐磨性,而不是轴的弯曲刚度和扭转刚度等。

表10-1列出了轴常用的材料及其主要力学性能。

表10-1　轴常用的材料及其主要力学性能

材料牌号	热处理类型	毛坯直径/mm	硬度/HBS	抗拉强度 σ_b/MPa	屈服极限 σ_s/MPa	应用说明
Q275~Q235				600~440	275~235	用于不重要的轴
35	正火	≤100	149~187	520	270	用于一般轴
	调质	≤100	156~207	560	300	
45	正火	≤100	170~217	600	300	用于强度高、韧性中等的较重要的轴
	调质	≤200	217~255	650	360	
40Cr	调质	25	≤207	1 000	800	用于强度要求高、有强烈磨损而无很大冲击的重要轴
		≤100	241~286	750	550	
35SiMn	调质	25	≤229	900	750	可代替40Cr,用于中、小型轴
		≤100	229~286	800	520	
42SiMn	调质	25	≤220	900	750	与35SiMn相同,但专供表面淬火之用
		≤100	229~286	800	520	
40MnB	调质	>100~200	217~269	750	470	可代替40Cr,用于小型轴
		25	≤207	1 000	800	
35CrMo	调质	≤200	241~286	750	500	用于重载的轴
		25	≤229	1 000	350	
		≤100	207~269	750	550	
QT600-2		>100~300		700	500	用于发动机的曲轴和凸轮等

10.1.3 轴设计的内容和一般步骤

与其他零件的设计一样,轴的设计包括两个方面的内容。

(1)轴的结构设计

根据轴上零件的安装、定位及轴的制造工艺等方面的要求,合理确定轴的结构形状和尺寸。

(2)轴的工作能力计算

从强度、刚度和振动稳定性等方面来保证轴具有足够的工作能力和可靠性。对于不同机械的轴的工作能力的要求是不同的,必须针对不同的要求进行计算。对于刚度要求较高的轴(例如机床主轴),主要应满足刚度要求;对于一些高速旋转的轴(例如高速磨床主轴、汽轮机主轴等),应满足振动稳定性的要求。但是强度要求是任何轴都必须满足的基本要求。

轴设计的一般步骤是:先根据扭转强度条件,初步确定轴的最小直径;然后,根据轴上零件的相互关系和定位要求,以及轴的加工、装配工艺性等,合理地拟订轴的结构形状和尺寸;在此基础上,再对较为重要的轴进行强度校核。只有在需要时,才进行轴的刚度或振动稳定性校核。

10.2 轴的结构设计

10.2.1 轴结构设计的要求

轴上与轴承配合的部分称为轴颈。与传动零件(带轮、齿轮、联轴器等)配合的部分称为轴头,连接轴颈与轴头的非配合部分通称为轴身。阶梯轴上截面尺寸变化的部位,称为轴肩和轴环。为了固定轴上的零件(如齿轮),轴上开有键槽。为便于加工和装配,以及减少应力集中,轴上还常设有倒角、倒圆、中心孔、退刀槽和砂轮越程槽等工艺结构。

轴的结构设计包括定出轴的合理外形和全部结构尺寸。轴的结构没有标准形式,在进行轴的结构设计时,要针对不同的情况进行具体分析。在合理考虑机器的总体布局,轴上零件的类型及其定位方式,轴上载荷的性质、大小、方向和分布等因素的情况下,主要考虑以下要求:轴上零件便于装拆和调整;轴上零件定位准确,固定可靠;轴具有良好的结构工艺性;尽量减少应力集中。

10.2.2 拟定轴上零件的装配方案

轴的结构形式取决于轴上零件的装配方案。为了使轴近于等强度以及便于轴上零件的安装和拆卸,一般的转轴均为中间大、两端小的阶梯轴。如图 10.7 所示齿轮减速器输出轴,可依次将齿轮、套筒、左端滚动轴承、轴承盖和带轮从轴的左端拆卸,另一滚动轴承从轴的右端拆卸。

根据轴上零件的装配方案进行轴的结构设计时,绘制轴的结构草图和确定各部分尺寸应交互进行。初步设计时,通常按轴所受扭转(即扭转强度计算)来初步估算轴的最小直径,求得最小直径后,从最小直径起根据轴上零件逐一确定各轴段的直径和长度。设计时应考虑各轴径应与装配在该轴段上的传动件、标准件的孔相匹配。轴的各段长度可根据各零件与轴配合部分的轴向尺寸确定。为保证轴向定位可靠,轴头长一般比与之配合的轮毂长缩短 2 ~ 3 mm。

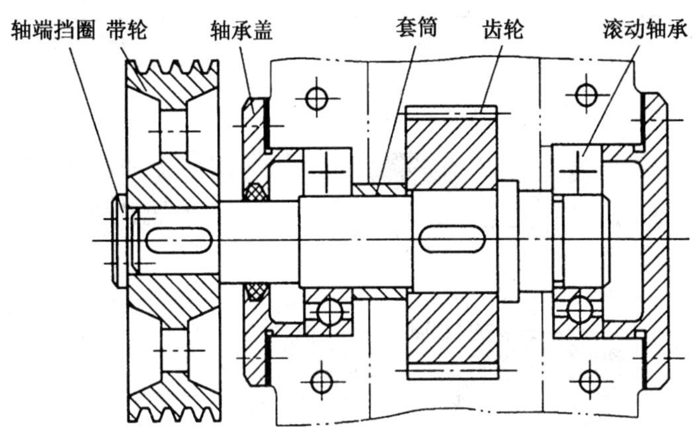

图 10.7　齿轮减速器输出轴上零件装配方案

10.2.3　轴上零件的定位及固定

轴上零件的轴向定位及固定是为了防止在工作中零件沿轴向窜动。零件的轴向定位及固定常采用轴肩、轴环、套筒、圆螺母、轴端挡圈、弹性挡圈、紧定螺钉等，其结构、特点和应用见表 10－2。

表 10－2　轴上零件的轴向定位和固定

固定方式	结构图形	应用说明
轴肩或轴环		固定可靠，承受轴向力大，广泛应用于轴上各种零件的固定
套筒		多用于两个相距不远的零件之间，但增加了轴的回转质量，不宜用于高速轴。套筒厚度必须小于轴承内圈高度 h_1
圆螺母与垫圈	双圆螺母　圆螺母与止动垫圈	常用于轴承之间距离较大且轴上允许车制螺纹的场合。 为减少螺纹对轴强度的削弱，常用细牙螺纹；为防松，可加止动垫圈
弹性挡圈		承受轴向力小或不承受轴向力的场合，常用作滚动轴承的轴向固定；切槽需要一定的精度

表 10 - 2(续)

固定方式	结构图形	应用说明
轴端挡圈		用于轴端,要求固定可靠或承受较大轴向力的场合
紧定螺钉	锁紧挡圈	承受轴向力小或不承受轴向力的场合

轴上零件周向固定的目的是使其随轴一起转动并传递转矩,常用的周向固定方法有键连接、销连接、成型连接(图 10.8)以及过盈配合等,力不大时,也可采用紧定螺钉作为周向固定方法。

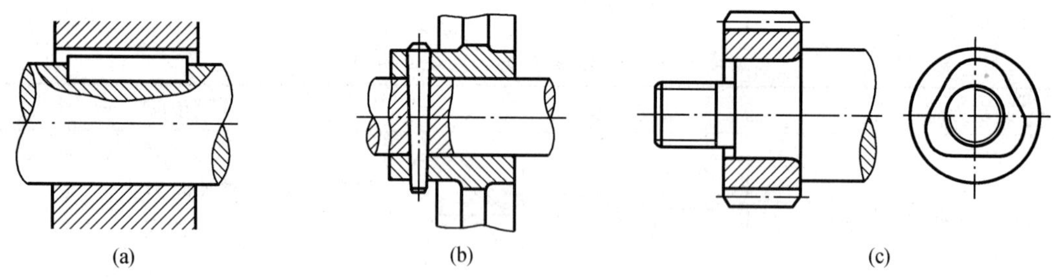

图 10.8　轴上零件的周向固定

(a)键连接;(b)销连接;(c)成型连接

10.2.4　轴的结构工艺性

轴肩由定位面和圆角组成,如图 10.9 所示。为了保证轴上零件的端面能紧靠定位面,

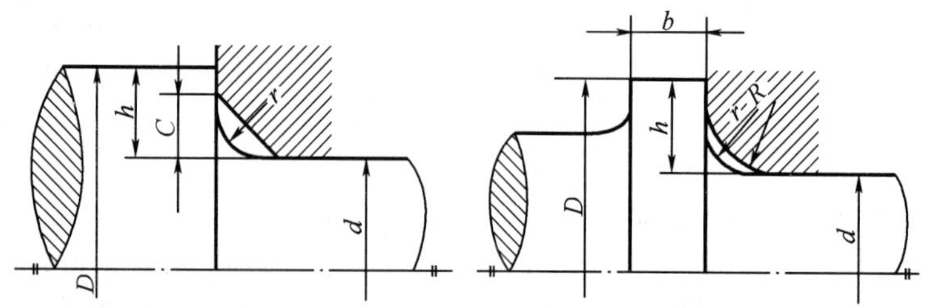

图 10.9　轴肩圆角与轴上零件倒角或圆角

轴肩的圆角半径 r 应小于零件上的倒角 C 或圆角半径 R。C 和 R 的尺寸可查有关的机械设计手册。为了便于切削加工，一根轴上的圆角应尽可能取相同半径。

轴肩、轴环高度取 $h_{min} \geq (0.07 \sim 0.1)d$；但安装滚动轴承的轴肩，轴环高度 h 必须小于轴承内圈高度 h_1(由轴承标准查取)以便轴承的拆卸。轴环宽度 $b \approx 1.4h$。

为了便于装配，轴端应加工出倒角(一般为45°)(图10.10(a))，以免装配时把轴上零件的孔壁擦伤；过盈配合零件的装入端应加工出导向锥面(图10.10(b))，以便零件能顺利压入。

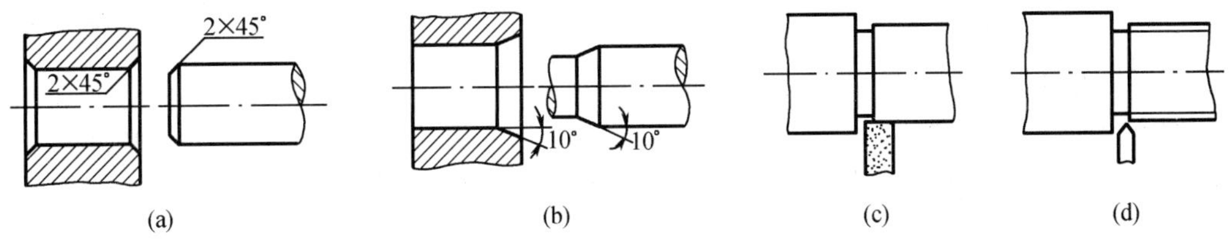

图10.10 倒角、锥面、砂轮越程槽和退刀槽

(a)倒角；(b)锥面；(c)砂轮越程槽；(d)退刀槽

需要磨削的轴段，应该留有砂轮越程槽(图10.10(c))，以便磨削时砂轮可以磨削到轴肩的端部；需要切制螺纹的轴段，应留有退刀槽(图10.10(d))，以保证螺纹牙均能达到预期的高度。

一根轴上各键槽应开在同一母线上，若开有键槽的轴段直径相差不大时，应尽可能采用相同宽度的键槽(图10.11)，以减少换刀次数。

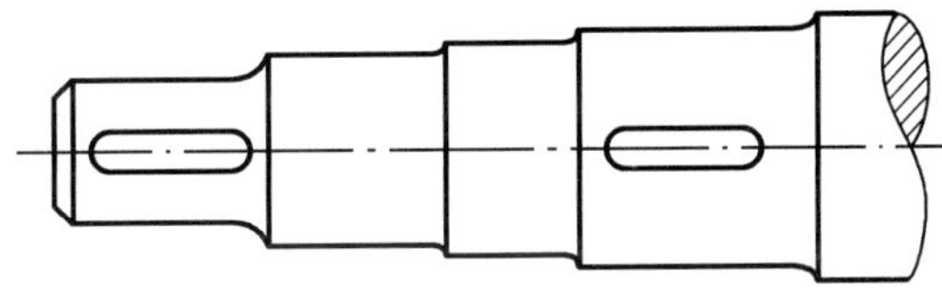

图10.11 键槽的布置

工艺性往往是评价设计优劣的一个重要方面，为了便于制造、降低成本，一根轴上的具体结构都必须认真考虑。

10.2.5 提高轴强度和刚度的措施

(1)改进轴结构，降低应力集中

应力集中多产生在轴截面尺寸发生急剧变化的地方，要降低应力集中，就要尽量减缓截面尺寸变化。直径变化处应平滑过渡，制成半径尽可能大的圆角；轴上尽可能不开槽、孔及车制螺纹，以免削弱轴强度；为了减小过盈配合处的应力集中，可采用卸荷槽(图10.12)。

(2)提高轴的表面质量

因疲劳裂纹常发生在轴表面质量差的地方，故提高轴的表面质量有利于提高轴的强度。除控制轴的表面粗糙度外，还可采用表面强化处理，如渗碳、碾压、喷丸等方法。

(3)改进轴上零件的结构以减少轴的载荷

通过改进轴上零件的结构也可减少轴上的载荷。例如图10.13所示起重卷筒的两种安装方案中，方案(a)是大齿轮和卷筒连在一起，转矩经大齿轮直接传给卷筒，卷筒轴只受弯矩而不受扭矩；方案(b)是大齿轮将转矩通过轴传到卷筒，因而卷筒轴既受弯矩又受扭矩。在同样的载荷 W 作用下，方案(a)中轴的直径显然可以比方案(b)中的轴径小。

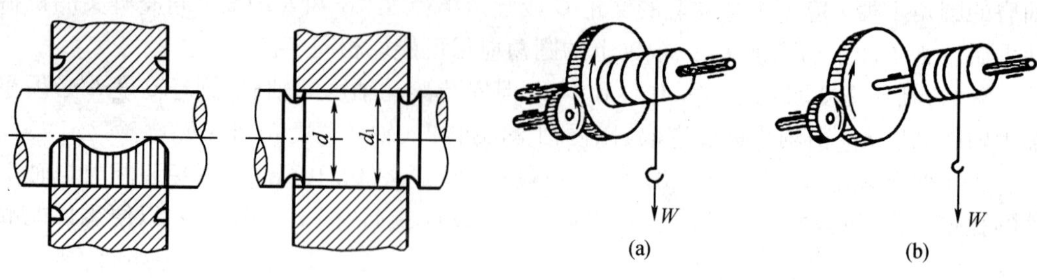

图 10.12　卸荷槽　　　图 10.13　起重卷筒两种方案

(4)改变轴上零件的位置以减小轴的载荷

如图 10.14 所示,轴上转矩需由两轮输出,输入轮宜置于两输出轮中间(方案(a)),此时轴的最大扭矩为 $\max\{T_1,T_2\}$;而方案(b)中轴的最大扭矩为 T_1+T_2。

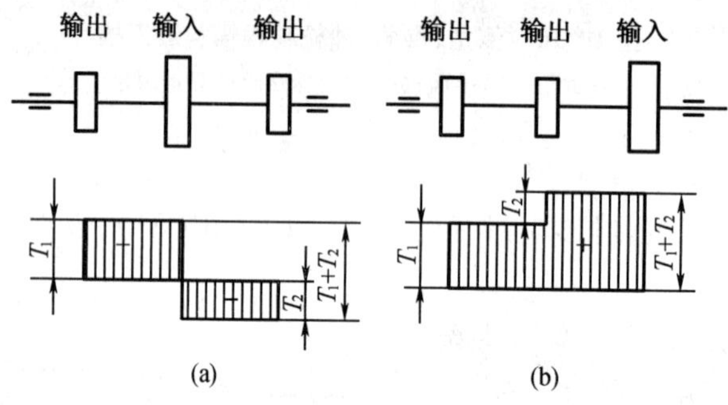

图 10.14　轴上零件的两种布置方案

10.3　轴的强度计算

10.3.1　按扭转强度计算

在进行轴的结构设计时,通常只按轴的扭转强度初步估算轴径。如果轴还受不大的弯矩,可用降低许用扭切应力的方法予以考虑。对于不大重要的轴,也可作为最后的计算结果。

设轴在转矩 T 的作用下,产生扭切应力 τ。对于圆截面的实心轴,其抗扭强度条件为

$$\tau=\frac{T}{W_T}=\frac{T}{\pi d^3/16}\frac{9.55\times10^6P}{0.2d^3n}\leqslant[\tau] \qquad (10-1)$$

式中　T——轴所传递的转矩,N·mm;

W_T——轴的抗扭截面系数,mm^3;

P——轴所传递的功率,kW;

n——轴的转速,r/min;

$\tau,[\tau]$——分别为轴的扭切应力和许用扭切应力,MPa;

d——轴的直径,mm。

轴的设计计算公式为

$$d \geqslant \sqrt[3]{\frac{9.55 \times 10^6}{0.2[\tau]}} \sqrt[3]{\frac{P}{n}} = C \sqrt[3]{\frac{P}{n}} \tag{10-2}$$

式中，C 是由轴的材料并考虑弯曲影响确定的系数。见表 10-3。当作用在轴上的弯矩比转矩小，或轴只受转矩时，$[\tau]$ 值取较大值，C 值取较小值，否则相反。

表 10-3　常用材料的 C 值和 $[\tau]$ 值

轴的材料	Q235,20	35	45	40Cr,35SiMn,42SiMn,38SiMnMo,20CrMnTi
C	160~135	135~118	118~107	107~98
$[\tau]$/MPa	12~20	20~30	30~40	40~52

10.3.2　按弯扭合成强度计算

按扭转强度初步估算轴径，并按轴结构设计要求对轴结构设计后，完成单级圆柱齿轮减速器设计草图(图 10.15)，图中各符号表示有关的长度尺寸。显然，零件在草图中布置妥当后，外载荷和支反力的作用位置即可确定。此时可进行轴的受力分析及绘制弯矩图、扭矩图，进而按弯扭合成强度计算，校核结构设计时的轴径。

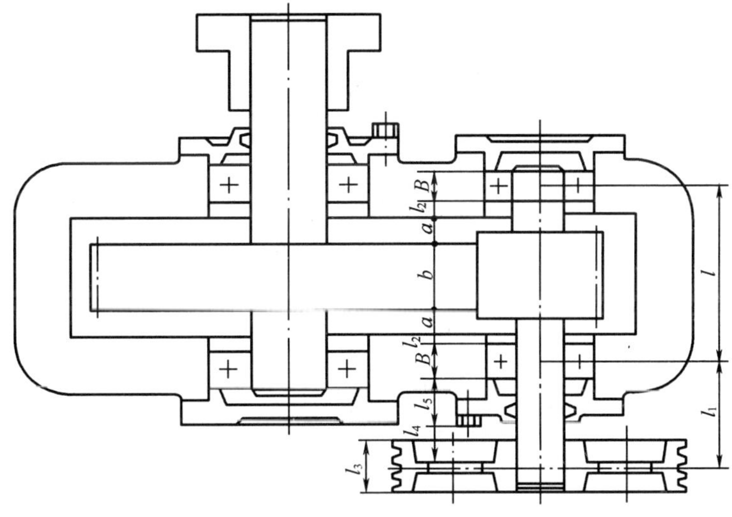

图 10.15　单级圆柱齿轮减速器设计草图

对于钢制轴，应用材料力学第三强度理论(即弯扭合成强度理论)可得危险截面的当量应力 σ_e，其强度条件为

$$\sigma_e = \sqrt{\sigma_b^2 + 4\tau^2} \leqslant [\sigma_b] \tag{10-3}$$

式中，σ_b 为危险截面上弯矩 M 产生的弯曲应力。对于直径为 d 的圆轴

$$\sigma_b = \frac{M}{W} = \frac{M}{\frac{\pi d^3}{32}} \approx \frac{M}{0.1d^3} \tag{10-4}$$

式中，W 为轴的抗弯截面系数。将式(10－4)和式(10－1)中的 σ_b 和 τ 代入式(10－3)，得

$$\sigma_e = \sqrt{\left(\frac{M}{W}\right)^2 + 4\left(\frac{T}{W_T}\right)^2} = \sqrt{\left(\frac{M}{W}\right)^2 + 4\left(\frac{T}{2W}\right)^2} = \frac{\sqrt{M^2 + T^2}}{W} \leqslant [\sigma_b] \tag{10-5}$$

由于轴的回转，即使载荷大小和方向不变，其弯曲应力也为对称循环变应力，而转矩的循环特性则需视具体情况而定。考虑二者循环特性的不同，对式(10－5)中的 T 乘以折合系数 α，即

$$\sigma_e = \frac{\sqrt{M^2 + (\alpha T)^2}}{W} = \frac{M_e}{W} = \frac{M_e}{0.1d^3} \leqslant [\sigma_{-1b}] \tag{10-6}$$

式中　M_e——当量弯矩，N·mm，$M_e = \sqrt{M^2 + (\alpha T)^2}$；

α——根据轴所传递的扭矩性质而定的折合系数，若为不变扭矩，则 $\alpha = 0.3$；扭矩为脉动循环，则 $\alpha \approx 0.6$；对称循环的扭矩（如转轴频繁正反转时），取 $\alpha = 1$；若转矩变化规律不清楚，一般按脉动循环处理；

$[\sigma_{+1b}]$，$[\sigma_{0b}]$，$[\sigma_{-1b}]$——分别为静应力、对称循环、脉动循环状态下的许用弯曲应力，MPa，见表 10－4。

表 10－4　轴的许用弯曲应力　　单位：MPa

材料	σ_b	$[\sigma_{+1b}]$	$[\sigma_{0b}]$	$[\sigma_{-1b}]$
碳素钢	400	130	70	40
	500	170	75	45
	600	200	95	55
	700	230	110	65
合金钢	800	270	130	75
	900	300	140	80
	1 000	330	150	90
铸钢	400	100	50	30
	500	120	70	40

通常外载荷不是作用在同一平面内，这时应先将这些力分解到水平面和垂直面内，并求各面的支反力，再绘制出水平面弯矩图 M_H、垂直面弯矩图 M_V 和合成弯矩图 M；然后绘制转矩图 T，最后求当量弯矩 $M_e = \sqrt{M^2 + (\alpha T)^2}$。由式(10－6)得计算轴径时的设计式为

$$d \geqslant \sqrt[3]{\frac{M_e}{0.1[\sigma_{-1b}]}} \tag{10-7}$$

由式(10－7)计算轴径的轴段开有键槽时，轴径应增大 3%～5%，以补偿键槽对轴强度的削弱。计算出的轴径还应与结构设计中相应轴段的轴径比较，若比结构设计中的轴径大，说明结构图中轴的强度不够，必须修改结构设计；若比结构设计中的轴径小，且二者相差不大，一般就以结构设计的轴径为准。

10.4 轴的刚度计算简介

轴受载荷的作用后会发生弯曲、扭转变形，如变形过大会影响轴上零件的正常工作。例如装有齿轮的轴，如果变形过大会使啮合状态恶化；机床主轴若刚度不够，会影响零件的加工精度。因此，对于有刚度要求的轴必须进行轴的刚度校核计算。轴的刚度有弯曲刚度和扭转刚度两种。

1. 轴的弯曲刚度校核计算

应用材料力学的计算公式和方法算出轴的挠度 y 或转角 θ，并使其满足下式

$$y \leqslant [y] \tag{10-8}$$

$$\theta \leqslant [\theta] \tag{10-9}$$

式中，$[y]$、$[\theta]$分别为许用挠度或许用转角，其值见表 10－5。

2. 轴的扭转刚度校核计算

应用材料力学的计算公式和方法算出轴每米长的扭转角 φ，并使其满足下式

$$\varphi \leqslant [\varphi] \tag{10-10}$$

式中，$[\varphi]$为轴每米长的许用扭转角。一般传动的$[\varphi]$值列于表 10－5 中。

表 10－5 轴的许用变形量

变形		使用场合	许用变形量
弯曲变形	挠度 $[y]$/mm	一般用途的转轴	$(0.000\,3 \sim 0.000\,5)L$，($L$ 为轴的跨距)
		需要较高刚度的转轴	$<0.000\,2\,L$
		安装齿轮的轴	$(0.01 \sim 0.03)m$，(m 为模数)
		安装蜗轮的轴	$(0.02 \sim 0.05)m$
	转角 $[\theta]$/rad	安装齿轮处	0.001～0.002
		滑动轴承处	<0.001
		深沟球轴承处	<0.005
		圆锥滚子轴承处	<0.001 6
扭转变形	每米长的扭转角 $[\varphi]$/[°/m]	一般传动	0.5～1
		较精密传动	0.25～0.5
		重要传动	<0.25

【综合应用实例】

例 如图 10.16 所示的带式运输机驱动方案中采用单级斜齿圆柱齿轮减速器。已确定从动轴传递功率 $P=13$ kW，从动轮转速 $n_2=220$ r/min，齿轮分度圆直径 $d_2=269.1$ mm，螺旋角 $\beta=9°59'12''$，齿轮宽度 $b=90$ mm，采用7211 角接触球轴承，单向传动。试设计该减速器从动轴。

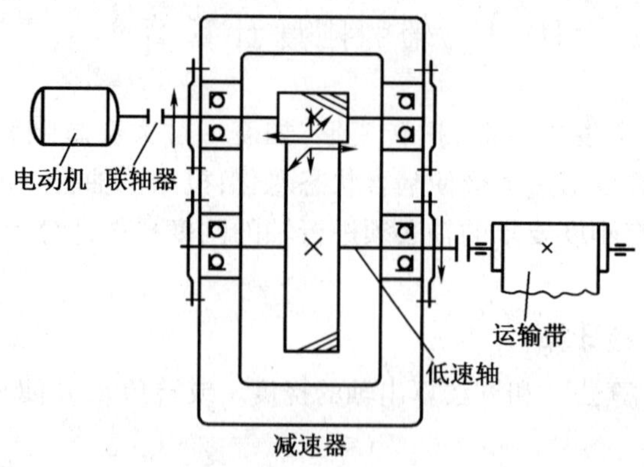

图 10.16 带式运输机驱动方案

解 设计计算步骤如下表

计算与说明	主要结果
1. 选择轴的材料,确定许用应力 因减速器为一般机械,无特殊要求,故选用 45 钢,正火处理。查表 10-1,取$\sigma_b=600$ MPa,查表 10-4 得 $\sigma_{-1b}=55$ MPa。	$\sigma_b=600$ MPa $\sigma_{-1b}=55$ MPa
2. 按扭转强度初估轴的最小直径 查表 10-3 取 $C=115$,则 $d\geqslant C\sqrt[3]{\frac{P}{n}}=115\sqrt[3]{\frac{13}{220}}=44.79$ mm 轴端装联轴器开有键槽,故应将轴径增大 5%,即 $d=44.70\times1.05=47.03$ mm。 考虑补偿轴的位移,选用弹性柱销联轴器。由 $n_2=220$ r/min 和转矩 $T_c=KT=K\times9\ 550\times10^3\ \frac{P}{n_2}=1.5\times9\ 550\times10^3\ \frac{13}{220}$ $=8.46\times10^5$ N·mm 查 GB/ T 5014—85 选用 HL4 弹性柱销联轴器,标准孔径 $d=48$ mm。(取工况系数 $K=1.5$)	$d=48$ mm 联轴器规格:HL4 48×84GB/T5014—85
3. 轴的结构设计 轴上零件有左轴承、齿轮、右轴承、轴承透盖、联轴器等,拟定轴上零件装配方案,绘制轴的结构草图如图 10.17 所示。 做轴的结构设计时,绘制轴的结构草图和确定各部分尺寸应交互进行。 (1)确定轴上零件的定位和固定方式。斜齿轮传动有轴向力,故采用角接触球轴承。半联轴器左端用轴肩定位,依靠 A 型普通平键连接和过渡配合(H7/k6)实现周向固定。齿轮布置在两轴承中间,左侧用轴环定位,右侧用套筒与轴承隔开并作轴向定位;齿轮和轴选用 A 型平键和间隙配合(H7/h6)作周向固定;两端轴承选用过渡配合(k6)作周向固定;左轴承靠轴肩和轴承盖,右轴承靠套筒和轴承盖作轴向定位。	

计算与说明	主要结果
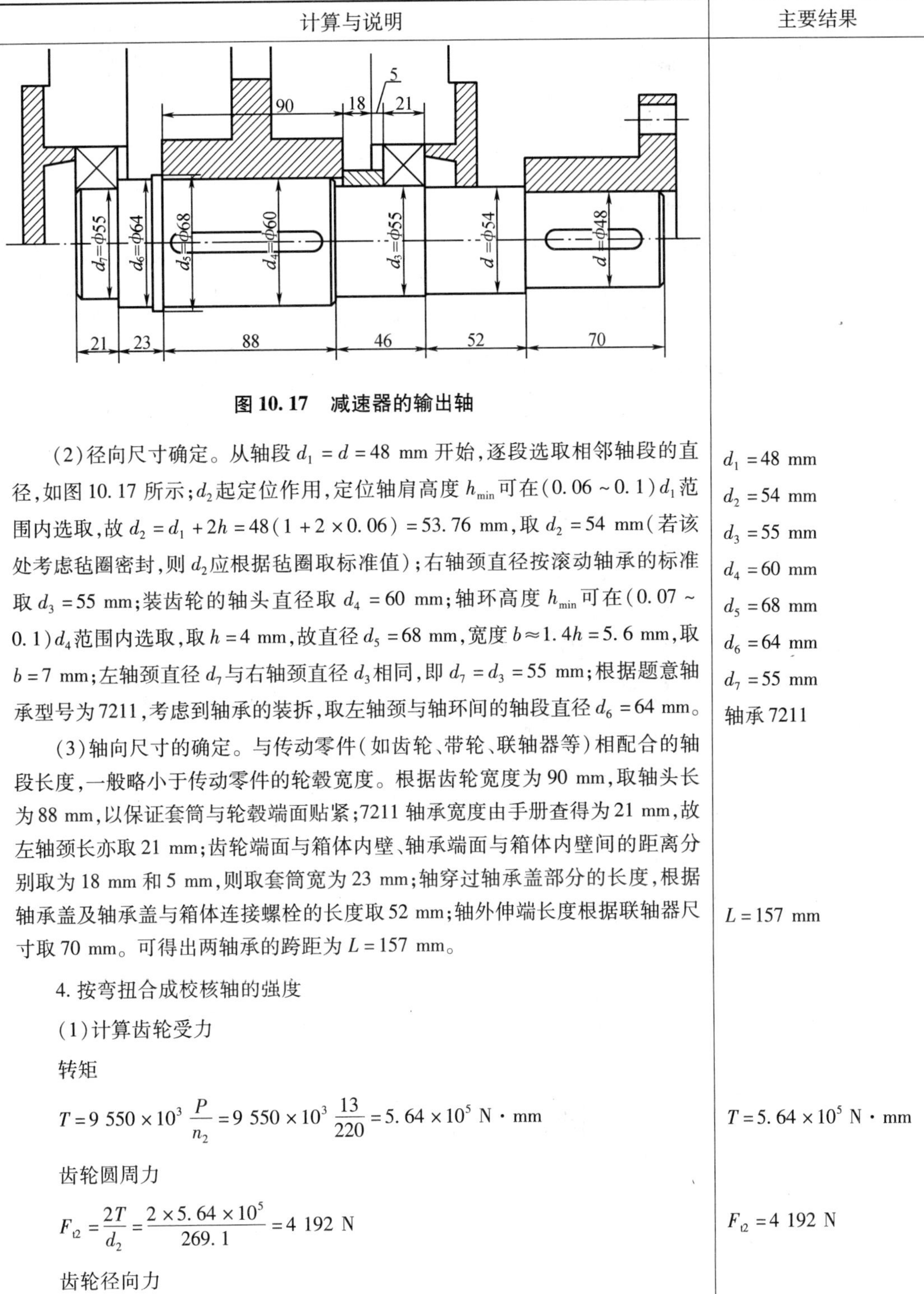 **图 10.17　减速器的输出轴**	
(2)径向尺寸确定。从轴段 $d_1=d=48$ mm 开始,逐段选取相邻轴段的直径,如图 10.17 所示;d_2起定位作用,定位轴肩高度 $h_{\min}$可在(0.06～0.1)d_1范围内选取,故 $d_2=d_1+2h=48(1+2\times0.06)=53.76$ mm,取 $d_2=54$ mm(若该处考虑毡圈密封,则 d_2应根据毡圈取标准值);右轴颈直径按滚动轴承的标准取 $d_3=55$ mm;装齿轮的轴头直径取 $d_4=60$ mm;轴环高度 $h_{\min}$可在(0.07～0.1)d_4范围内选取,取 $h=4$ mm,故直径 $d_5=68$ mm,宽度 $b\approx1.4h=5.6$ mm,取 $b=7$ mm;左轴颈直径 d_7与右轴颈直径 d_3相同,即 $d_7=d_3=55$ mm;根据题意轴承型号为7211,考虑到轴承的装拆,取左轴颈与轴环间的轴段直径 $d_6=64$ mm。	$d_1=48$ mm $d_2=54$ mm $d_3=55$ mm $d_4=60$ mm $d_5=68$ mm $d_6=64$ mm $d_7=55$ mm 轴承 7211
(3)轴向尺寸的确定。与传动零件(如齿轮、带轮、联轴器等)相配合的轴段长度,一般略小于传动零件的轮毂宽度。根据齿轮宽度为 90 mm,取轴头长为 88 mm,以保证套筒与轮毂端面贴紧;7211 轴承宽度由手册查得为 21 mm,故左轴颈长亦取 21 mm;齿轮端面与箱体内壁、轴承端面与箱体内壁间的距离分别取为 18 mm 和 5 mm,则取套筒宽为 23 mm;轴穿过轴承盖部分的长度,根据轴承盖及轴承盖与箱体连接螺栓的长度取 52 mm;轴外伸端长度根据联轴器尺寸取 70 mm。可得出两轴承的跨距为 $L=157$ mm。	$L=157$ mm
4. 按弯扭合成校核轴的强度 (1)计算齿轮受力 转矩 $T=9\ 550\times10^3\dfrac{P}{n_2}=9\ 550\times10^3\dfrac{13}{220}=5.64\times10^5$ N·mm	$T=5.64\times10^5$ N·mm
齿轮圆周力 $F_{t2}=\dfrac{2T}{d_2}=\dfrac{2\times5.64\times10^5}{269.1}=4\ 192$ N	$F_{t2}=4\ 192$ N
齿轮径向力 $F_{r2}=F_{t2}\dfrac{\tan\alpha_n}{\cos\beta}=4\ 192\dfrac{\tan20°}{\cos9°59'12''}=1\ 549$ N	$F_{r2}=1\ 594$ N
齿轮轴向力	

计算与说明	主要结果
$F_{a2}=F_{t2}\tan\beta=4\ 192\tan9°59'12''=738\ \text{N}$	$F_{a2}=738\ \text{N}$
(2)绘制轴的受力简图(图 10.18(a))	
(3)计算支反力	
水平面支反力(图 10.18(b))为	
$R_{HA}=R_{HB}=\dfrac{F_{t2}}{2}=\dfrac{4\ 192}{2}=2\ 096\text{N}$	$R_{HA}=R_{HB}=2\ 096\ \text{N}$
垂直面支反力(图 10.18(c))为	
$R_{VA}=\dfrac{F_{r2}\dfrac{L}{2}-F_{a2}\dfrac{d_2}{2}}{L}=\dfrac{1\ 549\times\dfrac{157}{2}-738\times\dfrac{269.1}{2}}{157}=142\ \text{N}$	$R_{VA}=142\ \text{N}$
$R_{VB}=F_{r2}-R_{VA}=1\ 549-142=1\ 407\ \text{N}$	$R_{VB}=1\ 470\ \text{N}$
图 10.18 轴的受力和弯矩、扭矩图	
(4)绘制弯矩图	
水平面弯矩图(图 10.18(b)),C 截面处的弯矩为	
$M_{HC}=R_{HA}\dfrac{L}{2}=2\ 096\times\dfrac{157}{2}=164\ 536\ \text{N}\cdot\text{mm}$	$M_{HC}=164\ 536\ \text{N}\cdot\text{mm}$
垂直面弯矩图(图 10.18(c)),C 截面偏左处的弯矩为	

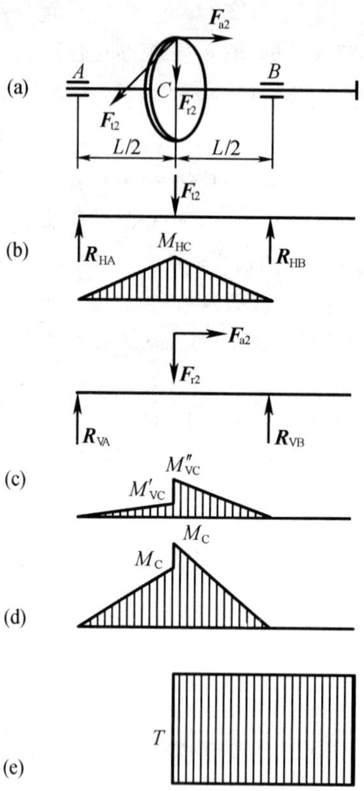

计算与说明	主要结果
$M'_{VC}=R_{VA}\frac{L}{2}=142\times\frac{157}{2}=11\ 147\ N\cdot mm$	$M'_{VC}=11\ 147\ N\cdot mm$
C 截面偏右处的弯矩为	
$M''_{VC}=R_{VB}\frac{L}{2}=1\ 407\times\frac{157}{2}=110\ 449.5\ N\cdot mm$	$M''_{VC}=110\ 449.5\ N\cdot mm$
作合成弯矩图(图 10.18(d)),C 截面偏左的合成弯矩为	
$M'_C=\sqrt{M_{HC}^2+M'^2_{VC}}=\sqrt{164\ 536^2+11\ 147^2}=164\ 913\ N\cdot mm$	$M'_C=164\ 913\ N\cdot mm$
C 截面偏右的合成弯矩为	
$M''_C=\sqrt{M_{HC}^2+M''^2_{VC}}=\sqrt{164\ 536^2+110\ 449.5^2}=198\ 170\ N\cdot mm$	$M''_C=198\ 170\ N\cdot mm$
(5)作扭矩图(图 10.18(e))	
$T=9\ 550\times10^3\frac{P}{n_2}=9\ 550\times10^3\frac{13}{220}=5.64\times10^5\ N\cdot mm$	
(6)校核轴的强度	
轴在截面 C 处的弯矩和扭矩最大,故为轴的危险截面,校核该截面直径。因是单向传动,扭矩可认为按脉动循环变化,故取 $\alpha=0.6$,危险截面的最大当量弯矩为	
$M_e=\sqrt{M''^2_C+(\alpha T)^2}=\sqrt{198\ 170^2+(0.6\times564\ 000)^2}=392\ 155\ N\cdot mm$	$M_e=392\ 155\ N\cdot mm$
轴危险截面所需的直径为	
$d_C\geqslant\sqrt[3]{\frac{M_e}{0.1[\sigma_{-1b}]}}=\sqrt[3]{\frac{392\ 155}{0.1\times55}}=41.47\ mm$	
考虑到该截面上开有键槽,故将轴径增大 5%,即	
$d_C=41.47\times1.05=43.54\ mm<60\ mm$	
结论:该轴强度足够。如所选轴承和键连接等经计算后确认寿命和强度均能满足,则该轴的结构无须修改。	
5. 绘制轴的零件工作图(略)	

本 章 小 结

本章主要介绍了轴的功用、类型及材料;轴的结构设计内容及要求;轴的强度计算及刚度计算简介。本章重点是轴的结构设计及强度计算方法。

习　　题

一、思考题

1. 轴按受载荷的情况可分哪三类?试分析自行车的前轴、中轴、后轴的受载情况,说明它们各属于哪类轴?

2. 为提高轴的刚度,把轴的材料由 45 钢改为合金钢是否有效,为什么?

3. 轴的结构设计应考虑哪几方面的问题?

4. 轴上零件的轴向及周向固定各有哪些方法，各有何特点，各应用于什么场合？

5. 轴的当量弯矩计算公式 $M_e = \sqrt{M^2 + (\alpha T)^2}$ 中，应力折合系数 α 的含义是什么，如何取值？

二、分析计算题

1. 试分析图 10.19 所示卷扬机中各轴所受的载荷，并由此判定各轴的类型。（轴的自重、轴承中的摩擦均不计）

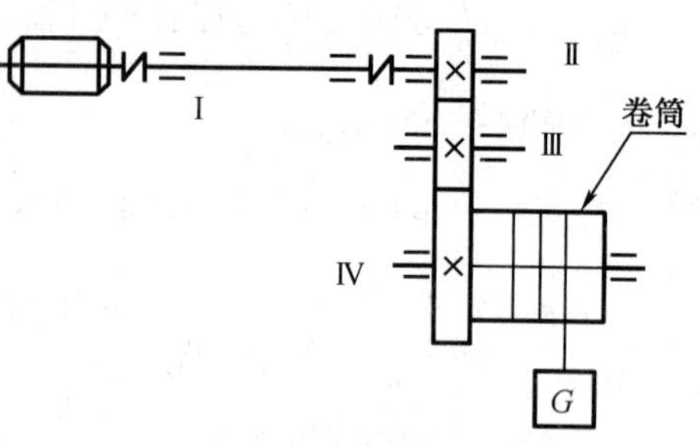

图 10.19　卷扬机示意图

2. 指出图 10.20 中的结构错误，用圆圈圈出错误位置，给出序号并说明理由。

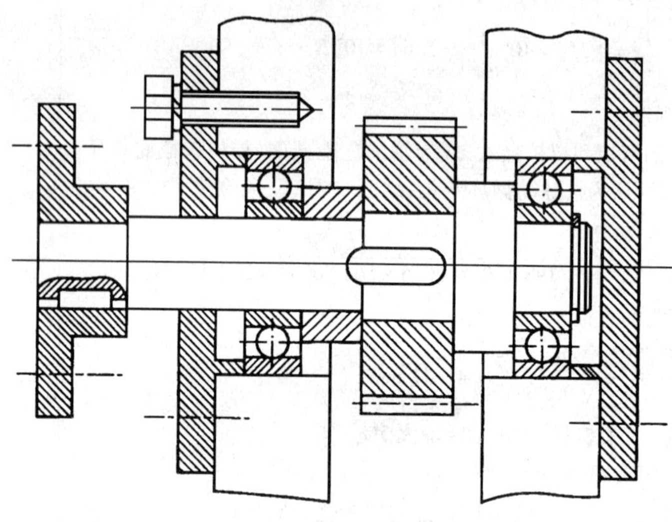

图 10.20　错误的轴系结构

3. 如图 10.21 所示的锥齿轮减速器主动轴。已知锥齿轮的平均分度圆直径 $d_m = 56.25$ mm，所受圆周力 $F_t = 1\ 130$ N，径向力 $F_r = 380$ N，轴向力 $F_a = 146$ N。试求：

①画出轴的受力简图；

②计算支承反力；

③画出轴的弯矩图、合成弯矩图及转矩图。

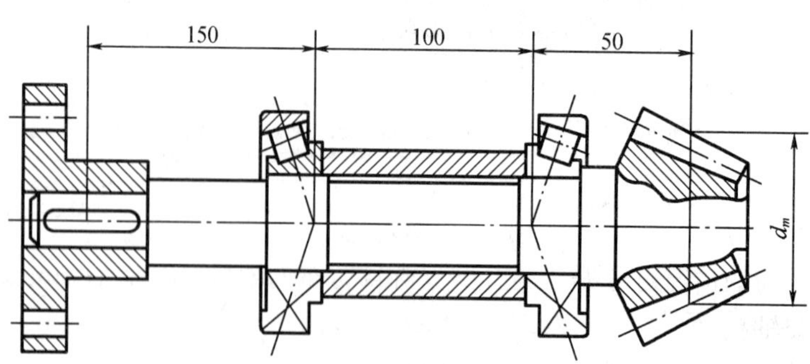

图 10.21　锥齿轮减速器主动轴

第11章　滑动轴承

【教学目标】

1. 了解滑动轴承的特点、分类及应用，滑动轴承的结构及其润滑方式；
2. 了解液体动压润滑径向滑动轴承的工作过程、压力曲线、计算要点；
3. 熟悉滑动轴承的失效形式、材料及轴瓦结构；
4. 能够独立完成非液体摩擦滑动轴承的条件性计算；
5. 通过滑动轴承结构、失效形式、材料、非液体摩擦滑动轴承条件性计算等知识的学习，使学生学会机械零件设计中的耐磨性计算，感受机械设计中经验的重要性，并逐步培养其严谨的工作态度和认真细致的工作作风。

【知识要点】

本章的知识要点是滑动轴承的特点、分类及应用，滑动轴承的结构、失效形式、常用材料及轴瓦结构，非液体摩擦滑动轴承的条件性计算，液体动压润滑径向滑动轴承的工作过程、压力曲线、计算方法。

【导入案例】

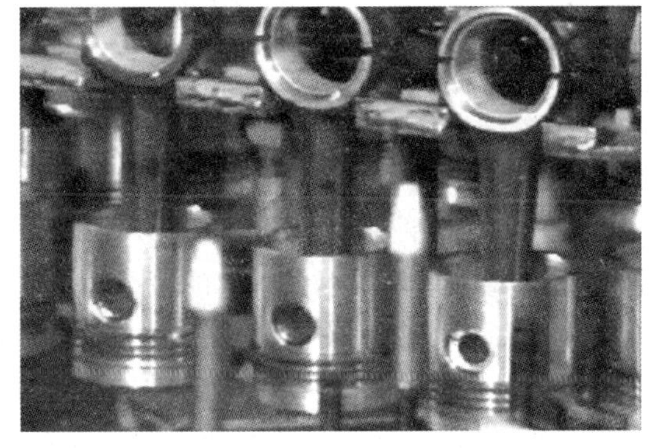

图11.1　汽车发动机曲轴轴承

图11.1所示为汽车发动机中的曲轴轴承，这类轴承的主要破坏形式为磨损失效。根据轴承失效的表面外观现象、产生机理、工况以及环境差异等，常分为四类：磨粒磨损、疲劳磨损、黏着磨损以及腐蚀磨损。其中磨损最为严重时，导致发动机停机失效的是曲轴咬死。实践证明，轴瓦合金层的磨损失效只是发动机非正常运行的初期征兆。对于汽车发动机轴承这一对摩擦副而言，曲轴是主要的，轴承是“保护”轴颈的，显然从设计到制造，均为“从属”件，也就是说，同曲轴相比，轴瓦是易损件。

发动机轴承既要传递载荷扭矩，又要传递运动，必然产生摩擦、磨损。而防止异常磨损，减小摩擦的主要方法就是润滑。因此，正确设计润滑系统是避免上述问题的主要手段，除此之外，选用高质量的、满足发动机高要求的润滑油液也非常重要。

11.1　概　　述

轴承是支承轴颈或轴的回转件。根据轴承的工作原理可分：滚动摩擦轴承（滚动轴承）和滑动摩擦轴承（滑动轴承）。滑动轴承表面能形成润滑膜将运动副表面分开，使滑动摩擦力大大降低，由于运动副表面不直接接触，因此也避免了磨损。滑动轴承的承载能力大，回转精度高，润滑膜具有抗冲击作用，因此，在工程上获得广泛的应用。

1. 滑动轴承的定义

滑动轴承(sliding bearing)是在滑动摩擦下工作的轴承。

2. 滑动轴承的发展史

中国是世界上较早发明轴承的国家之一，在中国古籍中，关于车轴轴承的构造早有记载。从考古文物与资料看，中国最古老的具有现代轴承结构雏形的轴承，出现于公元前221～207年(秦朝)的今山西省永济县薛家崖村。新中国成立后，特别是上世纪七十年代以来，在改革开放的强大推动下，轴承工业进入了一个崭新的高质快速发展时期。在十七世纪末，英国的C. 瓦洛设计制造了球轴承，并装在邮车上试用；英国的P. 沃思取得球轴承的专利。十八世纪末德国的H. R. 赫兹发表关于球轴承接触应力的论文。在赫兹成就的基础上，德国的R. 施特里贝克、瑞典的A. 帕姆格伦等人进行了大量的试验，对发展滚动轴承的设计理论和疲劳寿命计算作出了贡献。随后，俄国的N. P. 彼得罗夫应用牛顿黏性定律计算轴承摩擦。英国的O. 雷诺对托尔的发现进行了数学分析，导出了雷诺方程，从此奠定了流体动压润滑理论的基础。早期的直线运动轴承形式，就是一排在撬板下放置一排木杆。这个技术或许可以追溯到修建吉萨大金字塔的时候，虽然还没有明确的证据。现代直线运动轴承应用的是同一种工作原理，只不过有时用球代替滚子。最早的滑动和滚动体轴承是木制的。陶瓷、蓝宝石或者玻璃也有使用，钢、铜、其他金属、塑料(比如尼龙、胶木、特氟隆和UHMWPE)都被普遍使用。

3. 滑动轴承的特点和应用

非液体摩擦滑动轴承具有结构简单，使用方便等优点，在转速不太高、不重要的轴上可以采用非液体摩擦滑动轴承。因非液体摩擦轴承损耗较大，易磨损，所以目前较重要的轴承普遍采用滚动轴承。但由于在大功率、高速机器中对轴承的精度提出了更高的要求，并要求有较长的寿命，滚动轴承有时难以满足要求，而液体摩擦轴承能满足这些要求，因而得到了广泛的应用。液体摩擦轴承的特点如下。

(1)在高速重载下能正常工作，寿命长。当轴的转速很高或载荷很大时，如果用滚动轴承，其寿命会很低，因为滚动轴承的寿命与轴的转速成反比，与当量动负荷的ε次方成反比($\varepsilon \geqslant 3$)。若保证有足够的寿命，必须增大滚动轴承的尺寸，有时需要组织单件生产，很不经济。如果采用液体摩擦轴承，因液体内摩擦取代了金属表面的摩擦，防止了磨损的发生，使轴承寿命延长。如轧钢机、水轮机、机床等适宜采用液体摩擦轴承。

(2)精度高。滚动轴承零件多，工作一段时间后间隙增大精度下降，液体摩擦轴承只要设计合理使用正确，便可获得满意的旋转精度。磨床主轴常用液体摩擦轴承。

(3)滑动轴承可做成剖分式的，能满足特殊结构的需要，发动机曲轴上装连杆的轴承必须是剖分式轴承，只能用滑动轴承。

(4)液体摩擦轴承具有很好的缓冲和阻尼作用，可以吸收震动，缓和冲击。

(5)滑动轴承的径向尺寸比滚动轴承的小，在特殊无润滑介质下也能胜任工作。

(6)启动摩擦阻力较大。在启动和将要停止工作阶段常处于非液体摩擦状态。

11.2 滑动轴承的分类、结构形式及材料

11.2.1 滑动轴承的类型

在滑动轴承表面若能形成润滑膜将运动副表面分开，则滑动摩擦力可大大降低，由于运动副表面不直接接触，因此也避免了磨损。润滑膜的形成是滑动轴承能正常工作的基本条件，影响润滑膜形成的因素有润滑方式、运动副相对运动速度、润滑剂的物理性质和运动副表面的粗糙度等。滑动轴承的设计应根据轴承的工作条件，确定轴承的结构类型、选择润滑剂和润滑方法及确定轴承的几何参数。

滑动轴承类型很多，按其所能承受的载荷方向的不同，可分为径向滑动轴承（承受径向载荷）和止推滑动轴承（承受轴向载荷）（如图 11.2 所示）。按润滑剂种类可分为油润滑轴承、脂润滑轴承、水润滑轴承、气体轴承、固体润滑轴承、磁流体轴承和电磁轴承 7 类。按润滑膜厚度可分为薄膜润滑轴承和厚膜润滑轴承两类。根据其滑动表面间润滑状态的不同，可分为液体润滑轴承、不完全液体润滑轴承（指滑动表面间处于边界润滑或混合润滑状态）和自润滑轴承（指工作时不加润滑剂）。根据液体润滑承载机理的不同，又可分为液体动力润滑轴承（简称液体动压轴承，图 11.3）和液体静压润滑轴承（简称液体静压轴承，图 11.4）。静压滑动轴承：在滑动轴承与轴颈表面之间输入高压润滑剂以承受外载荷，使运动副表面分离的润滑方法称为流体静压润滑。动压滑动轴承：利用相对运动副表面的相对运动和几何形状，借助流体黏性，把润滑剂带进摩擦面之间，依靠自然建立的流体压力膜，将运动副表面分开的润滑方法为流体动力润滑。本章主要讨论液体动压轴承。

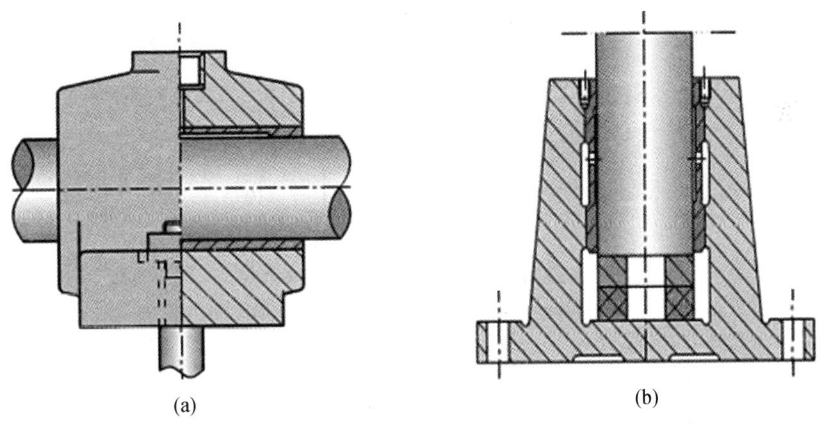

图 11.2 滑动轴承

(a)径向滑动轴承；(b)止推滑动轴承

11.2.2 滑动轴承的结构

1. 径向滑动轴承

常用的径向滑动轴承有整体式和剖分式两大类。

(1)整体式径向滑动轴承

整体式滑动轴承结构如图 11.5 所示,由轴承座 1 和轴承套 2 组成,轴承座上还有油孔,整体衬套内有油沟,分别用以加油和引油,进行润滑。轴承座用螺栓连接在机架上。为防止工作时轴瓦随轴转动,在轴承座与轴瓦配合面的端面用紧固螺钉固定。这种轴承结构简单,价格低廉,但轴的拆装不方便,磨损后轴承的径向间隙无法调整。适合用于轻载低速或间歇工作的场合。此类轴承已标准化,其标准号为 JB/T 2561—91。

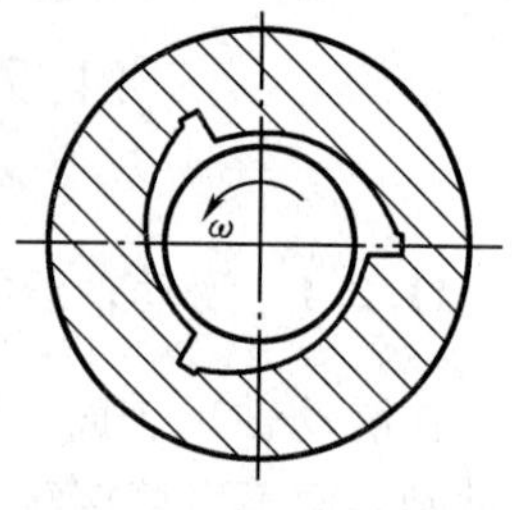

图 11.3　液体动压轴承

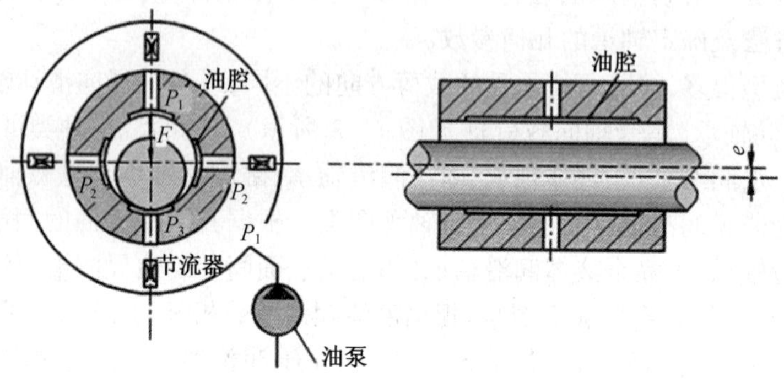

图 11.4　液体静压轴承

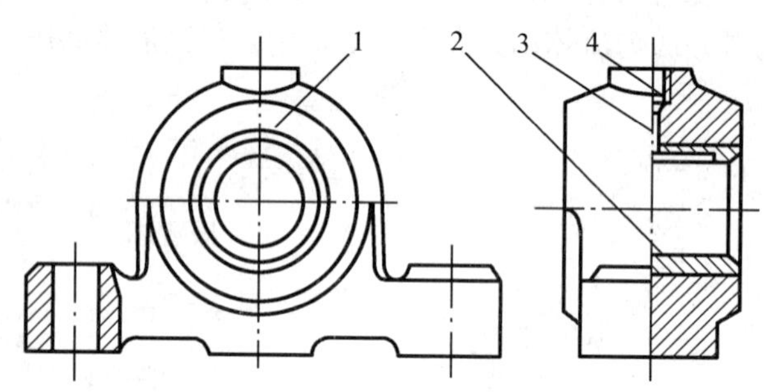

图 11.5　整体式径向滑动轴承

1—轴承座;2—整体式轴瓦;3—油孔;4—螺纹孔

(2)剖分式径向滑动轴承

剖分式径向滑动轴承(图 11.6)由轴承座 3、轴承盖 2、剖分式轴瓦 4 和连接螺柱 1 等组成。为防止轴承座与轴承盖间相对横向错动,接合面要做成阶梯形或设止动销钉。这种结构装拆方便,且在接合面之间可旋转垫片,通过调整垫片的厚薄,可以调整轴瓦和轴颈间的间隙,以补偿磨损造成的间隙增大。此类轴承也已标准化,其标准号为 JB/T 2561—91。

(3)调心滑动轴承

调心式轴承(图 11.7)的轴瓦和轴承座及轴承盖之间以球面形成配合,使得轴瓦和轴相对于轴承座可在一定范围内摆动,从而避免安装误差或轴的弯曲变形较大时,造成轴颈与轴瓦端部的局部接触所引起的剧烈偏磨和发热。但球面加工不易,所以这种结构一般只用在轴承的宽度和直径之比大,即宽径比 B/d 较大的场合。

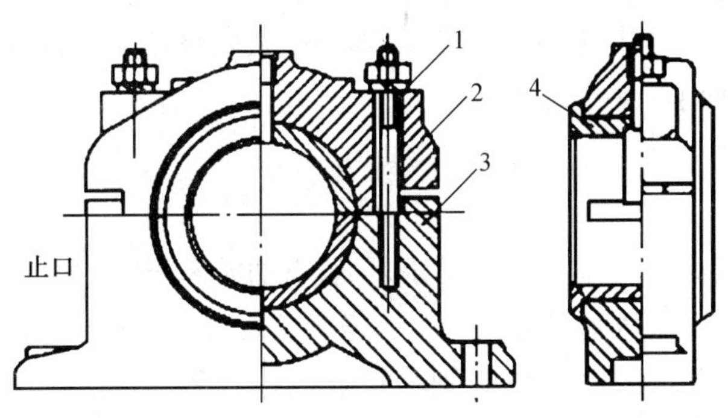

图 11.6 剖分式径向滑动轴承

1—螺柱;2—轴承盖;3—轴承座;4—上轴瓦

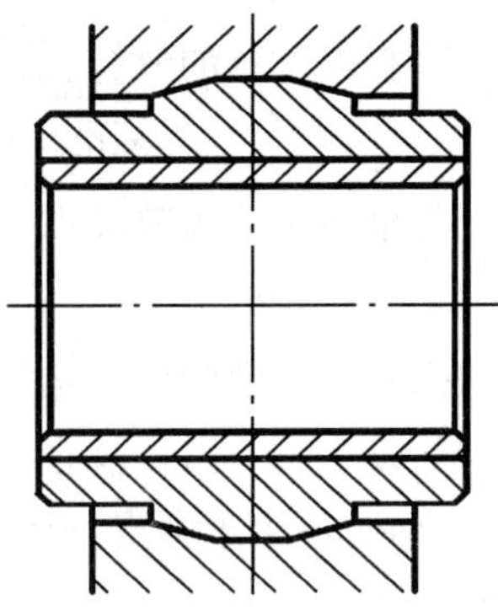

图 11.7 调心滑动轴承

2. 推力滑动轴承

推力轴承由轴承座和推力轴颈组成,如图 11.8 所示。图中(a)为实心轴颈。这样的轴颈端面上半径大的地方速度大,磨损快,端面压力分布不均匀。实际应用中应为图(b)所示的空心轴颈。由于结构需要,有时设计成图(c)所示的推力环式的推力轴承。如载荷很大,可采用图(d)所示的多环推力轴承,多环推力轴承的轴承座必须是剖分的才能装配和拆卸。

图 11.8 中的推力轴承尺寸可按以下经验公式计算并圆整:

空心端面轴承(图(b)所示) $d_1=(0.4\sim0.6)d_2$;

推力环轴承(图(c),(d)所示) $d_2=d+2h$;

推力环数尺寸 $h=(0.1\sim0.3)d$;

$h_0=(2\sim3)h$

轴颈尺寸 d_2和 d 由强度计算或结构设计确定。多环轴承推力环数由计算确定。推力环数目不宜过多,一般为 2 ~5,否则载荷分布不均现象更为严重。

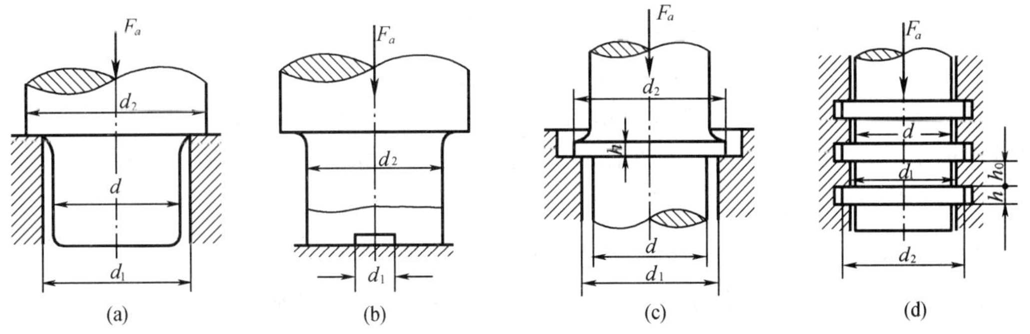

图 11.8 止推滑动轴承

(a)实心轴颈;(b)空心轴颈;(c)推力环式;(d)多环式

11.2.3 轴承材料和轴瓦结构

轴瓦或轴承是滑动轴承的重要零件,轴瓦和轴承衬的材料统称为轴承材料。由于轴瓦或轴承衬与轴颈直接接触，一般轴颈部分比较耐磨，因此主要失效形式是轴瓦的过度磨损。轴瓦的磨损与轴颈的材料、轴瓦自身材料、润滑剂和润滑状态直接相关，选择轴瓦材料应综合考虑这些因素，以提高滑动轴承的使用寿命和工作性能。

1. 滑动轴承的失效形式

(1)磨粒磨损

进入轴承间隙的硬颗粒(如灰尘、沙粒等)有的嵌入轴承表面，有的游离于间隙中并随轴一起转动，它们都将对轴颈和轴承表面起研磨作用。在启动、停车或轴颈与轴承发生边缘接触时，将加剧轴承磨损，导致几何形状改变、精度丧失、轴承间隙加大，使轴承性能在预期寿命前急剧恶化。

(2)刮伤

进入轴承间隙中的硬颗粒或轴颈表面粗糙的轮廓顶峰，在轴瓦上划出线状伤痕，导致轴承因刮伤而失效。

(3)咬粘(胶合)

当轴承温升过高，载荷过大，油膜破裂时，或在润滑油供应不充足条件下，轴颈和轴承的相对运动表面材料发生黏附和迁移，从而造成轴承损坏。咬粘有时甚至可能导致相对运动中止。

(4)疲劳剥落

在载荷反复作用下，轴承表面出现与滑动方向垂直的疲劳裂纹，当裂纹向轴承衬与衬背结合面扩展后，造成轴承衬材料的剥落。它与轴承衬和衬背因结合不良或结合力不足造成轴承衬的剥离有些相似，但疲劳剥落周边不规则，结合不良造成的剥离则周边比较光滑。

(5)腐蚀

润滑剂在使用中不断氧化，所生成的酸性物质对轴承材料有腐蚀性，特别是对铸造铜铅合金中的铅，易受腐蚀而形成点状的脱落。氧对锡基巴氏合金的腐蚀，会使轴承表面形成一层由 SnO_2 和 SnO 混合组成的黑色硬质覆盖层，它能擦伤轴颈表面，并使轴承间隙变小。此外，硫对含银或含铜的轴承材料的腐蚀，润滑油中水分对铜铅合金的腐蚀，都应予以注意。

以上列举了常见的几种失效形式，由于工作条件不同，滑动轴承还可能出现气蚀(气体冲蚀零件表面引起的机械磨损)、流体侵蚀(流体冲蚀零件表面引起的机械磨损)、电侵蚀(电化学或电离作用引起的机械磨损)和微动磨损(发生在名义上相对静止，实际上存在循环的微幅滑动的两个紧密接触的零件表面上)等损伤。各种失效形式的实例如图 11.9 所示。

2. 对轴承材料的要求

轴承材料是指在轴承结构中直接参与摩擦部分的材料，如轴瓦和轴承衬套的材料。轴承材料性能应满足如下要求：

①减摩性　材料具有较低的摩擦系数；

②耐磨性　材料的抗磨性能要好，通常以磨损率表示；

③抗胶黏性　材料的耐热性高且抗粘附性好，防止因摩擦热使油膜破裂后造成胶合(黏着磨损)；

④摩擦顺应性　材料通过表层弹性或塑性变形来补偿轴承滑动表面初始配合不良的

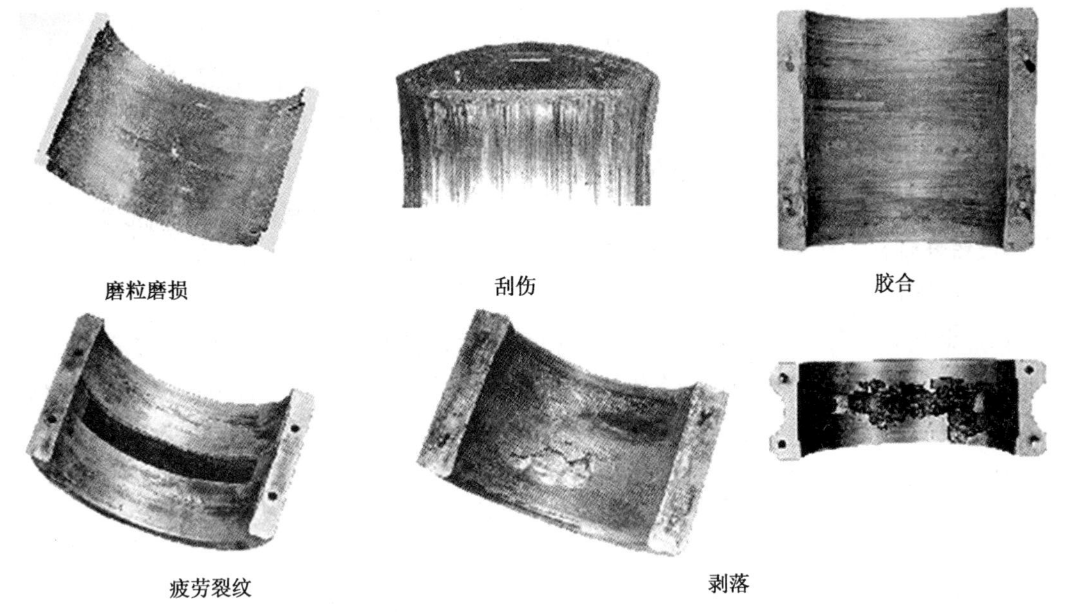

图 11.9 各种失效形式的实例

能力；

⑤嵌入性 材料容纳硬质颗粒嵌入，从而减轻轴承滑动表面发生刮伤或磨粒磨损的性能；

⑥磨合性 轴瓦与轴颈表面经短期轻载运行后，形成相互吻合的表面形状和粗糙度的能力；

⑦导热性 轴瓦材料要有良好的导热性；

⑧工艺性 选择材料时还要考虑加工的工艺性和经济性。

任何一种材料不可能同时满足上述的所有要求，设计时要根据具体条件选择能满足主要要求的材料作为滑动轴承的材料。

从美国、英国和日本三家汽车厂统计的汽车用滑动轴承故障原因的平均比率来看，因不干净或由异物进入而导致故障的比率较大，具体如表 11－1 所示。

表 11－1 滑动轴承失效分析

故障原因	不干净	润滑油不足	安装误差	对中不良	超载	腐蚀	制造精度低	气蚀	其他
比率/%	38.3	11.1	15.9	8.1	6.0	5.6	5.5	2.8	6.7

3. 常用轴瓦材料

常用的材料可以分为三大类：

①金属材料，如轴承合金、铜合金、铝基合金和铸铁等；

②多孔质金属材料；

③非金属材料，如工程塑料、碳—石磨等。

(1)轴承合金(通称巴氏合金或白合金)

轴承合金是锡、铅、锑、铜的合金，它以锡或铅作为基体，其内含有锑锡(Sb－Sn)或铜锡(Cu－Sn)的硬晶粒。硬晶粒起抗磨作用，软基体则增加材料的塑性。轴承合金的弹性模量和弹性极限都很低，在所有轴承材料中，它的嵌入性及摩擦顺应性最好，很容易和轴颈磨合，也不易与轴颈发生胶合。但轴承合金的强度很低，不能单独制作轴瓦，只能黏附在青铜、钢或铸铁轴瓦上作轴承衬。轴承合金适用于重载、中高速场合，价格较贵。

(2)铜合金

铜合金具有较高的强度，较好的减磨性和耐磨性。因为青铜的减磨性和耐磨性比黄铜好，故青铜是最常用的材料。青铜有锡青铜、铅青铜和铝青铜等几种，其中锡青铜的减摩性和耐磨性最好，应用广泛。但锡青铜比轴承合金硬度高，磨合性及嵌入性差，适用于重载及中速场合。铅青铜抗胶合能力强，适用于高速、重载轴承。铝青铜的强度及硬度较高，抗胶合能力较差，适用于低速重载轴承。在一般机械中有50%的滑动轴承采用青铜材料。

(3)铝基轴承合金

铝基轴承合金在许多国家获得了广泛的应用。它有相当好的耐蚀性和较高的疲劳强度，摩擦性也较好。这些品质使铝基轴承合金在部分领域取代了较贵的轴承合金和青铜。铝基轴承合金可以制成单金属零件(如轴套、轴承等)，也可以制成双金属零件，双金属轴瓦以铝基轴承合金为轴承衬，以钢做衬背。

(4)灰铸铁和耐磨铸铁

普通灰铸铁或加有镍、铬钛等合金成分的耐磨灰铸铁，或者是球墨铸铁，都可以用作轴承材料。这类材料中的片状或球状石墨在材料表面上覆盖后，可以形成一层起润滑作用的石墨层，故具有一定的减摩性和耐磨性。此外，石墨能吸附碳氢化合物，有助于提高边界润滑性能，故采用灰铸铁作轴承材料时应加润滑油。由于铸铁性脆、磨合性能差，只适用于轻载低速和不受冲击载荷的场合。

(5)多孔质金属材料

这是不同于金属粉末经压制、烧结而成的轴承材料。这种材料是多孔结构的，孔隙约占体积的10%～35%。使用前先把轴瓦在加热的油中浸渍数小时，使孔隙中充满润滑油，因而通常把这种材料制成的轴承称为含油轴承。它具有自润滑性。工作时，由于轴颈转动的抽吸作用及轴承发热时油的膨胀作用，油便进入摩擦表面间起润滑作用；不工作时，因毛细管作用，油便被吸回到轴承内部，故在相当长的时间内，即使不加油仍能很好地工作。如果定期给以供油，则使用效果更好。但由于其韧性较小，故宜用于平稳无冲击载荷及中低速情况。常用的有多孔铁和多孔质青铜。多孔铁常用来制作磨粉机轴套、机床油泵衬套、内燃机凸轮轴衬套等，多孔质青铜常用来制作电唱机、电风扇、纺织机械及汽车发电机的轴承。我国也有专门制造含油轴承的生产厂家，需用时可根据设计手册选用。

常用金属轴承材料的性能见表11－2所示。

表 11-2 常用金属轴承材料的性能

材料类别	牌号（名称）	最大许用值 [p] /MPa	最大许用值 [V] /(m/s)	最大许用值 [pv] /MPa m/s	最高工作温度 t/℃	轴颈硬度 /HBS	性能比较 抗咬黏性	性能比较 顺嵌应入口特性	性能比较 耐蚀性	性能比较 疲劳强度	备注
锡锑轴承合金	ZChSnSb10-6	平稳载荷			150	150	1	1	1	5	用于高速、重载下工作的重要轴承，变载荷下易于疲劳，价贵
		20	80	20							
	ZChSnSb8-4	冲击载荷									
		20	60	15							
铅锑轴承合金	ZChPbSb16-16-2	15	12	10	150	150	1	1	3	5	用于中速、中等载荷的轴承，不易受显著冲击，可作为锡锑轴承合金的代用品
	ZChPbSb15-5-3	5	8	5							
锡青铜	ZCuSn10P1（10-1 锡青铜）	15	10	15	280	300~400	3	5	1	1	用于中速、重载及受变载荷的轴承
	ZCuSn5Pb5Zn5（5-5-5 锡青铜）	8	3	15							用于中速、中载的轴承
铅青铜	ZCuPb30（30 铅青铜）	25	12	30	280	300	3	4	4	2	用于高速、重载轴承，能承受变载和冲击
铝青铜	ZCuAl10Fe3（10-3 铝青铜）	15	4	12	280	300	5	5	5	2	最宜用于润滑充分的低速重载轴承
黄铜	ZCuZn16Si4（硅黄铜）	12	2	10	200	200	5	5	1	1	用于低速、中载轴承
	ZCuZn40Mn2（锰黄铜）	10	1	10							用于高速、中载轴承，是较新的轴承材料，强度高、耐腐蚀、表面性能好。可用于增压强化柴油机轴承
铝基轴承合金	2% 铝锡合金	28-35	14	—	140	300	4	3	1	2	
三元电镀金	铝-硅-镉镀层	14~35	—	—	170	200~300	1	2	2	2	镀铅锡青铜作中间层，再镀 10~30 μm 三元减摩层，疲劳强度高，嵌入性好
银	镀层	28~35	—	—	180	300~400	2	3	1	1	镀银，上附薄层铅，再镀铟，常用于飞机发动机、柴油机轴承
耐磨铸铁	HT300	0.1~6	3~0.75	0.3~4.5	150	<150	4	5	1	1	宜用于低速、轻载的不重要轴承，价廉
灰铸铁	HT150~HT250	1~4	2~0.5	—	—	—					

(6)非金属材料

非金属材料中应用最广的是各种塑料,如酚醛树脂、尼龙、聚四氟乙烯等。聚合物的特性是:与许多化学物质不起反应,抗腐蚀性好,例如聚四氟乙烯(PTEE)能抗强酸和弱碱;具有一定的自润滑性,可以在无润滑条件下工作,在高温条件下具有一定的润滑能力;具有包容异物的能力(嵌入性好),不宜擦伤配合零件表面;减摩性及耐磨性比较好。

选择聚合物作轴承材料时,必须注意以下一些问题:由于聚合物的热传导能力差,只有钢的百分之几,因此必须考虑摩擦热的消散问题,它严格限制着聚合物轴承的工作转速及压力值;又因为聚合物的线膨胀系数比钢大的多,因此聚合物轴承与钢制轴颈的间隙比金属轴承的间隙大;聚合物材料的强度和屈服极限较低,因而在装配和工作时能承受的载荷有限;另外聚合物在常温下会产生蠕变现象,因而不宜用来制作间隙要求严格的轴承。

碳—石墨是电机电刷的常用材料,也是不良环境中的轴承材料。碳—石墨是由不同量的碳和石墨构成的人造材料,石墨含量越多,材料越软,摩擦系数越小。可在碳—石墨材料中加入金属、聚四氟乙烯或二硫化钼组分,也可以浸渍液体润滑剂。碳—石墨轴承具有自润滑性,它的自润性和减摩性取决于吸附的水蒸气量。碳—石墨和含有碳氢化合物的润滑剂有亲和力,加入润滑剂有助于提高其边界润滑性能。此外,它还可以作水润滑的轴承材料。

橡胶主要用于以水作润滑剂或环境较脏污之处。橡胶轴承内壁上带有纵向沟槽,便于润滑剂的流通、加强冷却效果并冲走脏物。

木材具有多孔质结构,可用填充剂来改善其性能。填充聚合物能提高木材的尺寸稳定性和减少吸湿量,并能提高强度。采用木材(以溶于润滑油的聚乙烯作填充剂)制成的轴承,可在灰尘极多的条件下工作,例如用作建筑、农业中使用的带式输送机支承滚子的滑动轴承。

常用的非金属和多孔质金属轴承材料性能见表 11 -3 所示。

表 11 -3　常用的非金属和多孔质金属轴承材料性能

轴承材料		最大许用值			最高工作温度 t/(℃)	备注
		[p] \MPa	[V] /(m/s)	[pV] /(MPa · m/s)		
非金属材料	酚醛树脂	41	13	0.18	120	由棉织物、石棉等填料经酚醛树脂黏结而成。抗咬合性好,强度、抗震性也极好,能耐酸碱,导热性差,重载时需用水或油充分润滑,易膨胀,轴承间隙宜取大些
	尼龙	14	3	0.11(0.05 m/s) 0.09(0.5 m/s) <0.09(5 m/s)	90	摩擦系数低,耐磨性好,无噪声。金属瓦上覆以尼龙薄层,能承受中等载荷。加入石墨、二硫化钼等填料可提高其力学性能、刚性和耐磨性。加入耐热成分的尼龙可提高工作温度

表 11－3(续)

轴承材料		最大许用值 [p] \MPa	[V] /(m/s)	[pV] /(MPa·m/s)	最高工作温度 t/(℃)	备注
非金属材料	聚碳酸酯	7	5	0.03(0.05 m/s)	105	聚碳酸酯、醛缩醇、聚酰亚胺等都是较新的塑料。物理性能好。易于喷射成型，比较经济。醛缩醇和聚碳酸酯稳定性好，填充石墨的聚酰亚胺温度可达 280 ℃
				0.01(0.5 m/s)		
				<0.01(5 m/s)		
	醛缩醇	14	3	0.1	100	
	聚酰亚胺	—	—	4(0.05 m/s)	260	
	聚四氟乙烯	3	1.3	0.04(0.05 m/s)	250	摩擦系数很低，自润滑性能好，能耐任何化学药品的侵蚀，适用温度范围宽(>280 ℃时，有少量有害气体放出)，但成本高，承载能力低。用玻璃丝、石墨作为填料，则承载能力和[pV]值可大为提高
				0.06(0.5 m/s)		
				<0.09(5 m/s)		
	PTFE 织物			0.9	250	
	填充 PTFE			0.5	250	
	碳－石墨	4		0.5(干)	400	有自润滑性及高的导磁性和导电性，耐蚀能力强，常用于水泵和风动设备中的轴套
				5.25(润滑)		
	橡胶	0.34	5	65	65	橡胶能隔振、降低噪声、减小动载、补偿误差。导热性差，需加强冷却，温度高易老化。常用于有水、泥浆等的工业设备中
多孔质金属材料	多孔铁(Fe 95%，Cu 2%，石墨和其他 3%)	55(低速，间歇)	7.6	1.8	125	具有成本低、含油量多、耐磨性好、强度高等特点，应用很广
		21(0.013 m/s)				
		48(0.51～0.76 m/s)				
		2.1(0.76～1 m/s)				
	多孔青铜	27(低速，间歇)	4	1.6	125	孔隙度大的多用于高速轻载轴承，孔隙度小的多用于摆动或往复运动的轴承。长期运转而不补充润滑剂的应降低[pV]值。高温或连续工作的应定期补充润滑剂
		14(0.013 m/s)				
		3.4(0.51～0.76 m/s)				
		1.8(0.76～1 m/s)				

4. 轴瓦结构

轴瓦是滑动轴承的主要零件。设计轴承时,除了选择合适的轴瓦材料以外,还应合理地设计轴瓦结构,否则会影响滑动轴承的工作性能。当采用贵重轴承材料(如轴承合金)做轴瓦时,为了节省贵重材料和增加强度,常制成双金属轴瓦,用贵重金属做轴承,用钢或铜做瓦背。瓦背强度高,轴承衬减摩性好,两者结合起来构成令人满意的轴瓦。对于一般的轴承,轴瓦可由一种材料组成。

轴瓦分为剖分式和整体式结构。为了改善轴瓦表面的摩擦性质,常在其内径面上浇铸一层或两层减摩材料,通常称为轴承衬,所以轴瓦又有双金属轴瓦和三金属轴瓦。

(1)整体式

整体式轴瓦如图 11.10 所示。图中(a)是无油沟的轴瓦,(b)是有油沟的,润滑剂油经油孔注入,经油沟分布到轴瓦内表面,润滑效果好。轴瓦和轴承座一般采用过盈配合,常用的配合种类为 H7/s6。为连接可靠,在配合表面的端部采用紧固螺钉固定,如图(c)所示。

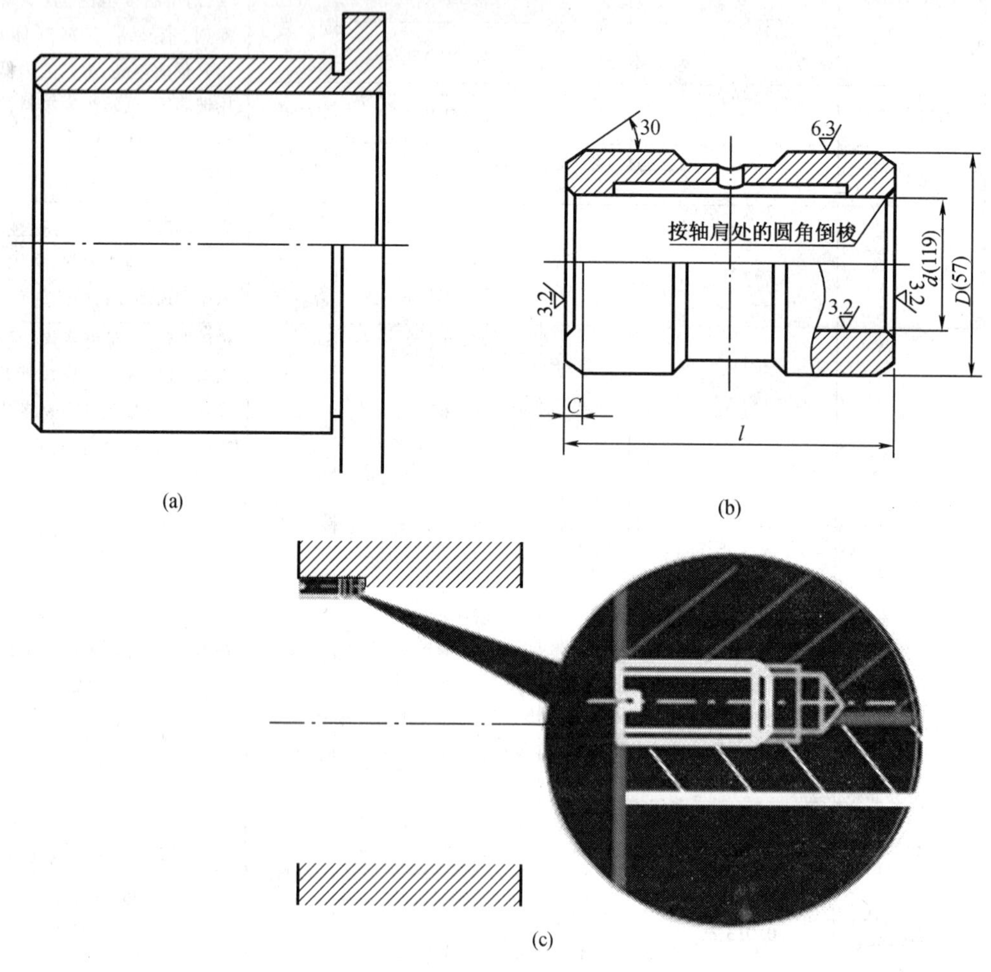

图 11.10 整体式轴瓦

(a)无油沟;(b)有油沟;(c)轴瓦连接形式

(2)剖分式

剖分式轴瓦如图 11.11 所示。轴瓦两端的凸缘用来实现轴向定位。周向定位采用定位销,如图(b)所示。也可以根据轴瓦厚度采用其他定位方法。在剖分面上开有轴向油沟,轴瓦厚度为 b,轴颈为 d,一般取 $b/d>0.05$。轴承衬厚度通常由十分之几毫米到 6 毫米,直径大的取大值。

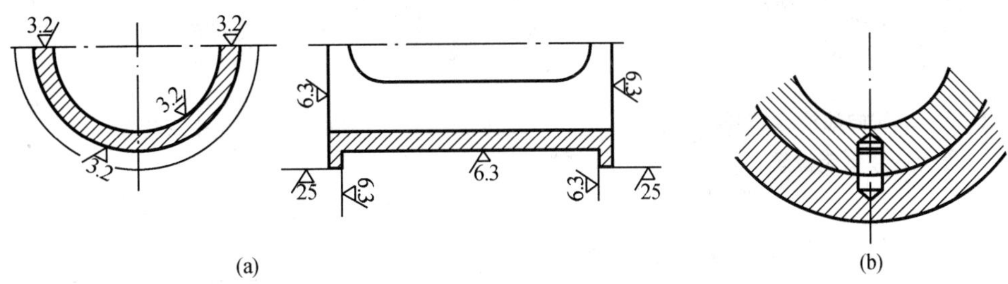

图 11.11　剖分式轴瓦

(3)油孔及油槽

为了使润滑油能顺利导入轴承,并能分布到整个摩擦表面而得到较好的润滑状态,常在轴瓦上开设油孔和油沟(图 11.12)。对于液体动压径向轴承,有轴向油槽和周向油槽两种形式。油沟和油孔的开设原则是:①油沟的轴向长度应比轴瓦长度短(油沟长度约为轴瓦长度的 80%),以免油从两端流失;②油沟和油孔应开在非承载区,以免降低轴承的承载能力。

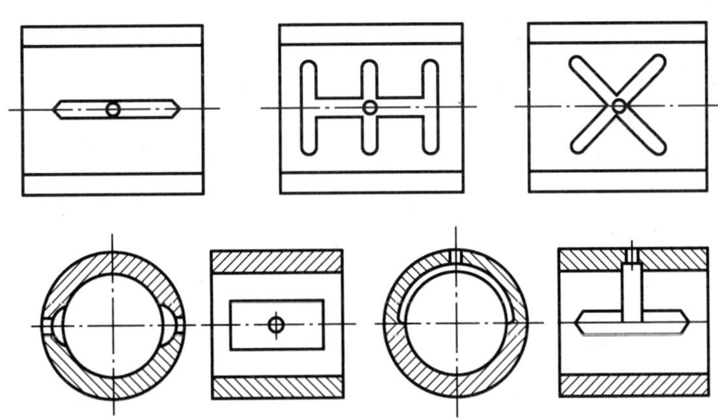

图 11.12　常见的油孔、油沟形式

轴向油槽分为单轴向油槽和双轴向油槽。对于整体式径向轴承,轴颈单向旋转时,载荷方向变化不大,单轴向油槽最好开在最大油膜厚度位置(图 11.13),以保证润滑油从压力最小的地方输入轴承。对开式径向轴承,常把轴向油槽开在轴承剖分面处(剖分面与载荷作用面成 90°),如果轴颈双向旋转,可在轴承剖分面上开设双轴向油槽(图 11.14),通常轴向油槽应较轴承宽度稍短,以便在轴瓦两端留出封油面,防止润滑油从端部大量流失。周

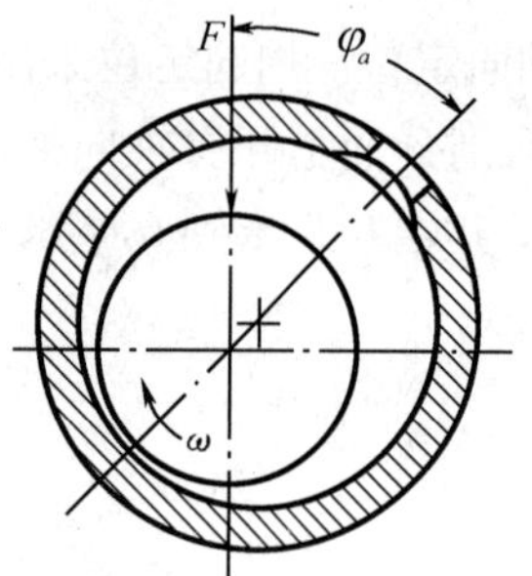

图 11.13　单轴向油槽最好开在最大油膜厚度位置

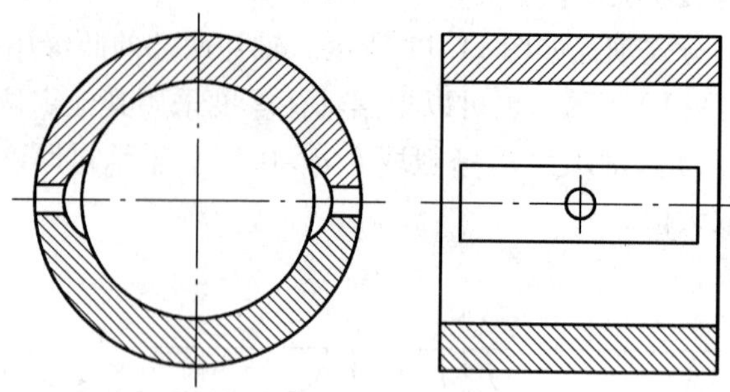

图 11.14　双轴向油槽开在非承载区

向油槽适用于载荷方向变动范围超过 180°的场合，它常设在轴承宽度中部，把轴承分为两个独立部分；当宽度相同时，设有周向油槽轴承的承载能力低于设有轴向油槽的轴承。对于不完全液体润滑径向轴承，常用的油槽形状见图 11.15，可以将油槽从非承载区延伸到承载区。油槽尺寸可查有关手册。

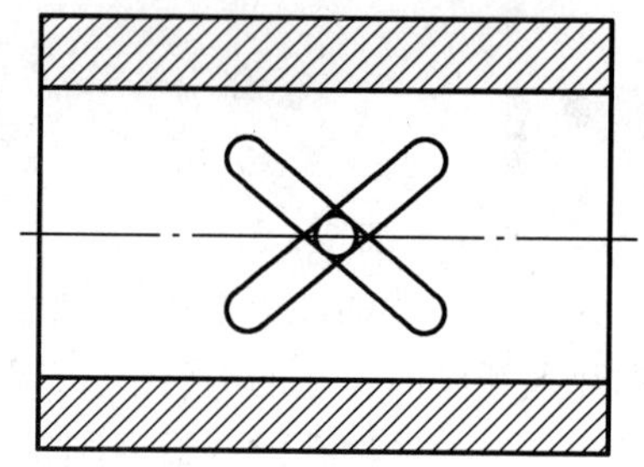

图 11.15　不完全液体润滑径向轴承常用油槽形状

11.2.4　滑动轴承润滑剂的选用及润滑装置

润滑的目的主要是减少摩擦，降低磨损，提高轴承效率，同时还有散热冷却、缓冲吸振、密封和防锈的作用。润滑剂分为润滑油、润滑脂和固体润滑剂三类。

1. 轴承润滑剂选用原则

润滑油选用一般原则如下：

①在高速轻载的工作条件下，为了减小摩擦功耗可选择黏度小的润滑油；

②在重载或冲击载荷工作条件下，应采用油性大、黏度大的润滑油，以形成稳定的润滑膜；

③静压或动静压滑动轴承可选用黏度小的润滑油；

④表面粗糙或未经跑合的表面应选择黏度高的润滑油。

润滑脂选用一般原则如下：

①轴承载荷大，转速低时，应选择锥入度小的润滑脂，反之要选择锥入度大的。高速轴承选用锥入度小些、机械安定性好的润滑脂。特别注意的是润滑脂的基础油的黏度要低一些。

②选择的润滑脂的滴点一般高于工作温度 20 ~ 30 ℃，在高温连续运转的情况下，注意不要超过润滑脂的允许使用温度范围。

③滑动轴承在水淋或潮湿环境里工作时，应选择抗水性能好的钙基、铝基或锂基润滑脂。

固体润滑剂在许多特殊、严酷工况条件下，如高温，高负荷，超低温，超高真空，强氧化或还原气氛，强辐射等环境条件下有效地润滑。气体润滑剂常用空气，多用于高速及不能用润滑油或润滑脂处。

2. 润滑方法和润滑装置

为了保证轴承良好的润滑状态，除了合理选择润滑剂之外，合理选择润滑方法和润滑装置也是十分重要的。

（1）润滑油

润滑油的润滑方法有间歇供油和连续供油两种。

间歇供油有手工油壶注油和油杯注油供油。这种方法只适用于低速不重要的轴承或间歇工作的轴承。

对于重要的轴承必须采用连续供油润滑，连续供油方法及装置主要有以下几种

①油杯滴油润滑　如图 11. 16 所示分别为针阀油杯和芯捻油杯。针阀油杯可调节滴油速度以改变供油量，在轴承停止工作时，可通过油杯上部手柄关闭油杯，停止供油。芯捻油杯利用毛细管作用将油引到轴承工作表面上，这种方法不易调节供油量。

②浸油润滑　将部分轴承直接浸入油池中润滑，如图 11. 17 所示。

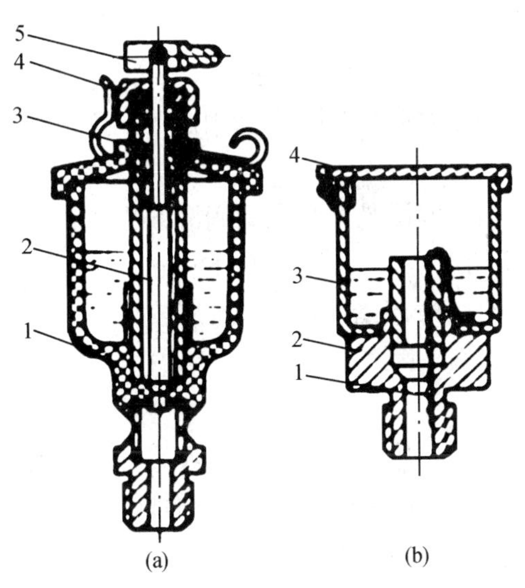

图 11. 16　油杯滴油润滑装置

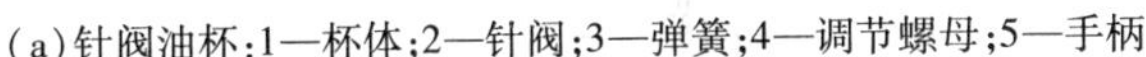
（a）针阀油杯：1—杯体；2—针阀；3—弹簧；4—调节螺母；5—手柄

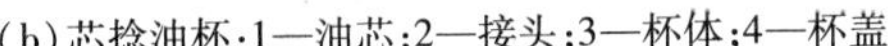
（b）芯捻油杯：1—油芯；2—接头；3—杯体；4—杯盖

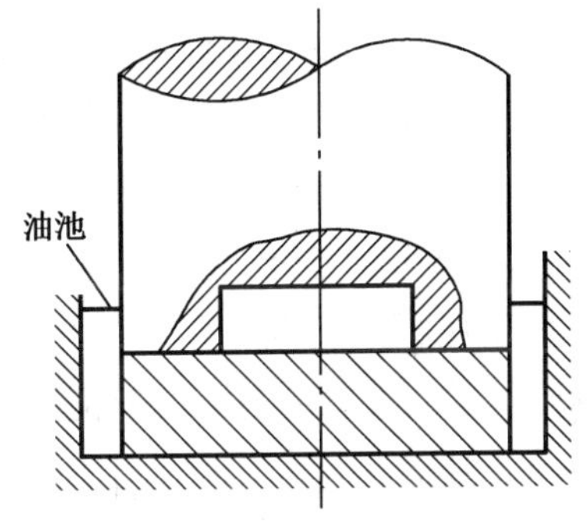

图 11. 17　部分轴承浸入油池润滑方式

③飞溅润滑和油环润滑　飞溅润滑主要用于减速器、内燃机等机械中的轴承。通常直接利用转动零件将油池中的润滑油带起溅到轴承或箱体壁上，然后经油沟导入轴承工作面进行润滑。

甩油环根据安装特点分为松环和固定环两种，如图 11. 18 所示。

松环是指油环松套在轴上，如图（a）所示。靠摩擦力随轴转动，将附着在油环上的油溅到箱体壁上，然后经油沟导入轴承和直接甩到轴承工作面上进行润滑。当轴承转速较低时，环和轴同步运动。转速增加，由于在环和轴的接触部位有油润滑，摩擦力降低，油环会出现滞后。松环的供油量与环的质量、宽度、浸油深度以及润滑油的黏度有关。大量实验证明，松环的供油量对轴承的润滑是完全够用的。如果在油环的内表面上开出窄的沟槽，如图（c）所示，供油量会明显增

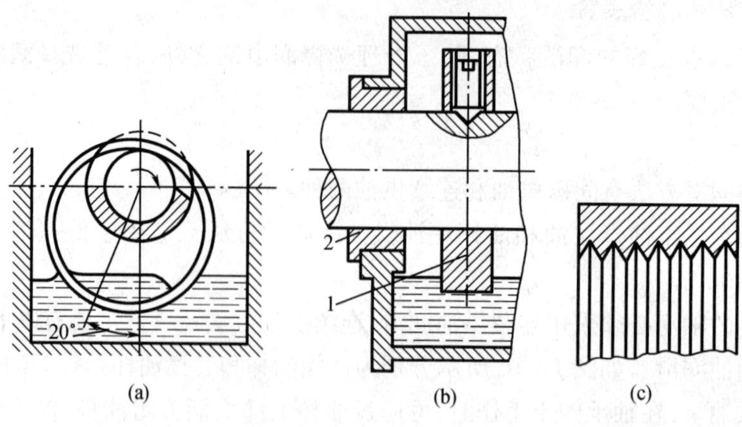

图 11.18　飞溅润滑装置

(a)松环润滑;(b)固定环润滑;(c)沟槽环

1—甩油环;2—轴承

大,轴的温度也会明显降低。松环适用于 $v\leqslant20$ m/s,运转比较平稳的轴承。

如图(b)所示,油环通过紧固螺钉或其他方式固定在轴上,称为固定环。这种结构主要用于低速,通常 $v\leqslant13$ m/s 范围内使用。

④压力循环润滑　如图 11.19 所示,压力循环润滑是一种强制润滑方法。润滑油泵将高压力的油经油路导入轴承,润滑油经轴承两端流入油池,构成循环润滑。这种润滑方法供油量充足,润滑可靠,并有冷却和冲洗轴承的作用,但结构复杂、费用较高,常用于重载、高速和载荷变化较大的轴承当中。

(2)脂润滑

润滑脂只能间歇供给。常用的装置如图 11.20 所示的(图(a))旋盖注油油杯和(图(b))压注油杯。旋盖注油油杯靠旋紧杯盖将杯内润滑脂压入轴承工作面;压注油杯靠油枪压注润滑脂至轴承工作面。

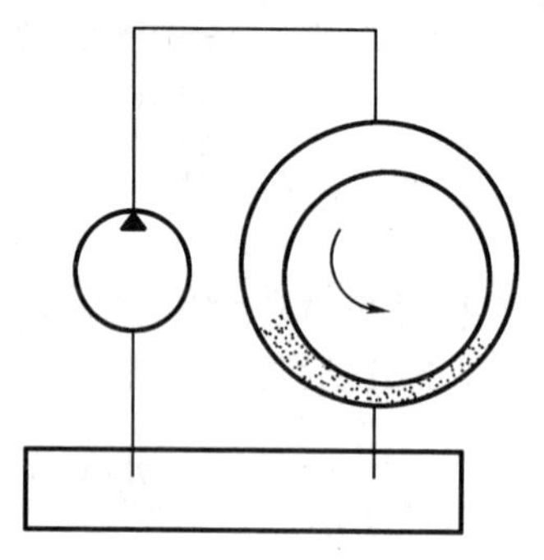

图 11.19　压力循环润滑

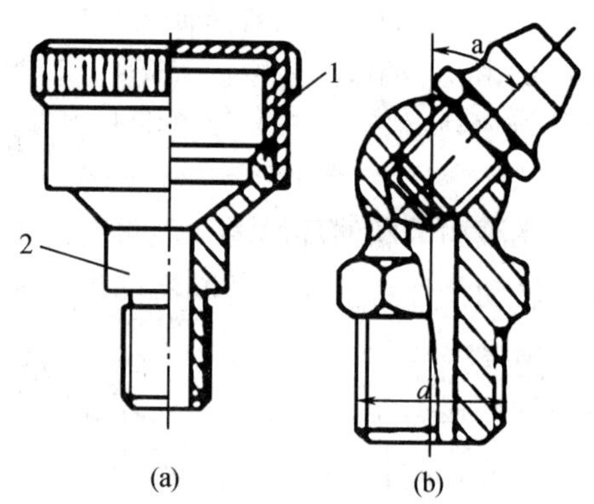

图 11.20　脂润滑装置

1—杯盖;2—杯体

滑动轴承的润滑方式可根据系数 k 选定

$$k = \sqrt{pv^3}$$

式中 p——比压，单位 MPa；

v——轴颈的线速度，单位 m/s。

当 $k \leqslant 2$ 时，用润滑脂，油杯润滑；$k = 2 \sim 16$ 时，用针阀式润滑；$k = 16 \sim 32$ 时，用油环或飞溅润滑；$k > 32$ 时，用压力润滑。

11.3 非液体摩擦滑动轴承的设计计算

采用润滑脂、滴油润滑的轴承，由于得不到足够的油量，在相对运动表面间难于产生完整的承载油膜，轴承只能在混合摩擦状态下工作，属于非液体滑动轴承。如前所述，非液体摩擦滑动轴承的主要失效形式为磨损和胶合，其次是表面压溃和点蚀。因此，其设计准则就是要防止轴承在预期的工作寿命期内发生过度磨损和胶合破坏。但因磨损和胶合过程相当复杂，影响因素又很多，目前只能作条件性验算，其设计过程为：首先根据轴承的工作情况确定轴承类型、材料和尺寸，再对其性能作条件性验算。设计的已知条件为：轴颈直径、转速、载荷大小和性质以及工作状况等。

11.3.1 径向滑动轴承的设计计算

1. 确定轴承类型、结构及轴瓦材料

根据轴承工作条件和要求、载荷的大小和性质，确定轴承的类型和结构，并参考表 11－2，选取轴瓦材料。

2. 选取轴承的宽径比

宽径比不宜过大，一般情况下 $B/d = 0.5 \sim 1.5$，在选定 B/d 后，即可计算出轴承的长度。

3. 校核轴承的工作能力

(1) 验算轴承的压强 p

为防止轴瓦的过度磨损，就应控制其单位面积的压力，即

$$p = \frac{F}{Bd} \leqslant [p] \tag{11 1}$$

式中 F——轴承承受的径向载荷，N；

B——轴承的有效宽度，mm；

d——轴颈直径，mm；

$[p]$——轴瓦材料的许用压强，MPa。

(2) 验算轴承的 pv 值

为防止轴承工作时产生过多的热量而导致摩擦面的胶合破坏，就应控制单位时间内单位面积的摩擦功耗 fpv，因摩擦系数 f 可近似认为是常数，所以只需控制 pv，即

$$pv = \frac{F}{Bd} \cdot \frac{\pi n d}{60 \times 1\,000} = \frac{Fn}{19\,100B} \leqslant [pv] \tag{11-2}$$

式中 v——轴颈的圆周速度，m/s；

n——轴颈的转速,r/min;

$[pv]$——轴瓦材料的许用 pv 值,MPa·m/s。

(3)当压力比较小时,p 和 pv 值的验算均合格的轴承,由于滑动速度过高,也会发生因磨损过快而报废,故还应保证

$$v \leqslant [v] \tag{11-3}$$

式中,$[v]$为许用的圆周速度,m/s。

4. 确定轴承与轴颈间的配合

为保证轴承的旋转精度和运动的灵活性,应选择适当的配合。具体选择时可参考表11-4。

表11-4 滑动轴承的配合

精度等级	配合代号	应用场合
7	H7/g6	磨床和车床分度头主轴承
7	H7/f7	铣床、钻床及车床的轴承,发动机曲轴和连杆的轴承,减速器的轴承
9	H9/f9	电机、离心泵、风扇轴承,内燃机主轴承和连杆轴承
7	H7/e8	汽轮发电机轴、内燃机凸轮轴、高速转轴、刀架丝杆等轴承
11	H11/b11,H11/d11	农业机械轴承

11.3.2 止推滑动轴承的设计计算

止推滑动轴承的设计与径向轴承基本相同,这里仅指出其不同之处。

1. 验算轴承压强

$$p = \frac{F_a}{K \cdot A} = \frac{F_a}{zK\dfrac{\pi}{4}(d_2^2 - d_1^2)} \leqslant [p] \tag{11-4}$$

式中 F_a——轴承的轴向载荷,N;

A——支承面积,mm^2;

z——支承环数;

K——考虑油槽使支承面积减小的因子,一般取 $K=0.9\sim0.95$;

d_2——轴环外径,mm;

d_1——轴环内径,mm,通常 $d_1=(0.6\sim0.8)d_2$;

$[p]$——压强的许用值,MPa,表11-5。

2. *pv* 值的验算

$$pv_m = \frac{p\pi d_m n}{60 \times 1\ 000} \leqslant [pv] \tag{11-5}$$

式中 v_m——轴承的平均直径处的圆周速度,m/s;

d_m——支承面的平均直径,$d_m=0.5(d_1+d_2)$,mm;

$[pv]$——pv 的许用值;MPa·m/s,表11-5。

表 11-5 止推滑动轴承的[p],[pv]值

轴材料	轴承材料	[p]/MPa	[pv]/(MPa · m/s)
未淬火钢	铸铁	2.0~2.5	1~2.5
	青铜	4.0~5.0	
	轴承合金	5.0~6.0	
淬火钢	青铜	7.5~8.0	1~2.5
	轴承合金	8.0~9.0	
	淬火钢	12~15	

例 11.1 已知一支承起重机卷筒的径向滑动轴承所受的载荷 $F=25\ 000$ N,轴颈直径 $d=90$ mm,轴的转速 $n=20$ r/min,试设计此轴承。

解

(1)选择轴承类型和轴瓦材料

因轴承承受径向载荷,并考虑使用条件,选用剖分式径向轴承。此轴承载荷大,速度低,根据表 11-2 选择轴瓦材料为 ZCuSn5Pb5Zn5,其$[p]=8$ MPa,$[pv]=10$ MPa · m/s。

(2)选取轴承宽径比 $B/d=1.0$,则轴承宽度 $B=d=90$ mm。

(3)校核轴承工作能力

$$p=\frac{F}{Bd}=\frac{25\ 000}{90\times 90}=3.1\ \text{MPa}$$

$$pv=\frac{Fn}{19\ 100B}=\frac{25\ 000\times 20}{19\ 100\times 90}=0.29\ \text{MPa}\cdot\text{m/s}$$

计算表明,$p<[p]$,$pv<[pv]$,工作能力满足要求。

(4)参考表 11-4,选取配合为 H9/f9。

11.4 液体动力润滑径向滑动轴承的设计计算

在摩擦表面之间维持一定厚度的润滑油膜,使相对运动的两摩擦表面完全隔开,这种轴承称为液体摩擦轴承。依靠摩擦表面间的相对运动速度和油的黏性而在油膜中自动产生压力场,并以此油膜压力平衡外载荷,从而保持一定油膜厚度的轴承称为液体动压轴承。描述润滑油膜压强规律的数学表达式称为雷诺方程。本章将讨论流体动力润滑理论的基本方程(即雷诺方程)及其在液体动力润滑径向滑动轴承设计计算中的应用。

11.4.1 径向滑动轴承的工作过程

液体径向滑动轴承的轴瓦内孔和轴颈间是间隙配合,在外载荷的作用下轴颈在轴瓦孔中偏向一侧,两表面形成楔形间隙,具备形成液体动压力的条件。液体动力滑动轴承从静止、启动到稳定工作的过程可用图 11.21 表示。图中(a)表示轴静止时的情况。图(b)为刚启动时的情况,轴为顺时针转动,由于此刻轴颈转速很低,还不能形成足以使轴浮动的动压力,轴颈和轴瓦仍处于接触状态,轴颈沿轴瓦向右上方滚动。当轴的转速足够大时,便形成较大的油膜力,将轴浮起,在油膜力的作用下轴心 O 产生移动,直到油膜力和外载荷 F_r 相平衡,轴才处于一个稳定的旋转状态,如图(c)所示。径向滑动轴承的计算就是指稳定工作

状态下的各项计算。如果轴的转速特别高,轴心将逐渐向轴承的中心移动。当转速趋于无限大时,轴心将与轴承中心重合,如图(d)所示,这时处于不稳定状态,因为楔形间隙消失,流体动压力很小,因此很小的载荷波动就会使轴离开原来的位置。从以上分析可以看出,轴心 O 是在一个小的范围内变动,只有转速稳定不变,载荷无波动时轴心才能基本稳定在某一位置,轴心位置因载荷的变化而变化较大时,说明轴承的油膜刚度较低。

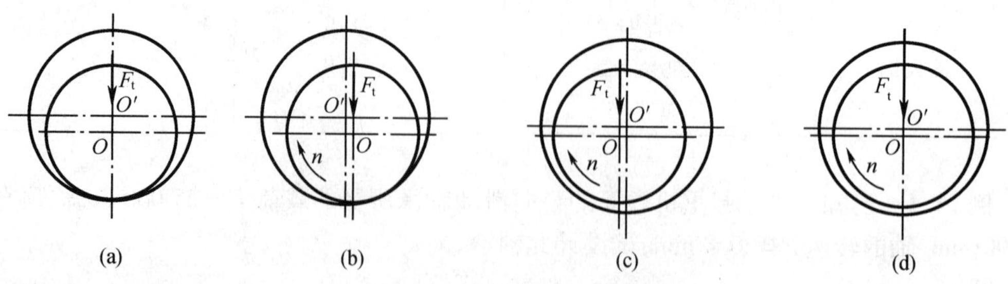

图 11.21　滑动轴承的工作过程

(a) $n=0$;(b) $n>0$;(c)形成油膜;(d) $n\to\infty$

11.4.2　流体动力润滑的基本方程

流体动力润滑理论的基本方程是流体膜压力分布的微分方程。它是从黏性流体动力学的基本方程出发,作了一些假设条件后得出的,这些假设条件是:流体为牛顿流体;流体膜中流体的流动是层流;忽略压力对流体黏度的影响;略去惯性力及重力的影响;认为流体不可压缩;流体膜中的压力沿膜厚方向不变。

图 11.22 是两块成楔形间隙的平板,间隙中充满润滑油。设板 A 沿 x 轴方向以速度 v 移动;另一板 B 为静止。再假定油在两平板间沿 z 轴方向没有流动(可视此运动副在 z 轴方向的尺寸为无限大)。现从层流运动的油膜中取一微单元体进行分析。

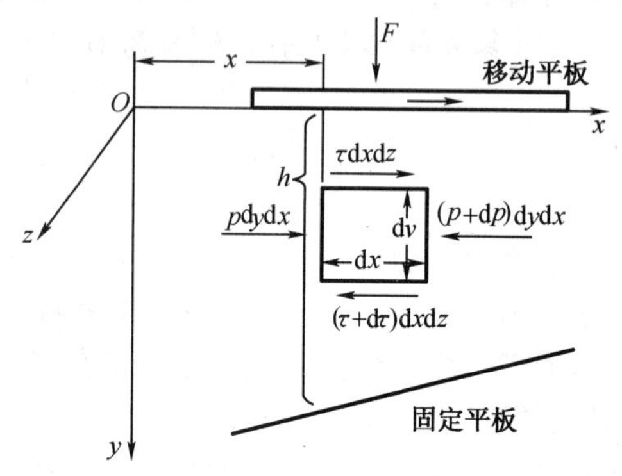

图 11.22　两平板间油膜场中微单元体受力图

由图 11.22 可见,作用在此微单元体右面和左面的压力分别为 p 及 $\left(p+\dfrac{\partial p}{\partial x}\mathrm{d}x\right)$,作用在单元体上,下两面的切应力分别为 τ 及 $\left(\tau+\dfrac{\partial \tau}{\partial y}\mathrm{d}y\right)$。研究楔形油膜中一个微单元体上的受力平衡条件,根据 x 方向的平衡条件 $\sum F_x=0$,即

$$p\mathrm{d}y\mathrm{d}z+\tau\mathrm{d}x\mathrm{d}z-\left(p+\frac{\partial p}{\partial x}\mathrm{d}x\right)\mathrm{d}y\mathrm{d}z-\left(\tau+\frac{\partial \tau}{\partial y}\mathrm{d}y\right)\mathrm{d}x\mathrm{d}z=0$$

整理后得

$$\frac{\partial p}{\partial x}=-\frac{\partial \tau}{\partial y}$$

根据牛顿流体摩擦定律 $\tau=-\eta\dfrac{\mathrm{d}v}{\mathrm{d}y}$,得 $\dfrac{\partial \tau}{\partial y}=-\eta\dfrac{\partial^2 v}{\partial y^2}$,代入上式得 $\dfrac{\partial p}{\partial x}=\eta\dfrac{\partial^2 v}{\partial y^2}$,该式表示了压力沿 x 轴方向的变化与速度沿 y 轴方向的变化关系。

1. 油层的速度分布

将上式改写成
$$\frac{\partial^2 v}{\partial y^2}=\frac{1}{\eta}\cdot\frac{\partial p}{\partial x} \tag{11-6}$$

对 y 积分后得
$$\frac{\partial v}{\partial y}=\frac{1}{\eta}\left(\frac{\partial p}{\partial x}\right)y+C_1 \tag{11-7}$$

$$v=\frac{1}{2\eta}\left(\frac{\partial p}{\partial x}\right)y^2+C_1y+C_2 \tag{11-8}$$

根据边界条件决定积分常数 C_1 及 C_2：当 $y=0$ 时，$v=V$；$y=h$（h 为相应于所取单元体处的油 膜厚度）时，$v=0$，则得

$$C_1=-\frac{h}{2\eta}\cdot\frac{\partial p}{\partial x}-\frac{V}{h},\ C_2=V$$

代入(11－8)式后，即得
$$v=\frac{V(h-y)}{h}-\frac{y(h-y)}{2\eta}\cdot\frac{\partial p}{\partial x} \tag{11-9}$$

由上可见，v 由两部分组成：式中前一项表示速度呈线性分布，这是直接由剪切流引起的；后一项表示速度呈抛物线分布，这是由油流沿 x 方向的变化所产生的压力流引起的。

2. 润滑油流量

当无侧漏时，润滑油在单位时间内流经任意截面上单位宽度面积的流量为
$$Q=\int_0^h v\mathrm{d}y \tag{11-10}$$

将式(11－9)代入式(11－10)并积分后，得
$$Q=\int_0^h\left[\frac{V(h-y)}{h}-\frac{y(h-y)}{2\eta}\cdot\frac{\partial p}{\partial x}\right]\mathrm{d}y=\frac{Vh}{2}-\frac{h^3}{12\eta}\cdot\frac{\partial p}{\partial x} \tag{11-11}$$

设在 $p=p_{\max}$ 处的油膜厚度为 $h_0\left(\text{即}\frac{\partial p}{\partial x}=0\text{ 时}, h=h_0\right)$，在该截面处的流量为
$$Q=\frac{Vh_0}{2} \tag{11-12}$$

当润滑油连续流动时，各截面的流量相等，由此得
$$\frac{Vh_0}{2}=\frac{Vh}{2}-\frac{h^3}{12\eta}\cdot\frac{\partial p}{\partial x}$$

整理后得
$$\frac{\partial p}{\partial x}=\frac{6\eta V}{h^3}(h-h_0) \tag{11-13}$$

式(11－13)称为无限宽轴承液体动压基本方程，又称一维雷诺方程。它是计算流体动力润滑滑动轴承（简称流体动压轴承）的基本方程。可以看出，油膜压力的变化与润滑油的黏度、表面滑动速度和油膜厚度及其变化有关。

从式(11－13)可看出，如两块平板互相平行，即在任何 x 位置处都是 $h=h_0$，则 $\frac{\partial p}{\partial x}=0$，亦即油压 p 沿 x 方向无变化，则油膜场中如无外压供应，油膜不能自动产生动压。

如果两块平板沿动平板运动速度 v 方向呈收缩形间隙，则动平板依靠黏性将润滑油由间隙 h 大的空间带向间隙小的空间，由此而使油的压强高于环境压力。式(11－6)中油压

沿 x 方向的变化率与油膜厚度 h 之间的关系，如图 11.23 曲线所示。由式可知，在 $h>h_0$ 段，速度分布曲线呈凹形，$\frac{\partial p}{\partial x}>0$，即油压随 x 的增加而增大，这在图中相当于从油膜大端到 h_0 这一部分；而在 $h<h_0$ 段，速度分布曲线呈凸形，$\frac{\partial p}{\partial x}<0$，即油压随 x 的增加而减小，这在图中相当于从 h_0 向右到油膜小端。其间必有一处的油流速度变化规律不变，此处 $\frac{\partial p}{\partial x}=0$，其压力 p 达到最大值，此时 $h=h_0$。由于油膜沿着 x 方向各处的油压都大于入口和出口的油压，因而能承受一定的外载荷。当轴承油膜承载能力与外载荷 F 平衡时，油膜场维持在一定油膜厚度下工作。

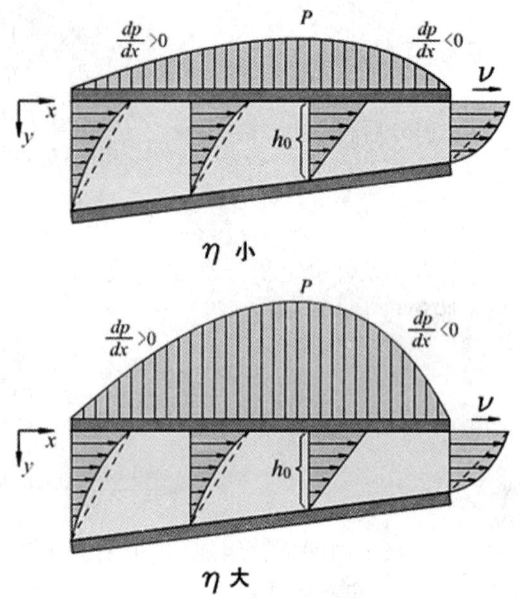

图 11.23　两相对运动平板间油层中的压力分布

对公式 $\frac{\partial p}{\partial x}=\frac{6\eta V}{h^3}(h-h_0)$ 积分一次，令 $\frac{\partial p}{\partial x}=0$ 处的油膜厚度为 h_0，则由上述油楔承载机理得到一维雷诺方程可知，两相对运动表面间要建立动压而保持连续油膜（即形成动力油膜）的必要条件是：

- 相对运动的两表面间必须形成收敛的楔形间隙。
- 被油膜分开的两表面必须有一定的相对滑动速度，运动方向是使油从大口流进，小口流出。
- 润滑油必须有一定的黏度，供油要充分。

这三条通常称为形成动压油膜的必要条件，缺少其中任何一条都不可能形成动压效应，构成动压轴承。除此之外，为了保证动压轴承完全在液体摩擦状态下工作，轴承工作时的最小油膜厚度 h_{min} 必须大于油膜允许值。同时，考虑到轴承工作时，不可避免存在摩擦，引起轴承升温，因此，还必须控制轴承的温升不超过允许值。另外，动压轴承在启动和停车时，处于非液体摩擦状态，受到平均压强 p、滑动速度 v 及 pv 值的限制

实际轴承都是有限宽的，因此雷诺方程是二维的，即

$$\frac{\partial}{\partial x}\left(\frac{h^3}{\eta}\cdot\frac{\partial p}{\partial x}\right)+\frac{\partial}{\partial z}\left(\frac{h^3}{\eta}\cdot\frac{\partial p}{\partial z}\right)=6v\frac{\mathrm{d}h}{\mathrm{d}x}$$

式中，z 为轴承宽度方向坐标。

雷诺方程描述了油膜场中各点油压 p 的分布规律，它是液体润滑理论的基础。

11.4.3　径向滑动轴承的几何关系和承载量系数

图 11.24 为轴承工作时轴颈的位置。如图所示，轴承和轴颈的连心线 OO_1 与外载荷 F（载荷作用在轴颈中心上）的方向形成一偏位角 φ_a。

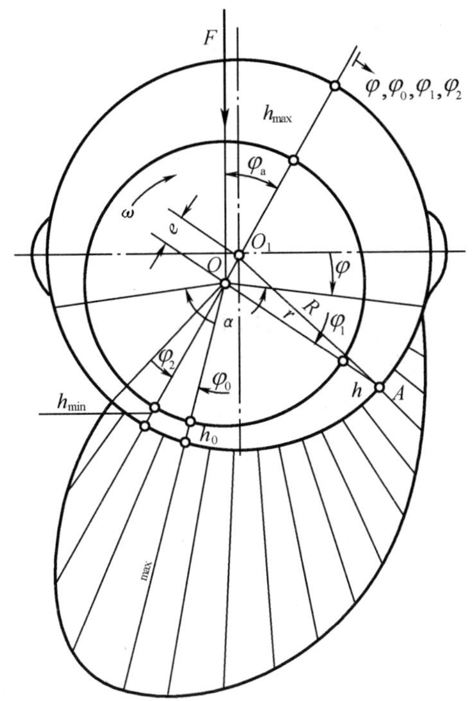

图 11.24 径向滑动轴承的几何参数和油压分布

颈向滑动轴承的几何参数如下：

D,d——分别表示轴承孔和轴颈，mm；

$\Delta=D-d$——表示轴承直径间隙；

$\delta=R-r=\Delta/2$——表示半径间隙；

R,r——表示轴承孔半径与轴颈半径，mm；

$\psi=\Delta/d$——表示直径间隙与轴颈公称直径之比称为相对间隙；

$e=OO_1$——表示轴颈在稳定运转时，其中心 O 与轴承中心 O_1 的距离，称为偏心距；

$\chi=e/\delta$——表示偏心距与半径间隙的比值，称为偏心率。

于是由图 11.24 可见，最小油膜厚度为

$$h_{\min}=\delta-e=\delta(1-\chi)=r\psi(1-\chi) \tag{11-14}$$

对于径向滑动轴承，采用极坐标描述比较方便。取轴颈中心 O 为极点，连心线 OO_1 为极轴，对应于任意角 φ（包括 $\varphi_0,\varphi_1,\varphi_2$ 均由 OO_1 算起）的油膜厚度为 h，h 的大小可在 $\triangle AOO_1$ 中应用余弦定理求得，即

$$R^2=e^2+(r+h)^2-2e(r+h)\cos\varphi \tag{11-15}$$

解式(11－15)得
$$r+h=e\cos\varphi\pm R\sqrt{1-\left(\frac{e}{R}\right)^2\sin^2\varphi}$$

若略去$\left(\frac{e}{R}\right)^2\sin^2\varphi$，并取正号，则得任意位置的油膜厚度为

$$h=\delta(1+\chi\cos\varphi)=r\psi(1+\chi\cos\varphi)$$

在压力最大处的油膜厚度为

$$h_0=\delta(1+\chi\cos\varphi_0)$$

式中，φ_0相应于最大压力处的极角。

将雷诺方程写成极坐标形式，即将 $dx=rd\varphi$，$V=r\omega$ 及 h，h_0代入雷诺方程后得极坐标形式的雷诺方程

$$\frac{dp}{d\varphi}=6\eta\frac{\tilde{\omega}}{\psi^2}\cdot\frac{\chi(\cos\varphi-\cos\varphi_0)}{(1+\chi\cos\varphi)^3} \tag{11-16}$$

将上式从油膜起始角 φ_1到任意角 φ 进行积分，得任意位置的压力，即

$$p_\varphi=6\eta\frac{\tilde{\omega}}{\psi^2}\int_{\varphi1}^{\varphi}\frac{\chi(\cos\varphi-\cos\varphi_0)}{(1+\chi\cos\varphi)^3}d\varphi$$

p_φ 是 φ 角处一点上的压强，在轴承单位长度面积上 $r\cdot d\varphi\cdot 1$ 的油膜力则是 $p_\varphi\cdot r\cdot d\varphi\cdot 1$，此力作用在轴颈上，指向轴心 O。它的垂直分力为

$$p_{\varphi y}=p_\varphi\cdot rd\varphi\cdot 1\cdot\cos[180°-(\varphi_a+\varphi)]=-p_\varphi\cdot rd\varphi\cos(\varphi_a+\varphi) \tag{11-17}$$

把式(11－17)在 φ_1到 φ_2的区间内积分，就得出在轴承单位宽度上的油膜承载力，即

$$p_y=\frac{6\eta r\tilde{\omega}}{\psi^2}\int_{\varphi_1}^{\varphi_2}\left[\int_{\varphi1}^{\varphi}\frac{\chi(\cos\varphi-\cos\varphi_0)}{(1+\chi\cos\varphi)^3}d\varphi\right]\cos[180°-(\varphi_a+\varphi)]\cdot d\varphi \tag{11-18}$$

为了求出油膜的承载能力，理论上只需将 p_y 乘以轴承宽度 B 即可。但在实际轴承中，由于油可能从轴承的两个端面流出，故必须考虑端泄的影响。

如果轴承无端面泄漏，油膜压力沿轴向将按直线分布，如图 11.25 中直线 Ⅰ 所示。有端泄时轴向压力曲线呈抛物线形，如图 11.25 中的Ⅱ所示，而且其油膜压力也比无限宽轴承的压力低，所以乘以系数 C'，C'的值取决于宽度比 B/d 和偏心率χ 的大小。这样，在 φ 角和距轴承中线为 z 处的油膜压力的数学表达式为

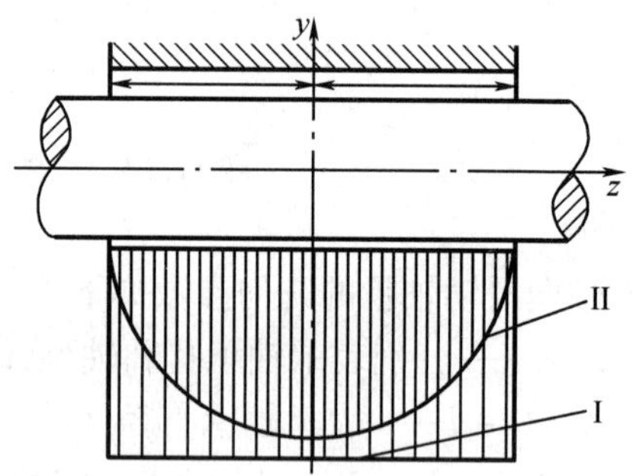

图 11.25　沿 Z 方向油膜压力的分布

$$p_y'=p_yC'\left[1-\left(\frac{2z}{B}\right)^2\right]$$

因此，对有限长轴承的总承载能力为

$$F=\int_{-B/2}^{+B/2}p_y'dz$$

将式(11－18)代入上式得

$$F=\frac{6\eta r\tilde{\omega}}{\psi^2}\int_{-B/2}^{+B/2}\left\{\int_{\varphi_1}^{\varphi_2}\left[\int_{\varphi1}^{\varphi}\frac{\chi(\cos\varphi-\cos\varphi_{0)}}{(1+\chi\cos\varphi)^3}d\varphi\right]\cos[180°-(\varphi_a+\varphi)]\cdot d\varphi\right\}\cdot C'\left[1-\left(\frac{2z}{B}\right)^2\right]dz \tag{11-19}$$

由式(11－19)得

$$F=\frac{\eta\tilde{\omega}dB}{\psi^2}C_p$$

式中

$$C_p=3\int_{-B/2}^{+B/2}\left\{\int_{\varphi_1}^{\varphi_2}\left[\int_{\varphi1}^{\varphi}\frac{\chi(\cos\varphi-\cos\varphi_0)}{B(1+\chi\cos\varphi)^3}d\varphi\right]\cos[180°-(\varphi_a+\varphi)]\cdot d\varphi\right\}\cdot C'\left[1-\left(\frac{2z}{B}\right)^2\right]2]dz$$

于是得

$$C_p = \frac{F\psi^2}{\eta\omega dB} = \frac{F\psi^2}{2\eta VB}$$

式中 C_p——一个无量纲的量，称为承载量系数；

η——润滑油在轴承平均工作温度下的动力黏度，Pa·s；

B——轴承宽度，mm；

F——外载荷，N；

V——轴颈圆周速度，m/s。

C_p 的积分非常困难，因而采用数值积分的方法进行计算，并作成相应的线图或表格供设计应用。在给定边界条件时，C_p 是轴颈在轴承中位置的函数，其值取决于轴承的包角 α（入油口和出油口所包轴颈的夹角），相对偏心率 χ 和宽径比 B/d。

若轴承是在非承载区内进行无压力供油，且设液体动压力是在轴颈与轴承衬的180度的弧内产生时，则不同 χ 和 B/d 的承载量系数 C_p 值见表11-7。

表11-7 不同 χ 和 B/d 的承载量系数 C_p 值

B/d	χ													
	0.3	0.4	0.5	0.6	0.65	0.7	0.75	0.8	0.85	0.9	0.925	0.95	0.975	0.99
	承载量系数 C_p													
0.3	0.052 2	0.082 6	0.128	0.203	0.259	0.347	0.475	0.699	1.122	2.074	3.352	5.73	15.15	50.52
0.4	0.089 3	0.141	0.216	0.339	0.431	0.573	0.776	1.079	1.775	3.195	5.055	8.393	21.00	65.26
0.5	0.133	0.209	0.317	0.493	0.622	0.819	1.098	1.572	2.428	4.261	6.615	10.706	25.62	75.86
0.6	0.182	0.238	0.427	0.655	0.819	1.070	1.418	2.001	3.036	5.214	7.956	12.64	29.17	83.21
0.7	0.234	0.361	0.538	0.816	1.014	1.312	1.720	2.399	3.580	6.029	9.072	14.14	31.88	88.90
0.8	0.287	0.439	0.647	0.972	1.199	1.538	1.965	2.754	4.053	6.721	9.992	15.37	33.99	92.89
0.9	0.339	0.515	0.754	1.118	1.371	1.745	2.248	3.067	4.459	7.294	10.753	16.37	35.66	96.35
1.0	0.391	0.589	0.853	1.253	1.528	1.929	2.469	3.372	4.808	7.772	11.38	17.18	37.00	98.95
1.1	0.440	0.658	0.947	1.377	1.669	2.097	2.664	3.580	5.106	8.186	11.91	17.86	38.12	101.15
1.2	0.487	0.723	1.033	1.489	1.796	2.247	2.838	3.787	5.364	8.533	12.35	18.43	39.04	102.90
1.3	0.529	0.784	1.111	1.590	1.912	2.379	2.990	3.968	5.586	8.831	12.73	18.91	39.81	104.42
1.5	0.610	0.891	1.248	1.763	2.099	2.600	3.242	4.266	5.947	9.304	13.34	19.68	41.07	106.84
2.0	0.763	1.091	1.483	2.070	2.446	2.981	3.671	4.778	6.545	10.091	14.34	20.97	43.11	110.79

11.4.4 最小油膜厚度 h_{min}

由最小油膜厚度公式（11-14）及承载量系数表可知，在其他条件不变的情况下，h_{min} 愈小则偏心率 χ 愈大，轴承的承载能力就愈大。然而，最小油膜厚度是不能无限缩小的，因为它受到轴颈和轴承表面粗糙度、轴的刚性及轴承与轴颈的几何形状误差等的限制。为确保轴承能处于液体摩擦状态，最小油膜厚度必须等于或大于许用油膜厚度[h]，即

$$h_{min} = r\psi(1-\chi) \geqslant [h]$$

$$[h] = S(R_{z1} + R_{z2})$$

式中 R_{z1}，R_{z2}——分别为轴颈和轴承孔微观不平度十点高度（下表），对一般轴承，可分别取 R_{z1} 和 R_{z2} 值为3.2 μm和6.3 μm，或1.6 μm和3.2 μm；对重要轴承可

取为 0.8 μm 和 1.6 μm,或 0.2 μm 和 0.4 μm。表 11－8 为不同加工方法获得的粗糙度值。

S——安全系数,考虑表面几何形状误差和轴颈挠曲变形等,常取 $S \geqslant 2$。

表 11－8　不同加工方法粗糙度值

加工方法	精车或精镗,中等磨光,刮(每平方厘米内有 1.5～3 个点)		铰,精磨,刮(每平方厘米内有 3～5 个点)		钻石刀头镗磨		研磨,抛光,超精加工等		
表面粗糙度代号	3.2	1.6	0.8	0.4	0.2	0.1	0.05	0.025	0.012
R_z/μm	10	6.3	3.2	1.6	0.8	0.4	0.2	0.1	0.05

11.4.5　轴承的热平衡计算

轴承工作时,摩擦功耗将转变为热量,使润滑油温度升高。如果油的平均温度超过计算承载能力时所假定的数值,则轴承承载能力就要降低。因此,应计算油的温升 Δt,并将其限制在允许的范围内。

轴承运转中达到热平衡状态的条件是:单位时间内轴承摩擦所产生的热量 H 等于同时间内流动的油所带走的热量 H_1 与轴承散发的热量 H_2 之和,即

$$H = H_1 + H_2$$

轴承中的热量是由摩擦损失的功转变而来的。因此,每秒钟在轴承中产生的热量 H 为

$$H = fpV$$

由流出的油带走的热量为

$$H_1 = Q\rho c(t_0 - t_i)$$

式中　Q——耗油量,按耗油量系数求出,$\mathrm{m^3/s}$;

ρ——润滑油的密度,对矿物油为 850～900 $\mathrm{kg/m^3}$;

c——润滑油的比热容,对矿物油为 1 675～2 090 J/(kg·℃);

t_0——油的出口温度,℃;

t_i——油的入口温度,通常由于冷却设备的限制,取为 35～40 ℃。

除了润滑油带走的热量以外,还可以由轴承的金属表面通过传导和辐射把一部分热量散发到周围介质中去。这部分热量与轴承散热表面的面积、空气流动速度等有关,很难精确计算。因此,通常采用近似计算。若以 H_2 代表这部分热量,并以油的出口温度 t_0 代表轴承温度,油的入口温度代表周围介质的温度,则

$$H_2 = \alpha_S \pi dB(t_0 - t_1)$$

式中,α_S为轴承的表面传热系数,随轴承结构的散热条件而定。对于轻型结构的轴承,或周围介质温度高和难于散热的环境(如轧钢机轴承),取 $\alpha_S = 50/\mathrm{W(m^2 \cdot K)}$;中型结构或一般通风条件,取 $\alpha_S = 80/\mathrm{W(m^2 \cdot K)}$;在良好冷却条件下(如周围介质温度很低,轴承附近有其

他特殊用途的水冷或气冷的冷却设备）工作的重型轴承，可取 $\alpha_S = 10/\mathrm{W(m^2 \cdot K)}$。热平衡时，$H = H_1 + H_2$，即 $fpV = Q\rho c(t_0 - t_i) + \alpha_S \pi dB(t_0 - t_i)$。于是，得出为了达到热平衡而必需的润滑油温度差为

$$\Delta t = t_0 - t_i = \frac{\left(\frac{f}{\psi}\right)^p}{c\rho\left(\frac{Q}{\psi VBd}\right) + \frac{\pi\alpha_s}{\psi V}} \ {}^0C \tag{11-20}$$

式中 $\frac{Q}{\psi VBd}$——耗油量系数，为无量纲数，可根据轴承的宽径比 B/d 及偏心率 χ 由图查出；

f——摩擦系数，其计算公式为 $f = \frac{\pi}{\psi} \cdot \frac{\eta\widetilde{\omega}}{p} + 0.55\psi\xi$，式中 ζ 为随轴承宽径比而变化的系数，对于 $B/d < 1$ 的轴承，$\xi = (d/B)^{1.5}$；$B/d \geqslant 1$ 时，$\xi = 1$；ω 为轴颈角速度，单位为 rad/s，B，d 的单位为 mm；p 为轴承的平均压力，单位为 Pa；η 为滑油的动力黏度，单位为 Pa · s。

用式(11－20)只是求出了平均温度差，实际上轴承上各点的温度是不相同的。润滑油从入口到流出轴承，温度逐渐升高，因而在轴承中不同之处的油的黏度也将不同。研究结果表明，在利用承载量系数公式计算轴承的承载能力时，可以采用润滑油平均温度时的黏度。润滑油的平均温度 $t_m = (t_i + t_0)/2$，而温升 $\Delta t = t_0 - t_i$，所以润滑油的平均温度 t_0 按下式计算

$$t_m = t_i + \frac{\Delta t}{2}$$

为了保证轴承的承载能力，建议平均温度不超过 75 ℃。

设计时，通常是先给定平均温度 t_m，按上式求出的温升 Δt 来校核油的入口温度 t_i，即

$$t_i = t_m - \frac{\Delta t}{2}$$

若 $t_i > 35 \sim 40$ ℃，则表示轴承热平衡易于建立，轴承的承载能力尚未用尽。此时应降低给定的平均温度，并允许适当地加大轴瓦及轴颈的表面粗糙度，再行计算。

若 $t_i < 35 \sim 40$ ℃，则表示轴承不易达到热平衡状态。此时需加大间隙，并适当地降低轴承及轴颈的表面粗糙度，再作计算。此外要说明的是，轴承的热平衡计算中的耗油量仅考虑了速度供油量，即由旋转轴颈从油槽带入轴承间隙的热量，忽略了油泵供油时，油被输入轴承间隙时的压力供油量，这将影响轴承温升计算的精确性。因此，它适用于一般用途的液体动力润滑径向轴承的热平衡计算，对于重要的液体动压轴承计算可参考相关手册。

11.4.6 参数选择

在液体摩擦滑动轴承设计中已知条件通常是：作用在轴颈上的径向载荷 F_r，轴颈直径 d（按强度、刚度或结构要求确定的尺寸）和轴的转速 n，以及轴承的工作条件等。所谓轴承的设计计算就是选择合适的参数，使轴承的最小油膜厚度满足式(11－14)，使得温升(Δt)在规定的范围，所以关键在于参数的选择。对于最小油膜厚度和温升有明显影响的参数是轴承的宽径比 B/d，轴承的相对间隙 ψ，润滑油的黏度 η，以及轴瓦轴颈表面的不平度。

1. 宽径比 B/d

一般轴承的宽径比 B/d 在 0.3～1.5 范围内。宽径比小，有利于提高运转稳定性，增大

端泄漏量以降低温升。但轴承宽度减小,轴承承载力也随之降低。

高速重载轴承温升高,宽径比宜取小值;需要对轴有较大的支承刚性,宽径比宜取大值;高速轻载轴承,如对轴承刚性无过高要求,可取小值;需要对轴有较大支承刚性的机床轴承,宜取较大值。

一般机器常用的 B/d 值为:汽轮机 $B/d=0.3\sim1$;电动机、发电机、离心泵及齿轮变速器 $B/d=6.0\sim1.5$;机床、拖拉机 $B/d=0.8\sim1.2$;轧钢机 $B/d=0.6\sim0.9$。

2. 相对间隙 ψ

相对间隙主要根据载荷和速度选取。速度愈高,ψ 值应愈大;载荷愈大,ψ 值应愈小。此外,直径大、宽径比小,调心性能好,加工精度高时,ψ 值取小值,反之取大值。

一般轴承,按转速取 ψ 值的经验公式为

$$\psi\approx\frac{(n/60)^{4/9}}{10^{31/9}}$$

式中,n 为轴颈转速 r/min。

一般机器中常用的 ψ 值为:汽轮机、电动机、齿轮减速器 $\psi=0.001\sim0.002$;轧钢机、铁路车辆 $\psi=0.000\ 2\sim0.001\ 5$;机床、内燃机 $\psi=0.000\ 2\sim0.0012\ 5$;鼓风机、离心泵 $\psi=0.001\sim0.003$。

3. 黏度 η

这是轴承设计中的一个重要参数。它对轴承的承载能力、功耗和轴承温升都有不可忽视的影响。轴承工作时,油膜各处温度是不同的,通常认为轴承温度等于油膜的平均温度。平均温度的计算是否准确,将直接影响到润滑油黏度的大小。平均温度过低,则油的黏度较大,算出的承载能力偏高;反之,则承载能力偏低。设计时,可先假定轴承平均温度(一般取 $t_m=50\sim75$ ℃)再初选黏度,进行初步设计计算。最后再通过热平衡计算来验算轴承入口油温 t_i 是否在 35~40 ℃之间,否则应重新选择黏度再作计算。

对于一般轴承,也可按轴颈转速 n(r/min)先初估油的动力黏度,即

$$\eta=\frac{(n/60)^{-1/3}}{10^{7/6}}\ \text{Pa}\cdot\text{s}$$

由 $v=\eta/\rho$ 计算相应的运动黏度 v',选定平均油温 t_m,进而选定全损耗系统用油的牌号。

例 11.2 设计一机床用的液体动力润滑径向滑动轴承,荷载垂直向下,工作情况稳定,采用对开式轴承。已知工作荷载 $F=100\ 000$ N,轴颈直径 $d=200$ mm,转速 $n=500$ r/min,在水平剖分面单侧供油。

解 (1)选择轴承宽径比 根据机床常用的宽径比范围,取宽径比为 1。

(2)计算轴承宽度

$$B=(B/d)\times d=1\times0.2\ \text{m}=0.2\text{m}$$

(3)计算轴颈圆周速度

$$v=\frac{\pi dn}{60\times1\ 000}=\frac{\pi\times200\times500}{60\times1\ 000}\text{m/s}=5.23\ \text{m/s}$$

(4)计算轴颈工作压力

$$p=\frac{F}{dB}=\frac{100\ 000}{0.2\times0.2}\ \text{Pa}=2.5\ \text{MPa}$$

(5)选择轴瓦材料 查常用金属轴承材料性能表,在保证 $p \leqslant [p]$,$v \leqslant [v]$,$pv \leqslant [pv]$ 的条件下,选定轴承材料为 ZCuSn10P1。

(6)初估润滑油黏度

$$\eta = \frac{(n/60)^{-1/3}}{10^{7/6}} = \frac{(500/60)^{-1/3}}{10^{7/6}} \text{ Pa·s} = 0.034 \text{ Pa·s}$$

(7)计算相应的运动黏度,取润滑油密度 $\rho = 900\ \text{kg/m}^3$,

$$v' = \frac{\eta(\text{Pa·s})}{\rho(\text{kg/m}^3)} \times 10^6 = \frac{0.034}{900} \times 10^6\ \text{mm}^2/\text{s} = 38\ \text{mm}^2/\text{s}$$

(8)选择平均油温。现选平均油温 $t_m = 50$ ℃。

(9)选定润滑油牌号。参照表选定全损耗用油 L - AN68。

(10)按 $t_m = 50$ ℃查出 L - AN68 的运动黏度为 $\nu_{50} = 40\ \text{mm}^2/\text{s}$。

(11)换算出 L - AN68 50 ℃时的动力黏度

$$\eta_{50} = \rho\nu_{50} \times 10^{-6} = 900 \times 40 \times 10^{-6} = 0.036\ \text{P}_\text{a} \cdot \text{s}$$

(12)计算相对间隙

$$\psi \approx \frac{(n/60)^{4/9}}{10^{31/9}} = \frac{(500 \times 60)^{4/9}}{10^{31/9}} \approx 0.001\ 25$$

(13)计算直径间隙

$$\Delta = \psi d = 0.001\ 25 \times 200 = 0.25\ \text{mm}$$

(14)计算承载量系数

$$C_p = \frac{F\psi^2}{2\eta VB} = \frac{100\ 000 \times (0.012\ 5)^2}{2 \times 0.036 \times 5.23 \times 0.2} = 2.075$$

(15)求出轴承偏心率。根据 C_p 及 B/d 的值查表,并经过插算求出偏心率 $\chi = 0.713$。

(16)计算最小油膜厚度

$$h_{min} = \frac{d}{2}\psi(1 - \chi) = \frac{200}{2} \times 0.0012\ 5 \times (1 - 0.713)\ \mu\text{m} = 35.8\ \mu\text{m}$$

(17)确定轴颈轴承孔表面粗糙度十点高度,按加工精度要求取轴颈表面粗糙度等级为 $\overset{0.8}{\bigtriangledown}$,轴承孔表面粗糙度等级为 $\overset{1.6}{\bigtriangledown}$,查得轴颈 R_{z1} –0.003 2 mm,轴承孔 $R_{z2} = 0.006\ 3$ mm。

(18)计算许用油膜厚度 取安全系数 $S = 2$,则

$$[h] = S(R_{z1} + R_{z2}) = 2 \times (0.003\ 2 + 0.006\ 3)\ \mu\text{m} = 19\ \mu\text{m}$$

因 $h_{min} > [h]$,故满足工作可靠性要求。

(19)计算轴承与轴颈的摩擦系数。因为轴承的宽径比 $B/d = 1$,所以取随宽径比变化的系数 $\xi = 1$,由摩擦系数计算式得

$$f = \frac{\pi}{\psi} \cdot \frac{\eta\omega}{p} + 0.55\psi\xi = \frac{\pi \times 0.036(2\pi \times 500/60)}{0.001\ 25 \times 2.5 \times 10^6} + 0.55 \times 0.001\ 25 \times 1 = 0.002\ 58$$

(20)查出耗油量系数。由宽径比 $B/d = 1$ 以及偏心率 $\chi = 0.713$ 查图,得到耗油量系数 $Q/\psi VBd = 0.145$。

(21)计算润滑油温升。按润滑油密度 $\rho = 900\ \text{kg/m}^3$,取比热容 $c = 1\ 800\ \text{J/(kg·℃)}$,表面传热系数 $\alpha_s = 80\ \text{W/(m}^2\text{·K)}$,则

$$\Delta t=\frac{\left(\frac{f}{\psi}\right)^{p}}{c\rho\left(\frac{Q}{\psi VBd}\right)+\frac{\pi\alpha_s}{\psi V}}=\frac{\frac{0.002\ 58}{0.001\ 25}\times 2.5\times 10^{6}}{1\ 800\times 900\times 0.145+\frac{\pi\times 80}{0.001\ 25\times 5.23}}=18.866\ ℃$$

(22)计算润滑油入口温度

$$t_{\mathrm{i}}=t_{\mathrm{m}}-\frac{\Delta t}{2}=50-\frac{18.866}{2}=40.567\ ℃$$

因一般取 $t_i=30\sim40$ ℃ ,故上述入口温度合适。

(23)选择配合。根据直径间隙 $\Delta=0.25$ mm ,按 GB1801—79 选配合 F6/d7,查得轴承孔尺寸公差为

$$\varphi200^{+0.079}_{+0.050},\text{轴颈尺寸公差为 }\varphi200^{-0.170}_{-0.216}$$

(24)求最大最小间隙。因 $\Delta=0.25$mm 在 Δ_{max} 与 Δ_{min}之间,故所选配合适用。

(25)校核轴承的承载能力。最小油膜厚度及润滑油温升分别按 Δ_{max} 及 Δ_{min} 进行校核,如果在允许值范围内,则绘制轴承工作图;否则需要重新选择参数,再作设计及校核计算。

本 章 小 结

本章介绍了滑动轴承的特点,滑动轴承的分类以及各类滑动轴承的结构。介绍了滑动轴承各组成部件的材料以及滑动轴承的润滑方式。重点介绍了非液体滑动轴承的设计计算以及液体动力润滑滑动轴承的设计计算方法。

习 题

一、选择题

1. 宽径比 B/d 是设计滑动轴承时首先要确定的重要参数之一,通常取 $B/d=$________。

A. 1 ~10　　B. 0. 1 ~1　　C. 0. 3 ~1. 5　　D. 3 ~5

2. 下列材料中________不能作为滑动轴承轴瓦或轴承衬的材料。

A. ZSnSb11Cu6　　B. HT200　　C. GCr15　　D. CuPb30

3. 在滑动轴承材料中,________通常只用于作为双金属或三金属轴瓦的表层材料。

A. 铸铁　　B. 轴承合金　　C. 铸造锡磷青铜　　D. 铸造黄铜

4. 不是静压滑动轴承的特点。

A. 启动力矩小　　B. 对轴承材料要求高

C. 供油系统复杂　　D. 高、低速运转性能均好

5. 含油轴承是采用________制成的。

A. 塑料　　B. 石墨　　C. 铜合金　　D. 多孔质金属

6. 温度升高时,润滑油的黏度________。

A. 随之升高　　B. 保持不变

C. 随之降低　　D. 可能升高也可能降低

7. 动压液体摩擦径向滑动轴承设计中,为了减小温升,应在保证承载能力的前提下适当________。

A. 增大相对间隙 ψ,增大宽径比 B/d　　B. 减小 ψ,减小 B/d

C. 增大 ψ,减小 B/d　　D. 减小 ψ,增大 B/d

8. 动压滑动轴承能建立油压的条件中,不必要的条件是________。

A. 轴颈和轴承间构成楔形间隙　　B. 充分供应润滑油

C. 轴径和轴承表面之间有相对滑动　　D. 润滑油温度不超过50 ℃

9. 在________情况下,滑动轴承润滑油的黏度不应选得较高。

A. 重载　　B. 工作温度高　　C. 高速

10. 与滚动轴承相比较,下述各点中,________不能作为滑动轴承的优点。

A. 径向尺寸小　　B. 启动容易

C. 运转平稳,噪声低　　D. 可用于高速情况下

11. 滑动轴承轴瓦上的油沟不应开在________。

A. 油膜承载区内　　B. 油膜非承载区内　　C. 轴瓦剖面上

12. 通过直接求解雷诺方程,可以求出轴承间隙中润滑油的________。

A. 流量分布　　B. 流速分布　　C. 温度分布　　D. 压力分布

13. 计算滑动轴承的最小油膜厚度 h_{min},其目的是________。

A. 验算轴承是否获得液体摩擦　　B. 计算轴承的内部摩擦力

C. 计算轴承的耗油量　　D. 计算轴承的发热量

14. 当计算滑动轴承时,若 h_{min} 太小,不能满足 $h_{min} > [h_{min}]$ 时,使________可满足此条件。

A. 表面光洁度提高　　B. 增大长径比 L/d　　C. 增大相对间隙 ψ

15. 液体的黏度标志着________。

A. 液体与固体之间摩擦阻力的大小　　B. 液体与液体之间摩擦阻力的大小

16. 液体动压向心滑动轴承,若向心外载荷不变,减小相对间隙 ψ,则承载能力________,而发热________。

A. 增大　　B. 减小　　C. 不变

二、填空题

1. 滑动轴承常见的失效形式有________、________、________、________、________。

2. 随着轴转速的提高,液体动压径向滑动轴承的偏心率会________。

3. 滑动轴承的轴瓦多采用青铜材料,主要是为了提高________能力。

4. 在设计液体摩擦动压滑动轴承时,若减小相对间隙,则轴承的承载能力将________;旋转精度将________;发热量将________。

5. 影响润滑油黏度的主要因素有________和________。

6. 验算滑动轴承最小油膜厚度 h_{min} 的目的是________。

7. 影响润滑油黏度 η 的主要因素有________和________。

8. 滑动轴承的润滑作用是减少________,提高________,轴瓦的油槽应该开在载荷的部位。

9. 按摩擦性质,轴承分为________和________两大类。

10. 按滑动表面润滑情况,有________、________和________三种摩擦状态。

11. 与滚动轴承相比,滑动轴承具有承载能力________、抗震性________、噪声________、寿命________,在液体润滑条件下可________速运转。

12. 轴承材料有________、________和________。金属材料包括________、________

和________。

13. 润滑油的黏度表示其抵抗剪切变形的能力，它表征流体________的大小，随着温度的升高，润滑油黏度________。

14. 滑动轴承的润滑剂通常有：________，________，________，________。

15. 向心滑动轴承的直径增大一倍，长径比不变，载荷不变，则轴承的比压 p 为原来的________倍。

16. 滑动轴承按受载荷方向的不同，可分为________和________；根据其滑动表面间的润滑状态不同，可分为________和________；根据液体润滑承载机理的不同，又可分为________和________。

三、简答题

1. 与滚动轴承比较，滑动轴承有何特点，适用于何种场合？

2. 滑动轴承中的油孔、油沟和油室有何作用？液体润滑轴承的油沟应开在何处，为什么？

3. 滑动轴承中为什么要设置轴瓦？轴承合金能否制成轴瓦，为什么？

4. 如何选择普通径向滑动轴承的宽径比，宽径比选取过大时会发生什么现象？

5. 试介绍滑动轴承的润滑方法。

6. 当计算滑动轴承时，若温升过高，可采取什么措施使温升降低？

7. 在设计液体动压轴承时，若在选择配合之前通过计算能满足热平衡条件，在选择配合之后是否还要进行热平衡校核，为什么？

四、设计计算题

1. 有一非液体摩擦径向滑动轴承，轴的直径 $d=100$ mm，轴承宽度 $B=100$ mm，轴的转速$n=1\ 200$ r/min。轴承材料许用值，$[p]=15$ MPa，$[pv]=15$ MPa·m/s，$[v]=10$ m/s。求该轴承所能承受的最大径向载荷。

2. 某流体动力润滑滑动轴承轴颈直径 $d=80$ mm，轴承宽度 $B=80$ mm，轴颈转速 $n=1\ 500$ r/min，半径间隙 $\delta=0.06$ mm，偏心率$\chi=0.6$，采用 L－AN30 油润滑，润滑油在 50 ℃时的黏度 $\eta=0.02$ Pa·s。求该轴承能承受的最大径向载荷。

3. 某非液体摩擦滑动轴承，轴颈直径 $d=60$ mm，宽径比 $B/d=1$，轴的转速 1 500 r/min，径向载荷2 600 N，轴承材料为 ZCuAl10Fe3，试问此轴承是否可用？

4. 设计一离心机用液体摩擦轴承，载荷方向一定，工作稳定，采用对开轴瓦，作用在轴颈上的径向载荷 $F_r=38\ 000$ N，轴的转速 $N=1\ 500$ r/min，轴颈直径 $d=115$ mm。

5. 如图 11.26 所示为稳定工作时的液体动压润滑轴承示意图，试判断轴颈 1 的转动方向，并大致在图 11.26 上画出其压力分布图。

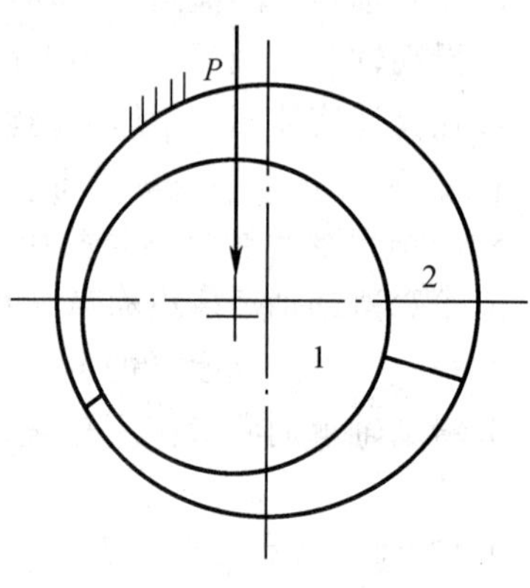

图 11.26

第 12 章　滚 动 轴 承

【教学目标】

1. 了解滚动轴承的特点、结构、材料及应用；

2. 熟悉滚动轴承的代号；

3. 能够进行滚动轴承类型、代号的选择，独立完成滚动轴承的寿命校核计算及滚动轴承部件的组合结构设计；

5. 通过滚动轴承代号、寿命校核计算、滚动轴承部件的组合结构设计等知识的学习，使学生学会机械零件设计中的寿命校核计算，感受机械设计中不同设计方法的重要性，并逐步培养其应用理论知识于工程实践的能力。

【知识要点】

本章的知识要点是滚动轴承的特点、结构、材料及应用，滚动轴承类型、代号及选择，滚动轴承的失效形式及寿命校核计算，滚动轴承部件的组合结构设计。

【导入案例】

图 12.1 所示为变速器的结构图，变速器在研发试验过程中会遇到各种各样的失效问题，其中由于轴承损坏而造成变速器功能失效产生异响，最常见。

图 12.1　变速器

在 2009 年，某变速器厂对 B12 进行整车试验时，进行到 90%，变速器发生各挡异响，返厂拆解发现，输出轴前轴承中的滚子有 6 颗有明显剥落，如图 12.2 所示，放油螺栓和输入轴传感器上有银白色的金属屑，确定为滚子剥落产物。

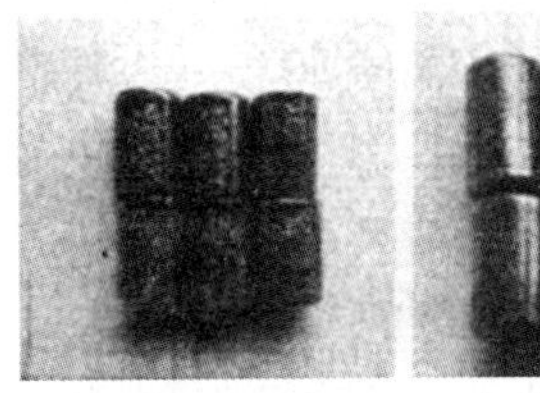

图 12.2　失效滚子图片

通过对图 12.2 所示的滚子进行分析可知，由于其表面产生严重剥落现象，造成内外圈的滚道均产生不同程度磨损，导致变速器总成的径向游隙增大，滚子在径向游隙增大的情况下产生卡滞，从而使得变速器各挡啮合齿轮非正常工作，产生异响。滚子失效的原因是，其材料不符合规格。针对这一问题，要求轴承供应商将滚动体的材料由原来的 GCr15 414 提高为 GCr15 432，以达到提高滚动体表面接触疲劳强度的目的，提高其使用寿命。

12.1　概　　述

轴承是机器中广泛应用的一种支承部件，它通过与轴颈的接触来支承轴及轴上零件，并能保持轴的旋转精度，减少转轴与支承之间的摩擦和磨损。根据轴承中摩擦的性质，轴承分为滚动轴承和滑动轴承。滚动轴承是机械工业使用广泛、要求严格的配套件和基础件，被人们称为机械的关节。由于使用范围广泛，决定了轴承品种的多样性和复杂性。由于要求严格，决定了轴承质量和性能的重要性。轴承制造业是一种精密的基础件制造业，它的精度以 0.001 毫米(mm)来衡量，而普通机械零件的制造公差一般只有 0.01 mm。电机的噪声和振动，在很大程度上取决于轴承质量；高精度机床主轴的摆差和温升，更是与轴承质量息息相关。通信卫星消旋装置中的轴承性能，直接影响其通信效果；航天、航空中关键轴承发生故障，就会造成严重的事故。总之，工业、农业、国防、科学技术和家用电器等各个领域中的主机，其精度、性能、寿命、可靠性和各项经济指标，都与轴承有着密切的联系，而且轴承工业的发展还关系着我国重大技术装备的制造水平及机械设备的出口能力。

12.1.1　定义

滚动轴承(rolling bearing)是指在承受载荷和彼此相对运动的零件间有滚动体作滚动运动的轴承。它是将运转的轴与轴座之间的滑动摩擦变为滚动摩擦，从而减少摩擦损失的一种精密元件。

12.1.2　滚动轴承的发展史

在轮子发明之后，人们发现利用滚动来移动物体比滑动要省力。据记载，公元前 2400 年前人类就开始利用滑板搬运巨大石料来减轻工作负担；到公元 1100 年前，人类开始利用滑板下面垫上滚木来搬运物体，进一步减少人力。公元 50 年前，罗马时期人类开始使用形式简单的滚动轴承，到工业革命时期滚动轴承开始被广泛使用。达芬奇(公元 1452－1519)提出了不同形式的带滚动体的枢轴轴承，甚至包括一种带有分隔球装置的球轴承。然而他所设想的滚动轴承在那一时期并没有被工业设计师们广泛采用，原因在于当初的滚动轴承的材料所限，滚动轴承的寿命无法和滑动轴承竞争。进入 20 世纪 60 年代后，随着优质滚动轴承钢的研究，使得滚动轴承开始逐渐被设计师认可，滚动轴承开始被广泛应用于汽车、飞机、机床、仪器仪表等众多领域，也是在这一时期，人们对轴承的认识和重视升华到了空前高度。

新中国建立前，我国轴承制造业几乎是一片空白。机械设备配套和维修需要的轴承，基本上依赖进口。当时，仅在辽宁省瓦房店和沈阳、上海及山西省长治等地有一些轴承厂，但能独立生产轴承四元件(内外套圈、滚动体和保持架)的工厂没有一家。1949 年，全国轴承年产量仅为 13.8 万套。新中国建立五十年来，轴承工业飞速发展，轴承品种从少到多，产品质量和技术水平从低到高，行业规模从小到大发生着巨大变化。

我国滚动轴承发展大致经历了以下三个阶段。

第一阶段：奠基阶段(1949～1957年)

1949年瓦房店轴承厂恢复生产，成为中国第一家独立生产轴承的企业。1951年瓦房店轴承厂部分北迁哈尔滨，建成哈尔滨轴承厂并投入生产。在原苏联援助下，全国156项重点工程之一的洛阳轴承厂1957年开始试制普通轴承13.6万套。至此，我国轴承工业的瓦房店、哈尔滨、洛阳、上海四个主要生产基地初步形成，为轴承制造业的发展奠定了基础。1957年，全国轴承产量首次突破1 000万套大关。

第二阶段：体系形成阶段(1958～1977年)

此阶段处于国家"一・五"至"五・五"五个五年计划发展时期，给轴承工业带来了新的机遇。"一・五"中期，洛阳轴承厂于1958年7月通过国家验收，顺利建成投产；上海轴承工业开始形成一个有地方特色的轴承工业基地；瓦房店、哈尔滨轴承厂充实完善，获得较大发展。同时建成了部直属的洛阳轴承研究所和第十设计研究院等科研、设计机构。这一时期，轴承制造业为重点主机配套的新产品发展较快，已开始生产汽车万向节滚针轴承、磁电机轴承、机床主轴轴承和精密轴承，并试制了铁路机车、轧钢机、重型机械、石油工业和航空发电机、坦克等主机所需的部分配套轴承。

第三阶段：高质快速发展阶段(1978～1999年)

1978年中共十一届三中全会的召开揭开了中国历史崭新的一页，波澜壮阔的改革大潮在祖国大地汹涌澎湃。在邓小平理论指引下，轴承行业不断推进改革，扩大开放，加快发展，实现生产力大解放，使综合技术经济实力明显增强，在国际上的影响日益提高，行业面貌发生了历史性的变化，掀起了轴承工业发展史上第三次浪潮。

第四阶段：高速发展黄金阶段(2000年以后)

随着工业领域的技术发展继续突飞猛进，产品品种日趋多样化，用户的需求更加五花八门，产品批量变得更小，交货期进一步缩短，这就需要按照用户的预算精确控制成本，需要轴承制造业加快系统化、自动化和智能化的步伐，从而使得自动线、机器人、电脑网络将整个企业从研究设计、生产、销售连成一体，形成CIMS系统，以便能更加灵活自如地随时随地满足用户需求。

12.1.3 特点

(1)滚动轴承与滑动轴承相比具有如下优点：

- 转动摩擦力矩比流体动压轴承的低得多，因此摩擦温升与功耗较低；
- 启动摩擦力矩仅略高于转动摩擦力矩；
- 轴承变形对载荷变化的敏感性小于流体动压轴承的；
- 只需要少量的润滑剂便能正常运行，运行时能够长时间自我提供润滑剂；
- 轴向尺寸小于传统的流体动压轴承的尺寸；
- 可以同时承受径向力和推力组合载荷；
- 在很大的载荷－速度范围内，独特的设计可以获得优良的性能；
- 轴承的性能对载荷、速度和运行温度的波动相对不敏感。

(2)缺点：

- 抗冲击能力较差；
- 振动、噪音较大；

- 径向尺寸较大；
- 高速时出现噪声、工作寿命不如液体润滑的滑动轴承；
- 有的场合无法使用。

本章主要介绍滚动轴承的组成结构、类型及代号、根据具体工作条件正确选择滚动轴承、滚动轴承的安装以及滚动轴承的组合设计。

12.2 滚动轴承的组成及基本结构

12.2.1 滚动轴承基本组成

滚动轴承一般由内圈、外圈、滚动体和保持架四部分组成，如图 12.3 所示。其中 1—内圈，通常安装在轴承座孔内，一般不转动，2—外圈安装在轴颈上，随轴转动，3—滚动体是滚动轴承的核心元件，滚动体的类型有多种，4—保持架是用来将滚动体均匀隔开，避免摩擦的。特殊情况下可以无内圈或外圈，而由与之相配的轴颈或轴承座孔壁代替。通常滚动轴承的外圈不动，内圈转动，但也有外圈回转而内圈不动或内、外圈分别按不同转速回转的使用情况。

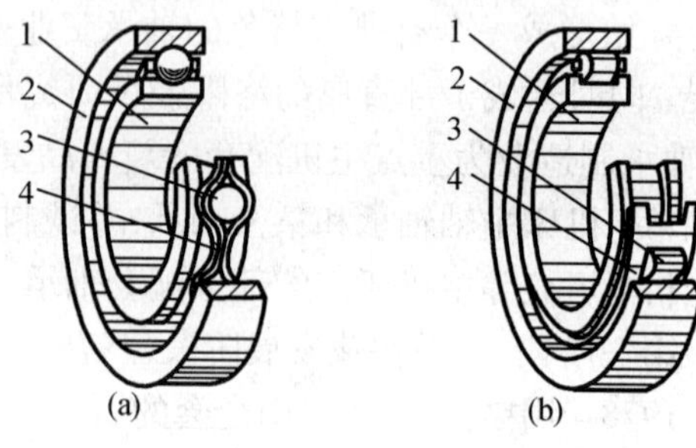

图 12.3 滚动轴承的基本构造

(a)球型滚动体；(b)柱型滚动体

1—内圈；2—外圈；3—滚动体；4—保持架

当内、外圈相对转动时，滚动体在内、外圈的滚道间滚动。内、外圈上有凹槽滚道，滚道通常要进行淬硬处理，可降低接触应力和限制滚动体轴向移动。滚动体形状大小和数量直接影响轴承的承载能力。常用滚动体类型有球、圆柱滚子、滚针、圆锥滚子球面滚子等多种(见图 12.4)。滚动体通常由具有等角间距的保持架隔开。

12.2.2 滚动轴承材料

滚动轴承的内外圈和滚动体应具有较高的硬度和接触疲劳强度、良好的耐磨性和冲击韧性。一般用特殊轴承钢制造，常用材料有 GCr15, GCr15SiMn, GCr6, GCr9 等，经热处理后硬度可达 60 ~ 65HRC。对一些特殊用户，如汽车轮毂轴承，滚动轴承零件一般由感应淬火钢制作。滚动轴承的工作表面必须经磨削抛光，以提高其接触疲劳强度。保持架多用低碳钢板通过冲压成形方法制造，也可采用有色金属或塑料等材料。为了适应某些使用要求，有些轴承会增加或减少一些零件。例如，无内圈或无外圈；既无外圈又无内圈；带防尘盖、密封圈；带安装调整用的紧定套等。

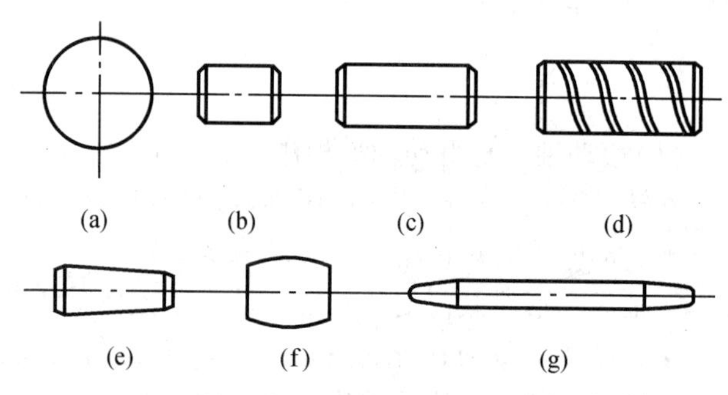

图 12.4 滚动体的类型

(a)球；(b)圆柱滚子；(c)长圆柱滚子；(d)螺旋滚子；(e)圆锥滚子；(f)凸球面滚子；(g)滚针

在所有情况下,至少在滚动部件的表面要有很高的硬度,在一些高速应用中,为减小球或滚子的惯性载荷,这些零件要用轻质、高抗压强度的陶瓷材料如氮化硅制造。六七十年代,国外开始研究陶瓷轴承。陶瓷具有强度高、耐磨性好、刚度高、耐腐蚀、耐高温、电绝缘、不导磁、密度小等一系列金属材料不具备的性能。适用于做轴承的陶瓷材料主要有氮化硅(Si_3N_4)、氧化锆(ZrO_2)氧化铝(Al_2O_3)等,其中 Si_3N_4 综合性能最优,是陶瓷轴承的首选材料。陶瓷轴承可应用于航天、航空、高真空领域,高速高精度、高温、强磁场或防腐蚀等场合。

保持架选用较软材料制造,冲压保持架一般用低碳钢板冲压制成,它与滚动体有较大间隙,工作时噪声较大。实体保持架常用铜合金、铝合金或酚醛胶布做成,有较好的定心准确度。

12.3 滚动轴承的类型和代号

12.3.1 滚动轴承的类型

滚动轴承从不同的角度有不同的分类。根据滚动体的形状,滚动轴承分为球轴承与滚子轴承。球轴承按套圈结构分为:深沟球轴承、角接触球轴承、推力球轴承等;滚子轴承按照滚子形状分为:圆柱滚子轴承、滚针轴承、圆锥滚子轴承、调心滚子轴承等。

滚动轴承中在套圈与滚动体接触处的法线和垂直于轴承轴心线的平面间的夹角 α 称为公称接触角。公称接触角越大,承受轴向载荷的能力越强。

按照滚动轴承所能承受的主要负荷方向,又可分为:

(1)向心轴承(主要承受径向载荷),其公称接触角从0°~45°,按公称接触角不同,又分为:径向接触轴承,即公称接触角为0°的向心轴承,向心角接触轴承,即公称接触角大于0°小于45°的向心轴承。

(2)推力轴承(承受轴向载荷),指主要用于承受轴向载荷的滚动轴承,其公称接触角大于45°到90°。按公称接触角又分为:轴向接触轴承,即公称接触角为90°的推力轴承,以及推力角接触轴承,即公称接触角大于45°但小于90°的推力轴承。

(3)向心推力轴承(能同时承受径向载荷和轴向载荷),其钢球与内外圈接触点相连接的直线与径向形成一个径向接触角,轴承的接触角标号及角度如表12-1所示。滚动轴承公称接触角如图12.5所示。

表12-1 向心推力球轴承接触角编号及角度

15°	30°	40°	
编号	C	A[①]	B

①接触角A是标准接触角,所以不显示在轴承号上。

按照滚动体列分为:单列滚动轴承、双列滚动轴承和四列滚动轴承。按内圈或外圈能否分离分为:分离型滚动轴承和非分离型滚动轴承。一般滚动轴承分类如图12.6所示。

12.3.2 滚动轴承的性能和特点

滚动轴承因其结构类型多样而具有不同的性能和特点。表12-2给出了常用滚动轴承的类型、代号、结构、性能及适用场合,可供选用轴承时参考。

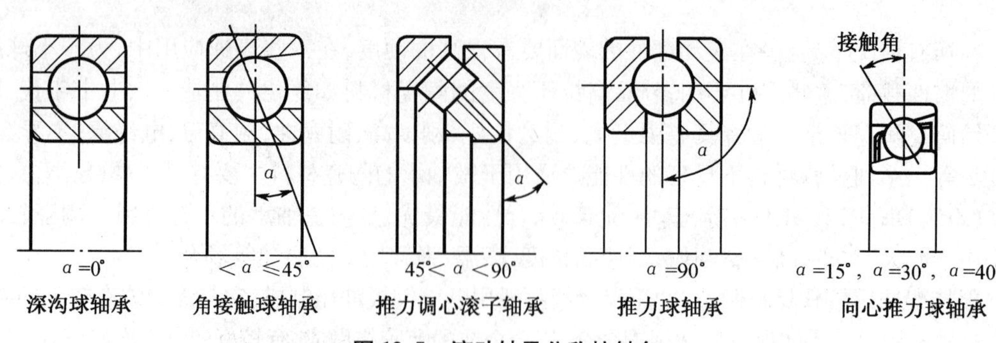

图 12.5　滚动轴承公称接触角

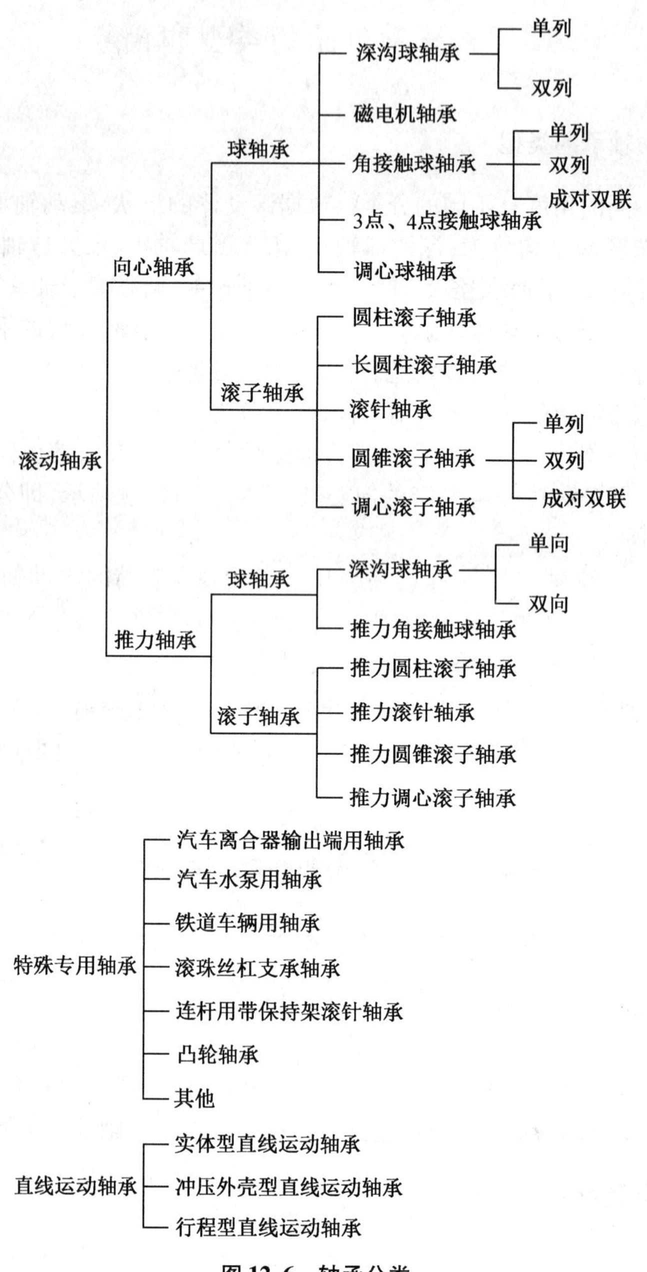

图 12.6　轴承分类

表 12－2 常用滚动轴承的类型、代号、结构、性能特点及适用场合

类型代号	轴承名称、结构简图	刚性	高速运转	旋转精度	噪声、振动	轴向限位能力[2]	性能特点	适用场合及举例
1	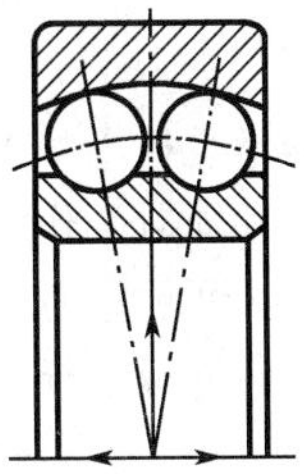	差	一般	差	差	Ⅰ	不能承受纯轴向负荷，能自动调心	适用于多支点传动轴，刚性小的轴以及难以对中的轴
2	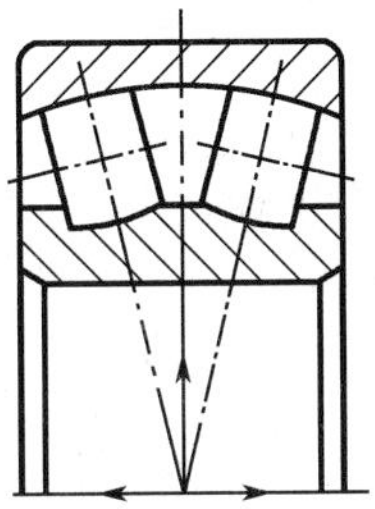	较大	一般	差	大	Ⅰ	负荷能力最大，但不能承受纯轴向负荷，能自动调心	常用于其他种类轴承不能胜任的重负荷情况，如轧钢机、大功率减速器、破碎机、吊车走轮等
3	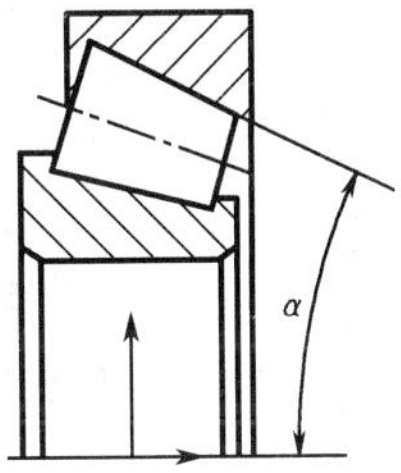 α	一般	较高	较高	大	Ⅱ	内、外圈可分离，游隙可调，摩擦系数大，常成对使用。31300 型不宜承受纯径向负荷，其他型号不宜承受纯轴向负荷	适用于刚性较大的轴。应用很广，如减速器、车轮轴、轧钢机、起重机、机床主轴等
5	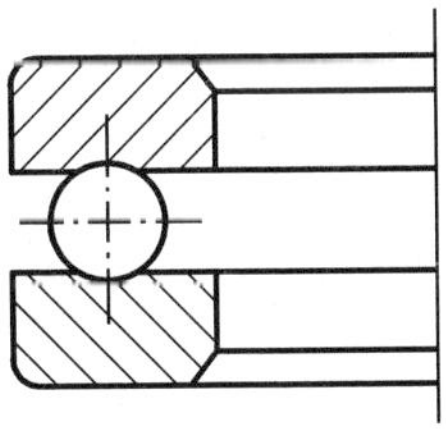	差	较小	差	大	Ⅱ	轴线必须与轴承座底面垂直，不适用于高转速	常用于起重机吊钩、蜗杆轴、锥齿轮轴、机床主轴等
6	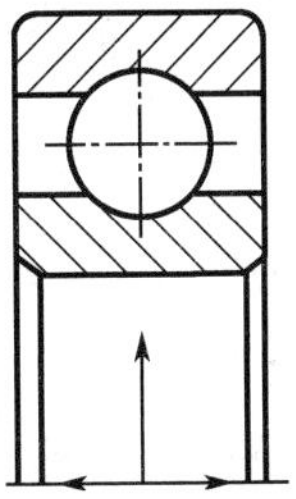	差	强	较高	小	Ⅰ	当量摩擦系数最小，高转速时可用来承受不大的纯轴向负荷	适用于刚性较大的轴，常用于小功率电机，减速器，运输机的托辊、滑轮等

表 12-2(续)

类型代号	轴承名称、结构简图	刚性	高速运转	旋转精度	噪声、振动	轴向限位能力②	性能特点	适用场合及举例
7	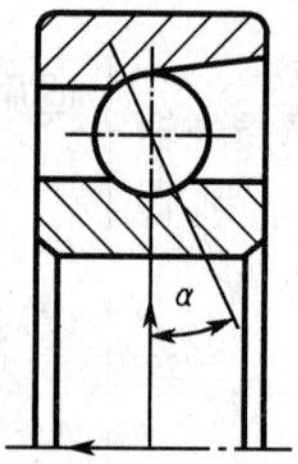	差	强	较高	较小	Ⅱ	可同时承受径向负荷和轴向负荷,也可承受纯轴向负荷	适用于刚性较大、跨距不大的轴及须在工作中调整游隙时,常用于蜗杆减速器,离心机,电钻,穿孔机等
N	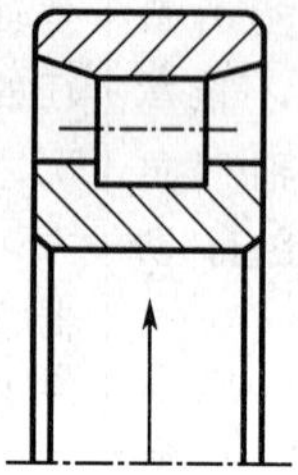	一般	强	较高	较大	Ⅲ	内外圈可以分离,滚子用内圈凸缘定向,内外圈允午少量的轴向相对移动	适用于刚性很大,对中良好的轴,常用于大功率电机,机床主轴,人字齿轮减速器等
NA	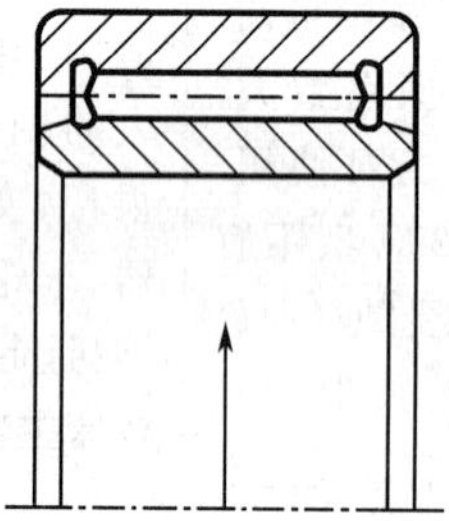	一般	较高	差	较大	Ⅲ	径向尺寸最小,径向负荷能力很大,摩擦系数较大,旋转精度低	适用于径向负荷很大而径向尺寸受限制的地方,如万向联轴器、活塞销、连杆销等

注:①载荷能力,↑表示承受径向载荷,←,→表示承受轴向载荷,

②轴向限位能力:Ⅰ—轴的双向轴向位移限制在轴承的轴向游隙范围以内;Ⅱ—限制轴的单向轴向位移;Ⅲ—不限制轴的轴向位移。

12.3.3 滚动轴承的选择

1. 滚动轴承选择的一般过程

滚动轴承是标准件,在机械设计过程中,应根据使用要求合理地选择滚动轴承的类型与规格,具体过程如图 12.7 所示。

2. 滚动轴承选择要考虑的问题

各类滚动轴承都有各自的特点,因此选择滚动轴承的类型非常重要,若选择不当,会造成机器的性能达不到要求。由于各种因素的存在,对轴承类型的选择没有一个固定的法则可循。在选择时,一般首先考虑轴承的承载能力、方向、性质和转速的高低,其次还要考虑刚度、调心性能,结构尺寸、轴承的装卸和经济性等。具体可参考以下几点。

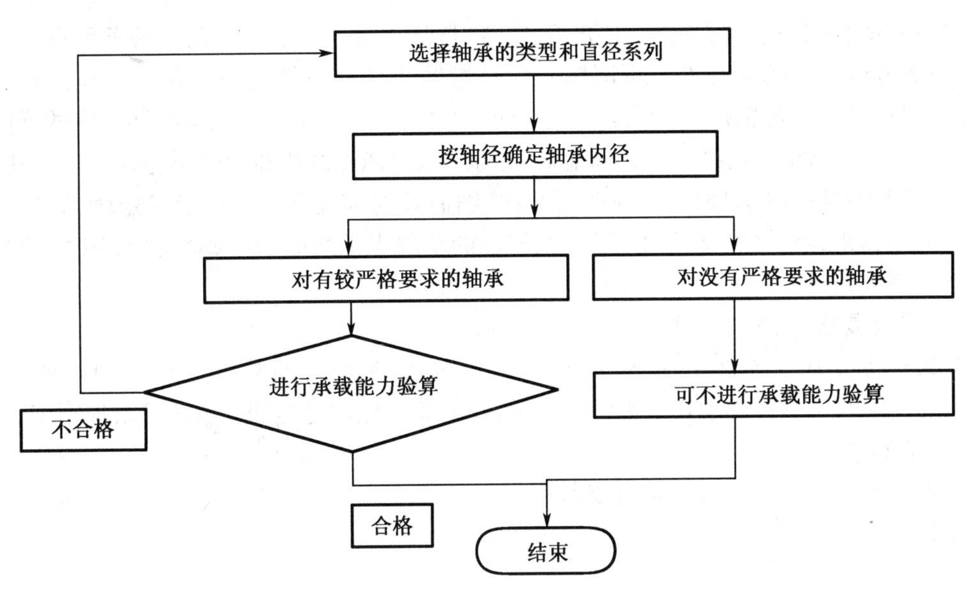

图 12.7 滚动轴承选择流程

(1)轴承空间与轴承结构

机械设计中一般先确定轴的尺寸,然而允许用于滚动轴承与其周围的设计空间是有限度的。必须在这个限度范围内,选择轴承结构、尺寸。通常直径尺寸小的轴,选用深沟球轴承。直径尺寸大的轴,考虑选用圆柱滚子或圆锥滚子轴承。当机器空间受限时选用特轻或超轻系列轴承,如双列球轴承。当轴向位置受限时,应选用窄或较窄系列的轴承。

(2)载荷的大小和方向

载荷是选择轴承应考虑的主要因素。向心类轴承主要承受径向载荷;推力类轴承承受轴向载荷。7 类角接触球轴承、3 类圆锥滚子轴承可用于承受径向载荷 F_r 大于轴向载荷 F_a 的联合载荷作用。公称接触角 α 越大的型号能承受的轴向载荷 F_a 也越大。6 类深沟球轴承公称接触角 α 为零,但内、外圈轴向相对移动后也形成一定的 α 角,故也能承受一定的较小轴向载荷。

总之,根据载荷的大小、方向,选择轴承类型时,一般对纯轴向载荷,选用推力轴承;对于纯径向载荷,选用6 类深沟球轴承或 N 类圆柱滚子轴承或 NA 类滚针轴承。相同条件下,滚子轴承(滚动体初始线接触)的承载能力高于球轴承(滚动体初始点接触)。

(3)极限转速

滚动轴承的极限转速与轴承类型、尺寸、载荷、润滑、冷却条件以及游隙等有关。根据工作转速选择轴承类型时,可参考以下几点:①球轴承比滚子轴承具有较高的极限转速和旋转精度,高速时应优先选用球轴承;②为减小离心惯性力,高速时宜选用同一直径系列中外径较小的轴承,当用一个外径较小的轴承承载能力不能满足要求时,可再装一个相同的轴承,或者考虑采用宽系列的轴承,外径较大的轴承宜用于低速重载场合;③推力轴承的极限转速都很低,当工作转速高、轴向载荷不十分大时,可采用角接触球轴承或深沟球轴承替代推力轴承;④保持架的材料和结构对轴承转速影响很大,实体保持架比冲压保持架允许更高的转速。

(4)调心性能要求

轴承按能否调心分调心轴承(1类、2类)和非调心轴承两类。非调心轴承因存在内部游隙,也有程度不一的调心性。所谓调心性是指轴承自动补偿轴与座孔中心线的相对偏斜,从而保证轴承正常工作的能力。调心轴承的调心性当然最好。一般来说,球轴承因是点接触,其调心性优于线接触的滚子轴承。在滚子轴承中,滚针轴承的调心性最差。所以,滚子轴承用于刚性较高的轴。对刚性低的轴,细而长的轴或多支承的静不定轴,宜用调心轴承。应当指出,当某轴采用调心轴承时,该轴的全部支承均应采用调心轴承,否则调心轴承的作用丧失殆尽。

(5)刚性要求

在某些机械中,如机床主轴,轴承刚度是一个重要的因素,通常滚子轴承比球轴承具有的刚度高。对角接触球轴承和圆锥滚子轴承,在安装时施加适当的预载荷可增加刚度。

(6)旋转精度的要求

轴承的精度等级可以根据轴对支承的旋转精度要求选择。对旋转精度有特殊要求的机床主轴以及高速旋转轴,选用较高精度的轴承。

(7)轴承的游动和轴向位移

当一根轴的两个支承距离较远,或工作前与工作中有较大温差时,为了适应轴和外壳不同热膨胀的影响,防止支承卡死,只需把一端的轴承轴向固定,而另一端的轴承使之可以轴向游动。内圈或外圈无挡边的短圆柱滚子轴承或滚针轴承,特别适合于作为游动轴承使用。如果采用其他类型的轴承作游动轴承,如深沟球轴承或调心滚子轴承,则安装时轴承外圈不作轴向固定,且与座孔的配合应较松,以保证外圈相对座孔能作轴向窜动。角接触球轴承或圆锥滚子轴承不能作为游动轴承。

(8)安装与拆卸

当机械要求定期检查检修,轴承的拆、装比较频繁的情况下,宜选用内外圈可以分离的轴承(如N,3型等)。当轴承在长轴上安装时,为便于装拆,可选用带内锥孔的轴承(图12.8)。

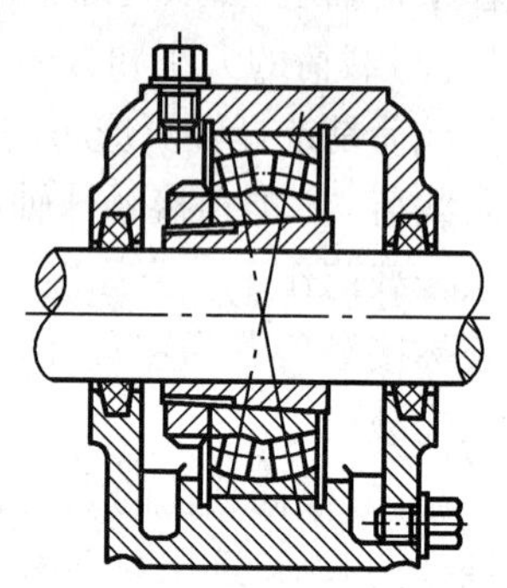

图12.8 安装在开口圆锥紧定套上的轴承

12.3.4 滚动轴承的代号

实际应用的滚动轴承类型是很多的,相应的轴承代号也是比较复杂的。下面介绍的代号是轴承代号中最基本、最常用的部分,熟悉了这部分代号,就可以识别和查选常用的轴承。通过滚动轴承的代号,我们可以了解轴承结构、主要尺寸、旋转精度、内部游隙、规格的名称。国家标准GB/T 272—93规定了一般用途的滚动轴承代号的编制方法。滚动轴承代号由字母和数字表示,并由前置代号、基本代号和后置代号三部分构成,具体见表12-3所示。基本代号是核心标志,前置代号和后置代号是补充,只有遇到对轴承的结构、形状、材料、公差等级或技术条件有特殊要求时才补充表示。

表 12－3 滚动轴承代号的构成

前置代号	基本代号					后置代号							
	五	四	三	二	一	1	2	3	4	5	6	7	8
轴承分部件代号	类型代号	尺寸系列代号		内径代号		内部结构代号	密封与防尘结构代号	保持架及其材料代号	特殊轴承材料代号	公差等级代号	游隙代号	多轴承配置代号	其他代号
		宽（高）度系列代号	直径系列代号										

1. 前置代号

轴承的前置代号用于表示轴承的分部件，用字母表示。如用 L 表示可分离轴承的可分离套圈；K 表示轴承的滚动体与保持架组件等等，代号及其含义可查阅机械设计手册。

2. 基本代号

滚动轴承的基本代号由轴承类型代号、尺寸系列代号、内径代号三部分组成。

（1）内径代号

轴承内径用基本代号右起第一、二位数字表示，如表 12－4 所示。对常用内径 $d=20\sim480$ mm 的轴承内径一般为 5 的倍数，这两位数字表示轴承内径尺寸被 5 除得的商数，如 04 表示 $d=20$ mm；12 表示 $d=60$ mm 等等。对于内径为 10 mm，12 mm，15 mm 和 17 mm 的轴承，内径代号依次为 00，01，02 和 03。对于内径小于 10 mm 和大于 500 mm 轴承，内径表示方法另有规定，可参看 GB/T272—93。

表 12－4 滚动轴承的内径代号（内径≥10mm）

内径 d 的尺寸	10～17 mm				20～480 mm（22，28 和 32 mm 除外）	500 mm 以上（含 22，28 和 32 mm）
	10 mm	12 mm	15 mm	17 mm		
内径代号	00	01	02	03	内径/5 的商	00000/内径
举例	中（3）窄系列 深沟球轴承 303 是指内径为 17 mm				重（4）窄系列深沟球轴承 407 是指内径为 35 mm	轻（2）窄系列深沟球轴承 2/32 是指内径为 32 mm 特轻（1）系列推力圆柱滚子轴承；91/800 是指内径为 800 mm

（2）尺寸系列代号

尺寸系列代号包括直径系列代号和宽度系列代号两部分。其中轴承的直径系列（即结构相同、内径相同的轴承在外径和宽度方面的变化系列，这种内径相同而外径不同所构成的系列，称为直径系列）用基本代号右起第三位数字表示，具体见表 12－5 所示。例如，对于向心轴承和向心推力轴承,0,1 表示特轻系列;2 表示轻系列;3 表示中系列;4 表示重系列。各系列之间的尺寸对比如表 12-6 所示。推力轴承除了用 1 表示特轻系列之外,其余与向心轴承的表示一致。

表 12-5　轴承的直径系列代号

	向心轴承						推力轴承				
直径系列	超轻	超特轻	特轻	轻	中	重	超轻	特轻	轻	中	重
原代号	8,9	7	1,7	2(5)	3(6)	4	9	1	2	3	4
新代号	8,9	7	0,1	2	3	4	0	1	2	3	4

注:括号中的数字分别表示轻宽(5)、中宽(6)尺寸系列 。

宽(高)度系列代号:同一直径系列(轴承内径,外径相同时)的轴承可做成不同的宽(高)度,称为宽度系列,推力轴承则表示高度系列。宽度系列代号为 0 时,在轴承代号中通常省略(在调心滚子轴承和圆锥滚子轴承中不可省略)。宽度系列具体见表 12-6 所示。

表 12-6　滚动轴承尺寸系列代号

直径系列		向心轴承 宽度系列代号(宽度)								推力轴承 高度系类代号			
		8	0	1	2	3	4	5	6	7	9	1	2
		宽度尺寸→								高度尺寸→			
		尺寸系列代号											
外径↓	7	—	—	17	—	37	—	—	—	—	—	—	—
	8	—	08	18	28	38	48	58	68	—	—	—	—
	9	—	09	19	29	39	49	59	69	—	—	—	—
	0	—	00	10	20	30	40	50	60	70	90	10	—
	1	—	01	11	21	31	41	51	61	71	91	11	—
	2	82	02	12	22	32	42	52	62	72	92	12	22
	3	83	03	13	23	33	—	—	—	73	93	13	23
	4	—	04	—	24	—	—	—	—	74	94	14	24
	5	—	—	—	—	—	—	—	—	—	95	—	—

注:表中“—”表示不存在此种组合。

(3)类型代号

用数字或字母表示不同类型的轴承,共 12 类轴承,常用滚动轴承的类型代号见表 12-10 。

3. 后置代号

轴承的后置代号是用字母和数字等表示轴承的结构、公差及材料的特殊要求等等。

(1)内部结构代号表示同一类型轴承的不同内部结构,用字母表示。如 C,AC 和 B 分别代表角接触球轴承的公称接触角 $\alpha = 15°$,25°和 40°, B 还表示圆锥滚子轴承增大接触角,C 还表示 C 型调心滚子轴承;D 为剖分式轴承;E 代表内部结构设计改进,增大轴承承载能力的加强型等。代号示例:7310B,7310AC,NU307E,内部结构部分代号见表 12－7。

表 12－7 内部结构部分代号

代号	含义	示例	代号	含义
C	角接触球轴承 公称接触角 $\alpha=15°$	7210C	D	剖分式轴承
AC	角接触球轴承 公称接触角 $\alpha=25°$	7210AC	ZW	滚针保持架组件双列
B	角接触球轴承 公称接触角 $\alpha=40°$	7210B		
	角接触球轴承 接触角加大	32310B		
E	加强型,改进结构设计,增大承载能力	NU207E		

(2)公差等级代号用字母 P 和数字表示,轴承公差等级分 0,6,6X,5,4,2 共 6 级,分别表示为/P0,/P6,/P6X,/P5,/P4,/P2,精度依次递增。0 级为普通级,在后置代号中不标出。示例如 6203,6203/ P6。

表 12－8 滚动轴承公差等级代号

	精度低→精度高					示例
新标准	/P0	/P6	/P5	/P4	/P2	6206/P5
对应旧标准	G	E	D	C	B	D206

(3)游隙代号用/C1,/C2,/C3,/C4,/C5 分别表示标准规定的 1 组、2 组、0 组、3 组、4 组、5 组共 6 组游隙,游隙量依次增大,0 组游隙是常用游隙组,在后置代号中不标出。代号示例如 6210,6210/C4。

公差等级代号和游隙代号同时表示时可以简化,如 6210/P63 表示轴承公差等级 P6 级,径向游隙 3 组。

(4)配置代号:①表示配置组中轴承数目:如/D 表示两套轴承;/T 表示三套轴承。②表示配置组中轴承排列:如成对安装的轴承有三种配置型式(见表 12－9),分别用三种代号表示:/DB—背对背安装;/DF—面对面安装;/DT—串联安装。代号示例如 32208/DF、7210C/DT。

表 12－9 滚动轴承的配置代号

代号	/DB	/DF	/DT
含义	背对背安装方式	面对面安装方式	串联安装方式
示例			
旧标准	236210	336210	436210

实际应用的滚动轴承类型很多，相应的轴承代号比较复杂。以上介绍的代号是最基本、最常用的部分，熟悉了这部分代号，就可以识别和查选常用的轴承。关于滚动轴承详细的代号方法可查阅 GB/T272－1993。

4. 轴承代号的标志规则

（1）轴成代号按表 12－3 所列的顺序从左至右排列；

（2）当轴承代号用字母表示时，字母与其后面的数字之间应该空一个字符；

（3）基本代号与后置代号之间应空一个字符，但当后置代号中有“－”或“/”符号时，不再留空格；

（4）在尺寸系列代号中，位于括号中的数字省略不写，见表 12－6；

（5）公差等级代号中的/P0 省略不写。

图 12.9 所示为某滚动轴承代号意义。

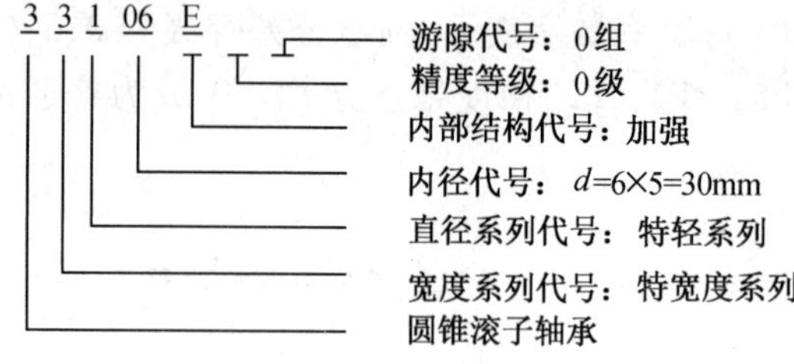

图 12.9　滚动轴承的代号含义

例　试说明下列滚动轴承代号的含义：6308，N105/P5，7214C/P4，30213。

解

轴承代号	含　义
6308	6—深沟球轴承，3—中系列，08—内径 $d=40$ mm，公差等级“0”级、游隙组为“0”组都不标注；
N105/P5	N—圆柱滚子轴承，1—特轻系列，05—内径 $d=25$ mm，公差等级为 5 级，游隙组为“0”组不标注；
7214C/P4	7—角接触球轴承，2—轻系列，14—内径 $d=70$ mm，C—公称接触角 $\alpha=15°$，P4—公差等级为 4 级，游隙组为“0”组；
30213	3—圆锥滚子轴承，0—正常宽度（0 不可省略），2—轻系列，13—内径 $d=65$ mm，公差等级为 0 级，游隙组为“0”组。

表 12－10　常用滚动轴承的新旧代号对比

轴承名称	新代号			旧代号				
	类型代号	尺寸系列代号	轴承代号	宽度系列代号	结构特点代号	类型代号	直径系列代号	轴承代号
双列角接触球轴承	（0）	32	3200	3	05	6	2	3056200
		33	3300				3	3056300

表 12 – 10(续)

轴承名称	新代号			旧代号				
	类型代号	尺寸系列代号	轴承代号	宽度系列代号	结构特点代号	类型代号	直径系列代号	轴承代号
调心球轴承	1	(0)2	1200	0	00	1	2	1200
	(1)	22	2200				5	1500
	1	(0)3	1300				3	1300
	(1)	23	2300				6	1600
调心滚子轴承	2	13	21300C	0	05	3	3	53300
		22	22200C				5	53500
		23	22300C				6	53600
		30	23000C	3			1	3053100
		31	23100C				7	3053700
		32	23200C				2	3053200
		40	24000C	4			1	4053100
		41	24100C	5			7	5053700
推力调心滚子轴承	2	92	29200	9	03	9	2	9039200
		93	29300				3	9039300
		94	29400				4	9039400
圆锥滚子轴承	3	02	30200	0	00	7	2	7200
		03	30300				3	7300
		13	31300		02		3	27300
		20	32000	2	00		1	2007100
		22	32200	0			5	7500
		23	32300				6	7600
		29	32900	2			9	2007900
		30	33000	3			1	3007100
		31	33100				7	3007700
		32	33200				2	3007200
双列深沟球轴承	4	(2)2	4200	0	81	0	5	810500
		(2)3	4300				6	810600
推力球轴承	5	11	51100	0	00	8	1	8100
		12	51200				2	8200
		13	51300				3	8300
		14	51400				4	8400

表 12－10(续)

轴承名称	新代号			旧代号				
	类型代号	尺寸系列代号	轴承代号	宽度系列代号	结构特点代号	类型代号	直径系列代号	轴承代号
双向推力球轴承	5	22	52200	0	03	8	2	38200
		23	52300				3	38300
		24	52400				4	38400
带球面座圈推力球轴承	5	12*	53200	0	02	8	2	28200
		13*	53300				3	28300
		14*	53400				4	28400
带球面座圈双向推力球轴承	5	22*	54200	0	05	8	2	58200
		23*	54300				3	58300
		24*	54400				4	58400
深沟球轴承	6	17	61700	1	00	0	7	1000700
		37	637000	3				3000700
		18	61800	1			8	1000800
		19	61900				9	1000900
	16	(0)0	16000	7			1	7000100
	6	(1)0	6000	0				100
		(0)2	6200				2	200
		(0)3	6300				3	300
		(0)4	6400				4	400
角接触球轴承	7	19	71900	1	03	6	9	1036900
		(1)0	7000	0	03	6	1	6100
		(0)2	7200		04		2	6200
		(0)3	7300		06		3	6300
		(0)4	7400		—		4	6400
推力圆柱滚子轴承	8	11	81100		00	9	1	9100
		12	81200				2	9200
内圈无挡边圆柱滚子轴承	NU	10	NU1000	0	03	2	1	32100
		(0)2	NU200				2	32200
		22	NU2200				5	32500
		(0)3	NU300				3	32300
		23	NU2300				6	32600
		(0)4	NU400				4	32400

表 12－10(续)

轴承名称	新代号			旧代号				
	类型代号	尺寸系列代号	轴承代号	宽度系列代号	结构特点代号	类型代号	直径系列代号	轴承代号
内圈单挡边圆柱滚子轴承	NJ	(0)2	NJ200	0	04	2	2	42200
		22	NJ2200				5	42500
		(0)3	NJ300				3	42300
		23	NJ2300				6	42600
		(0)4	NJ400				4	42400
内圈单挡边并带平挡圈圆柱滚子轴承	NUP	(0)2	NUP200	0	09	2	2	92200
		22	NUP2200				5	92500
		(0)3	NUP300				3	92300
		23	NUP2300				6	92600
外圈无挡边圆柱滚子轴承	N	10	N1000	0	00	2	1	2100
		(0)2	N200				2	2200
		22	N2200				5	2500
		(0)3	N300				3	2300
		23	N2300				6	2600
		(0)4	N400				4	2400
外圈单挡边圆柱滚子轴承	NF	(0)2	NF200	0	01	2	2	12200
		(0)3	NF300				3	12300
		23	NF2300				6	12600
双列圆柱滚子轴承	NN	30	NN3000	3	28	2	1	3282100
内圈无挡边双列圆柱滚子轴承	NNU	49	NNU4900	4	48	2	9	4482900
带顶丝外球面球轴承	UC	2	UC200	0	09	0	5	90500
		3	UC300				6	90600
带偏心套外球面球轴承	UEL	2	UEL200	0	39	0	5	390500
		3	UEL300				6	390600
圆锥孔外球面球轴承	UK	2	UK200	0	19	0	5	190500
		3	UK300				6	190600
四点接触球轴承	QJ	(0)2	QJ200	0	17	6	2	176200
		(0)3	QJ300				3	176300
滚针轴承	NA	48	NA4800	4	54	4	8	4544800
		49	NA4900				9	4544900
		69	NA6900	6	25	4	9	6254900

注 1. 新代号的类型代号和尺寸系列代号栏内,带括号的数字在轴承代号中可省略。

2. 新代号中,带＊符号的尺寸系列代号：12,13,14 在轴承代号中分别写成 32,33,34；22,23,24 在轴承代号中分别写成 42,43，44。

12.4 滚动轴承的工作情况

12.4.1 滚动轴承的主要失效形式及计算准则

1. 滚动轴承的失效形式

滚动轴承在使用过程中,由于很多原因造成其性能指标达不到使用要求时就产生了失效或损坏。常见的失效形式有疲劳点蚀、塑性变形、磨损、腐蚀 、保持架损坏、烧伤等。

(1)疲劳点蚀

滚动轴承工作过程中,滚动体相对内圈(或外圈)不断地转动,因此滚动体与滚道接触表面受变应力,此变应力可近似看作按脉动循环变化。由于脉动接触应力的反复作用,便在滚动体或滚道的表面形成疲劳点蚀。这是滚动轴承的主要失效形式。

(2)塑性变形

当轴承转速很低或间歇摆动时,一般不会产生疲劳点蚀。但在很大的静载荷或冲击载荷作用下,会使轴承滚道和滚动体接触处产生塑性变形。此外,一些润滑不良、密封不好的轴承或在多尘条件下工作的轴承,滚动表面会发生磨损。其他还有内、外圈断裂,保持架损坏,锈蚀等失效形式。

(3)磨损

轴承运转时,滚动体与套圈及保持架间均存在滑动,导致轴承接触表面磨损。尤其当润滑剂不洁,密封不良情况下,金属粉末、氧化物或其他硬质颗粒侵入轴承内部,磨损加剧并呈磨粒磨损特征。磨损会使游隙增大,旋转精度降低、噪声增大、摩擦系数增大和温升增高,最终导致轴承失效。轴承由于磨损而丧失工作能力前的累计总转数,或者一定转速下的工作小时数,称为轴承的磨损寿命。

(4)烧伤

轴承运转时若温升剧增,会使润滑剂失效和金属表层组织改变,严重时产生金属黏结造成轴承卡死,这种现象称为烧伤。烧伤是瞬时发生的,呈黏着磨损特征,不存在寿命问题。防止烧伤的主要措施是:改进轴承设计;减少滑动摩擦;改善润滑;添加抗极压添加剂和冷却条件;采用有自润滑性能的金属镀层保持架等。

(5)保持架损坏

当滚动体进入或离开承载区域时,保持架将受到带有一定冲击性质的拉(压)应力作用,尤其是滚子轴承的滚子产生倾斜时所受到的应力会更大。在这种应力的反复作用下,保持架的兜孔、过梁、铆钉等,会出现变形、磨损、疲劳,甚至断裂的现象。

2. 滚动轴承的计算准则

为保证轴承正常工作,应对上述主要失效形式进行相应的工作能力计算;接触疲劳寿命计算;接触静强度计算;磨损寿命计算和(或)润滑脂寿命计算。此外,现今出现应用弹性流体动力润滑(EHL)理论计算轴承油膜厚度的方法。试验表明,当油膜厚度大于两接触体表面粗糙度的3~4倍时,轴承的寿命可提高一倍以上。考虑到磨损寿命计算和润滑脂寿命计算迄今未完善,本章主要阐明轴承的接触疲劳寿命和接触静强度计算。通常的计算准则是:

(1)对于一般工作条件下的轴承,主要失效是疲劳点蚀,应按疲劳寿命计算轴承,也就

是进行额定寿命计算;若有过载或冲击、振动载荷,还需进行静载荷计算;

(2)对于转速较低或摆动的轴承,失效形式是塑性变形,应按静强度计算轴承,也就是进行静载荷计算。

应当指出,轴承装置对轴承正常工作有很大的影响,本章后面将对此作专门叙述。

12.4.2 滚动轴承的受力分析

1. 滚动轴承工作时轴承元件的受载情形

滚动轴承只受轴向载荷作用时,可认为各滚动体受载均匀,但在承受径向载荷时,情况就有所不同。如图12.10所示,深沟球轴承在工作的某一瞬间,径向载荷 F_r 通过轴颈作用于内圈,位于上半圈的滚动体不受力,载荷由下半圈的滚动体传到外圈再传到轴承座。假定轴承内、外圈的几何形状不变,下半圈滚动体与套圈的接触变形量的大小,决定了各滚动体承受载荷的大小。从图中可以看出,处于力作用线正下方位置的滚动体变形量最大,承载也就最大,而 F_r 作用线两侧的各滚动体,承载逐渐减小。各滚动体从开始受载到受载终止所滚过的区域叫做承载区,其他区域称为非承载区。由于轴承内存在游隙,故实际承载区的范围将小于180°。如果轴承在承受径向载荷的同时再作用有一定的轴向载荷,则可以使承载区扩大。

2. 轴承工作时轴承元件的应力分析

轴承工作时,由于内、外圈相对转动,滚动体与套圈的接触位置是时刻变化的。当滚动体进入承载区后,所受载荷及接触应力即由零逐渐增至最大值(在 F_r 作用线正下方),然后再逐渐减至零,其变化趋势如图12.11(a)中虚线所示。就滚动体上某一点而言,由于滚动体相对内、外套圈滚动,每自转一周,分别与内、外套圈接触一次,故它的载荷和应力按周期性不稳定脉动循环变化,如图12.11(a)中实线所示。

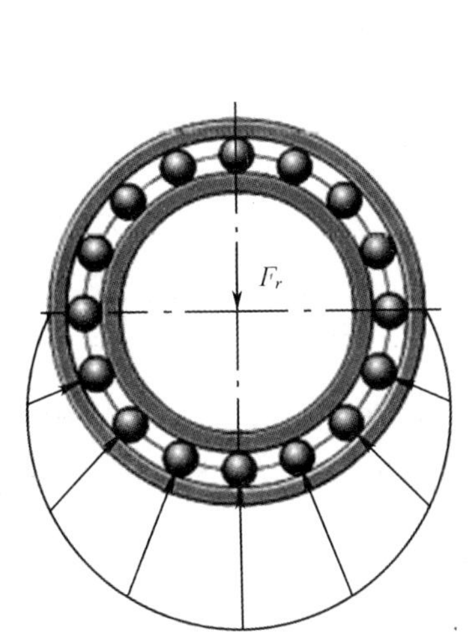

图12.10 轴承工作时载荷分布

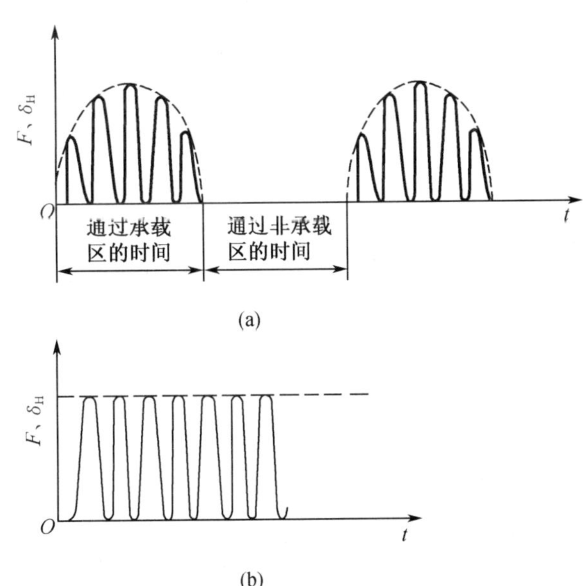

图12.11 轴承元件上的载荷及应力变化

对于固定的套圈(图 12.10 中为外圈),处于承载区的各接触点,按其所在位置的不同,承受的载荷和接触应力是不相同的。对于套圈滚道上的每一个具体点,每当滚动体滚过该点的一瞬间,便承受一次载荷,再一次滚过另一个滚动体时,接触载荷和应力是不变的。这说明固定套圈在承载区内的某一点上承受稳定脉动循环载荷,如图 12.11(b)所示。

转动套圈上各点的受载情况,类似于滚动体的受载情况。就其滚道上某一点而言,处于非承载区时,载荷及应力为零。进入承载区后,每与滚动体接触一次就受载一次,且在承载区的不同位置,其接触载荷和应力也不一样,如图 12.11(a)中实线所示,在 F_r 作用线正下方,载荷和应力最大。

总之,滚动轴承中各承载元件所受载荷和接触应力是周期性变化的。

3. 轴向载荷对载荷分布的影响

下面以圆锥滚子轴承为例分析轴向载荷的作用下轴承载荷分布,如图 12.12 所示。

在径向力 F_r 的作用下,因接触角的存在,支反力沿接触点处的法线方向,如图 12.12 所示。如果只有最下面的滚动体受载荷,则存在:

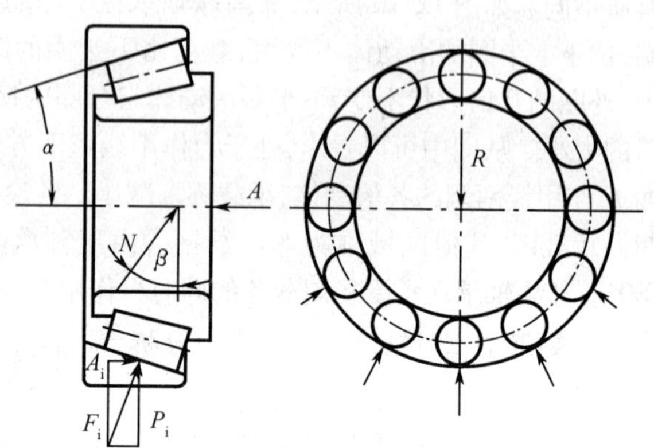

图 12.12　圆锥滚子轴承受力分析

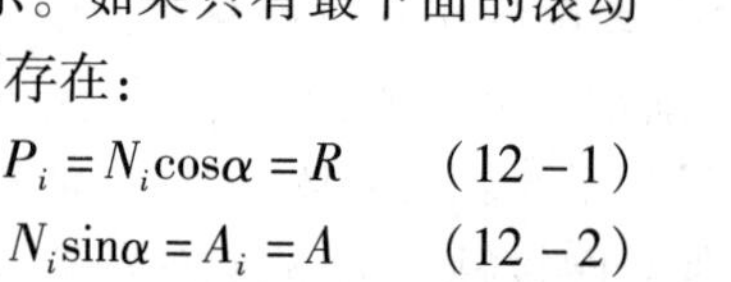

$$P_i = N_i\cos\alpha = R \qquad (12-1)$$

$$N_i\sin\alpha = A_i = A \qquad (12-2)$$

则

$$\tan\alpha = \frac{A}{R} = \frac{A_i}{P_i} = \tan\beta \qquad (12-3)$$

即滚动体的支反力的径向分力与径向外载荷平衡;轴向分力则迫使轴向及内圈向右移动,使得轴和轴承受到额外的力的作用,最终与轴向力 A 平衡。

如果滚动轴承工作时受载荷的滚动体数目是多个即 x 个,如图 12.13 所示。假设 N_i 为某一滚动体的支反力,它在径向及轴向的分力分别为

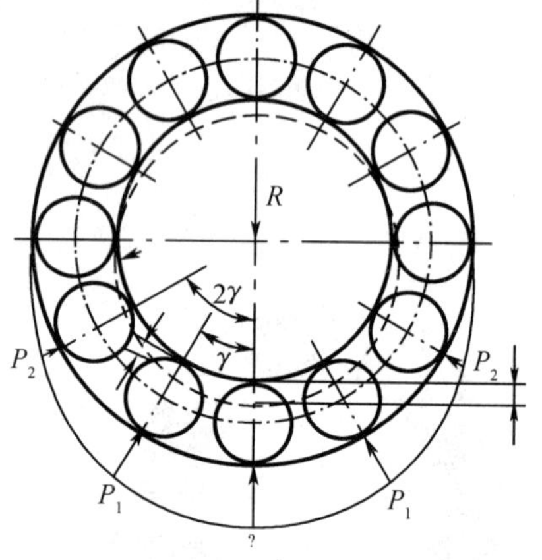

图 12.13　受载滚动体数目为多个时轴承的受力分析

$$P_i = N_i\cos\alpha \qquad (12-4)$$

$$N_i\sin\alpha = A_i \qquad (12-5)$$

此时,只有各径向分力在外载荷方向上的分力参与抵抗外载荷,即

$$\sum_{i=1}^{x} P_i\cos(i-1)\gamma = \sum_{i=1}^{x} N_i\cos\alpha\cos(i-1)\gamma = R \qquad (12-6)$$

而轴向派生轴向力应该是每个 P_i 产生的,即

$$S = \sum_{i=1}^{x} S_i = \sum_{i=1}^{x} P_i\tan a = \sum_{i=1}^{x} N_i\sin a \geqslant R\tan a \qquad (12-7)$$

即相同径向力作用下多滚动体承载时的派生轴向力将大于一个滚动体受载荷时的派生轴

向力。这时,载荷角和接触角之间的关系为

$$\tan\alpha = \frac{A_i}{P_i} < \frac{A}{R} = \frac{\sum_{i=1}^{x} P_i \tan\alpha}{\sum_{i=1}^{x} P_i \cos(i-1)\gamma} = \tan\beta \tag{12-8}$$

通过上述分析,结论如下:①对同一轴承来说,若所承受径向力 R 不变,派生轴向力 S 随受载滚动体数目的增加而增加,并由不同大小的轴向力 A 来平衡,即 R 不变,随着 A 由最小值逐渐增大(β 增大),轴承中受载滚动体数目逐渐增多;②角接触轴承必须在径向力 R 和轴向力 A 联合作用下工作,且轴向力 $A > R\tan\alpha$,以保证较多滚动体同时受载。实际使用中,至少应使下半圈滚动体全部受载,保证轴承工作可靠,安装时,轴的轴向窜动量不应太大。

滚动轴承工作时(图 12.14),若受载的滚动体数目较少时,接触点处的接触应力过大,轴承易损坏;若工作过程中轴承下半圈内的滚动体都承受载荷时,所有支反力的径向分力都参与抵抗外载荷;若轴承内的全部滚动体都受载荷时,上半圈滚动体支反力在径向外载荷 R 方向的分力与 R 方向相同,但下半圈滚动体的支反力增大,此时,对轴承的寿命有不良的影响。

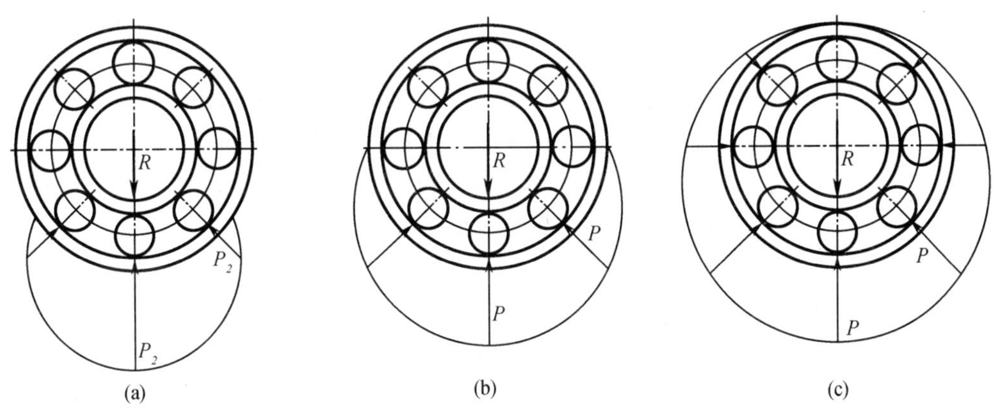

图 12.14 不同滚动体受载情况

(a)少数滚动体受载;(b)下半圈滚动体受载;(c)全部滚动体受载

12.5 滚动轴承的寿命计算

12.5.1 滚动轴承的基本额定寿命和额定动载荷

1. 基本额定寿命

滚动轴承的寿命是指轴承的滚动体或套圈首次出现点蚀之前,轴承的总转数或在一定转速下的运转小时数。大量试验结果表明,一批型号相同的轴承(即结构、尺寸、材料、热处理及加工方法等都相同的轴承),即使在完全相同的条件下工作,它们的寿命也是极不相同的,其寿命差异最大可达几十倍。因此,不能以一个轴承的寿命代表同型号一批轴承的寿命。滚动轴承寿命是指滚动轴承的疲劳寿命。所以,滚动轴承的寿命必须和一定的可靠度联系起来。

用一批同类型和同尺寸的轴承在同样工作条件下进行疲劳试验，得到轴承实际转数 L 与这批轴承中不发生疲劳破坏的百分率（即可靠度 R，其值等于某一转数时能正常工作的轴承数占投入试验的轴承总数的百分比）之间的关系曲线如图 12.15 所示。从图中可以看出，在一定的运转条件下，对应于某一转数，一批轴承中只有一定百分比的轴承能正常工作到该转数；转数增大，轴承的损坏率将增大，而能正常工作到该转数的轴承所占的百分比则相应地减小。

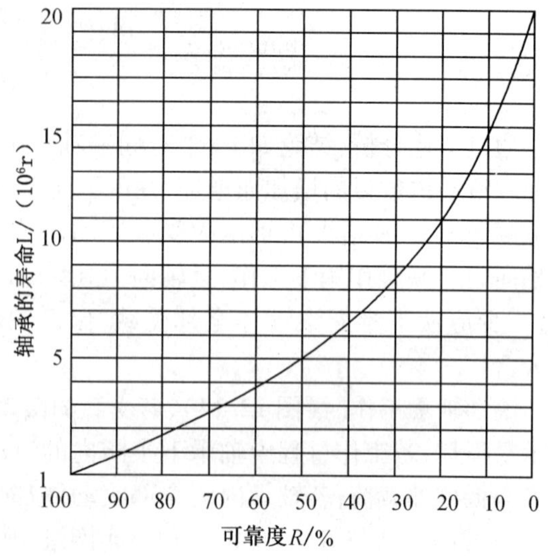

图 12.15 滚动轴承的寿命—可靠度曲线

对于一般机械中所用的滚动轴承，通常用基本额定寿命来表示其寿命。基本额定寿命是指一组在同一条件下运转的、近于相同的滚动轴承，10%的轴承发生点蚀破坏而 90%的轴承未发生点蚀破坏前的转数或在一定转速下的工作小时数，以 L_{10}（单位为 $10^6 r$）或 L_k（单位为 h）表示。按基本额定寿命选用的一批同型号轴承，可能有 10%的轴承发生提前破坏，有 90%的轴承寿命超过其额定寿命，其中有些轴承甚至能再工作一两个或更多的额定寿命周期。对于一个具体的轴承而言，它的基本额定寿命可以理解为：能顺利地在额定寿命周期内正常工作的概率为 90%，而在额定寿命期到达前就发生点蚀破坏的概率为 10%。

2. 基本额定动负荷

轴承的寿命与所受载荷的大小有关，工作负荷越大，接触应力也就越大，承载元件所能经受的应力变化次数也就越少，轴承的寿命就越短。

轴承的寿命与所受载荷的大小有关，工作载荷越大，轴承的寿命越短。滚动轴承的基本额定动载荷，就是使轴承的基本额定寿命为 10^6 r 时的。轴承所能承受的载荷值，用字母 C 代表。对于向心轴承，基本额定动载荷指的是纯径向载荷，称为径向基本额定动载荷，用 C_r表示；对于推力轴承，基本额定动载荷指的是纯轴向载荷，称为轴向基本额定动载荷，用 C_a表示；对于角接触球轴承或圆锥滚子轴承，指的是使套圈间产生纯径向位移的载荷的径向分量。

不同型号的轴承有不同的基本额定动负荷值，它表征了具体型号轴承的承载能力。各型号轴承的基本额定动负荷值可查轴承样本或设计手册。

12.5.2 滚动轴承疲劳寿命计算的基本公式

图 12.16 是用深沟球轴承 6207 进行寿命试验得出的负荷与寿命关系曲线，即负荷 - 寿命曲线。试验表明，其他轴承也存在类似的关系曲线。

如图所示，滚动轴承载荷与寿命的关系曲线，即这类轴承的载荷 P 与基本额定寿命 L_{10} 之间的关系。曲线上相应于寿命 $L_{10}=1$ 的载荷（25.5 kN），即为 6207 轴承的基本额定动载荷 C_r。其他型号的轴承，也有与上述曲线的函数规律完全一样的载荷——寿命曲线。则相

应的曲线方程为

$$L_{10}=\left(\frac{C}{P}\right)^{\varepsilon}(10^6r) \qquad (12-9)$$

式中 P——当量动载荷,N;

ε——寿命指数,对于球轴承 $\varepsilon=3$,对于滚子轴承 $\varepsilon=10/3$。

实际计算时,用小时数表示寿命比较方便。令 n 代表轴承的转速(r/min),则以小时数表示轴承的寿命为

$$L_h=\frac{10^6}{60n}\left(\frac{C}{P}\right)^{\varepsilon}(h) \qquad (12-10)$$

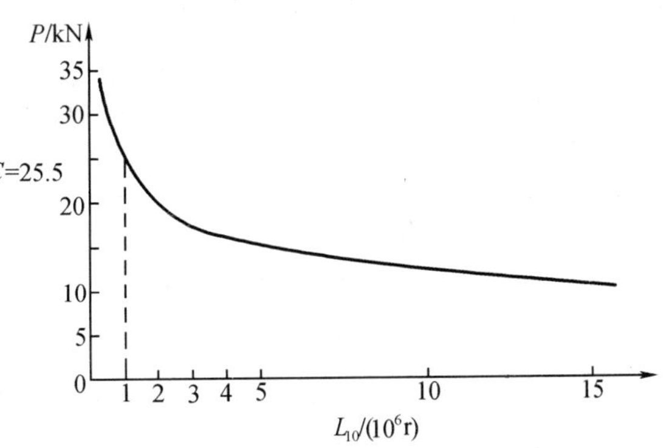

图 12.16 滚动轴承的负荷—寿命曲线

通常在轴承样本中列出的额定动载荷值是对一般温度($t<120$ ℃)下工作的轴承而言,在较高温度下工作的轴承,其元件材料的组织结构将发生变化,随着温度的升高,轴承材料的硬度有降低的趋势,因此会影响到受载荷的能力。为此,在这样的情况下,计算轴承寿命时,要引入温度系数 f_t,寿命公式可写为

$$L_h=\frac{10^6}{60n}\left(\frac{f_tC}{P}\right)^{\varepsilon}(h) \qquad (12-11)$$

式中,f_t 为温度系数,由表 12-11 查得。

表 12-11 温度系数 f_t

轴承工作温度/℃	≤120	125	150	175	200	225	250	300	350
温度系数 f_t	1.00	0.95	0.90	0.85	0.80	0.75	0.70	0.6	0.5

滚动轴承的实际应用过程中,有时也会有冲击和震动,因此若考虑冲击与震动的影响,轴承所承受的实际载荷会大于名义载荷,故引入载荷系数 f_p,对当量动载荷 P 进行修正,f_p 可查表 12-12 得到。

表 12-12 载荷系数 f_p

载荷性质	f_p	举 例
无冲击或轻微冲击	1.0~1.2	电动机、汽轮机、通风机、水泵等
中等冲击或中等惯性力	1.2~1.8	车辆、动力机械、起重机、造纸机、冶金机械、选矿机、卷扬机、机床等
强大冲击	1.8-3.0	破碎机、轧钢机、钻探机、振动筛等

则式(12-11)变为

$$L_h=\frac{10^6}{60n}\left(\frac{f_tC}{f_pP}\right)^{\varepsilon}(h) \qquad (12-12)$$

滚动轴承疲劳寿命校核计算应满足的约束条件为

$$L_h \geqslant L_h' \qquad (12-13)$$

式中，L'_h为轴承预期计算寿命，表 12－13 为常用轴承的预期寿命，可供参考。

表 12－13　推荐的轴承预期寿命

<table>
<tr><th colspan="2">机器类型</th><th>预期寿命 L'_h/h</th></tr>
<tr><td colspan="2">不经常使用的仪器或设备，如闸门开闭装置等</td><td>300～3 000</td></tr>
<tr><td rowspan="2">间断使用的机器</td><td>短期或间断使用的机械，中断使用不致引起严重后果，如手动工具等</td><td>3 000～8 000</td></tr>
<tr><td>间断使用的机械，中断使用后果严重，如发动机辅助设备、流水作业线自动传送装置、升降机、车间吊车、不常使用的机床等</td><td>8 000～12 000</td></tr>
<tr><td rowspan="2">每日 8 h 工作的机械</td><td>每日 8 h 工作的机械（利用率不高），如一般的齿轮传动、某些固定电动机等</td><td>12 000～20 000</td></tr>
<tr><td>每日 8 h 工作的机械（利用率较高），如金属切削机床、连续使用的起重机、木材加工机械等</td><td>20 000～30 000</td></tr>
<tr><td rowspan="2">24 h 连续工作的机械</td><td>24 h 连续工作的机械，如矿山升降机、输送滚道用滚子等</td><td>40 000～60 000</td></tr>
<tr><td>24 h 连续工作的机械，中断使用后果严重，如纤维生产设备或造纸设备、发电站主电机、矿井水泵、船舶螺旋桨轴等</td><td>100 000～200 000</td></tr>
</table>

若已经给定轴承的预期寿命 L'_h（见表 12－13）、转速 n 和当量动负荷值 P，要求确定所求轴承的基本额定动负荷 C，可通过下式求得轴承的计算动负载 C'，再查手册确定 C。

$$C'=\frac{f_p p}{f_t}\sqrt[\varepsilon]{\frac{60nL'_h}{10^6}} \qquad (12-14)$$

12.5.3　当量动载荷

滚动轴承的基本额定动载荷 C 是在一定条件下确定的。对于向心轴承，基本额定动载荷是内圈旋转、外圈静止时的径向载荷；对于向心角接触轴承，基本额定动载荷是使滚道半圈承受载荷的径向分量；对于推力轴承，基本额定动载荷是中心轴向载荷。因此，当轴承既承受径向载荷又承受轴向载荷时，为能应用额定动负荷值进行轴承的寿命计算，就必须把实际载荷转换为与基本额定动负荷的载荷条件相一致的当量动负荷。当量动负荷是一个假想的载荷，在它的作用下，滚动轴承具有与实际载荷作用时相同的寿命。对于向心轴承，当量动载荷为一大小和方向恒定的径向载荷，称为径向当量动载荷，以 F_r表示。对于推力轴承，当量动载荷为一恒定的中心轴向载荷，称为轴向当量动载荷，以 F_a表示。

通过大量的试验和理论分析，研究了联合载荷对轴承寿命的影响，并建立了各类轴承的当量动载荷的计算公式。当量动载荷 P（P_r或 P_a）的一般计算公式为

$$P=XF_r+YF_a \qquad (12-15)$$

式中，X，Y 为径向载荷系数和轴向载荷系数；其中式（12－15）中的 X，Y 可查有关手册。

X，Y 可根据 F_a/F_r值与 e 值的关系，在表 12－14 种查得。e 值是一个界限值，用来判断是否考虑轴向载荷 F_a的影响。当 $F_a/F_r>e$ 时，表示轴向载荷影响较大，计算当量动负荷时，必

须考虑 F_a 的作用。当 $F_a/F_r \le e$ 时，表示轴向载荷影响小，计算当量动负荷时，在一些轴承中可以忽略 F_a 的影响。e 值的大小与轴承的类型以及 F_a/C_0 比值的大小有关，具体见表 12－14。

表 12－14　径向载荷系数 X 和轴向载荷系数 Y

轴承类型	F_a/C_{0r}①	e	单列轴承				双列轴承			
			$F_a/F_r \le e$		$F_a/F_r > e$		$F_a/F_r \le e$		$F_a/F_r > e$	
			X	Y	X	Y	X	Y	X	Y
深沟球轴承	0.014	0.19				2.30				2.3
	0.028	0.22				1.99				1.99
	0.056	0.26				1.71				1.71
	0.084	0.28				1.55				1.55
	0.11	0.30	1	0	0.56	1.45	1	0	0.56	1.45
	0.17	0.34				1.31				1.31
	0.28	0.38				1.15				1.15
	0.42	0..42				1.04				1.04
	0.56	0.44				1.00				1
角接触球轴承 $\alpha=15°$	0.015	0.38				1.47		1.65		2.39
	0.029	0.4				1.40		1.57		2.28
	0.058	0.43				1.30		1.46		2.11
	0.087	0.46				1.23		1.38		2
	0.12	0.47	1	0	0.44	1.19	1	1.34	0.72	1.93
	0.17	0.50				1.12		1.26		1.82
	0.29	0.55				1.02		1.14		1.66
	0.44	0.56				1.00		1.12		1.63
	0.58	0.56				1.00		1.12		1.63
角接触球轴承 $\alpha=25°$	—	0.68	1	0	0.41	0.87	1	0.92	0.67	1.41
角接触球轴承 $\alpha=40°$	—	1.14	1	0	0.35	0.57	1	0.55	0.57	0.93
双列角接触球轴承（$\alpha=30°$）	—	0.8	—	—		—	1	0.78	0.63	1.24
4 点接触球轴承（$\alpha=35°$）	—	0.95	1	0.66	0.6	1.07	—	—	—	—
圆锥滚子轴承	—	$1.5\tan\alpha$②	1	0	0.4	$0.4\cot\alpha$	1	$0.45\cot\alpha$	0.67	$0.67\cot\alpha$
调心球轴承	—	$1.5\tan\alpha$	—	—	—	—	1	$0.42\cot\alpha$	0.65	$0.65\cot\alpha$
推力调心滚子轴承	—	0.55	—	—	1.2	1	—	—	—	—

①相对轴向载荷 F_a/C_{0r} 中的 C_{0r} 为轴承的径向基本额定静载荷，由手册查取。与 F_a/C_{0r} 中间值相应的 e，Y 值可用线性内插法求得。

②由接触角 α 确定的各项 e，Y 值，也可根据轴承型号从轴承手册中直接查得。

对于只能承受纯径向载荷的向心圆柱滚子轴承、滚针轴承、螺旋滚子轴承：

$$P = F_r$$

对于只能承受纯轴向载荷的推力轴承：

$$P = F_a$$

上述当量动载荷的计算公式只是求出了理论值，而机器工作时还可能产生振动和冲击，因此轴承实际所承受的载荷要比计算值大。同理，应根据机器的实际工作情况，引入载荷系数 f_p，对其进行修正。修正后的当量动载荷按下面的公式计算

$$P = f_p(XF_r + YF_a) \tag{12-16}$$

通常滚动轴承的设计过程是：在轴的结构设计中，先按载荷的大小、方向和性质等因素选择轴承的类型和型号，待结构设计后再进行寿命校核计算。下面以角接触轴承为例给出了轴承寿命计算程序流程图，如图 12.17 所示。

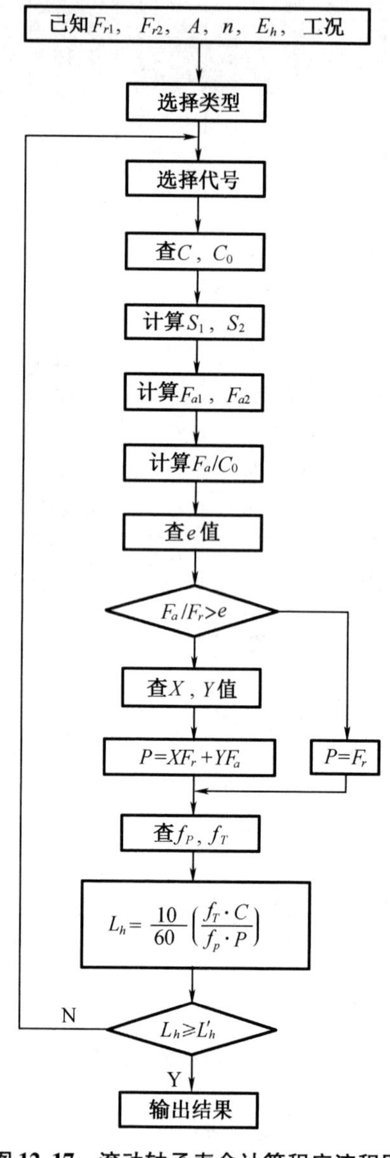

图 12.17　滚动轴承寿命计算程序流程图

12.5.4 角接触球轴承和圆锥滚子轴承的径向载荷与轴向载荷计算

角接触球轴承的结构特点是在滚动体与外圈滚道接触处存在着接触角 α。当它承受径向载荷 F_r 时，作用在第 i 个滚动体上的法向力 F_i 可以分解为径向分力 F_{ri} 和轴向分力 F_{si}（如图 12.18 所示）。而各个滚动体上所受轴向分力 F_{si} 的合力即轴承的内部轴向力 F_s，称为轴承内部的派生轴向力，方向由轴承外圈的宽边一端指向窄边一端，有迫使轴承内圈与外圈脱开的趋势。F_s 要由轴上的轴向载荷来平衡，其大小可用力学方法由径向载荷 F_r 计算得到。当轴承在 F_r 作用下有半圈滚动体受载时，F_s 的计算公式见表 12－15。

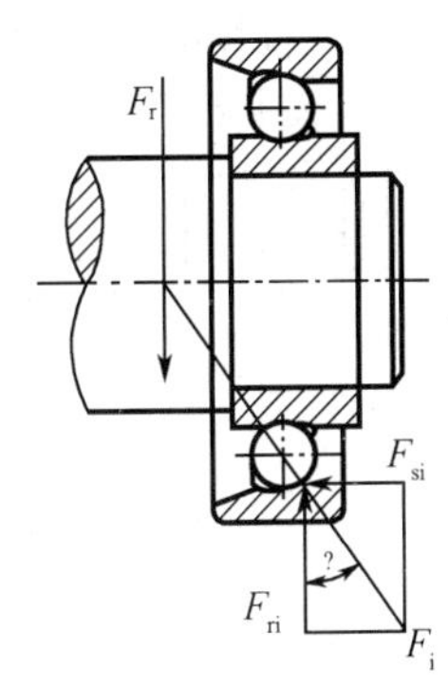

图 12.18 径向载荷产生的派生轴向力

由于角接触轴承承受径向力后会产生内部轴向力，故常成对使用。图 12.19 所示为两种不同安装方式下，由纯径向载荷产生的派生轴向力 F_s 的情况。其中（a）为正装（或称为“面对面”安装，采用这种安装方式可以使得左、右两轴承的载荷向中心靠近）；图（b）为反装（或称为“背对背”安装，可使得载荷的中心距加长）。不同安装方式下所产生的派生轴向力 F_s 的方向不同，但其方向总是由轴承的宽度中点指向轴承载荷中心（所谓轴承载荷中心，是指轴承所受的总载荷，即轴向载荷与径向载荷的矢量和的作用线与轴承轴线的交点）。

表 12－15 角接触球轴承和圆锥滚子轴承的派生轴向力

轴承类型	角接触球轴承			圆锥滚子轴承
	7000C	7000AC	7000B	
派生轴向力 F_s	eF_r	$0.68F_r$	$1.14F_r$	$F_r/(2Y)$ （Y 是 $F_a/F_r>e$ 时的载荷）

根据径向平衡条件，当已知作用在轴上的径向力 F_{re} 的大小和方位时，很容易求得轴承所承受的径向载荷 F_r。

计算成对安装的角接触球轴承和圆锥滚子轴承每一端轴承所承受的轴向载荷时，不能只考虑作用于轴上的轴向外载荷，还应考虑两端轴承上因径向载荷而产生的派生轴向力的影响。

设图 12.19 中轴与轴承受到的外界载荷分别为 F_{re} 和 F_{ae} 分析计算过程如下。

（1）以轴及与其配合的轴承内圈为分离体，作受力简图，判别两端轴承的派生轴向力 F_s 的方向，并给轴承编号：将 F_s 的方向与 F_{ae} 方向一致的轴承标为 2，另一端轴承标为 1（图 12.19（a）（b））。

（2）由 F_{ae} 计算径向载荷 F_{r1} 和 F_{r2}，再由 F_{r1}，F_{r2} 计算派生轴向力 F_{s1} 和 F_{s2}。

（3）计算轴承的轴向载荷 F_{a1} 和 F_{a2}。

①若 $F_{ae}+F_{s2}\geqslant F_{s1}$，轴有向左窜动的趋势，轴承 1 被“压紧”，轴承 2 被“放松”。轴承 1 上轴承座或端盖必然产生阻止分离体向左移动的平衡力 F'_{s1}，即 $F'_{s1}+F_{s1}=F_{s2}+F_{ae}$，由此推得作用在轴承 1 上的轴向力

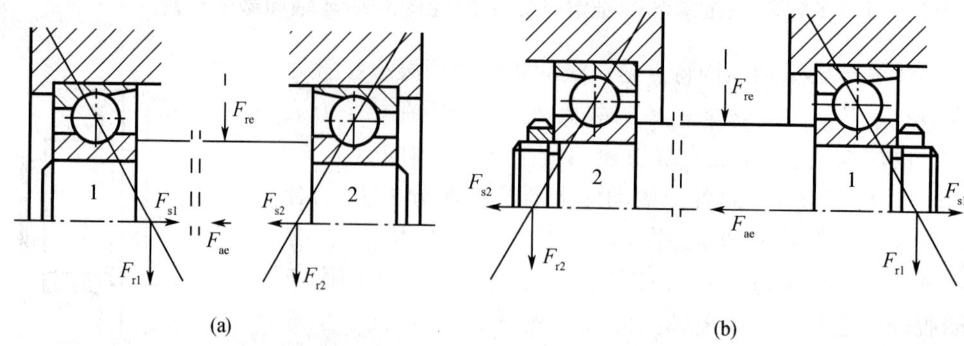

图 12.19 角接触球轴承安装方式及受力分析

$$F_{a1} = F'_{s1} + F_{s1} = F_{s2} + F_{ae} \tag{12-17}$$

同时轴承 2 要保证正常工作,它所受的轴向载荷必须等于其派生轴向力,故有

$$F_{a2} = F_{s2} \tag{12-18}$$

②若 $F_{ae} + F_{s2} < F_{s1}$,轴有向右窜动的趋势,轴承 1 被“放松”,轴承 2 被“压紧”。同理可推得

$$F_{a2} = F_{s2} + F'_{s2} = F_{s1} - F_{ae} \tag{12-19}$$

$$F_{a1} = F_{s1} \tag{12-20}$$

综上所述,计算轴向载荷的关键是判断哪个为紧端轴承,哪个为松端轴承,松端轴承的轴向载荷等于其派生轴向力;紧端轴承的轴向载荷等于外部轴向载荷与松端轴承派生轴向力的代数和。

12.6 滚动轴承的静强度计算

滚动轴承在内、外圈相对转速为零或很小时,它一般不会由于疲劳点蚀而破坏,而是在静载荷和冲击载荷的作用下,在内、外圈和滚道上产生塑性变形从而形成凹坑,使轴承不能正常工作。因此,这种情况下,为了限制滚动轴承在静载荷作用下产生过大的接触应力和塑性变形,需要进行静载荷计算。

12.6.1 基本额定静载荷

基本额定静载荷(径向 C_{0r},或轴向 C_{0a})是指轴承受载最大的滚动体与滚道接触中心处引起接触应力时所假想承受的径向静载荷或中心轴向静载荷:调心球轴承为 4 600 MPa,所有其他球轴承为 4 200 MPa,所有滚子轴承为 40 000 MPa。基本额定静载荷可由相关的计算公式计算,常用轴承的基本额定静载荷 C_0 通常可从手册直接查得。

12.6.2 静载荷计算

滚动轴承的静强度校核公式为

$$\frac{C_0}{P_0} \geqslant S_0 \tag{12-21}$$

式中 S_0——静强度安全系数,见表 12-16;

P_0——当量静负荷,单位为 N。

表 12-16 静强度安全系数 S_0

轴承使用情况	使用要求、载荷性质及使用场合	S_0
旋转轴承	对旋转精度和平稳性要求较高,或受强大冲击载荷 对旋转精度和平稳性要求较低,没有冲击或振动	1.2~2.5 0.8~1.2 0.5~0.8
不旋转或摆动轴承	水坝闸门装置	≥1
	吊桥	≥1
	附加动载荷较小的大型起重机吊钩	≥1
	附加动载荷很大的小型装卸起重机吊钩	≥1
各种使用场合下的推力调心滚子轴承		≥1

当量静负荷 P_0是一个假想载荷。在当量静负荷作用下,轴承内受载最大滚动体与滚道接触处的塑性变形总量,与实际载荷作用下的塑性变形总量相同。对于角接触向心轴承和径向接触轴承,当量静负荷取由下面两式求得的较大值

$$\begin{cases} P_0 = X_0 F_r + Y_0 F_a \\ P_0 = F_r \end{cases} \tag{12-22}$$

式中,X_0,Y_0分别为静径向系数和静轴向系数,查表 12-17。

表 12-17 当量静负荷的 X_0,Y_0系数

轴承类型		单列轴承		双列轴承	
		X_0	Y_0	X_0	Y_0
深沟球轴承		0.5	0.5	0.6	0.5
角接触球轴承	$\alpha = 15°$	0.5	0.46	1	0.92
	$\alpha = 25°$	0.5	0.38	1	0.76
	$\alpha = 40°$	0.5	0.26	1	0.52
调心球轴承	0.5	0.5	0.22cotα①	1	0.44cotα
圆锥滚子轴承	0.5	0.5	0.22cotα	1	0.44cotα

①由接触角 α 确定的 Y_0 值,也可从轴承手册中直接查得。

12.7 滚动轴承的极限转速

滚动轴承转速过高会因摩擦发热而使温度急骤升高,导致滚动轴承元件胶合而使小,所以当转速较高时,还应校核滚动轴承极限转速,轴承的工作转速应小于其极限转速。

滚动轴承的极限转速 $n_{\lim}$是指轴承在一定载荷和润滑条件下所允许的最高转速,它与

轴承的类型、尺寸、载荷、游隙大小及精度高低、保持架的结构及材料、润滑状态、冷却条件等多种因素有关。在轴承手册中列出各种轴承在脂润滑和油润滑条件下的极限转速，它仅适用于当量动载荷 $P \leqslant 0.1C$、润滑与冷却条件正常、向心及角接触轴承承受纯径向载荷、推力轴承受纯轴向载荷的 P0 级精度轴承。当动量负荷超过 $0.1C$ 时，由于接触面上的接触应力增大，润滑条件恶化，温升较大，润滑剂性能变坏。这是需将手册中的极限转速乘以小于 1 的载荷系数 f_1（见图 12.20）。当向心轴承受轴向载荷时，受载滚动体数目有所增加，因而摩擦力矩增大，润滑条件相对变差，这时需将手册中查得的极限转速乘以小于 1 的载荷分布系数 f_2（如图 12.21）。于是，轴承允许的极限转速为：

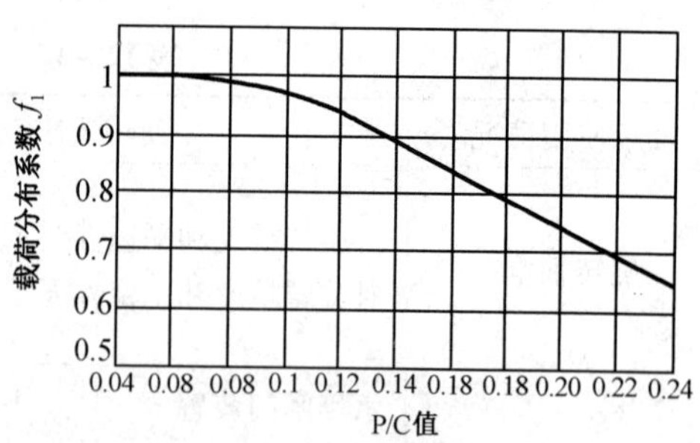

图 12.20　载荷系数 f_1

$$n'_{\lim} = f_1 f_2 n_{\lim} \tag{12.21}$$

式中，$n_{\lim}$——轴承手册中列出的极限转速。

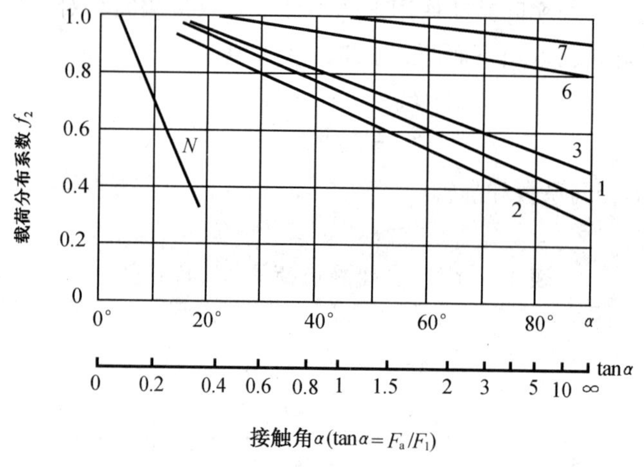

图 12.21　载荷分布系数 f_2

N—圆柱滚子轴承；1—调心球轴承；2—调心滚子轴承；3—圆锥滚子轴承；6—深沟球轴承；7—角接触球轴承

在高速时，滚动体上的离心力将增大外圈滚道的压力，因而影响极限转速，减少滚动体的离心力，可以从减少滚动体的质量和回转半径两方面采取措施。如选用滚动体直径小的轻系列轴承或空心滚动体轴承等。

12.8　滚动轴承的组合设计

在确定了轴承的类型和型号后，还必须正确地进行滚动轴承的组合结构设计，才能保证轴承的正常工作。轴承的组合结构设计包括：①轴承支承端结构；②轴承与相关零件的配合；③轴承的润滑与密封；④提高轴承系统的刚度。

12.8.1 滚动轴承轴系支点固定的结构形式

为保证滚动轴承轴系能正常传递轴向力且不发生窜动，在轴上零件定位固定的基础上，必须合理地设计轴系支点的轴向固定结构。通常一根轴需要两个支点，每个支点由一个或两个轴承组成。滚动轴承的支承结构应考虑轴在机器中的正确位置，防止轴向窜动及轴受热伸长后不致将轴卡死等因素。径向接触轴承和角接触轴承的支承结构有3种基本形式。

1. 两端单向固定

普通工作温度下的短轴（跨距 $L<400$ mm），支点常采用深沟球轴承（或角接触球轴承、圆锥磙子轴承）两端单向固定方式，每个轴承分别承受一个方向的轴向力，如图12.22所示。为允许轴工作时有少量热膨胀，轴承安装时应留有0.25 mm~0.4 mm的轴向间隙（间隙很小，结构图上不必画出），间隙量常用垫片或调整螺钉调节。

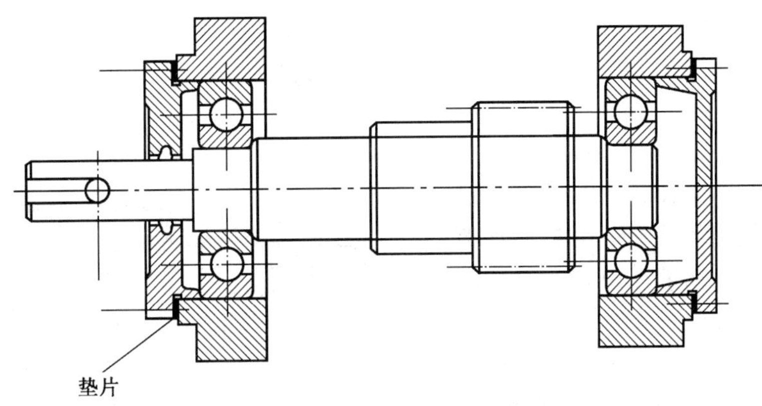

图12.22 两端支承固定结构

2. 一端固定、一端游动支承

当轴较长（如 >350 mm）或工作温度较高时，轴的热膨胀收缩量较大，宜采用一端双向固定、一端游动的支点结构，如图12.23所示。固定端由单个轴承或轴承组承受双向轴向力，而游动端则保证轴伸缩时能自由游动。为避免松脱，游动轴承内圈应与轴作轴向固定（常采用弹性挡圈）。用圆柱滚子轴承作游动支点时，轴承外圈要与机座作轴向固定，靠滚子与套圈间的游动来保证轴的自由伸缩。

3. 两端游动

要求能左右双向游动的轴，可采用两端游动的轴系结构，如图12.24所示。人字齿轮传动的高速主动轴，为了自动补偿轮齿两侧螺旋角的误差，使轮齿受力均匀，采用允许轴系左右少量轴向游动的结构，故两端都选用圆柱滚子轴承。与其相啮合的低速齿轮轴系则必须两端固定，以便两轴都得到轴向定位。

12.8.2 轴承的配合与装拆

1. 滚动轴承的配合

轴承的配合是指内圈与轴颈及外圈与座孔的配合，轴承的轴向固定及径向游隙的大小是通过其配合实现的，这不仅关系轴承的运转精度，也影响轴承的寿命。当过盈量太大时，装配后因

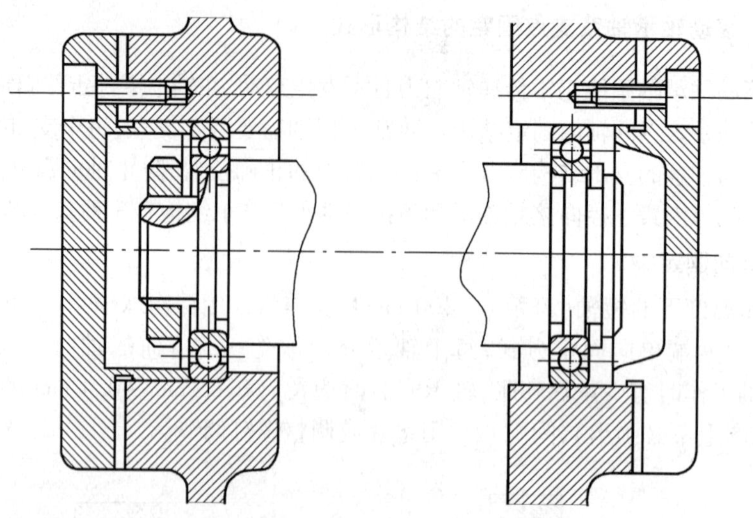

图 12.23　一端固定、一端游动支承

内圈的弹性膨胀和外圈的收缩，使轴承游隙减少甚至完全消除，以致影响正常运转。如配合过松，不仅影响旋转精度，而且内、外圈会在配合面上滑动，使配合面擦伤，为保证轴承正常工作必须选择适当的配合。

滚动轴承是标准件，选择配合时就把它作为基准件。因此轴承内圈与轴颈的配合采用基孔制，轴承座孔与轴承外圈的配合则采用基轴制，并且轴承内、外径的上偏差均为零。

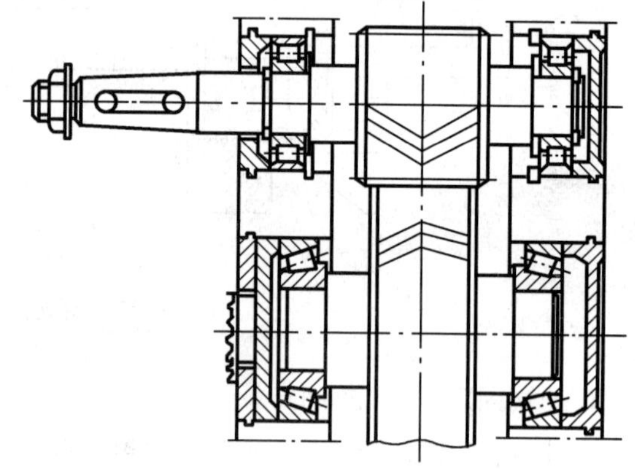

图 12.24　两端游动结构

轴承配合种类的选择与轴承类型和尺寸、精度、载荷大小和方向及载荷的性质有关。一般来说，当外载荷方向不变时，转动套圈承受旋转的载荷，不动圈承受局部的载荷，故转动圈应比不动圈有更紧一些的配合。如载荷方向随转动件一起转动，转动圈应比不动圈有较松的配合。载荷平稳时轴承配合可偏松一些，而变动的载荷或高速、重载、高温、有冲击时应偏紧一些。轴承旋转精度要求高时，应采用较紧的配合，而经常拆卸或游动套圈则采用较松的配合。

一般情况下，内圈随轴一起转动，外圈不动，故内圈常用有过盈量的过渡配合。当轴承作游动支承时，外圈应取保证有间隙的配合。各类轴承配合选择具体可查轴承手册。

2. 滚动轴承的装拆

为了不损伤轴承及轴颈部位，中小型轴承可用手锤敲击装配套筒（一般用铜套）安装轴承，如图 12.25 所示；大型轴承或较紧的轴承可用专用的压力机装配或将轴承放在矿物油中加热到 80 ℃～100 ℃后再进行装配。拆卸轴承一般也要用专门的拆卸工具——顶拔器（图 12.26）。为便于安装顶拔器，应使轴承内圈比轴肩、外圈比凸肩露出足够的高度 h（图 12.27）。对于盲孔，可在端部开设专用拆卸螺纹孔。

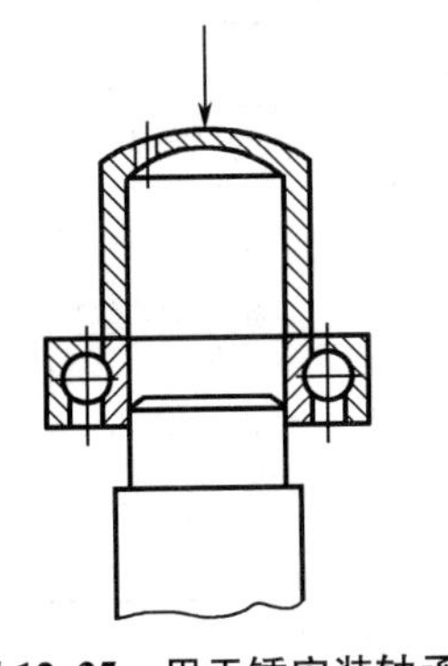

图 12.25 用于锤安装轴承

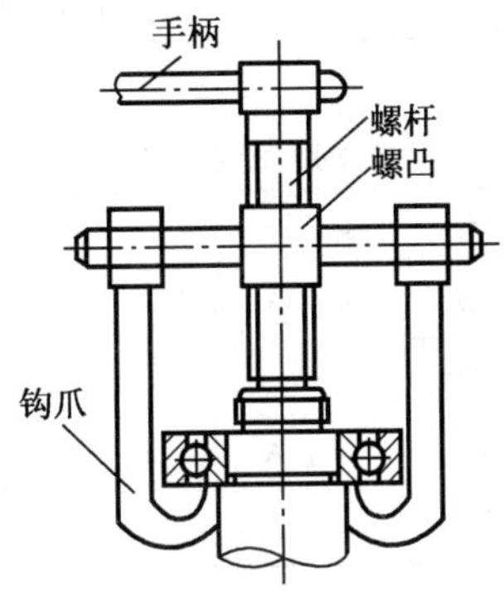

图 12.26 用顶拔器拆卸轴承

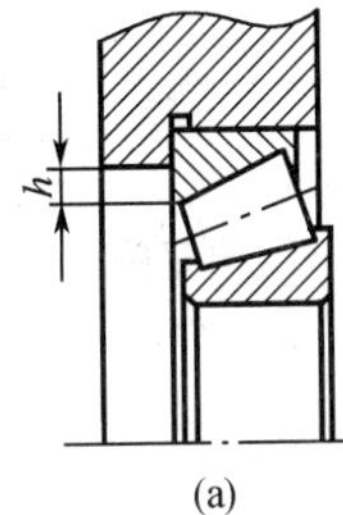

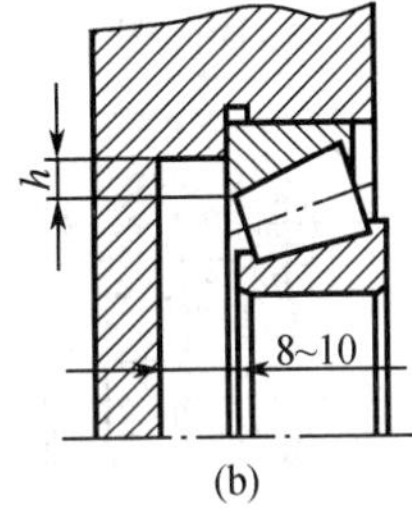

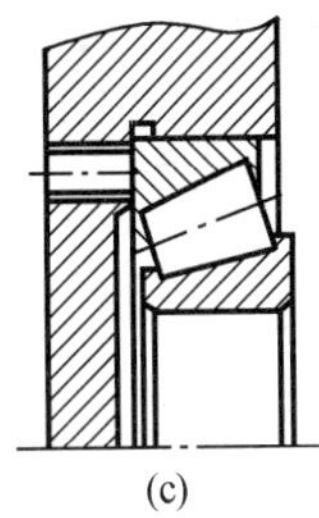

图 12.27 轴承外圈的拆卸

12.8.3 轴承的润滑与密封

滚动轴承的润滑和密封对保证轴承的正常工作起着十分重要的作用。

1. 滚动轴承的润滑

润滑的主要目的是减少摩擦和磨损，还有吸收振动、降低温度和防锈作用。合理的润滑对提高轴承性能，延长轴承的使用寿命有重要意义。

滚动轴承润滑剂的选择主要取决于速度、载荷、温度等工作条件。滚动轴承的润滑方式可根据速度因数 dn 值来选择（d 为轴承的内径，n 为轴承的转速），具体可根据表 12－17 来选择。一般情况下，采用的润滑油黏度应不低于 13 mm^2/s ~ 32 mm^2/s（球轴承油黏度略低而滚子轴承的略高）。脂润滑轴承在低速、工作温度 65 ℃以下时可选钙基脂，较高温度时选用钠基脂或钙钠基脂；高速或载荷工况复杂时可选锂基脂；潮湿环境可选用铝基脂或钡基脂，而不宜选用遇水分解的钠基脂。

脂润滑可承受较大载荷，且便于密封及维护，填充一次润滑脂可工作较长时间。润滑脂的填充一般不超过轴承空间的 1/4。当填充过多时，会因润滑脂内摩擦大，产生过多热量，使得温度升高，从而影响轴承正常工作。

2. 滚动轴承的密封

密封的目的是阻止润滑剂的流失和防止灰尘、水分的进入。密封装置的设计是轴承系统的重要设计环节之一。设计要求应能达到长期密封和防尘作用；摩擦和安装误差都要小；拆卸、装配方便且保养简单。

密封按其原理的不同可分为接触式密封和非接触式密封两大类。密封的主要类型和使用范围见表 12－18 所示。

表 12-17　滚动轴承润滑方式的选择

轴承类型	$dn/(\text{mm}\cdot\text{r/min})$				
	浸油/飞溅润滑	滴油润滑	喷油润滑	油雾润滑	脂润滑
深沟球轴承 角接触球轴承 圆柱滚子轴承	$\leqslant 2.5\times10^5$	$\leqslant 4\times10^5$	$\leqslant 6\times10^5$	$\leqslant 6\times10^5$	$\leqslant (2\sim3)\times10^5$
圆锥滚子轴承	$\leqslant 1.6\times10^5$	$\leqslant 2.3\times10^5$	$\leqslant 3\times10^5$	—	—
推力轴承	$\leqslant 0.6\times10^5$	$\leqslant 1.2\times10^5$	$\leqslant 1.5\times10^5$	—	—

表 12-18　滚动轴承密封形式的选择

密封形式			结构简图	特性
接触式密封	毡圈密封、($v<5$ m/s)		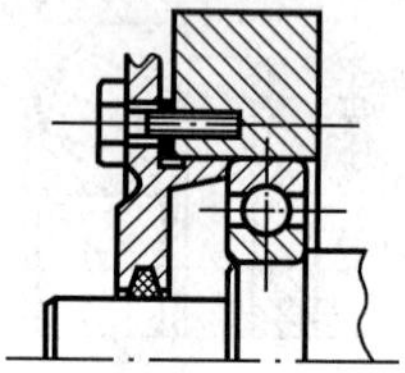	结构简单。压紧力不能调。用于脂润滑
接触式密封	密封圈密封($v<4\sim12$ m/s)		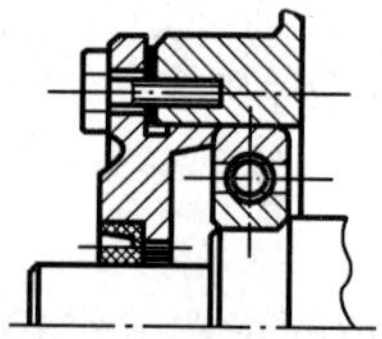	使用方便,密封可靠。耐油橡胶和塑料密封圈有 Q,J,U 等型式,有弹簧箍的密封性能更好
非接触式密封	迷宫式密封($v<30$ m/s)	轴向曲路(只用于剖分结构)	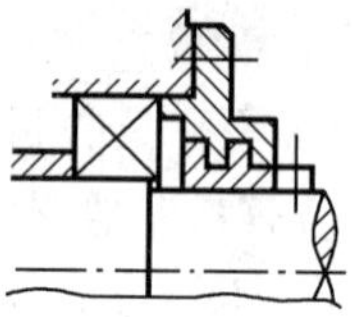	油润滑、脂润滑都有效,缝隙中填脂
非接触式密封	迷宫式密封($v<30$ m/s)	径向曲路	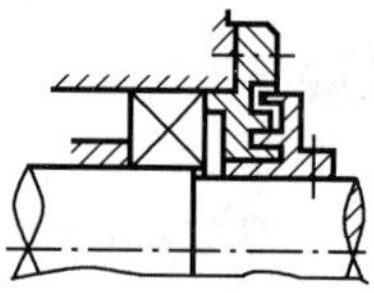	油润滑、脂润滑都有效,缝隙中填脂
非接触式密封		油沟密封($v<5\sim6$ m/s)	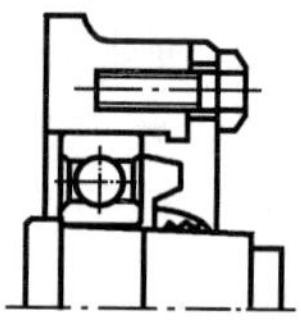	结构简单,沟内填脂,用于脂润滑或低速油润滑。盖与轴的间隙约为 0.1 ~ 0.3 mm,沟槽宽 3 ~ 4 mm,深 4 ~ 5 mm
非接触式密封		挡圈密封	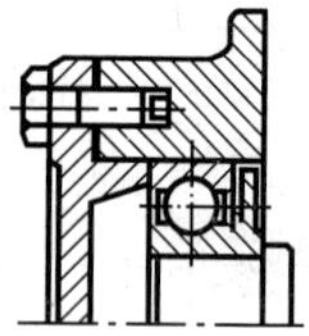	挡圈随轴旋转,可利用离心力甩去油和杂物,最好与其他密封联合使用

表 12－18(续)

密封形式		结构简图	特性
非接触式密封	立轴综合密封		为防止立轴漏油,一般要采取两种以上的综合密封型式
	甩油密封		甩油环靠离心力将油甩掉,再通过导油槽将油导回油箱

12.8.4 滚动轴承部件的调整

轴承游隙的大小对轴承的寿命、效率、旋转精度、温升及噪声等都有很大的影响。需要调整游隙的主要有角接触球轴承组合结构、圆锥滚子轴承组合结构和平面推力球轴承组合结构。图 12.28(a)所示结构中,轴承的游隙和预紧是靠轴承端盖与套环间的垫片来调整的,简单方便;而图 12.28(b)的结构中,轴承的游隙是靠轴上螺母来调整的,操作不太方便,且螺纹为应力集中源,削弱了轴的强度。为使圆锥齿轮传动中的分度圆锥锥顶重合或使蜗轮蜗杆传动能于中间平面位置正确啮合,必须对其支承轴系进行轴向位置调整,即进行轴承组合位置调整。

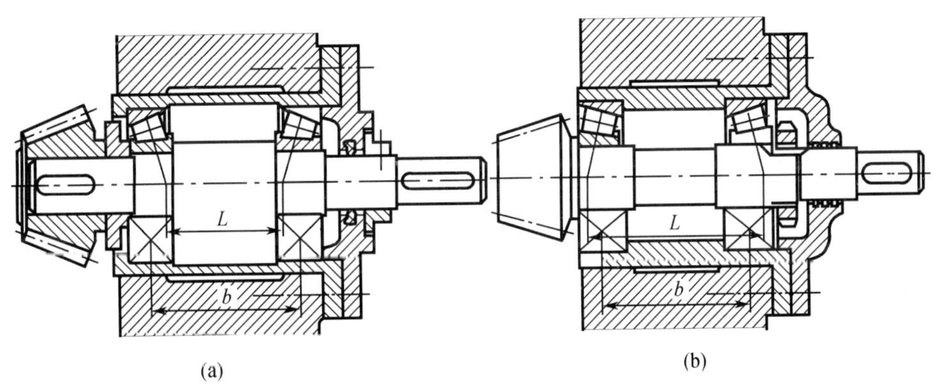

(a) (b)

图 12.28 齿轮轴支撑结构

12.8.5 轴承座的刚度与同轴度

1. 提高支承部分的刚度和同心度

轴和轴承座必须有足够的刚度,以免因过大的变形使滚动体受力不均。因此轴承座孔壁应有足够的厚度,并设置加强筋以增加刚度,如图 12.29 所示。此外,轴承座的悬臂应尽可能缩短。两轴承孔必须保证同轴度,以免轴承内外圈轴线倾斜过大。为此,两端轴承尺寸应力求相同,以便一次镗孔,可以减小其同轴度的误差,如图 12.30 所示。当同一轴上装有不同外径尺寸的轴承时,可采用套环结构来安装尺寸较小的轴承,使轴承孔能一次镗出。

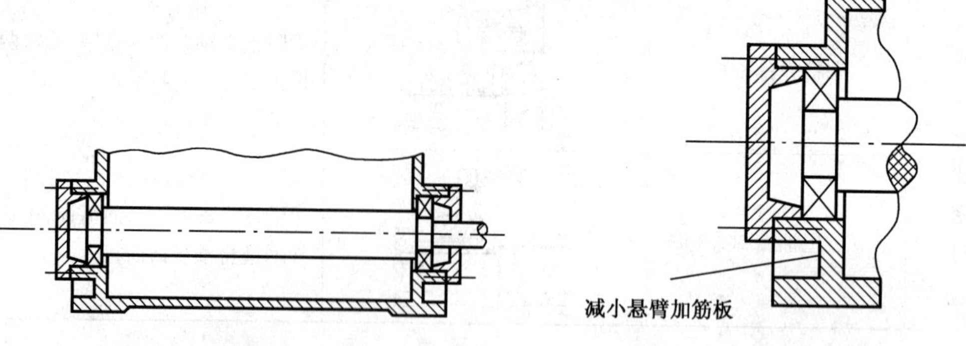

图 12.30　轴承座一次镗孔

图 12.29　利用加强筋提高刚度

2. 合理安排轴承的组合方式

同样的轴承作不同排列,支承的刚度也不同。一对并列的向心角接触轴承,当其反装时,两轴承载荷作用中心间的距离较大,支承刚度较大。这种方案常见于机床主轴的前支承中。一般机器多采用正装,因为正装时的安装和调整都比较方便(轴承游隙靠外圈调节)。

对于分别处于两支点的一对角接触轴承,其安装形式对轴系刚度的影响可见表 12－19。

表 12－19　角接触轴承不同安装形式对轴系刚度的影响

安装形式	工作零件(作用力)位置	
	悬伸端	两轴承间
面对面安装		
背对背安装		
比较	$L_2>L_1$,$L_{02}<L_{01}$,轴的最大弯矩 $M_{A2}<M_{A1}$,悬伸工作端 A 点挠度 $\delta_{A2}<\delta_{A1}$ 背对背安装刚性好	$L_1<L_2$,轴的最大弯矩 $M_{B2}>M_{B1}$,工作件处挠度 $\delta_{B1}<\delta_{B2}$,面对面安装刚性好

3. 轴承的预紧

轴承预紧就是在安装时,在轴承中产生并保持一个轴向力,以消除游隙并在滚动体和内外圈接触处产生预变形,使内外圈之间处于压紧状态,以达到提高轴承的刚度和旋转精度、降低轴的振动和噪声、延长轴承寿命的目的。例如机床的主轴轴承刚度很重要,就须采用预紧。

常用的预紧装置:①两个相同型号的角接触轴承成对安装,通过套圈间加金属垫片或磨窄套圈来预紧(见图 12.31(a)、(b))。预紧力的大小由垫片的厚度或轴承内、外圈的磨削量来控制;②两轴承中间装入长度不等的套筒而预紧,调整两套筒的长度以控制预紧力(见图 12.31(c));③用弹簧预紧(见图 12.31(d)),可得到稳定的预紧力,在高速运转时采用,但对轴承刚度提高不大。

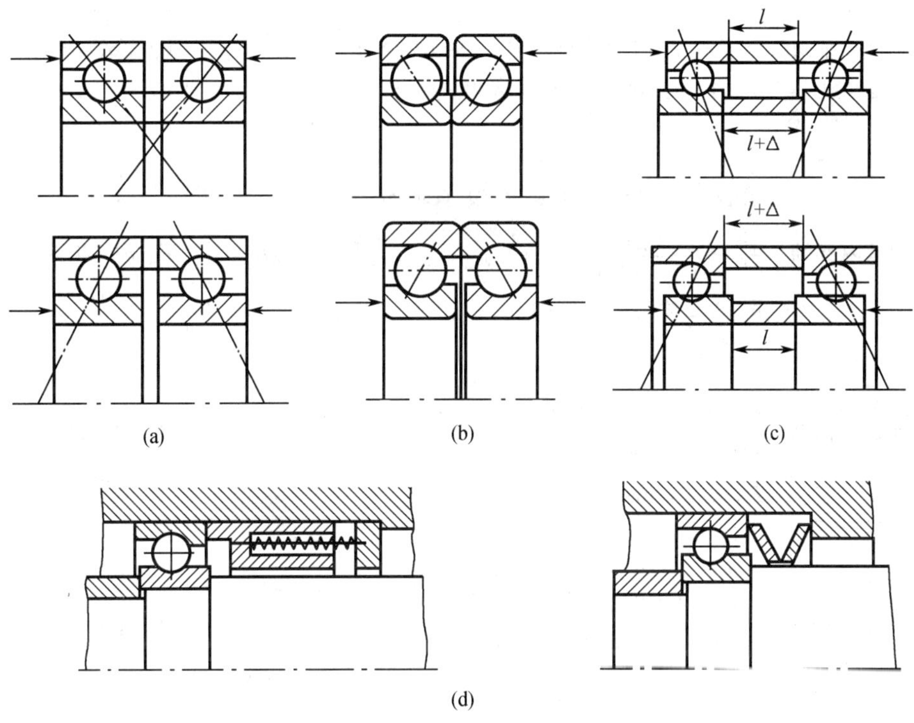

图 12.31 轴承预紧方法

(a)加金属垫片;(b)磨窄套圈;(c)内、套筒外;(d)弹簧

【综合应用实例】

图 12.32 所示为用两个型号为 7208E 的圆锥滚子轴承支承一个齿轮轴的计算简图,轴承 1,2 所受的径向载荷分别为 F_{r1} = 4 250 N,F_{r2} =1 500 N,作用于轴心线上的轴向载荷 F_{ae} =1 200 N(方向如图所示),转速 n =1 380 r/min,取载荷系数 f_p =1.2,温度系数 f_t =1。试计算轴承寿命。

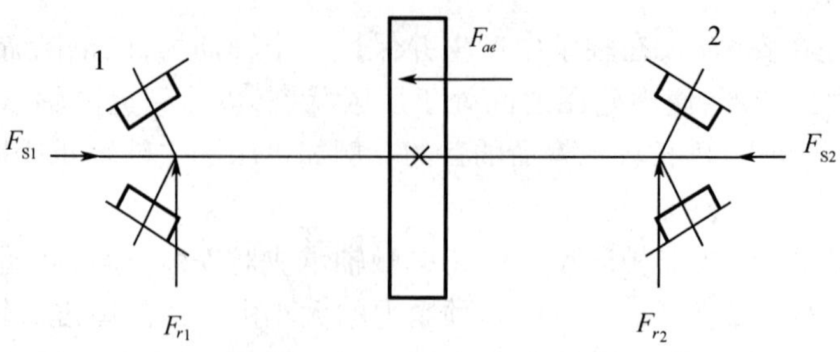

图 12.32　综合应用实例图

设计项目	设计内容及依据	主要结果
1. 确定 7208E 轴承的主要性能参数	由手册查得 7208E 轴承 $C_r = 59\ 630$ N, $C_{0r} = 42\ 950$ N, $\alpha = 14°02'10''$, 查表 12－14 得 $e = 1.5\tan\alpha = 0.375$	$\alpha = 14°02'10''$ $C_r = 59\ 630$ N $C_{0r} = 42\ 950$ N $e = 0.375$
2. 计算轴承内部轴向力 F_{s1}, F_{s2}	由表 12－15, 对于圆锥滚子轴承, $F_s = F_r/2Y$, 故 $F_{s1} = \frac{F_{r1}}{2Y} = \frac{4\ 250\text{ N}}{2\times1.6} = 1\ 328$ N、$F_{s2} = \frac{F_{r2}}{2Y} = \frac{1\ 500\text{ N}}{2\times1.6} = 469$ N 在图 12.32 中两支点载荷作用, 中心处画出 F_{s1}, F_{s2} 的指向(如图所示)	$F_{s1} = 1\ 328$ N $F_{s2} = 469$ N
3. 计算轴承的轴向载荷 F_{a1}、F_{a2}	因为: $F_{ae}/F_{s2} = 1\ 200/469 = 1\ 669\text{ N} > F_{s1}$, 故 $F_{a1} = F_{ae}/F_{s2} = 1\ 200/469 = 1\ 669$ N $F_{a2} = F_{s2} = 469$ N	$F_{a1} = 1\ 669$ N $F_{a2} = 469$ N
计算轴承的径向当量载荷 (1) 轴承 1 的径向当量载荷 P_1	因 $\frac{F_{a1}}{F_{r1}} = \frac{1\ 669}{4\ 250} = 0.393 > e = 0.375$ 由表 12－14 查得 $X = 0.4$, $Y = 0.4\cot14°02'10'' = 1.6$, 则 $P_1 = XF_{r1} + YF_{a1} = 0.4\times4\ 250 + 1.6\times1\ 669 = 4\ 371$ N	$P_1 = 4\ 371$ N
计算轴承的径向当量载荷 (2) 轴承 2 的径向当量载荷 P_2	因 $\frac{F_{a2}}{F_{r2}} = \frac{469}{1\ 500} = 0.31 < e = 0.375$ 由表 12－14 查得 $X = 1$, $Y = 0$, $P_2 = XF_{r2} + YF_{a2} = 1\times1\ 500 + 0\times469 = 1\ 500$ N	$P_2 = 1\ 500$ N
5. 计算轴承寿命 L_h	两轴承型号相同, 且 $P_1 > P_2$, 所以应按 P_1 计算轴承寿命。 由式子 11－12 可得(取 $\varepsilon = 10/3$) $L_h = \frac{16\ 667}{n}\left(\frac{f_tC}{f_pP}\right)^{\varepsilon} = \frac{16\ 667}{1\ 380}\times\left(\frac{1\times59\ 630}{1.2\times4\ 371}\right)^{10/3} = 39\ 906h$	$L_h = 39906h$

本章小结

为了使读者能够通过本章的学习，达到选择应用滚动轴承、并能对轴承的组合结构进行设计的目的，首先必须了解滚动轴承的类型、尺寸、结构形式、精度等级等基本知识及其代号的意义。在此基础上，还应适当掌握滚动轴承设计的基本理论和计算方法，以便对所选轴承作出评价，能否满足预期寿命、静强度和转速等要求。除计算外，为保证轴承的正常工作，还要进行合理的轴承组合结构设计，解决轴系零件的固定，轴承与相关零件配合，轴承安装、调整和预紧以及轴承的润滑与密封等问题。

习　　题

一、选择题

1. 滚动轴承代号由前置代号、基本代号和后置代号组成，其中基本代号表示________。

A. 轴承的类型、结构和尺寸　　B. 轴承组件

C. 轴承内部结构变化和轴承公差等级　　D. 轴承游隙和配置

2. 滚动轴承的类型代号由________表示。

A. 数字　　B. 数字或字母

C. 字母　　D. 数字加字母

3. ________只能承受径向载荷。

A 深沟球轴承　　B. 调心球轴承

C. 圆锥滚子轴承　　D. 圆柱滚子轴承

4. ________只能承受轴向载荷。

A. 圆锥滚子轴承　　B. 推力球轴承

C. 滚针轴承　　D. 调心滚子轴承

5. ________不能用来同时承受径向载荷和轴向载荷。

A. 深沟球轴承　　B. 角接触球轴承

C. 圆柱滚子轴承　　D. 调心球轴承

6 角接触轴承承受轴向载荷的能力，随着接触角 α 的增大而________.

A. 增大　　B. 减小　　C. 不变　　D. 不定

7. 有(a)7230C 和(b)7230AC 两种滚动轴承，在相等的径向载荷作用下，他们的派生轴向力 Sa 和 Sb 相比较，应该是________。

A. $S_a > S_b$　　B. $S_a = S_b$　　C. $S_a < S_b$　　D. 大小不能确定

8. 若转轴在载荷作用下弯曲变形较大或轴承座孔不能保证良好的同轴度，宜选用类型代号为________的轴承。

A. 1 或 2　　B. 3 或 7　　C. N 或 NU　　D. 6 或 NA

9. 对滚动轴承进行油润滑，不能起到________的作用。

A. 降低摩擦阻力　B. 加强散热、降低温升　C. 密封　　D. 吸收振动

10. 对滚动轴承进行密封，不能起到 ________作用。

A. 防止外界灰尘侵入　　B. 降低运转噪声　　C. 阻止润滑剂外漏

11. 下面所列的滚动轴承优点,其中错误的是________。

A. 大批量自动化生产,易于获得较高旋转精度

B. 轴颈尺寸 d 相同时,滚动轴承宽度小于滑动轴承,利于减小机器的轴向尺寸

C. 滚动摩擦小于滑动摩擦,因此摩擦功耗小,发热量少,适于极高速度下使用

D. 滚动轴承润滑油耗量少,维护简单,可节约维护费用

12. 滚动轴承套圈与滚动体常用材料为________。

A. 20Cr　　B. 40Cr　　C. GCrl5　　D. 20CrMnTi

13. 滚动轴承接触式密封是________。

A. 迷宫式密封　　B. 毡圈密封　　C. 甩油密封　　D. 油沟式密封

14. 作用在滚动轴承上的径向力在滚动体之间的分配________。

A. 在所有滚动体上受力相等　　B. 在一半滚动体上受力相等

C. 在某一确定数目的滚动体上受力相等　　D. 受力不等,并且总有一个滚动体受力最大

15. 滚动轴承在安装过程中应留有一定轴向间隙,目的是为了________。

A. 装配方便　　B. 拆卸方便

C. 散热　　D. 受热后轴可以自由伸长

16. 如图 12.33(b)所示结构图的简图为________。

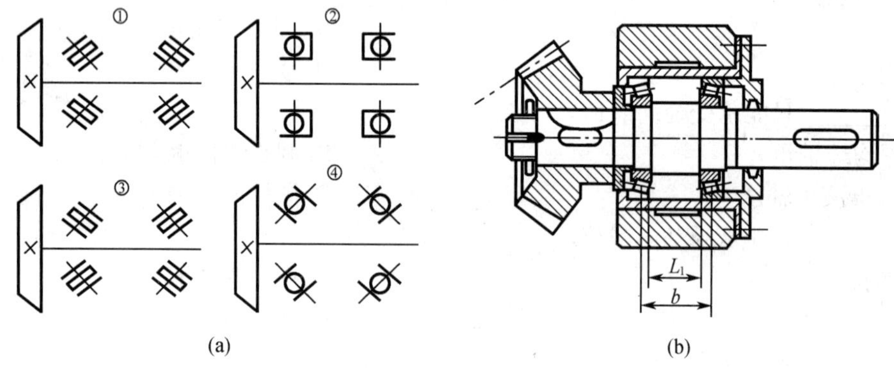

图 12.33

17. 如图 12.34(a)所示结构图的简图为________。

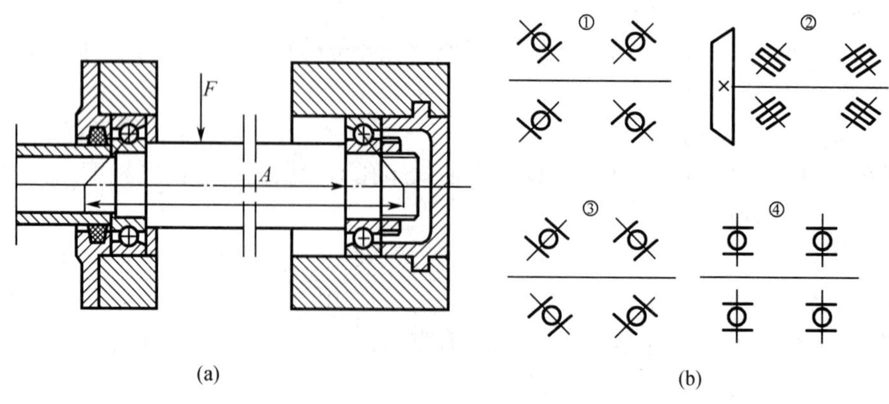

图 12.34

18. 如图 12.35 所示，齿轮上的轴向力传递路线是________。

A. 齿轮轴→左轴承内圈→滚动体→外圈→套筒→箱体

B. 齿轮轴→右轴承内圈→滚动体→外圈→套筒→箱体

C. 齿轮轴→端盖→箱体

D. 齿轮轴→左轴承内圈→内套筒→外端轴承→端盖→箱体

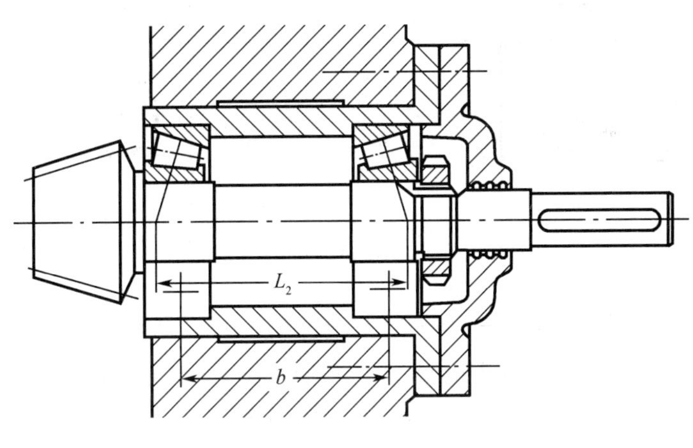

图 12.35

二、填空题

1. 滚动轴承根据受载不同，可分为推力轴承，主要承受________载荷；向心轴承，主要承受________载荷；向心推力轴承，主要承受________。

2. 滚动轴承部件在支承轴时，若采用双支点单向固定方式，其适用条件应该是工作时温升________或轴的跨距________的场合。

3. 滚动轴承内圈与轴的公差配合为________制，而外圈与座孔的配合采用________制。

4. 轴承的接触角越大，承受________的能力就越大。

5. 对于回转的滚动轴承，一般常发生疲劳点蚀破坏，则主要应进行________计算。

6. 对于不转动或摆动的轴承，常发生塑性变形破坏，则主要应进行________计算。

7. 举出 4 种常用的轴上零件固定的方法：________、________、________、________。

8. 接触角为 0°的轴承，为________轴承。

9. 滚动轴承预紧的目的在于增加________，减少________。

10. 滚动轴承的密封形式主要分为________和________两种。

11. 滚动轴承一般由________、________、________和________组成。

12. 对于一个具体的滚动轴承，很难预知其________的寿命。

13. 考虑到滚动轴承工作中的________，会使________，故引入载荷系数。

14. 为了使角接触向心轴承的内部轴向力得到平衡，以免轴向窜动，通常这种轴承要________。

15. 在设计轴承组合时，应考虑________，以至于进行该工作时不会损坏轴承和其他零件。

三、分析、计算题

1. 某水泵轴轴颈直径 $d=35$ mm，转速 $n=2\ 900$ r/min，轴承所受径向载荷 $F_r=1\ 810$ N，

轴向载荷 $F_a = 740$ N，预期寿命 $L'_h = 5\ 000h$。试选择轴承的类型和型号。

2. 如图 12.36 所示，已知 $F_{r1} = 300$ N，$F_{r2} = 400$ N，$F_{ae} = 100$ N，求 F_{a1}，F_{a2}。

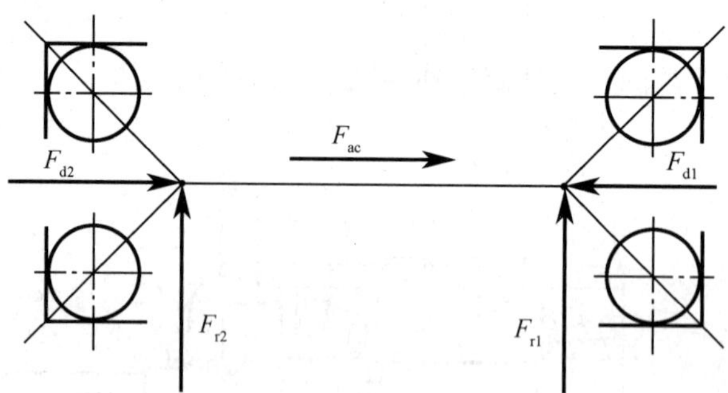

图 12.36

3. 轴系由一对 70206 轴承支承，轴承正装，见图 12.37。已知：$n = 980$ r/min，$F_{re1} = 1\ 200$ N，$F_{re2} = 1\ 800$ N，$F_{ae} = 180$ N，$a = 270$ mm，$b = 230$ mm，$c = 230$ mm，求危险轴承寿命？

（$C = 33\ 400$ N，$e = 0.7$，$F_d = 0.7F_r$，$X = 0.4$，$Y = 0.85$）

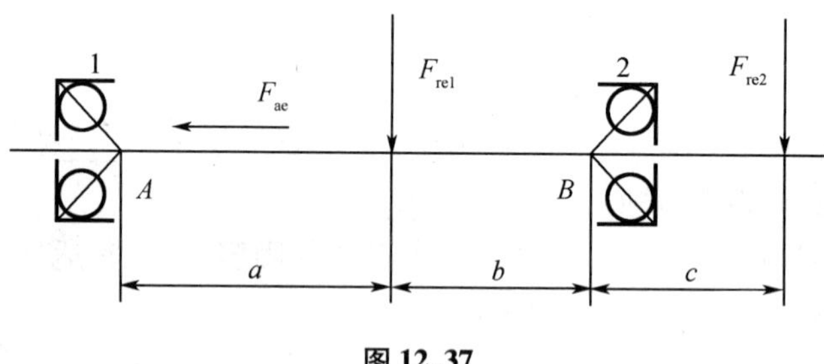

图 12.37

4. 已知深沟球轴承 6207 的转速 $n = 2\ 900$ r/min，当量动载荷 $P = 2\ 413$ N，载荷平稳，工作温度 $t < 105$ ℃，要求使用寿命 $L_h = 5\ 000h$，径向基本额定动载荷 $C_r = 25\ 500$ N，试校核轴承寿命。

5. 一锥齿轮轴，两端用两个相同的 30000 型轴承布置如图 12.38 所示 Ⅰ，Ⅱ 两种排列方案。试分析方案 Ⅰ，Ⅱ 的优点和缺点。

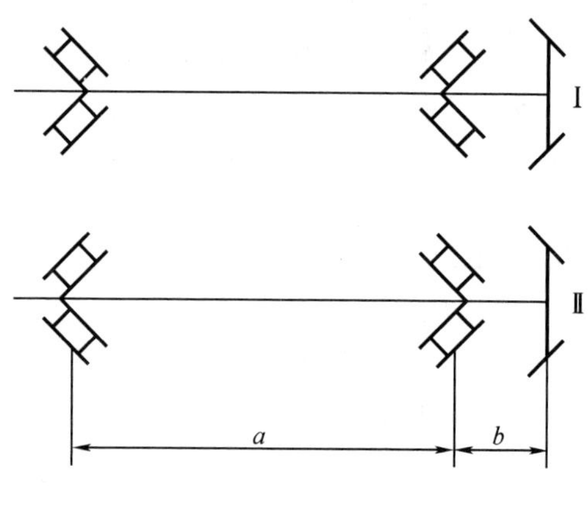

图 12.38

四、结构分析题

1. 指出图 12.39 所示轴承面对面布置的轴系结构中的错误和不合理之处。并简要说明原因。（不要求改正）

2. 图 12.40 为齿轮轴系的结构图，已知齿轮轴上的轴承采用脂润滑，外伸端装有半联轴器。试指出图中的错误，并画出其正确的结构图。

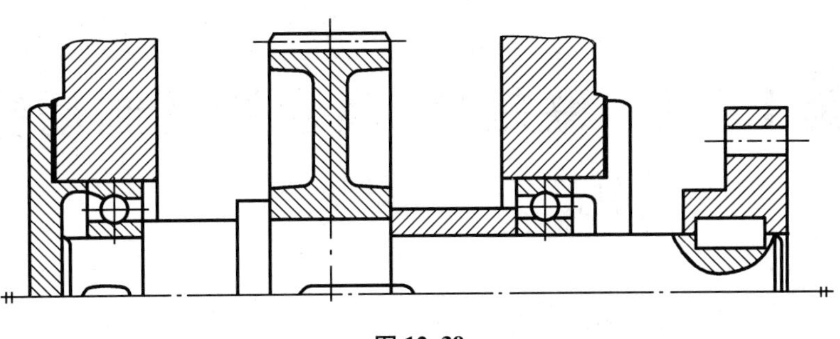

图 12.39

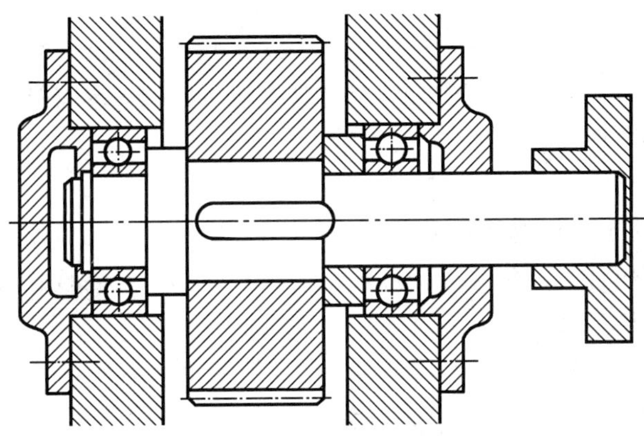

图 12.40

第 13 章　联轴器、离合器及制动器

【教学目标】

1. 了解联轴器、离合器和制动器的功用；
2. 熟悉联轴器、离合器和制动器的分类及各自结构特点；
3. 能够进行联轴器、离合器和制动器类型和型号的选择。

【知识要点】

本章的知识要点是联轴器、离合器,和制动器的功用、分类、各自结构特点及类型选择。

【导入案例】

图 13.1 所示为汽车的底盘结构图。
汽车前部发动机的动力如何传递给后轮？通过什么机构起连接作用？
汽车是如何进行速度变化的？
车辆的刹车动作是怎样实现的？这里面的离合器和万向联轴器起什么作用？

图 13.1　汽车底盘结构图

13.1　联轴器的类型、特点和选择

联轴器类型很多,部分已标准化。有关联轴器的型号、轴径范围、许用名义转矩、许用转速、最高工作温度、最大补偿量(径向、轴向、角度)、质量、转动惯量等数据见有关手册。设计时,可根据工作要求(轴径、计算转矩、工作转速、位移量、工作温度等)确定联轴器型号。在重要场合,对其中个别关键零件应作必要的验算,甚至进行系统的动力学计算。

由于制造及安装误差、承载后的变形以及温度变化的影响等,使得联轴器连接的两轴不能严格对中,导致存在某种程度的相对位移,如图 13.2 所示。因此,设计联轴器时,要考虑所连接两轴相对位移,设计出合理的结构以满足适应一定范围的相对位移的性能。

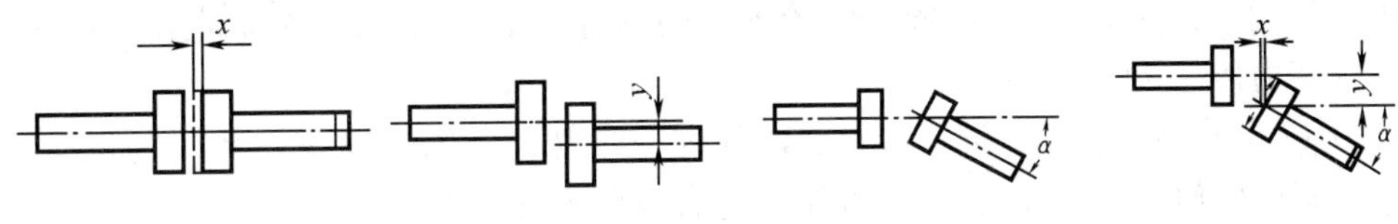

图 13.2　联轴器所连接两轴相对位移

13.1.1　联轴器的类型

根据联轴器对各种相对位移有无补偿能力,联轴器可分为刚性联轴器和挠性联轴器两大类。刚性联轴器适用于两轴能严格对中并在工作中不发生相对位移的地方(即无补偿能力);挠性联轴器适用于两轴在工作中有相对位移的地方(即有补偿能力)。根据有无弹性元件,挠性联轴器分为无弹性元件的挠性联轴器和有弹性元件的挠性联轴器(金属弹性元件的和非金属弹性元件)这两大类。无弹性元件的挠性联轴器主要有牙嵌联轴器、齿式联轴器、滚子链联轴、滑块联轴器以及十字轴万向联轴器;金属弹性元件的挠性联轴器有蛇形弹簧联轴器、簧片联轴器以及弹簧联轴器。

1. 刚性联轴器

主要有凸缘联轴器、套筒联轴器和夹壳联轴器这三种。

(1)凸缘联轴器

在刚性联轴器中,凸缘联轴器是应用最广的一种,是把两个带有凸缘的半联轴器用普通平键分别与两轴连接,然后用螺栓把两个半联轴器连成一体,以传递运动和转矩。中等以下载荷或者联轴器外缘的圆周速度 $v \leqslant 35$ m/s 及半联轴器的材料通常选择碳钢和灰铸铁,重载时或者联轴器外缘的圆周速度 $v \leqslant 70$ ms 时可采用锻钢或铸钢。

按对中方法不同,凸缘联轴器有两种型式:①由具有凸肩的半联轴器和具有凹槽的半联轴器相嵌合而对中,如图 13.3(a)所示;② 用铰制孔和受剪螺栓对中。当要求两轴分离时,后者只要卸下螺栓即可,不用移动轴,因此装卸比前者简便,如图 13.3(b)所示。

由于凸缘联轴器构造简单、成本低、对中精度可靠、传递转矩较大(但要求两轴对中性要好),主要用于转速低、载荷平稳、轴的刚性大、对中性较好的连接中。

通过标准选定凸缘联轴器以后,必要时应对连接两个半联轴器的螺栓进行强度校核。传递转矩由于连接型式的不同,采用两种不同方式,以下介绍如何校核两种不同方式。

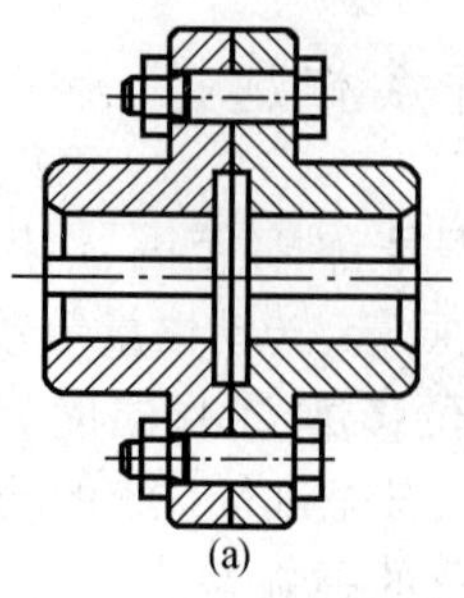
(a)

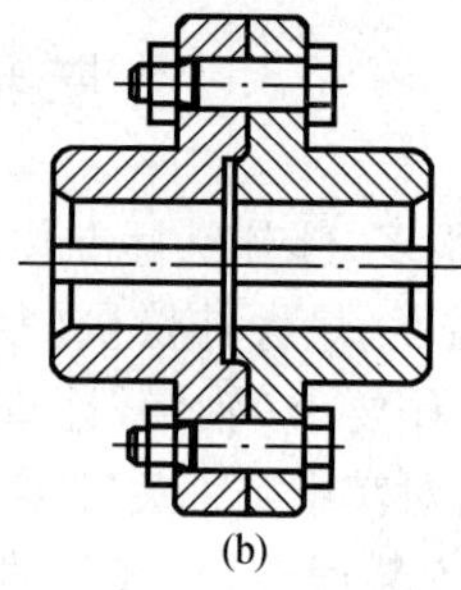
(b)

图 13.3 套筒联轴器

(a)用受剪螺栓对中;(b)用凸肩和凹槽对中

①当采用六角头螺栓,且螺栓与螺栓孔之间具有少量间隙时,两个半联轴器依靠接合面间的摩擦力传递转矩。

设 D 和 D_1 分别为联轴器环形接合面的外直径和内直径,μ 为摩擦系数,z 为螺栓数目,F'为每个螺栓的预紧力,则该联轴器所能传递的最大转矩为

$$Z\mu F'\frac{D+D_1}{4}\geqslant KT \tag{13-1}$$

式中,假设摩擦半径等于环形接合面的平均半径。根据公式(13-1),可以求出螺栓的预紧力。然后根据预紧力 F'来校核螺栓尺寸。

②当联轴器的铰制孔与受剪螺栓的配合为$\frac{\mathrm{H7}}{\mathrm{K6}}$或$\frac{\mathrm{H7}}{\mathrm{j6}}$时,两个半联轴器依靠螺栓的剪切和挤压来传递转矩。联轴器在传递最大转矩时,每个螺栓所受的剪力为

$$F=\frac{2KT}{ZD_0} \tag{13-2}$$

式中,D_0 为螺栓中心圆的直径。螺栓尺寸即可根据剪力 F 来校核。

(2)套筒联轴器

套筒联轴器由连接两轴轴端的套筒和连接套筒与轴的连接零件(键或销钉)所组成,以传递运动和转矩,如图 13.4 所示。轴径 $d\leqslant80$ mm 时,制造套筒的材料采用 35 或 45 钢制造;$d\geqslant80$ mm 时,也允许用铸铁。由于这种联轴器的结构简单紧凑、径向尺寸较小、组成零件少,但是装拆不方便,装拆时轴需作较大的轴向移动,所以一般用在载荷不大、工作平稳、两轴能严格对中且径向尺寸受限制的场合,目前在机床中得到广泛的应用。

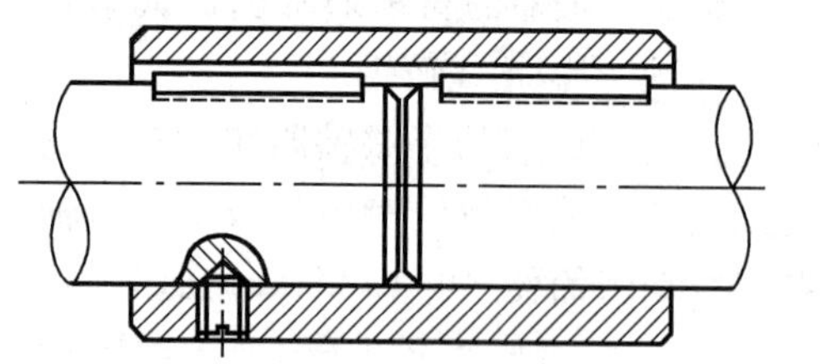

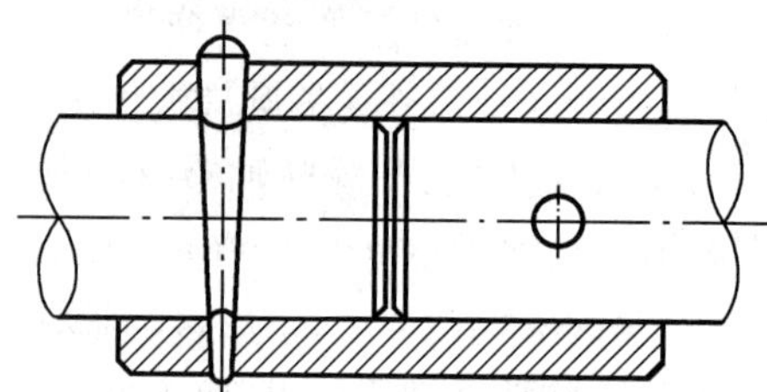

图 13.4 套筒联轴器

(3)夹壳联轴器

夹壳联轴器采用多楔带传动。多楔带的横截面形状为多楔形,它以绳芯结构平带为基体,内表面接有若干纵向V形带。多楔带传动的工作面为楔的侧面,这种带兼有平带挠曲性好和V带摩擦力较大的优点。与普通V带相比,多楔带传动克服了V带传动各根带受力不均的缺点,传动平稳,效率高,故适用于传递功率较大且要求结构紧凑的场合,特别是要求V带根数较多或两传动轴垂直于地面的传动。夹壳联轴器是由两半筒形夹壳和连接它们的螺栓所组成,见图13.5。

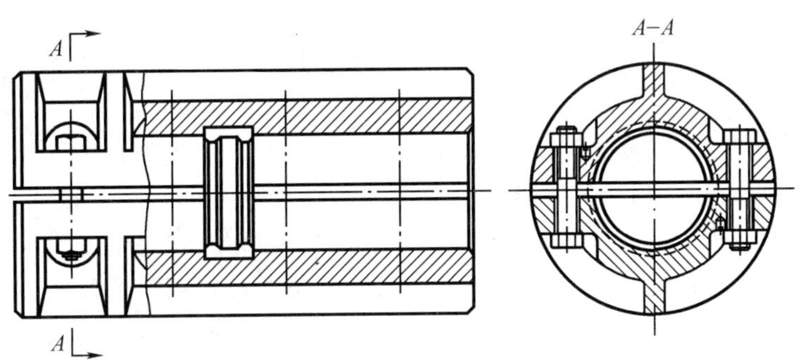

图13.5　夹壳联轴器

小尺寸的夹壳联轴器主要依靠夹壳与轴之间的摩擦力来传递转矩,而大尺寸的主要由键传递转矩。因为这种联轴器在装卸时不用移动轴,所以使用起来很方便。夹壳的材料一般为铸铁,少数用钢。由于夹壳为剖分结构,装拆很方便,但外形复杂不易平衡,因此夹壳联轴器主要用于低速,外缘速度 $v \leq 5$ m/s 的场合;超过5 m/s时需进行平衡检验。通常应用于工作平稳、低速及不易对中的长轴之间的传动。

2. 无弹性元件挠性联轴器

这类联轴器因为具有挠性,故可补偿两轴的相对位移,但因无弹性元件,所以不能缓冲减振。常用的主要有以下几种:牙嵌联轴器、齿式联轴器、滚子链联轴器、滑块联轴器和万向联轴器等。

(1)牙嵌联轴器

它是通过两个端面都有凸牙和凹槽的半联轴器连接而成的,是一种允许轴向位移的联轴器,如图13.6所示。每个凸牙都嵌在对应的半联轴器中的凹槽内,当两轴作轴向位移时,凸牙可在凹槽内滑移,从而构成一动连接。为便于两轴对中,在左方的半联轴器中装有定中环,并有螺钉固定,右端的轴则伸入该环内。半联轴器的材料通常采用中等强度的铸铁,有时也用铸钢。

(2)齿式联轴器

它由两个具有外齿环的半联轴器和两个具有内齿环的外壳所组成,其中两个内套筒分别用键与两轴连接,两个外套筒用螺栓连成一体,依靠内外齿相啮合以传递转矩,轮齿的形状有直齿和鼓形齿,是一种允许综合位移的最有代表性的联轴器,如图13.7所示。齿式联轴器中,外齿的齿顶制成椭球面,且保证与内齿啮合后具有适当的顶隙和侧隙,所用齿轮的齿廓曲线为渐开线,啮合角为20°,齿数目一般为30~80个,材料一般用45锻钢或ZG310—570铸钢。轮齿须经热处理,其硬度应达到:半联轴器不低于250HB,外壳不低于290HB。

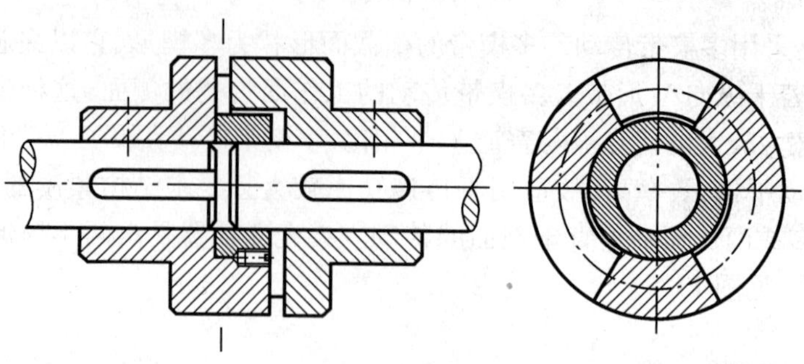

图 13.6　牙嵌联轴器

齿式联轴器在两轴偏斜时的工作情况，如图 13.7 所示，由于啮合齿间留有较大的齿侧间隙和做成球面的齿顶，因此，具有良好的补偿两轴作任何方向位移的能力。从图 13.8 可以看出：鼓形齿更有利于增大联轴器的补偿综合位移的能力，改善轮齿沿齿宽方向的接触情况，提高承载能力和延长使用寿命。鼓形齿联轴器是通过轮齿传递转矩的。因为有较多的齿同时工作，所以传递转矩的能力比同尺寸其他联轴器的要大得多，因此在重型机械中获得了广泛应用。

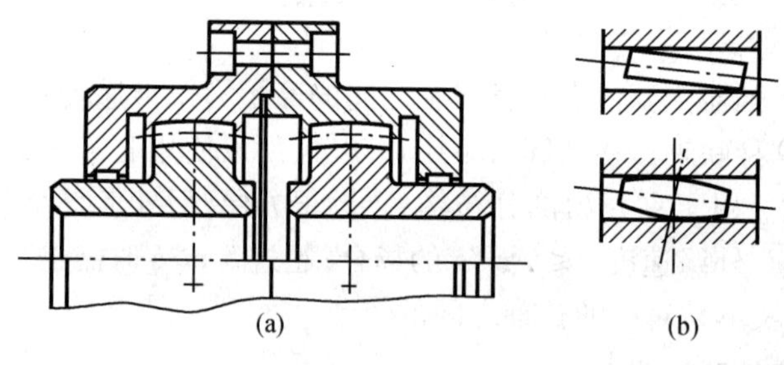

图 13.7　齿式联轴器

(a)角位移；(b)径向位移

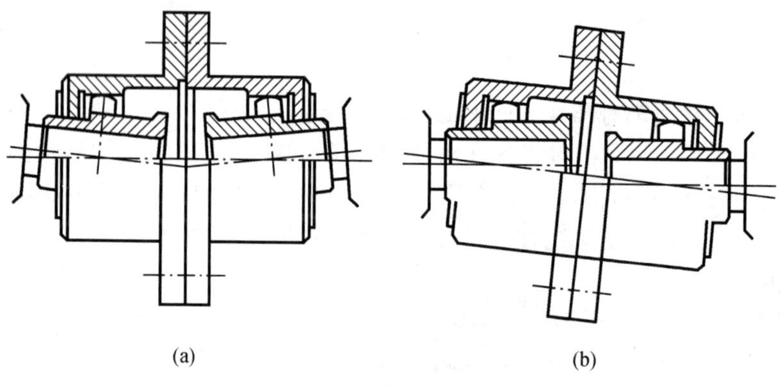

图 13.8　齿式联轴器工作情况

(a)异向倾斜；(b)同向倾斜

由于载荷在轮齿上的分布情况很复杂，因此对鼓形齿联轴器进行强度计算和寿命计算相当困难。通常可以根据计算的转矩从标准中选取合适的联轴器尺寸。

(3)滚子链联轴器

滚子链联轴器分为双排滚子链联轴器和单排滚子链联轴器,如图13.9所示为双排滚子链联轴器,它是利用一条公共的双排滚子链2同时与两个齿数相同的并列链轮相啮合以实现两半联轴器1与3连接的一种联轴器。用双排链时,销轴受剪力,承受冲击能力较差,销轴与外链板之间的过盈配合容易松动。用单排链时,滚子和套筒受力,销轴只起连接作用,结构可靠性好。半联轴器的材料通常采用45钢、20Cr钢或ZG 270—500铸钢。链齿硬度最好为40HRC~45HRC。

(a)

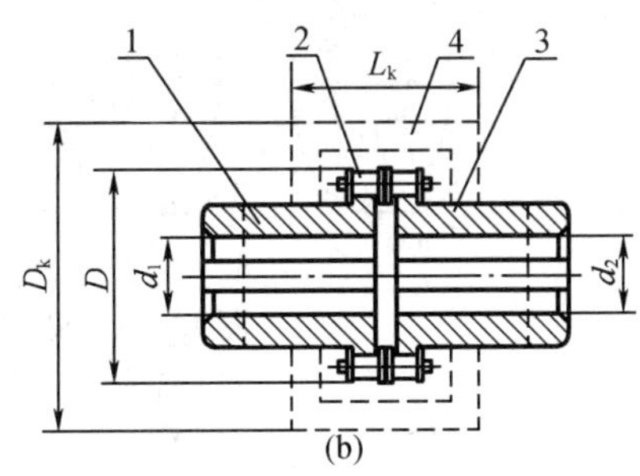

(b)

图13.9 滚子链联轴(双排)

(a)实物;(b)结构

1,3—半联轴器;2—双排链条;4—罩壳

滚子链联轴器选用原则:在高速轻载场合,宜选用较小链节距的链条,质量轻,离心力小;在低速重载场合,宜选用较大链节距的链条,以便加大承载面积。链轮齿数一般为12~22。为避免过渡链节,宜取偶数。工作时,链轮每个齿上的平均作用力

$$F=\frac{KT}{\frac{d}{2}z}=\frac{2KT}{\frac{p}{\sin(\pi/z)}z}\approx\frac{2\pi KT}{pz^2} \tag{13-3}$$

由上式可见,作用力 F 与链轮齿数 z 的平方成反比。按销轴受剪校核联轴器强度时,切应力

$$\tau=\frac{KT}{\frac{d}{2}\cdot\frac{z}{3}\cdot\frac{\pi d_z^2}{4}}=\frac{24KT}{\pi dzd_z^2}\leqslant[\tau] \tag{13-4}$$

式中 d——链轮分度圆直径,mm;

d_z——链条销轴直径,mm;

z——链轮齿数(按1/3受载计算);

$[\tau]$——链条销轴许用切应力,$[\tau]=(160\sim180)K_c$,MPa;

K_c——离心力影响系数,见表13-1。

表13-1 离心力影响系数 K_c

转速 n/(r/min)	≤50	50	100	500	1 000	1 500	2 000	3 000
K_c	1.15	1.00	0.69	0.27	0.23	0.22	0.20	0.16

滚子链联轴器的润滑可根据链轮转速 n 来定:$n<10$——每月涂润滑脂一次;$10<n\leqslant200$——每周涂润滑脂一次;$200<n\leqslant3000$——要求充分润滑,并备有罩壳。此处 n 的单位

为 r/min。

(4)十字滑块联轴器

十字滑块联轴器由两个在端面上开有凹槽的半联轴器和一个两面带有凸牙的中间盘组成,如图 13.10 所示。凹槽的中心线分别通过两轴的中心,两棒中线相互垂直并通过圆盘中心。圆盘两棒分别嵌在固装于主动轴和从动轴上的两半联轴器凹槽中而构成动连接。因凸牙可在凹槽中滑动,故可补偿安装及运转时两轴间的相对位移。

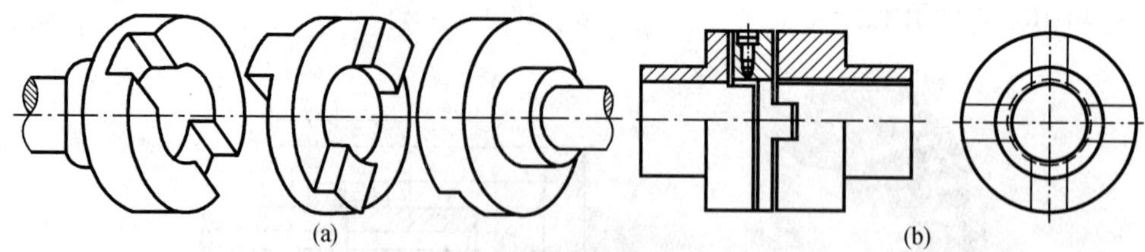

图 13.10 滑块联轴器

(a)连接前;(b)连接后

这种联轴器零件的材料可用 45 钢,工作表面需进行热处理,以提高其硬度;要求较低时也可用 Q275 钢,不进行热处理。为了减少摩擦及磨损,使用时应从中间盘的油孔中注油进行润滑。

由于半联轴器与中间盘组成移动副,因此两者不能发生相对转动,故主动轴与从动轴的角速度应相等。但当两轴间有相对位移的情况下工作时,中间盘就会产生很大的离心力,从而增大动载荷及磨损。因此,选用时应注意其工作转速不得大于规定值。

这种联轴器一般用于转速 $n < 250$ r/min,轴的刚度较大,且无剧烈冲击处。效率为

$$\eta = 1 - (3 \sim 5)\frac{fy}{d} \tag{13-5}$$

式中 f——摩擦系数,一般取为 0.12 ~ 0.25;

y——两轴间径向位移量,mm;

d——轴径,mm。

(5)十字轴式万向联轴器

机床中常用的十字轴万向联轴器,如图 13.11 所示,它由两个叉形接头 1,3,一个中间连接件 2 及轴销 4 和 5 所组成;轴销 4 与 5 互相垂直配置并分别把两个叉形接头与中间连接件 2 连接起来。这样就构成了一个可动的连接。这些元件的材料通常为 40Cr 或者 40CrNi 钢,对于小尺寸的也可以用轴承钢。

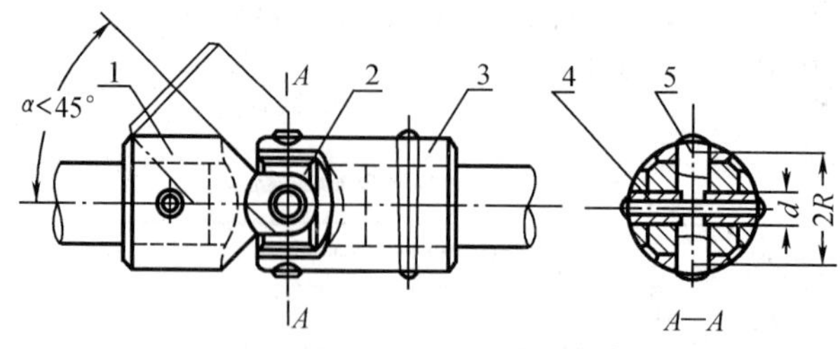

图 13.11 十字轴万向联轴器

这种万向联轴器可以允许两轴有较大夹角(最大可达到 35° ~45°),机器工作过程中,

有较大角位移仍可正常传动。之所以能补偿夹角是由于叉子与轴销之间所构成的可动的铰链连接起到主要作用。它在汽车、拖拉机、轧钢机和金属切削机床中已获得了广泛应用。

主要缺点是当两轴不在一轴线时，即使主动轴角速度 ω_1 为常数时，从动轴的角速度 ω_2 并不是常数，将在 $[\omega_1 \cdot \cos\alpha, \omega_1/\cos\alpha]$ 范围内作周期性的变化，因此 ω_1 在传动中将引起附加的动载荷，致使连接于从动轴上的零件的转动惯量增大，动载荷也增大。为了改善这种情况，常将十字轴式万向联轴器成对使用，这时就称为双万向联轴器，传递小转矩的双万向联轴器，如图 13.12 所示。

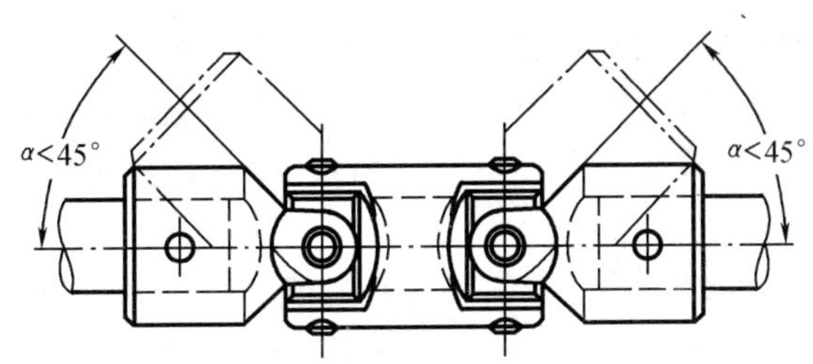

图 13.12　双万向联轴器

在使用双万向联轴器时，安装要注意以下几点：①主动、从动、中间轴三轴共面；②应使中间轴两端的叉形接头位于同一平面内；③应使主动轴、从动轴的轴线与中间轴的轴线之间的夹角 α 相等，保证主动轴和从动轴的角速度随时相等，从而得以避免动载荷的产生。

联轴器各元件的材料，除铆钉采用 20 钢外，其余都采用合金钢，以获得较高的耐磨性及较小的尺寸。由于该联轴器结构紧凑，维护方便，因此在汽车、多头钻床等机器的传动系统中广泛使用。

3. 金属弹性元件挠性联轴器

(1)径向弹片联轴器

径向多层簧片联轴器，如图 13.13(a)，(b)所示，当受到变载荷和冲击载荷的过程中，通过簧片间的摩擦和油在缝隙间的流动阻尼作用，来消耗部分能量。图中簧片固定在轴毂上，另一端为自由端，嵌在外轮的楔形槽中。随着载荷的增加，作用在弹簧上的力的作用点将逐渐内移，使弹簧的有效长度愈来愈短，弹簧刚度愈来愈大，所以这是一种变刚度的弹性联轴器。

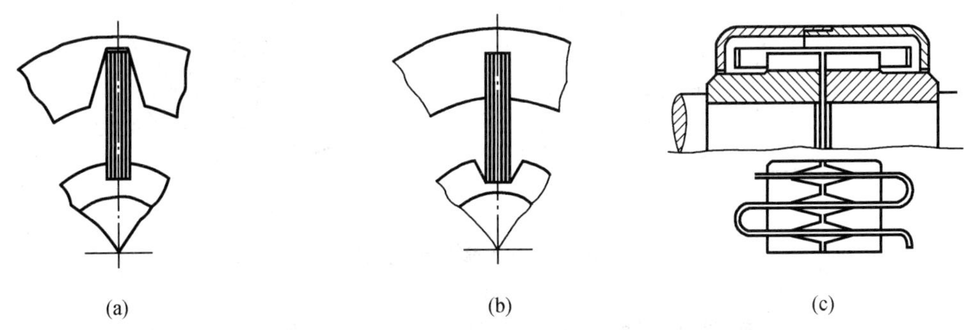

图 13.13　金属弹性元件挠性联轴器

(a)径向簧片联轴器(内特式)；(b)径向簧片联轴器(外特式)；(c)蛇形弹簧联轴器

但当力的作用点还不足以改变弹簧长度和达到槽的最内缘之后，弹簧的悬臂长度不变，所以这时的联轴器又具有定刚度的性质。在实用中，常用簧片构成，这时，可进一步提高变刚度的性质。

(2)蛇形弹簧联轴器

它由两个分装在两轴上的半联轴器和一个被分为6～8段蛇形片弹簧所组成，如图13.13(c)所示。在半联轴器上有50～100个齿，弹簧嵌在齿间。为防止弹簧在离心力作用下脱出来，在联轴器上装有外壳，同时利用外壳贮存润滑油。联轴器工作时，转矩是通过齿和弹簧传递的。

这种联轴器的工作特性取决于轮齿的侧面外形：当它做成圆弧形齿时，随着载荷的增加，力的作用点将逐渐内移，弹簧长度愈来愈短，刚度愈来愈大，这就成为一变刚度的弹性联轴器；当它做成菱形齿时，弹簧长度并不随载荷增加而改变，弹簧刚度为一常数，这就成为一定刚度的弹性联轴器。

蛇形弹簧联轴器具有良好的补偿偏斜和位移的能力。依联轴器尺寸不同，允许两轴的位移量为：轴向为4 mm～20 mm；径向为0.5 mm～3 mm；角度为小于1°15′。两轴允许的最大扭角为1°～1.2°。

4. 非金属弹性元件挠性联轴器

非金属弹性元件挠性联轴器的类型有：弹性套柱销联铀器、弹性柱销联轴器、弹性柱销齿式联轴器、橡胶块联轴器、高弹性橡胶型弹性块联轴器、弹性套筒联轴器、梅花形弹性联轴器、橡胶板联轴器、弹性环联轴器等。下面主要介绍弹性套柱销联轴器、弹性柱销联轴器、梅花形弹性联轴器、轮胎联轴器这四种。

(1)弹性套柱销联轴器

弹性套柱销联轴器其构造和凸缘联轴器的相似，不同的是采用套有弹性套的柱销代替了连接螺栓，如图13.14所示。这种联轴器主要用来连接启动频繁的和在变载荷下运转的轴，工作温度为－20 ℃～＋50 ℃，同时保证联轴器不和无油质及其他有害于橡胶的介质接触。

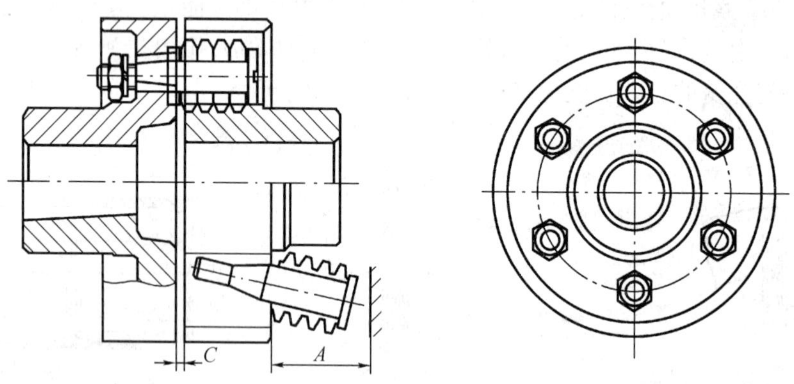

图13.14　弹性套柱销联轴器

安装弹性套柱销联轴器时，根据尺寸规格不同，应留出不同的间隙 C，如图13.14所示，以便两轴作少量的轴向位移。这种联轴器所允许的最大位移量为：轴向为2 mm～7.5 mm；径向为0.2 mm～0.7mm；角度为1°30′～30′。规定联轴器外径的最大圆周速度不得超过30 m/s。

选用弹性套柱销联轴器，应对作用在弹性套单位面积上的压力和柱销的弯曲强度进行验算，设载荷均布在80%的弹性套上，则验算公式为

$$p=\frac{KT}{D_0 0.8(dl'z)}=\frac{2.5KT}{D_0 dl'z}[p]$$

$$\sigma_b=\frac{12.5KTl}{D_0 zd^3}\leqslant[\sigma_b]$$

式中　z——柱销数目；

D_0——柱销中心所在圆的直径，mm；

d——柱销直径，mm；

l'——弹性圈总长度，mm；

l——柱销悬臂端长度，mm；

$[p]$——许用压强，MPa，在低速下运转时，橡胶弹性套的$[p]=2$ MPa；

$[\sigma_b]$——柱销的许用弯曲应力，MPa，$[\sigma_b]=0.4\sigma_s$。

联轴器的材料：半联轴器一般选择铸铁，根据需要也可用35锻钢或ZG230—450铸钢；柱销采用35钢，并经正火处理；弹性套采用天然橡胶或合成橡胶；挡圈常采用Q235钢。

(2)弹性柱销联轴器

弹性柱销联轴器是用若干非金属柱销置于两半联轴器凸缘孔中以实现两半联轴器连接的一种联轴器，如图13.15所示。它具有结构简单、制造容易、维修方便、允许轴向位移大等特点。柱销材料为MC尼龙。尼龙有一定弹性，弹性模量比金属低得多，可缓和冲击。尼龙耐磨性好，摩擦系数小，有自润滑作用，但对温度比较敏感，不宜用于温度较高场合。柱销与孔之间为H9/h9的间隙配合。

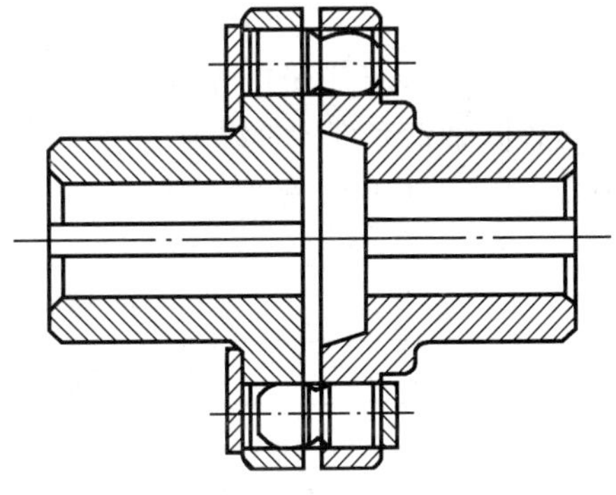

图13.15　弹性柱销联轴器

柱销材料常为尼龙。在联轴器中，它是薄弱环节。工作时受剪切，其切应力为

$$\tau=\frac{4KT}{D_0 dlz}\leqslant[\tau]$$

式中　D_0——柱销中心所在圆的直径，mm；

d，l——柱销直径和长度，mm；

z——柱销数(考虑到受力不均，按1/2计算)；

$[\tau]$——尼龙许用切应力，$[\tau]\leqslant 11$ MPa。

(3)梅花形弹性联轴器

梅花形弹性联轴器是利用梅花形弹性元件置于两半联轴器凸爪之间实现连接的一种联轴器，如图13.16所示。特点是结构简单、费用便宜、具有良好的补偿位移和减振能力。制造弹性元件的材料有丁腈橡胶、聚氨脂、尼龙等。

工作时，弹性元件受挤压，联轴器凸爪受剪切和弯曲。传递转矩的大小主要由弹性件材料的挤压强度决定

$$\sigma_p=\frac{4KT}{D_0 d_0 lz}\leqslant[\sigma_p]$$

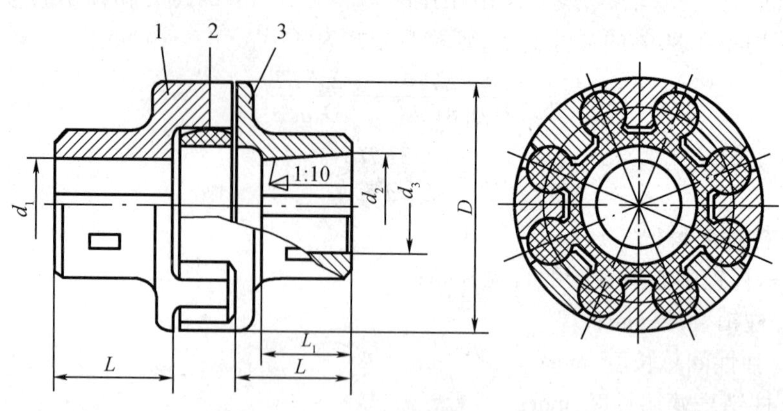

图 13.16 梅花形弹性联轴器

式中 D_0——梅花瓣中心脚直径,mm;

d_0——梅花瓣直径,mm;

l——梅花瓣长度,mm;

z——梅花瓣数(按 1/2 计算);

$[\sigma_p]$——许用挤压应力,MPa,见表 13-2。

这种联轴器允许的外缘速度与材料有关:铸铁为 30 m/s ~ 50 m/s,铸钢为 60 m/s,锻钢为 100 m/s ~ 120 m/s,铝合金为 80 m/s ~ 100 m/s。

表 13-2 弹性件的许用挤压应力 $[\sigma_p]$/MPa

材料	聚氨脂,HS(肖氏硬度)					尼龙	橡胶
	60	70	80	90	95		
$[\sigma_p]$	1.5	2.6	3.5	4.8	8	8 ~ 11	0.8 ~ 2

(4)轮胎联轴器

轮胎联轴器是利用轮胎状弹性元件连接两半联轴器以实现两轴连接的一种联轴器,如图 13.17 所示。特点是结构简单、工作可靠、具有良好的综合位移补偿能力和缓冲吸振的能力。缺点是径向尺寸较大;当转矩较大时,会因过大的扭转变形而产生附加的轴向载荷。适用于启动频繁、有冲击振动,以及潮湿、多尘、相对位移较大的场合。

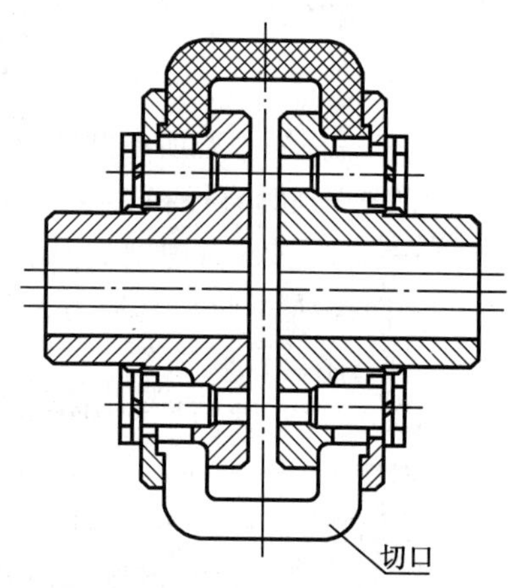

图 13.17 轮胎联轴器

5. 安全柱销联轴器

安全柱销联轴器在结构上存在一个保险环节,当实际载荷超过事前限定的载荷时,保险环节就发生变化,截断运动和动力的传递,从而保护机器的其余部分不致损坏,起到安全保护作用。

剪切销安全联轴器有单剪和双剪两种,分别如图 13.18(a)、(b)所示。单剪式剪切销安全联轴器的结构类似凸缘联轴器，但不用螺栓，而用特定的销钉代替连接螺栓，销钉装入经过淬火的两段钢制套管中。当载荷超过限定值时，销钉被剪断，扭矩的传递被截止。

销钉材料常用45钢淬火或高碳工具钢，准备剪断处应预先切槽，使剪断处的残余变形最小，以免毛刺过大，有碍于更换报废的销钉。

为了销钉剪断时不损坏机器的其他部分，常在每个销钉外，套上两个硬质的剪切钢套。这种安全联轴器结构简单。但在更换销钉时必须停机操作；该连轴器不能补偿两轴的相对偏移。所以，这种安全联轴器不宜用在经常发生过载而需频繁更换销钉的场合，也不宜用在被连两轴对中不易保证的场合。

13.1.2　联轴器的特点

弹性联轴器都具有缓和冲击的作用。用非金属弹性元件构成的弹性联轴器以及用金属弹性元件构成的、弹性元件间有摩擦作用的弹性联轴器，除有缓冲作用外，还有减振作用。

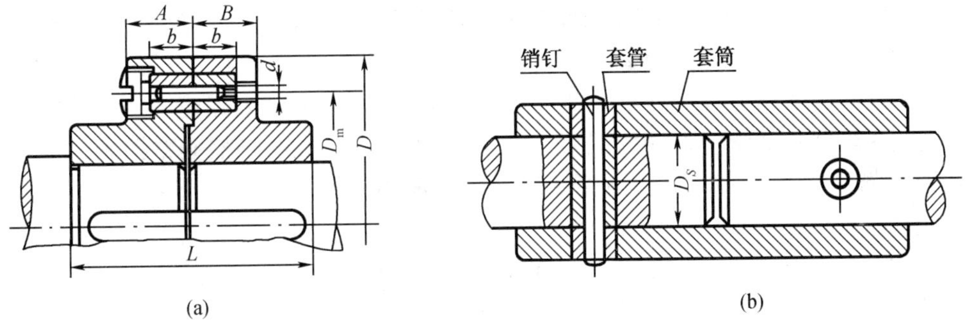

图13.18　剪切销安全联轴器

(a)单剪；(b)双剪

不同的联轴器传递载荷的情况，如图13.19所示。(a)图为输入转矩，(b)图为输出转矩。右图中，a为通过刚性或无弹性元件挠性联轴器后的情况，这时，尖峰载荷、冲击时间和冲击能量都基本不变；b为通过具有缓冲作用的弹性联轴器的情况，这时，尖峰载荷降低、冲击时间延长、冲击能量基本不变；c为通过具有缓冲和衰振作用的弹性联轴器的情况，这时，尖峰载荷降低、冲击时间减短、部分冲击能量被联轴器吸收。所以，在设计和选择联轴器时，除应考虑两轴的相对位置和位置的变动情况外，还应考虑动力机和工作机的工作性质。

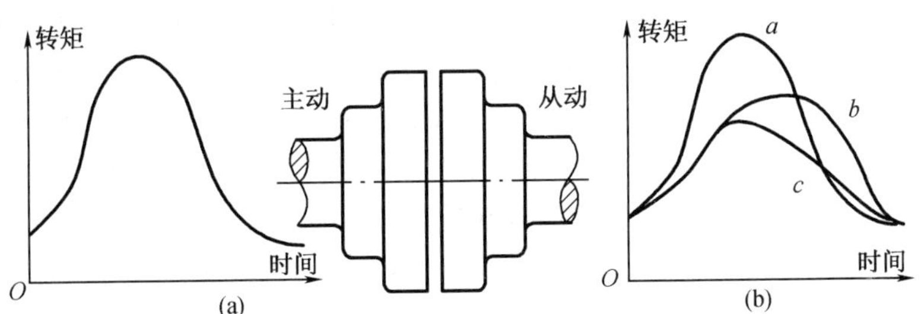

图13.19　不同联轴器传递载荷性质

a—刚性联轴器、无弹性元件挠性联轴器的；b—有缓冲作用的弹性联轴器的；

c—有缓冲、减振作用弹性联轴器的

因此,对于载荷平稳、转速稳定、同轴度好、无相对位移的可选用刚性联轴器,有相对位移的需选用无弹性元件的挠性联轴器。载荷和速度不大、同轴度不易保证的,宜选用定刚度弹性联轴器;载荷、速度变化较大的最好选用具有缓冲、减振作用的变刚度弹性联轴器。对于动载荷较大的机器,宜选用质量轻、转动惯量小的联轴器。对联轴器的其他要求是:①装拆方便;②尺寸较小;③质量较轻;④维护简单等。联轴器的安装位置宜尽量靠近轴承。以下介绍刚性联轴器、无弹性元件挠性联轴器、金属弹性元件挠性联轴器、非金属弹性元件挠性联轴器的特点。

(1)刚性联轴器

刚性联轴器具有结构简单、使用方便、传递扭矩大、价格较低的特点。但对被连接的两轴间的相对偏斜和位移缺乏补偿能力,故两轴的对中性要求较高;联轴器中都是刚性零件,缺乏缓冲和吸振的能力。在不能避免两轴偏斜和位移的场合中应用时,将会在轴与联轴器中引起难以估计的附加载荷,并使轴、轴承和轴上零件的工作情况恶化。所以常用于无冲击、轴的对中性好的场合。

(2)无弹性元件挠性联轴器

由于联轴器中都是刚性零件,因此它和刚性联轴器一样缺乏缓冲和吸振的能力;联轴器中作相对滑动的零件将遭受磨损,磨损后,间隙将增大,在载荷和速度变化时会造成冲击;滑动零件间的摩擦阻力是随着载荷的增加而增大的,当阻力大到使零件移动发生困难时,也会使联轴器和轴受到附加的载荷等。因此,对于这一类联轴器其摩擦表面均要求有较高的硬度以减小磨损,并应进行润滑以降低摩擦阻力。

由于制造、安装等误差,两轴精确对中并不是在任何情况下都能办到的。即使安装时能保证对中,但由于工作温度的变化、回转零件的不平衡、基础下沉等原因,两轴的相对位置也会发生变化。这时,最好采用挠性联轴器。

(3)金属弹性元件挠性联轴器

由于在联轴器中装有弹性元件,因而不仅可以补偿两轴偏斜和位移,而且具有缓和冲击和吸收振动的能力。弹性元件储存能量越多,则联轴器的缓冲能力就越好;弹性元件的弹性滞后性能越好,则联轴器的消振能力也就越强。因此,在频繁启动、受变载荷、高速运转、经常反向和两轴不便于严格对中的地方,最好采用弹性联轴器。弹性联轴器还可以减小轴的扭转振动或改变传动系统的自振频率。根据制造弹性元件的材料不同,分有非金属弹性元件挠性联轴器和金属弹性元件挠性联轴器两种。

联轴器在受到工作转矩以后,被连接的两轴将因弹性元件的变形而产生相对的扭角 Φ。凡是 Φ 与 T 成正比关系的联轴器,称为定刚度弹性联轴器;不成正比关系的联轴器,称为变刚度弹件联轴器。因为非金属材料不服从虎克定律,所以用它做弹性元件的联轴器都是变刚度的。

在载荷变化不大的机器中,可以采用定刚度的弹性联轴器。但在载荷有较大变化的机器中,如果采用按正常载荷设计成的定刚度弹性联抽器,则它在受到最大冲击载荷时会感到弹性元件的刚度太小而发生过大的变形;如果采用按照最大冲击载荷设计成的定刚度弹性联轴器,则它在受到正常载荷时又会感到弹性元件的刚度太大而无显著的缓冲作用。所以,在载荷变化较大的机器中,最好采用刚度随载荷逐渐增大而增大的变刚度弹性联轴器。

(4)非金属弹性元件挠性联轴器

用非金属弹性元件制成的挠性联轴器具有下列优点:①具有弹性滞后特性,有一定的消振能力;②单位质量的非金属材料所能储存的能量比金属材料大许多倍(橡胶比钢约大1倍),缓冲性能较好;③联轴器结构简单,价格便宜等。但因为强度较低,故联轴器尺寸较大，且寿命也较短。

13.1.3　联轴器的选择

大多数联轴器已经标准化或规格化，一般机械设计者的任务是可根据计算扭矩以及转速、轴径、轴头结构、两轴最大偏移量、工作状况及环境温度等条件来选用联轴器，不需要另行设计。

1. 联轴器类型的选择原则

(1)考虑传递转矩的大小、性质以及对缓冲减振要求。对大功率重载传动，宜选用齿轮联轴器；严重冲击载荷或消除轴系扭转振动的传动，宜选用轮胎联轴器。

(2)考虑工作转速的高低和引起离心力的大小。对高速传动轴，宜选用平衡精度较高的膜片联轴器，不能选用存在偏心的滑块联轴器。

(3)两轴相对位移的大小和方向。安装调整两轴难以精确对中或者工作中产生较大位移时，应选用挠性联轴器。径向位移较大时，采用滑块联轴器 ；角位移较大或两轴相交时，采用滑块联轴器。

(4)考虑可靠性和工作环境。由金属制成的不需要润滑的联轴器工作比较可靠；需要润滑的联轴器，其性能易受润滑完善程度的影响，且可能污染环境；含有橡胶等非金属元件的联轴器对温度、腐蚀介质、强光等比较敏感，而且容易老化。

(5)联轴器的制造、安装、维护和经济性。在满足使用要求的前提下，应选择装拆方便、维护简单、成本低廉的联轴器。其中刚性联轴器不仅结构简单，而且装拆方便，可用于低速、刚性大的传动 ；而弹性联轴器具有较好的综合性能，广泛应用于一般的中、小传动。

(6)安全性要求。有安全保护要求的轴，应选用安全联轴器。

2. 联轴器扭矩计算

联轴器扭矩计算为

$$T_{ca} = KT < [T]$$

式中　K——工作情况系数，见表 13－3；

T——联轴器所传递的工作转矩，N·m；

$[T]$——联轴器或离合器的最大许用扭矩，N·m。

表 13－3　工作情况系数 K

工作机特性	动力机特性		
	电动机、汽轮机	多缸内燃机	单缸内燃机
转矩变化很小的机械，如发电机、小型通风机、小型离心泵	1.3	1.5	1.8
转矩变化较小的机械，如透平压缩机、木工机床、输送机	1.5	1.7	2.0
转矩变化中等的机械，如搅拌机、有飞轮的压缩机、冲床	1.7	1.9	2.2
转矩变化和冲击载荷中等的机械，如织布机、水泥搅拌机、拖拉机	1.9	2.1	2.4
转矩变化和冲击载荷较大的机械，如挖掘机、起重机、造纸机、碎石机	2.3	2.5	2.8
转矩变化和冲击载荷大的机械，如压延机、轧钢机、无飞轮的活塞泵	3.1	3.3	3.6

3. 确定联轴器的型号

根据轴端直径 d、转速 n、计算扭矩 T_{ca} 等参数查有关设计手册,选择适当的型号。必须满足:$T_{ca} \leqslant [T]$ 和 $n \leqslant n_{max}$,来确定型号。

4. 校核最大转速

被连接轴的转速 n,不应超过联轴器许用的最高转速 n_{max},即

$$n \leqslant n_{max}$$

5. 协调轴孔直径

被连接两轴的直径和形状(圆柱或圆锥)均可以不同,但必须使直径在所选联轴器型号规定的范围内,形状也应满足相应要求。

6. 规定部件相应的安装精度

联轴器允许轴的相对位移偏差是有一定范围的,因此,必须保证轴及相应部件的安装精度。

7. 进行必要的校核

联轴器除了要满足转矩和转速的要求外,必要时还应对联轴器中的零件进行承载能力校核,如对非金属元件的许用温度校核等。

13.2 离合器的类型、特点和选择

离合器的作用是在机器运转过程中,使两轴随时接合或分离;用来操纵机器传动的断续,以便进行变速或换向。离合器按接合元件的工作原理分为嵌合式和摩擦式。嵌合式利用牙齿嵌合传递扭矩,可保证两轴同步运转,但只能在低速或停车时进行离合;摩擦式利用工作表面的摩擦传递扭矩,能在任何转速下离合,有过载保护作用,但不能保证两轴同步运转。

按接合元件的离合控制方法分为操纵式和自动式。自动式离合器用简单的机械方法自动完成接合或分离动作,主要有安全离合器、离心离合器、超越离合器。安全离合器主要起防止过载的安全作用,当传递转矩达到某一定值时能自动分离的离合器;离心离合器利用离心力的原理工作,当轴的转速达到某一转速后能自行连接或超过某一转速后能自行分离;超越离合器根据主、从动轴间相对速度差的不同以实现连接或分离。操纵式分为机械操纵式、电磁操纵式、液压操纵式和气压操纵式等。

离合器设计的基本要求是:结构简单,质量轻,惯性小,外形尺寸小,工作安全,效率高;接合时振动小;便于接合和分离,而且动作迅速准确可靠;接合元件耐磨性好,使用寿命长,散热条件好;操纵方便省力,易于制造,调整维修方便。

13.2.1 离合器类型及特点

1. 嵌合式离合器

嵌合式离合器根据其牙形结构形式不同分为牙嵌式、齿式、销式、拉件式以及转键式等,这里主要介绍牙嵌式离合器。

牙嵌离合器由两个端面上有牙齿的半离合器组成,其与牙嵌联轴器很相似,只是其中

一个半离合器1(即联轴器中的半联轴器)固定在主动轴上;另一个半离合器2采用导向平键与从动轴连接,并可用移动滑环4操纵离合器的分离和接合,如图13.20。牙嵌离合器是借牙齿的相互嵌合来传递运动和转矩的。因此,牙嵌离合器的接合动作应在两轴不回转时或两轴的转速差很小时进行,以免凸牙因受冲击载荷而断裂。

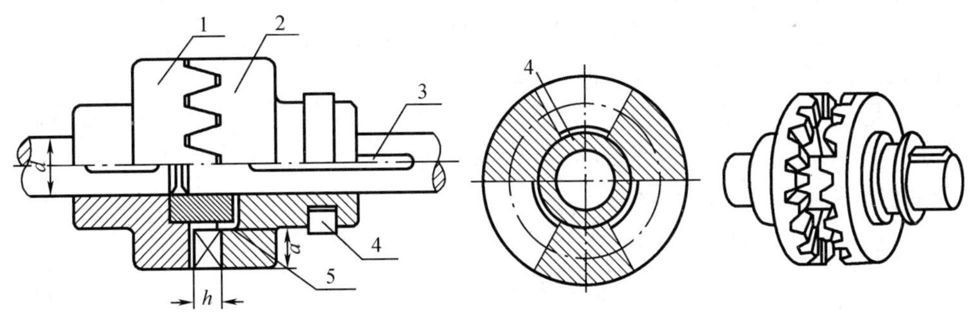

图13.20 牙嵌离合器

1,2—平离合器;3—导向平键;4—移动滑环;5—对中环

牙嵌离合器常用的牙型有梯形、矩形、三角形和锯齿形,如图13.21所示。梯形牙的侧面制成$\beta_1=2°\sim8°$的斜角,牙根强度较高,能传递较大的转矩,且又能自行补偿牙磨损后的牙侧间隙,从而可避免在载荷和速度变化时因间隙而产生的冲击,接合与分离比较容易,故应用最广。矩形牙不便于接合,且在传递转矩时因为没有轴向分力,所以分离也较难,且牙与牙之间必须有间隙,不利于工作时反向运转,因此,仅用于静止时手动接合。三角形牙齿强度较低,传递中小转矩,接合与分离比较容易。锯齿形的牙齿强度最高,能传递大的转矩,但若利用倾角大的一面工作时,会因牙与牙间产生很大轴向力而迫使离合器分离。所以,梯形牙、矩形牙、三角形牙都可以作双向工作,而锯齿形牙只能作单向工作。

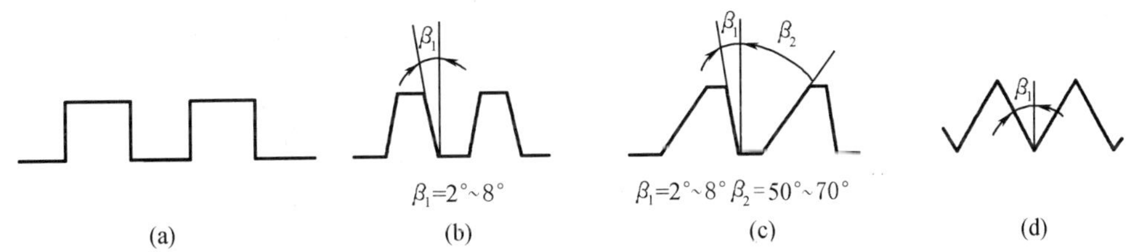

图13.21 牙嵌离合器的牙型

(a)矩形;(b)梯形;(c)锯齿形;(d)三角形

牙嵌离合器的牙数一般为3~60(矩形、梯形牙一般为3~15,三角形牙一般为15~60)。要求传递转矩大时,应选用较少牙数;要求接合时间短时,应选用较多牙数,但各牙分担的载荷将愈为不均。为了减轻牙的磨损,离合器牙的牙面应具有较高硬度。因此,制造牙嵌离合器的材料常用低碳钢表面渗碳或采用中碳钢表面淬火,不重要的和静止状态接合的离合器,也允许用铸铁HT200制造。

牙嵌离合器具有结构简单、尺寸紧凑、能传递较大转矩等优点,但不能在转速差较大时进行连接。对于接合时有冲击的,只能在静止或低速时接合。而对于要求两轴能在任何不同角速度下连接，则必须采用摩擦离合器或其他离合器。

2. 摩擦式离合器

摩擦式离合器是靠两半离合器接合面间的摩擦力，使主、从动轴接合和传递转矩。根据离合器的结构不同，可分为单圆盘式、多盘式和圆锥式三类。

离合器的工作过程一般可分为接合、工作和分离三个阶段。在启动接合阶段，主、从动轴的速度变化见图13.22。由于摩擦离合器在接合和分离阶段，从动轴转速总是落后于主动轴，因而两摩擦圆盘间必有相对滑动产生，从而要消耗部分能量并引起发热和磨损。为增加摩擦离合器的接合平稳性和减少接合过程中的功率损失，离合器应尽量在空载下接合。

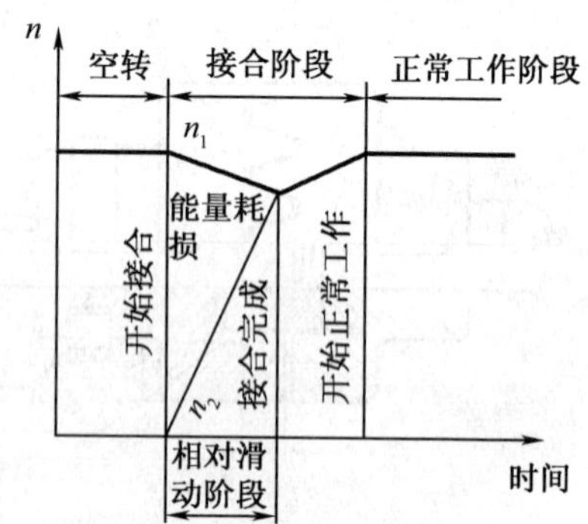

图13.22 摩擦离合器接合过程

n_1—主动物转速；n_2—从动轴转速

摩擦离合器应用较广，和嵌合式离合器比较，摩擦离合器具有下列优点：①两轴能在任何不同角速度下进行连接；②接合和分离过程比较平稳、冲击振动小；可以调节从动轴的加速时间；③通过改变摩擦面间的压力就能调节从动轴的加速时间和所传递的最大扭矩；④过载时将发生打滑，可免使其他零件受到损坏等等。缺点是结构复杂、成本高；当产生滑动时不能保证被连接两轴间的精确同步转动；摩擦发热，当温度过高时会引起摩擦系数的改变，严重的可能导致摩擦盘胶合和塑性变形。

摩擦离合器的制造材料一般分以下几种情况：当摩擦离合器得不到完善润滑时，由于铸铁具有良好的耐磨性能和抗胶合性能，可以采用铸铁与铸铁或铸铁与钢作为摩擦面材料；对于在干摩擦下工作的摩擦离合器，最好采用铸铁与混有塑料的石棉制品作为摩擦面材料。此时摩擦系数和允许的工作温度较高，一般可达600 ℃~800 ℃。而木材、皮革等材料的摩擦系数虽较高，但不耐高温，易于磨损，对潮湿也很敏感，故现已很少应用。

（1）单圆盘式摩擦离合器

单圆盘摩擦离合器只采用一对接合面，如图13.23所示。图中主动圆盘1固定在主动轴上，从动圆盘2通过导向平键与从动轴连接，可以沿轴向滑动。工作时利用操纵机构3，在可移动的从动盘上施加轴向压力（可由弹簧、液压缸或电磁吸力等产生），使两盘压紧，产生摩擦力来传递扭矩。为增加摩擦系数，常在一个盘的表面上装有摩擦片。

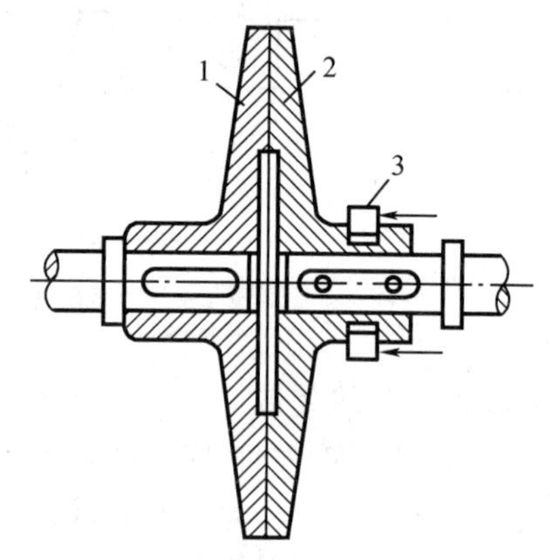

图13.23 单圆盘式摩擦离合器

1—主动摩擦盘；2—从动摩擦盘；3—滑环

（2）多圆盘式摩擦离合器

在传递大扭矩的情况下，因受摩擦盘尺寸的限制不宜应用单圆盘摩擦离合器，这时要采用多圆盘摩擦离合器，通过增加结合面对数的方法来增大传动能力，如图13.24（a）所示。主动轴1与鼓轮2相连接，从动轴8与套筒9相连接。

鼓轮2又通过花键与一组外摩擦片3[图13.24(b)]连接在一起;套筒通过花键与另一组内摩擦片4[图13.24(c)]连接在一起。滑环7由操纵机构控制,当左移时,压下曲臂压杆5使内、外摩擦盘相互压紧,使离合器接合;当滑环右移时,曲臂压杆被弹簧6抬起,内、外摩擦盘松开,使离合器分离。这种离合器常用于车床主轴箱内。

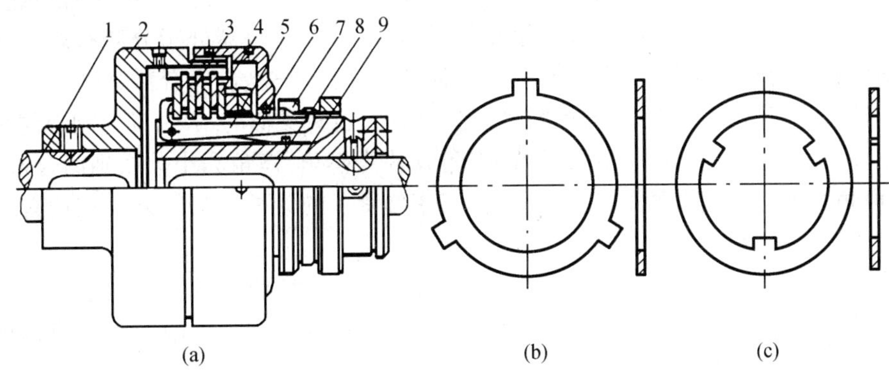

图13.24　多圆盘式摩擦离合器

多圆盘摩擦离合器的传动能力与摩擦面的对数有关,摩擦盘越多,摩擦面的对数也越多,则传递的功率也越大。如传递的功率一定,则它的径向尺寸与单盘摩擦离合器相比可大为减小,所需轴向力也大大降低。所以多盘摩擦离合器结构紧凑,操作方便,应用较多。

(3)圆锥式摩擦离合器

图13.25为圆锥式摩擦离合器的构造简图。具有内圆锥面的飞轮2与主动轴1用平键相连接,具有外圆锥面的鼓轮3与从动轴4用导向平键相连接。由于弹簧的作用,使飞轮的内圆锥面与鼓轮的外圆锥面经常处于接合状态。操纵内鼓轮向右移动,这时,两接触圆锥面即行分离,离合器就处于分离状态。圆锥摩擦离合器结构简单,可用较小的轴向力产生较大的正压力,从而传递较大的转矩;但它对轴的偏斜比较敏感,对锥体的加工精度要求也较高。

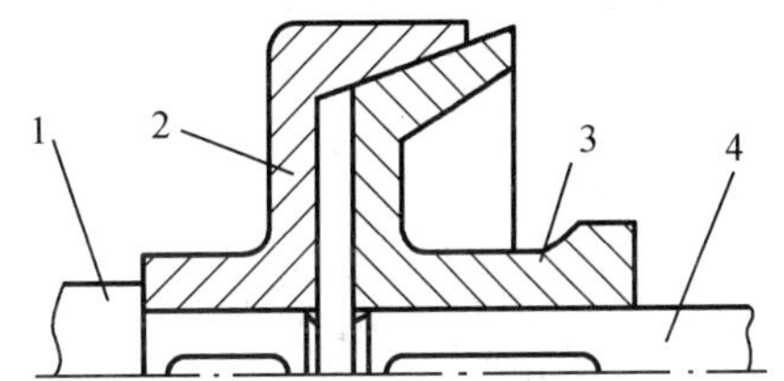

图13.25　圆锥式摩擦离合器

1—主动轴;2—主动摩擦盘(飞轮);3—从动摩擦盘(鼓轮);4—从动轴

圆锥摩擦离合器因为利用了楔形增压原理,所以与单圆盘离合器比较,它可以用较小的轴向力传递较大的转矩;但和多圆盘的相比,因为它最多只能有两个摩擦面,所以它的径向尺寸远不如多圆盘的紧凑。为了便于离合器分离,应使锥顶半角$\alpha > \arctan\mu$。摩擦副材料为金属与金属时,$\alpha > 6° \sim 7°$;当为皮革与金属时,$\alpha > 12°$。

3.超越离合器

超越离合器也称为定向离合器。它是一种随速度的变化或回转方向的变换而能自动接合或分离的离合器,并只能单向传递扭矩。如滚柱超越离合器、楔块超越离合器、锯齿形牙嵌离合等。

(1)滚柱超越离合器

滚柱式定向离合器,如图13.26所示。它是由星轮1、套筒2、滚柱3、弹簧顶杆4组成。弹簧顶杆的作用是使滚柱与星轮和外圈保持接触。如果星轮为主动轮并顺时针回转,由于摩擦力作用,滚柱靠自锁原理将被楔紧在楔形间隙内,使星轮、滚柱、套筒连成一体并一起回转,离合器处于接合状态。当星轮逆时针回转时,滚柱在摩擦力作用下退到楔形间隙的宽敞部分,不能带动外圈转动,离合器处于分离状态。这种离合器工作时没有噪声,故适用于高速传动,但制造精度要求较高。

如果主动星轮顺时针回转,外圈从另外动力源同时获得顺时针方向回转而转速较快的运动时,根据相对运动原理,这相当于星轮作逆时针回转,离合器处于分离状态。这时,星轮和套筒以各自的转速旋转,互不干涉。当套筒的转速比星轮慢,离合器又处于接合状态,套筒同星轮等速回转,当套筒同星轮都逆时针回转时,也有类似的结果,即实现超越离合。

与滚柱接触的两接触点的切线所成的夹角 α 称为楔角,楔角大小关系到离合器能否正确工作,楔角太大将不能楔紧滚柱,楔角太小又使楔紧了的滚柱不易松开。在现有结构中,一般取楔角 $\alpha \approx 3° \sim 6°$。

制造滚柱超越离合器的材料常用轴承钢或渗碳钢,表面硬度 >60HRC。

滚柱超越离合器的制造精度和表面粗糙度的要求很高,因此,一般用于高速转动,现实生活中主要用在汽车、拖拉机和机床等的传动装置中。

(2)楔块超越离合器

楔块超越离合器,如图 13.27 所示。它由内环、外环、楔块、支承环、拉簧等零件组成。内外环工作面都为圆形,整圈拉簧压着楔块始终与内环接触,并力图使楔块绕自身作逆时针方向偏摆。当外环顺时针方向旋转时,楔块克服弹簧力而作顺时针方向摆动,从而在内外环间越楔越紧,离合器处于结合状态。反向时斜块松开而成分离状态。

楔块超越离合器的优点是楔块曲率半径大,装入数量多,相同尺寸时传递的转矩更大。缺点是高速运转时有较大磨损,寿命较短。

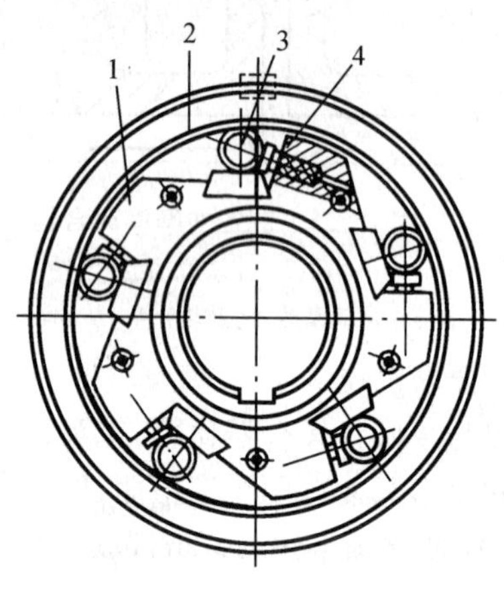

图 13.26　滚柱式超越离合器

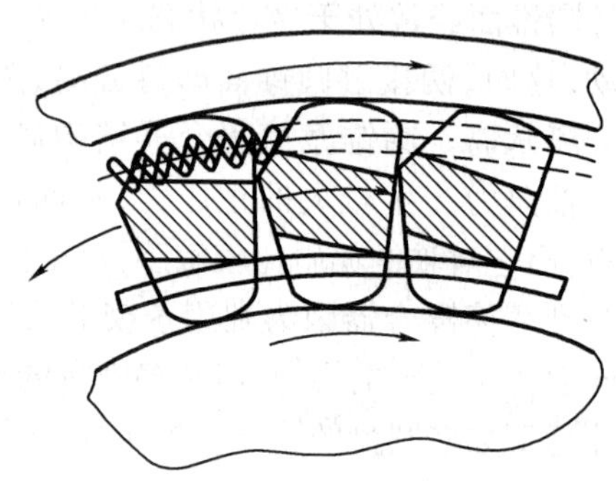
图 13.27　楔块超越离合器

4. 安全离合器

此种离合器是指其工作时,当传递的转矩超过一定数值时自动分离的离合器,因为有防止系统过载的安全保护作用,称为安全离合器。安全离合器具有过载保护作用,用来精确限定相连两轴间所传递的扭矩,当扭矩超过某一限定值时,连接件将发生折断、脱开或打滑,从而使从动轴自动停止转动,以保护机器中的重要零件不致损坏。安全离合器通常有三种型式：破断式、牙嵌式和滚珠式。

(1)破断式安全离合器

剪销安全离合器有单剪和双剪两种，如图 13.28 所示。单剪式剪销安全离合器类似于凸缘联轴器，只是不用螺钉，而是用钢制销钉代替螺钉连接。当过载时，销钉被剪断，扭矩传递被停止。销钉的尺寸由强度决定。利用这种离合器可以防止机器过载时重要零件遭到损坏。为了加强剪断销钉的效果，常在销钉孔中紧配一个硬质钢套。

该离合器的特点：①由于材料机械性能不稳定，以及制造尺寸误差等原因，使得销钉剪断载荷不精确；②销钉被剪断后，不能自动恢复工作能力，需要停车更换；③结构简单，但更换销钉需耗费一定时间，所以常用于很少过载的机器中。

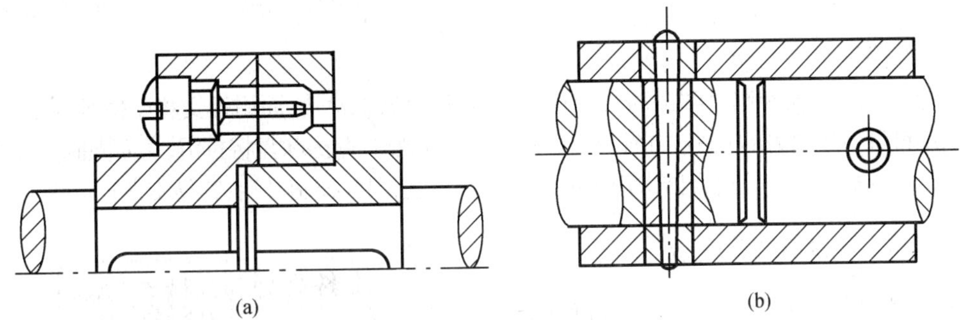

图 13.28　剪销安全离合器

(a)单剪式；(b)双剪式

(2)牙嵌安全离合器

牙嵌安全离合器和牙嵌离合器很相似，只是牙的倾斜角 α 较大，并由弹簧压紧机构代替滑环操纵机构，如图 13.29 所示。当牙嵌离合器中的 α 超过某个值时，接合牙上的轴向分力将克服半离合器与键之间的摩擦阻力而迫使离合器自动分离。如要使离合器保持连接，就必须在可动半离合器上施加一轴向推力，图中弹簧即为施加轴向推力的零件。

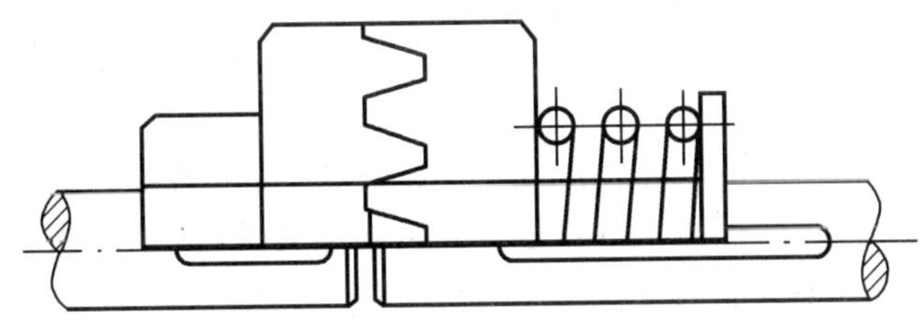

图 13.29　牙嵌安全离合器

推力大小与倾斜角 α 有关，并可由限制传递的最大转矩决定。可利用螺母调节弹簧推力的大小。当载荷超过最大转矩时，接合牙上的轴向分力将克服弹簧推力和摩擦阻力而使离合器分离。当载荷降低到最大转矩以下时，离合器又恢复连接。

(3)滚珠安全离合器

滚珠安全离合器，如图 13.30 所示。过载时，弹簧被压缩，从动盘右移，主动齿轮空转，从动轴即停止转动。当载荷恢复正常时，重新传递转矩。弹簧压力的大小可用螺母来调节。

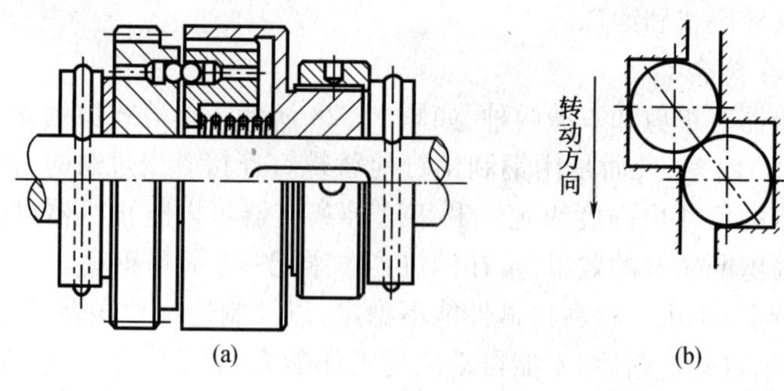

图 13.30 滚珠式安全离合器

(a)结构示意图;(b)滚珠示意图

(4)摩擦安全离合器

摩擦安全离合器和圆盘摩擦离合器相似,只是没有操纵机构,而用弹簧将摩擦盘经常压紧,并可用螺钉调节压紧力的大小,如图 13.31 所示。当过载时,摩擦圆盘将打滑,从而限制了离合器传递的最大转矩。由于该离合器采用了电磁力进行控制,因此控制灵活,容易实现自动化。

13.2.2 离合器的选择

离合器的形式很多,大部分已标准化,可从有关样本或《机械设计手册》中选择。离合器的选用原则:

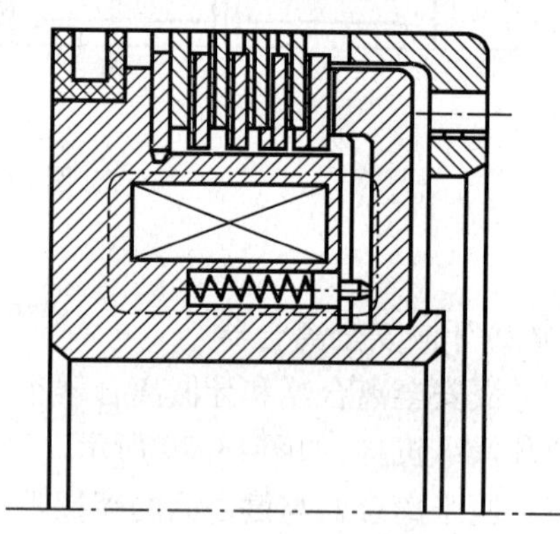

图 13.31 摩擦安全离合器

(1)嵌入式离合器的结构简单,外形尺寸较小,两轴间的连接无相对运动,一般适用于低速接合,转矩不大的场合;

(2)摩擦式离合器可在任何转速下实现两轴的接合或分离;接合过程平稳,冲击振动较小;可有过载保护作用,但尺寸较大,在接合或分离过程中要产生滑动摩擦,故发热量大,磨损也较大;

(3)电磁摩擦离合器可实现远距离操纵,动作迅速,没有不平衡的轴向力,因而在数控机床等机械中获得了广泛的应用。

选择离合器时,根据机器的工作特点和使用条件,按各种离合器的性能特点,确定离合器的类型。类型确定后,可根据两轴的直径计算转矩和转速,从手册中查出适当型号,必要时,可对其薄弱环节进行承载能力校核。

13.3 制动器的类型及特点

制动器是用来降低机械的运转速度或停止运转的装置。其广泛应用在车辆、起重机等机械中,以下介绍两种常见的基本结构型式。

1. 块式制动器

块式制动器,其结构由瓦块、制动轮等零件组成,如图 13.32 所示。块式制动器靠瓦块与制动轮间的摩擦力来制动。通电松开,断电后靠弹簧拉力实现制动。借助于瓦块与制动轮之间的摩擦力来实现制动。工作原理:通电时,由电磁线圈的吸力吸住衔铁,再通过一套杠杆使瓦块松开,机器便能自由运转。当需要制动时,则切断电流,电磁线圈释放衔铁,依靠弹簧力并通过杠杆使瓦块抱紧制动轮。制动器也可以安排为在通电时起制动作用,但为安全起见,应安排在断电时起制动作用。

瓦块材料采用铸铁或铸铁表面复以皮革或石棉带。瓦块制动器已经规范化,可根据所需的制动力矩选型。

2. 带式制动器

带式制动器,如图 13. 33 所示。当杠杆上作用外力 F 后,收紧闸带而抱住制动轮,靠带与轮间的摩擦力达到制动目的。为了增大摩擦作用,闸带材料一般为钢带上覆以石棉或夹铁纱帆布。带式制动器特点是结构简单,径向尺寸紧凑。

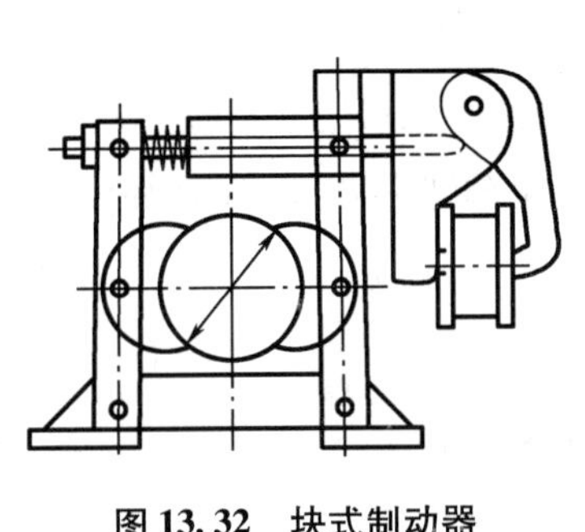

图 13. 32　块式制动器

图 13. 33　带式制动器

本 章 小 结

本章主介绍了常用联轴器、离合器,和制动器的类型、工作原理、特点及应用;简单阐述了联轴器和离合器的计算方法及选用原则。

习　　题

一、思考题

1. 联轴器和离合器的功用是什么,联轴器和离合器的共同点和区别是什么?

2. 比较刚性联轴器、无弹性元件的挠性联轴器和有弹性元件的挠性联轴器各有何优缺点,各适用于什么场合?

3. 万向联轴器适用于什么场合?为何常成对使用?在成对使用时如何布置才能使主、从动轴的角速度随时相等?

4. 选用联轴器时,应考虑哪些主要因素,选择的原则是什么?

5. 牙嵌离合器和摩擦式离合器各有何缺点,各适用于什么场合?

6. 在带式运输机的驱动装置中,电动机与减速器之间、齿轮减速器与带式运输机之间分别用联轴器连接,有两种方案:(1)高速级选用弹性联轴器,低速级选用刚性联轴器;(2)高速级选用刚性联轴器,低速级选用弹性联轴器,试问上述两种方案哪个好,为什么?

第 14 章 弹　　簧

【教学目标】

1. 了解弹簧的功用、种类、材料与制造;

2. 熟悉弹簧的工作原理(特性曲线、刚度及变形能)

3. 能够根据弹簧的最大载荷、最大变形、弹簧安装空间尺寸要求等,设计确定:弹簧丝直径、弹簧中径、有效工作圈数、弹簧螺旋升角和长度等,并使之满足强度条件、刚度条件、稳定性条件及相应的设计指标(如体积、质量、振动稳定性等)。

【知识要点】

本章的知识要点是弹簧的功用、种类、材料与制造,弹簧的工作原理,圆柱螺旋压缩弹簧的设计计算。

【导入案例】

汽车行驶系统,弹簧减震器的工作原理:悬架系统中由于弹性元件受冲击产生震动,为改善汽车行驶平顺性,悬架中与弹性元件并联安装减震器,为衰减震动,汽车悬架系统中采用减震器多是液力减震器。其工作原理是,当车架和车桥间因震动而出现相对运动时,减震器内的活塞上下移动,减震器腔内的油液便反复地从一个腔经过不同的孔隙流入另一个腔内。此时孔壁与油液间的摩擦和油液分子间的内摩擦对震动形成阻尼力,使汽车震动能量转化为油液热能,再由减震器吸收散发到大气中。

该系统中涉及到的弹簧有:钢板弹簧、扭转弹簧等。钢板弹簧在载荷作用下变形,各片之间因相对滑动而产生摩擦,可促使车架的振动衰减,起到减振器的作用,如图 14.1(a)所示。扭杆弹簧一般用铬钒合金弹簧钢制成。一端固定在车架上,另一端上的摆臂 2 与车轮相连。当车轮跳动时,摆臂绕扭杆轴线摆动,使扭杆产生扭转弹性变形,从而使车轮与车架

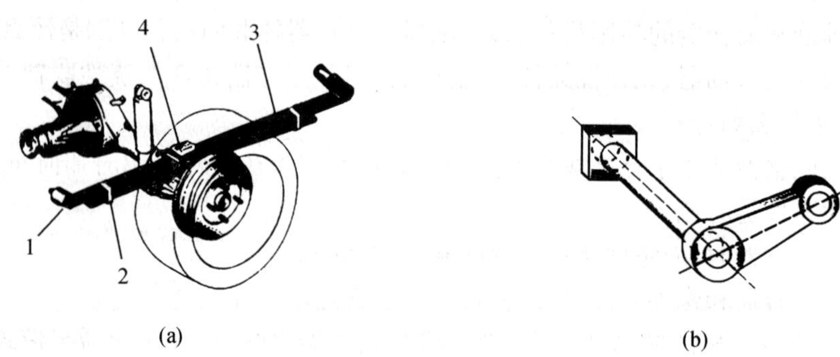

图 14.1　弹簧的结构

(a)钢板弹簧;(b)扭转弹簧

1—卷耳;2—弹簧夹;3—钢板弹簧;4—中心螺栓

的连接成为弹性连接,如图 14.1(b)所示。

14.1 概 述

14.1.1 弹簧的功用

弹簧是各类机器中常见的零件,是通过其自身产生较大弹性变形进行工作的一种弹性元件。其主要功用是:①控制机构的运动,例如内燃机中控制汽缸阀门启闭的弹簧、离合器中的控制弹簧;②吸收振动和冲击能量,例如各个车辆中联轴器的减振弹簧及缓冲弹簧等;③测量力的大小,例如测力器和弹簧秤中的弹簧等;④存储和释放能量,例如钟表弹簧、枪栓弹簧等。

14.1.2 弹簧的分类

按照受力的性质,弹簧可以分为拉伸弹簧、压缩弹簧、扭转弹簧和弯曲弹簧等;而按照弹簧的形状不同,又可分为螺旋弹簧、碟形弹簧、环形弹簧、板弹簧和盘簧等。表 14-1 中列出了弹簧的基本类型。弹簧种类很多,而圆柱螺旋弹簧制造简便、成本低,在机械制造中使用的最为普遍。

表 14-1 弹簧的基本类型

按形状分	按载荷分				
	拉伸	压缩		扭转	弯曲
螺旋形	 圆柱螺旋拉伸弹簧	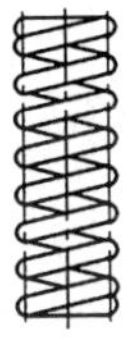 圆柱形螺旋压缩弹簧	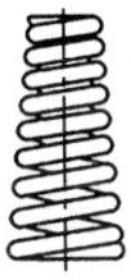 圆锥形螺旋压缩弹簧	 圆柱螺旋扭转弹簧	
其他		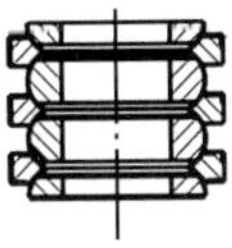 环形弹簧	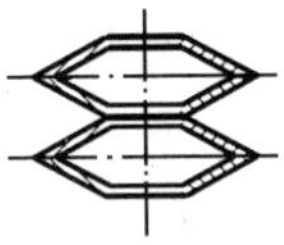 碟形弹簧	 盘簧	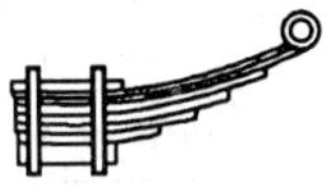 板弹簧

14.2 弹簧材料和制造

14.2.1 弹簧材料及选择

弹簧在受到冲击载荷或变载荷作用时，自身要产生较大弹性变形。为了确保弹簧安全可靠工作，弹簧材料应具有较高的弹性极限、疲劳极限、冲击韧性和良好的热处理性能。

常用的弹簧材料有：碳素弹簧钢、合金钢、不锈钢及铜合金等。在选择弹簧材料时，应考虑到弹簧的使用条件、功用及其重要程度。所谓使用条件是指载荷性质、大小及其循环特性，工作温度和周围介质情况等，以及加工、热处理和经济性等因素，以便使选择结果与实际要求相吻合。钢是最常用的弹簧材料。受力较小而又要求防腐蚀、防磁等特性时，可以加入合金元素，以提高钢的淬透性，改善钢的机械性能。此外，还有用非金属材料橡胶制作的弹簧，近年来，正发展用塑料制造弹簧。软木、空气也可用作弹簧材料。几种主要弹簧材料的使用性能见表 14－2。

表 14－2 主要弹簧材料及其许用应力

类别	材料及代号	许用扭应力 $[\tau]$/MPa			许用弯曲应力 $[\sigma_b]$/MPa		弹性模量 E/GPa	切变模量 G/GPa	推荐硬度 /HRC	推荐使用温度 /℃	特性及用途
		Ⅰ类弹簧	Ⅱ类弹簧	Ⅲ类弹簧	Ⅱ类弹簧	Ⅲ类弹簧					
钢丝	碳素弹簧钢丝 B，C，D 级	$0.3\sigma_b$	$0.4\sigma_b$	$0.5\sigma_b$	$0.5\sigma_b$	$0.625\sigma_b$	207.5～205	83～80		－40～130	强度高，性能好，适于小弹簧
	65Mn										用于重要弹簧
	60Si2Mn	480	640	800	800	990	200	80	45～50	－40～200	弹性好，回火稳定，易脱碳，适于受大载荷的弹簧
	60Si2MnA										
	50CrVA	450	600	750	750	940	200	80		－40～210	高疲劳强度，淬透性、回火稳定性好
不锈钢	1Cr18Ni9	330	440	550	550	690	197	73		－200～300	耐腐蚀，耐高温，适于小弹簧
	1Cr18Ni9Ti										
	4Cr13	442	588	735	750	940	215	75.5	48～53	－40～300	耐腐蚀，耐高温，适于大弹簧
	Co40CrNiTiMo	500	667	843	834	1020	197	76.5		－40～500	耐腐蚀，高强度，无磁，高弹性

表 14-2(续)

类别	材料及代号	许用扭应力 [τ]/MPa			许用弯曲应力 [σ_b]/MPa		弹性模量 E/GPa	切变模量 G/GPa	推荐硬度 /HRC	推荐使用温度 /℃	特性及用途
		Ⅰ类弹簧	Ⅱ类弹簧	Ⅲ类弹簧	Ⅱ类弹簧	Ⅲ类弹簧					
青铜丝	Qsi-3	265	353	441	441	549	93	40.2	HB90~120	-40~120	耐腐蚀,防磁好
	QSn4-3							39.2			
	Qbe2	353	442	550	549	735	129.5	42.2	37~40		耐腐蚀,防磁,导电性及弹性好

注:

①按受力循环次数 N 不同,弹簧分为三类;Ⅰ类 $N>10^6$;Ⅱ类 $N=10^3\sim10^5$ 以及受冲击载荷的;Ⅲ类 $N<10^3$。

②碳素弹簧钢丝65,70钢按机械性能不同分为Ⅰ,Ⅱ,Ⅱa、Ⅲ四组,Ⅰ组强度最高,依次为Ⅱ,Ⅱa,Ⅲ组。

③弹簧的工作极限应力 τ_m:Ⅰ类≤1.67 [τ];Ⅱ类≤1 .25[τ];Ⅲ类≤1.12 [τ]。

④碳素弹簧钢丝和65Mn的拉伸强度极限 σ_b 见表14-3。

⑤表中许用切应力为压缩弹簧的许用值,拉伸弹簧的许用切应力为压缩弹簧的80%。

⑥碳素钢丝的弹性模量和切变模量对直径为0.5~4 mm有效,直径>4 mm时分别取200 GPa,80 GPa。

⑦经强压处理的弹簧许用应力可提高25%。

表 14-3 弹簧钢丝的拉伸强度极限 σ_b(摘自 GB/T 4357—1989)(MPa)

碳素弹簧钢丝

钢丝直径 d/mm	级别 B	级别 C	级别 D	钢丝直径 d/mm	级别 B	级别 C	级别 D
0.90	1 710~2 060	2 010~2 350	2 350~2 750	2.80	70~1 670	1 620~1 910	1 710~2 010
1.00	1 660~2 010	1 960~2 360	2 300~2 690	3.00	1 370~1 670	1 570~1 860	1 710~1 960
1.20	1 620~1 960	1 910~2 250	2 250~2 550	3.20	1 320~1 620	1 570~1 810	1 660~1 910
1.40	1 620~1 910	1 860~2 210	2 150~2 450	3.50	1 320~1 620	1 570~1 810	1 660~1 910
1.60	1 570~1 860	1 810~2 160	2 110~2 400	4.00	1 320~1 620	1 520~1 760	1 620~1 860
1.80	1 520~1 810	1 760~2 110	2 010~2 300	4.50	1 320~1 570	1 520~1 760	1 620~1 860
2.00	1 470~1 760	1 710~2 010	1 910~2 200	5.00	1 320~1 570	1 470~1 710	1 570~1 810
2.20	1 420~1 710	1 660~1 960	1 810~2 110	5.50	1 270~1 520	1 470~1 710	1 570~1 810
2.50	1 420~1 710	1 660~1 960	1 760~2 060	6.00	1 220~1 470	1 420~1 660	1 520~1 760

65Mn 弹簧钢丝

钢丝直径 d/mm	1~1.2	1.4~1.6	1.8~2	2.2~2.5	2.8~3.4
σ_b	1 800	1 750	1 700	1 650	1 600

14.2.2　弹簧的制造

螺旋弹簧的制造工艺主要有：绕制；钩环制造（对于拉伸和扭转弹簧）；端部的制作与精加工（对于压缩弹簧）；热处理；工艺试验等。对于重要的弹簧还要进行强压处理。

弹簧的卷绕方法分冷卷法与热卷法两种。弹簧丝直径在 8 mm 以下的采用冷卷法绕制，大于 8 mm 的采用热卷法绕制。冷态下卷制的弹簧常用冷拉并经预先热处理的优质碳素弹簧钢丝，卷成后一般不再经淬火处理，只须经低温回火以消除内应力。在热态下卷制的弹簧，卷成后必须进行淬火、中温回火等处理。如进行一次强压处理一般可提高其承载能力约 25%；如经过喷丸处理则可提高其承载能力达 20%，使用寿命提高 2～2.5 倍。

强压处理是使弹簧在超过极限载荷下受载 $6h \sim 48h$，从而在弹簧丝内产生塑性变形和有益的残余应力，由于残余应力的符号与工作应力相反，因而弹簧在工作时的最大应力（实线）比未经强压处理的弹簧（虚线）小，所以可提高弹簧的承载能力，如图 14.2 所示。

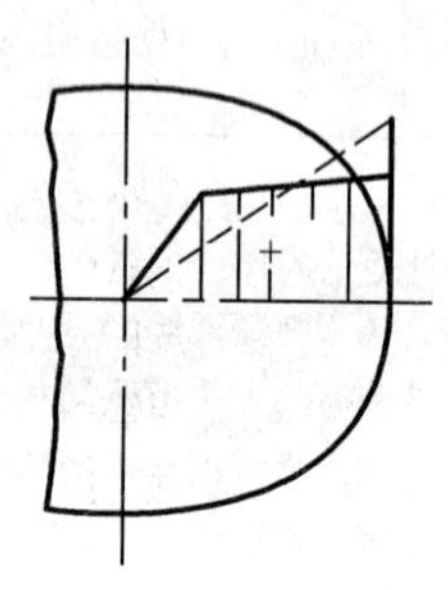

图 14.2 强压处理弹簧的应力分布

（a）残余应力分布；（b）工作应力分布

强压处理是弹簧制造的最后一道工序。为了保持有益的残余应力，强压后的弹簧不允许再进行任何热处理。同理，经强压处理的弹簧也不宜在较高温度（150 ℃～450 ℃）和长期振动的地方应用。由于金属的性质，冷作变形会使腐蚀过程加速，因此在有腐蚀性介质的环境中也不宜采用经强压处理的弹簧。

弹簧的疲劳强度和抗冲击性能主要取决于弹簧的表面状况，因此，弹簧材料的表面必须光洁，没有裂缝和伤痕等缺陷。否则会严重影响材料的疲劳强度和抗冲击性能。现实中的弹簧主要存在表面脱碳现象，因此脱碳层深度和其他表面缺陷都应在验收弹簧的技术条件中详细规定。

14.3　弹簧的工作原理

14.3.1　弹簧特性曲线

弹簧特性曲线用来表示弹簧载荷和变形之间的关系。载荷是指弹簧受压或受拉所产生的压力、拉力或者转矩。变形是指弹簧压缩量、伸长量或者扭角。按照结构型式不同，弹簧特性曲线有直线型、刚度渐增型、刚度渐减型、混合型等多种，如图 14.3 所示。

14.3.2　弹簧刚度

弹簧刚度是指弹簧的载荷变量与变形变量之比。通常拉、压弹簧其刚度用 c 表示，扭转弹簧其刚度用用 c_T 表示：

$$c = \frac{dF}{d\lambda}, \quad c_T = \frac{dT}{d\varphi}$$

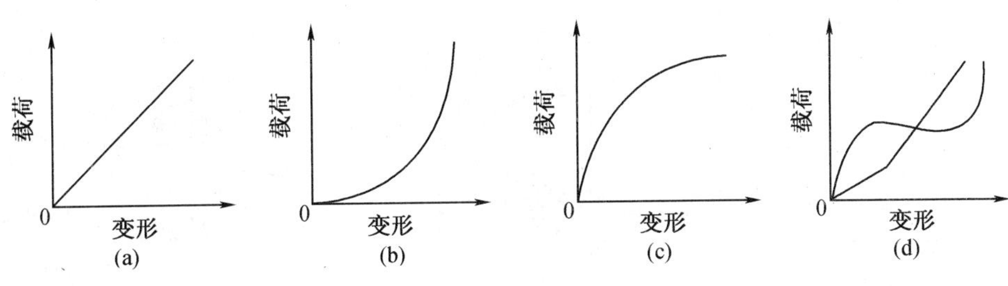

图 14.3 弹簧特性曲线

(a)直线型;(b)刚度渐增型;(c)刚度渐减型;(d)混合型

式中 F——拉力或压力;

λ——伸长量或压缩量;

T——转矩;

φ——扭角。

弹簧特性曲线上某点的斜率称为弹簧刚度。斜率愈大,刚度也愈大,弹簧愈硬;反之,弹簧愈软。所以,刚度渐增型特性曲线的弹簧将愈压愈硬,刚度渐减型特性曲线的弹簧将愈压愈软。

直线型特性曲线的弹簧,弹簧刚度为常数,称为定刚度弹簧;曲线或折线型特性曲线的弹簧,弹簧刚度为变数,称为变刚度弹簧。

在设计弹簧时应注意:当弹簧用在受动载荷或冲击载荷的场合中,不但不能根据最大载荷将弹簧设计成定刚度的,由于该弹簧在受正常载荷时将会感到刚度过大,而且也不能根据正常载荷将弹簧设计成定刚度的,因为此时弹簧承受最大载荷时又将会感到刚度过小。只有把弹簧设计成变刚度的才能满足要求,这样随着载荷的增加,弹簧刚度也愈来愈大。

14.3.3 变形能

在加载过程中,弹簧所吸收的能量称为变形能。变刚度拉、压弹簧和扭转弹簧的变形能分别为

$$E_P = \int_0^{\lambda} F(\lambda)\,d\lambda, \quad E_{PT} = \int_0^{\varphi} T(\varphi)\,d\varphi$$

式中,$F(\lambda)$及$T(\varphi)$均为力的函数。

弹簧的变形能为弹簧特性曲线与坐标轴围成的面积,如图 14.4(a)所示。金属弹簧如果没有外部摩擦,同时应力又在弹性极限以下,则卸载过程将与加载过程重合,即先前吸收的能量又将全部释放。如果有外部摩擦,则卸载过程不与加载过程重合,即有部分能量被释放,其余用于摩擦所损耗的能量,把摩擦耗能记为E_{P0},如图 14.4(b)所示。E_{P0}与E_P之比称为阻尼系数,用ψ表示,即$\psi = E_{P0}/E_P$。阻尼系数越大的弹簧吸振能力越强,现实工业生产中常用的吸振弹簧(环形弹簧、堆积式组合碟形弹簧、多层板弹簧)就是根据这一原理来制作的。由于非金属材料内部具有阻尼作用,当用它制作弹簧时,其卸载过程滞后于加载过程,如图 14.4(c)所示。通过以上几个图的分析可知,弹簧在加载、卸载过程中摩擦耗能愈大,其吸振能力愈强。

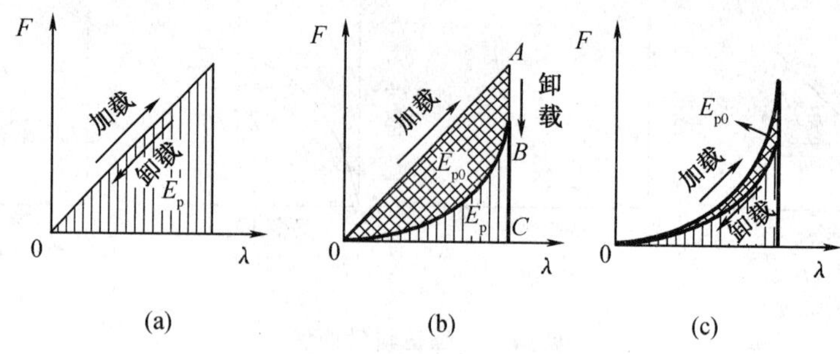

图 14.4　变形能和摩擦耗能

14.4　圆柱螺旋弹簧的结构与设计

圆柱螺旋弹簧有压缩弹簧、拉伸弹簧和扭转弹簧三种。这三种弹簧的基本构成部分完全相同，只是端部结构有所不同。

14.4.1　圆柱螺旋压缩弹簧

1. 结构形式

圆柱螺旋压缩弹簧的两端各有 0.75～1.45 圈是与弹簧座相接的支承圈，工作时不参与弹簧变形，故称为死圈。常见的弹簧端部的结构形式有两个端面圈均与邻圈并紧且磨平和并紧不磨平的两种形式，如图 14.5 所示。在变载荷的重要场合中，应采用的弹簧都要并紧磨平，以使弹簧端面与弹簧的轴心线垂直。死圈的磨平长度一般不小于一圈弹簧圆周长度的四分之一，末端厚度应≈0.25d，此处 d 为弹簧丝直径。

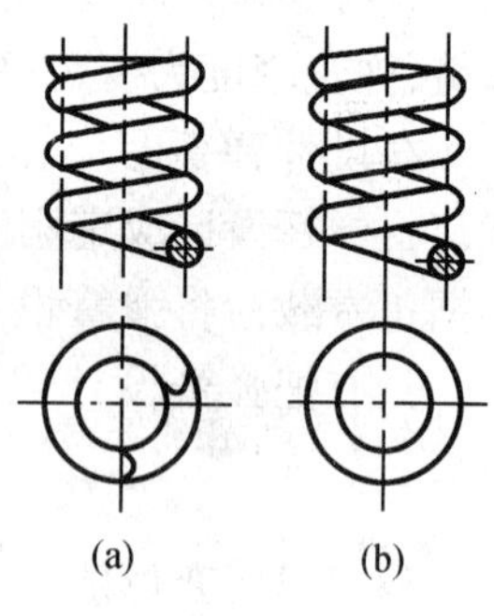

图 14.5　螺旋压缩弹簧端部形式

(a)并紧且磨平；
(b)并紧不磨平

2. 特性曲线

图 14.6 所示为圆柱螺旋压缩弹簧的特性曲线，H_0是压缩弹簧不受外力的自由长度。弹簧在工作前，通常受一预压力 F_{min}，以使其可靠地稳定在安装位置上。F_{min}称为弹簧的最小工作载荷。在最小载荷的作用下，弹簧的长度由 H_0压缩至 H_1，对应弹簧压缩量为 λ_{min}。当弹簧受到最大工作载荷 F_{max}时，弹簧长度由 H_1压缩至 H_2，对应的弹簧压缩量为 λ_{max}。λ_{max}与 λ_{min}之差即为弹簧的工作行程 λ_0，$\lambda_0=\lambda_{max}-\lambda_{min}=H_1-H_2$。$F_{Lim}$为弹簧的极限载荷，在它的作用下，弹簧丝应力将达到材料的屈服极限，这时相应弹簧的长度压缩至 H_{Lim}，相应的压缩量为 λ_{Lim}。

对于等节距的圆柱螺旋压缩弹簧，因为载荷与变形成正比，故特性曲线为直线

$$\frac{F_{min}}{\lambda_{min}}=\frac{F_{max}}{\lambda_{max}}=\cdots=\text{常数} \tag{14-1}$$

特性曲线与横坐标围成的面积表示弹簧在工作行程中所吸收的能量。

设计弹簧时，弹簧的最小载荷通常取为：$F_{min}=(0.1\sim0.5)F_{max}$。弹簧的最大载荷 F_{max}，由机构的工作条件决定。实用中，一般不希望弹簧失去直线的特性关系，所以最大载荷小

于极限载荷，通常应满足 $F_{max} \leq 0.8\ F_{Lim}$ 的要求。

3. 计算

（1）强度计算

圆柱螺旋压缩弹簧如图 14.7 所示，弹簧中径为 D_2，弹簧丝直径为 d，轴向力 F 作用在弹簧的轴线上，在通过弹簧轴线的截面上，弹簧丝的剖面 $A-A$ 呈椭圆形，该截面上作用着：转矩 $T = F\dfrac{D_2}{2}\cos\alpha$，弯矩 $M = F\dfrac{D_2}{2}\sin\alpha$，切向力 $F_Q = \dfrac{D_2}{2}\cos\alpha$ 和法向力 $F_N = F\dfrac{D_2}{2}\sin\alpha$。

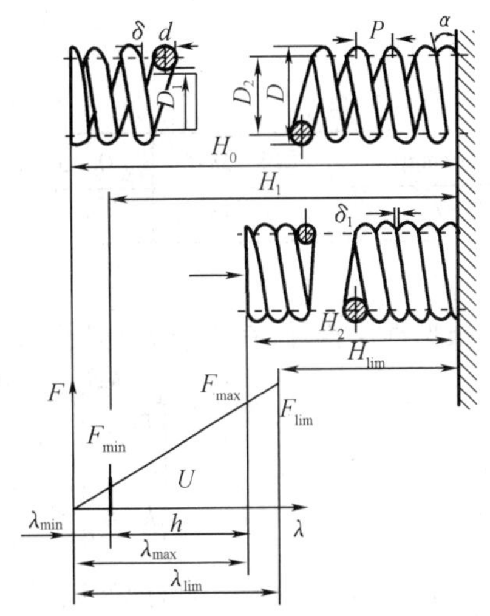

图 14.6 圆柱螺旋压缩弹簧的特性曲线图

因为弹簧螺旋角 α 一般都不大（一般 $\alpha \approx 6° \sim 9°$），所以弯矩 M 和法向力 F_N 可以忽略不计。因此，在弹簧丝中起主要作用的外力将是转矩 T 和切向力 F_Q。为了简化计算，可将剖面

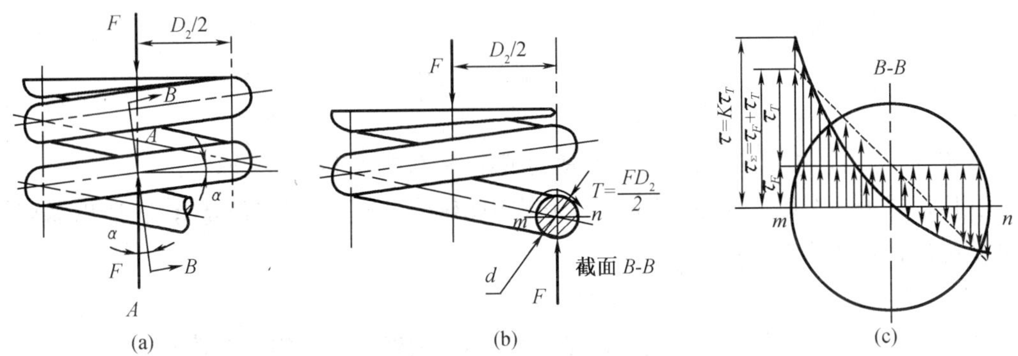

图 14.7 圆柱螺旋压缩弹簧的受力及应力分布

$A-A$ 的椭圆形状近似为与弹簧丝轴线垂直的圆形，所以在弹簧法向截面 $B-B$ 上可近似认为仍作用着力 F 及转矩 $T = F\dfrac{D_2}{2}$，如图 14.7（b）所示。这种简化对于计算准确性影响不大。

根据理论计算，弹簧丝截面上的应力分布如图 14.7（c）所示。截面 $B-B$ 上的应力可取为

$$\tau_\Sigma = \tau_F + \tau_T = \frac{F}{\frac{\pi d^2}{4}} + \frac{F\frac{D_2}{2}}{\frac{\pi d^3}{16}} = \frac{4F}{\pi d^2}\left(1 + \frac{2D_2}{d}\right) = \frac{4F}{\pi d^2}(1 + 2C) \tag{14-2}$$

式中，C 为旋绕比（弹簧指数），$C = D_2/d$。

选择 C 值要注意：在其他条件相同时，选择 C 值愈小，弹簧内、外侧的应力差愈悬殊，材

料利用率也就愈低。所以在设计弹簧时,一般规定 $C \geq 4$。表 14－4 为不同簧丝直径荐用的旋绕比。

表 14－4　旋绕比 C 常用值

d/mm	0.1～0.4	0.45～1	1.2～2.2	2.6～6	7.5～16	18～40
C	7～14	5～12	5～10	4～10	4～8	4～6

根据理论推导,在外力 F 作用下,弹簧丝内侧的最大应力及强度条件可表示为

$$\begin{cases} \tau_{max} = \left(\dfrac{4C-1}{4C-4} + \dfrac{0.615}{C}\right)\dfrac{8FD_2}{\pi d^3} = k_1 \dfrac{8FC}{\pi d^2} \\ k_1 = \dfrac{4C-1}{4C-4} + \dfrac{0.615}{C} \end{cases} \tag{14-3}$$

式中　$8FD_2/(\pi d^3)$——直杆受纯转矩时的切应力;

k_1——曲度系数即弹簧丝曲率和切向力对切应力的修正系数。已知旋绕比 C,可利用式 14－3 求出 k_1 值。

通过强度计算公式,进一步确定弹簧丝直径 d,在求圆弹簧丝直径 d 时,应以 F_{max} 代 F,并以 $D_2 = Cd$ 代入式(14－3),得到

$$d = 1.6\sqrt{\frac{F_{max} k_1 C}{[\tau_T]}} \tag{14-4}$$

式中,$[\tau_T]$ 为许用切应力,可根据弹簧的工作特点,按表 14－2 选取。

在应用式 14－4 计算时,因旋绕比 C 和许用切应力 $[\tau_T]$ 均和直径 d 有关,所以需要试算才能得出弹簧丝的直径 d。

(2)刚度计算

由材料力学关于圆柱螺旋弹簧变形量公式可知,圆弹簧丝螺旋弹簧在受载荷 F 后所产生的变形量 λ 为

$$\lambda = \frac{8FD_2^3 n}{Gd^4} = \frac{8FC^3 n}{Gd} \tag{14-5}$$

式中　n——弹簧的有效工作圈数(活圈数);

G—弹簧材料的切变模量,如表 14－2 所示。

使弹簧产生单位变形量所需要的载荷称为弹簧刚度 k,由式 14－5,得弹簧刚度

$$k = \frac{F}{\lambda} = \frac{Gd}{8C^3 n} \tag{14-6}$$

弹簧的刚度是表征弹簧性能的主要参数之一。它表示使弹簧产生单位变形量时所需的力,刚度越大,弹簧变形所需要的力就越大。影响弹簧刚度的因素很多,从式(14－6)可以看出,C 值对 k 的影响很大,k 与 C 的三次方成反比。

刚度计算的目的在于确定弹簧圈的数目。通过式子(14－5),可求出所需的弹簧有效圈数

$$n = \frac{G\lambda d}{8FC^3} \tag{14-7}$$

若 $n<15$，则取 n 为0.5圈的倍数；若 $n>15$，则取 n 为整圈数。弹簧的有效圈数最少为2圈。

(3)疲劳和静应力强度校核

对于循环次数较多、在变应力下工作的重要弹簧，还应该进一步对疲劳强度和静应力强度进行精密校核。按 τ_m = 常数和 τ_{min} = 常数两种应力变化规律列出计算应力幅安全系数 S_{ar}，最大应力安全系数 S_r、静强度安全系数 S_τ。

用碳素钢丝、不锈钢丝、铁青铜丝、硅青铜丝等材料制成的弹簧，其脉动疲劳极限 τ_0 可根据循环次数 N 选取，如表14-5所示，经喷丸处理的可提高20%。

表14-5 弹簧材料的脉动疲劳极限 $\tau_0$①

N	$\leqslant 10^4$	10^5	10^6	10^7
τ_0	$0.45\sigma_B$②	$0.35\sigma_B$	$0.33\sigma_B$	$0.30\sigma_B$

①对于硅青铜丝、不锈钢丝，取 $\tau_0=0.35\sigma_b$。

②对于弹簧钢丝，其对称疲劳极限 τ_{-1} 和等效系数 ψ_τ 可分别取为

$$\tau_{-1}=(0.54\sim0.6)\tau_0,\ \psi_\tau=0.08\sim0.2 \tag{14-8}$$

已知 τ_{min} 和 τ_{max} 且 τ_{min} 为常数的弹簧，由材料力学有关计算，并可将 τ_{-1}，ψ_τ 值的平均值 $\tau_{-1}=0.57\tau_0$，$\psi_\tau=0.14$，并取 $k_N=1$，$(k_r)_D=1$，得最大应力安全系数

$$S_r=\frac{\tau_0+0.75\tau_{min}}{\tau_{max}}\geqslant[S] \tag{14-9}$$

根据载荷计算的准确程度，材料力学性能的可靠程度以及弹簧的重要性等情况，许用安全系数可取为 $[S_a]=1.8\sim3$，$[S]=[S_S]=1.2\sim2.5$。

(4)稳定性计算

当压缩弹簧的圈数较多时，还应核验其稳定性指标，即 $H_0/D_2\leqslant b$，弹簧两端均为回转端时 $b\leqslant2.6$，均为固定端时 $b\leqslant5.3$，一端固定、一端回转时 $b\leqslant3.7$。否则，应在弹簧外侧加导向套或在弹簧内侧加导向杆，以免工作时造成弹簧的侧向弯曲，如图14.8所示。

若 b 不能满足要求，则必须进行稳定性计算，限制弹簧的工作载荷 F 小于失稳时的临界载荷 F_α，通常取 $F=F_\alpha/(2\sim2.5)$。临界载荷的计算公式

$$F_\alpha=C_BcH_0 \tag{14-10}$$

式中，C_B 为不稳定系数。

(5)弹簧最大贮能

弹簧在全部变形过程中所能吸收的最大能量称为弹簧最大贮能，则

$$E_{max}=\frac{1}{2}F_{max}\lambda_{max}=\frac{[\tau_T]^2}{4k_1^2G}V \tag{14-11}$$

式中，V 为弹簧丝的体积，$V=D_2n\pi d^2/4$。

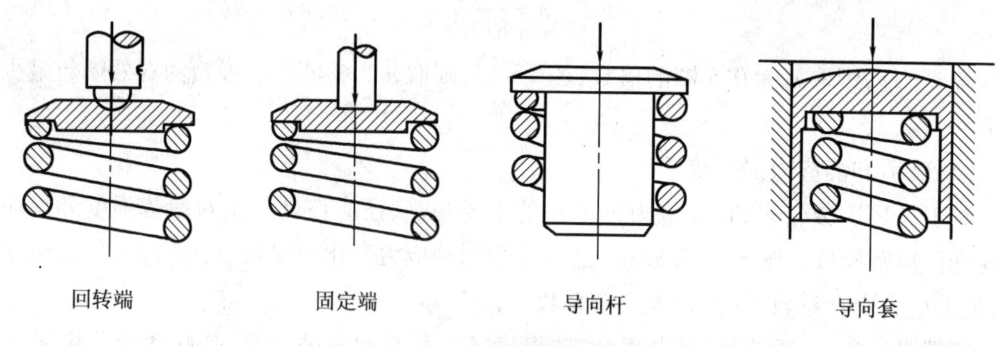

图 14.8　弹簧的支地面、导向

采用高强度的弹簧材料和较大的旋绕比，由 14－11 式子可知，有利于弹簧吸收更多的能量。单位弹簧体积所能吸收能量的多少常用以比较各种弹簧材料利用程度。

(6)自振频率

作高速往复运动的螺旋弹簧，为避免产生共振，其基本自振频率应为作用力频率的 10～20 倍。则自振频率公式为

$$f=\frac{1}{2}\sqrt{\frac{c}{m}} \tag{14-12}$$

由(14－12)式子可知，若频率不够高，则应提高弹簧刚度 C 或降低弹簧质量 m。

(7)几何参数计算

圆柱螺旋弹簧的主要几何参数有：弹簧外径 D、内径 D_1、中径 D_2、节距 p、螺旋升角 α、自由高度(压缩弹簧)或长度(拉伸弹簧)H_0、工作圈数 n、总圈 n_1、弹簧丝直径 d 及展开长度 L 等，如图 14.9 所示。压缩弹簧在最大载荷下应留有少量间隙 δ，以免各圈彼此接触，通常取 $\delta \geqslant 0.1d$。压缩弹簧尺寸计算，如表 14－6 所示，表 14－7 所列为普通圆柱形螺旋弹簧尺寸。

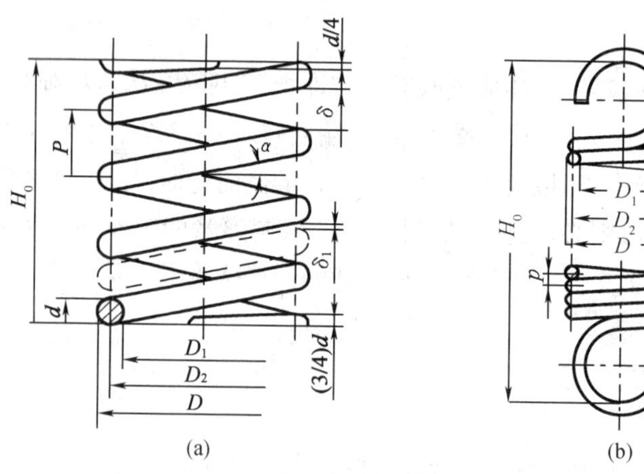

图 14.9　圆柱螺旋弹簧的几何参数

(a)压缩弹簧；(b)拉伸弹簧

表 14－6 圆柱形螺旋压缩、拉伸弹簧的几何参数计算公式

参数名称与代号	几何参数计算公式		备注
	螺旋压缩弹簧	螺旋拉伸弹簧	
弹簧丝直径 d	由强度计算公式确定	取标准值	
弹簧中径 D_2	$D_2 = Cd$	取标准值	
弹簧内径 D_1	$D_1 = D_2 - d$		
弹簧外径 D	$D = D_2 + d$		
旋绕比 C	$C = D_2/d$	一般 $4 \leqslant C \leqslant 16$， 常用 5～8	
压缩弹簧长细比 b	$b = \dfrac{H_0}{D}$		在 1～5.3 范围内选取
节距 p	$p = (0.28 \sim 0.5)\ D_2$	$p = d$	
螺旋升角α	$\alpha = \arctan \dfrac{p}{\pi D_2}$		对压缩弹簧，推荐 $\alpha = 5° \sim 9°$
有效圈数 n	由变形条件计算确定		一般 $n > 2$
总圈数 n_1	$n_1 = n + (1.5 \sim 2.5)$	$n_1 = n$	拉伸弹簧 n_1 的尾数为 1/4，1/2，3/4 或整圈， 推荐用 1/2 圈
自由高度或长度 H_0	两端圈磨平： $n_1 = n + 1.5$ 时，$H_0 = np + d$ $n_1 = n + 2$ 时，$H_0 = np + 1.5d$ $n_1 = n + 2.5$ 时，$H_0 = np + 2d$ 两端圈不磨平： $n_1 = n + 2$ 时，$H_0 = np + 2d$ $n_1 = n + 2.5$ 时，$H_0 = np + 3.5d$	LI 型 $H_0 = (n+1)d + D_1$ LII 型 $H_0 = (n+1)d + 2D_1$ LⅦ 型 $H_0 = (n+1.5)d + 2D_1$	
工作高度或长度 H_n	$H_n = H_0 - \lambda_n$	$H_n = H_0 + \lambda_n$	λ_n 为变形量
轴线间距 δ	$\delta = p - d$	$\delta = 0$	压缩弹簧工作时 最小轴向间距 $\delta_1 = 0.1d \geqslant 0.2$ mm
簧丝展开长度	$L = \dfrac{\pi D_2 n_1}{\cos\alpha}$	$L \approx \pi D_2 n$ + 钩环展开长度	

表 14－7 普通圆柱形螺旋弹簧尺寸系列

弹簧丝直径 d /mm	第一系列		0.3	0.35	0.4	0.45	0.5	0.6	0.7	0.8	0.9	1	1.2	1.6
			2	2.5	3	3.5	4	4.5	5	6	8	10	12	16
			20	25	30	35	40	45	50	60	70	80		
	第二系列		0.32	0.55	0.65	1.4	1.8	2.2	2.8	3.2	5.5	6.5	7	9
			11	14	18	22	28	32	38	42	55	65		
弹簧中径 D_2 /mm	2	2.2	2.5	2.8	3	3.2	3.5	3.8	4	4.2	4.5	4.8	5	5.5
	6	6.5	7	7.5	8	8.5	9	10	12	14	16	18	20	22
	25	28	30	32	35	38	40	42	45	48	50	52	55	58
	60	65	70	75	80	85	90	95	100	105	110	115	120	125
	130	135	140	145	150	160	170	180	190	200				
有效圈数 n/圈	压缩弹簧		2	2.25	2.5	2.75	3	3.25	3.5	3.75	4	4.25	4.5	4.75
			5	5.5	6	6.5	7	7.5	8	8.5	9	9.5	10	10.5
			11.5	12.5	13.5	14.5	15	16	18	20	22	25	28	30
	拉伸弹簧		2	3	4	5	6	7	8	9	10	11	12	13
			14	15	16	17	18	19	20	22	25	28	30	35
			40	45	50	55	60	65	70	80	90	100		
自由高度 H_0/mm	压缩弹簧		4	5	6	7	8	9	10	11	12	13	14	15
			16	17	18	19	20	22	24	26	28	30	32	35
			38	40	42	45	48	50	52	55	58	60	65	70
			75	80	85	90	95	100	105	110	115	120	130	140
			150	160	170	180	190	200	220	240	260	280	300	320
			340	360	380	400	420	450	480	500	520	550	580	600

14.4.2 圆柱螺旋拉伸弹簧

1. 结构形式

圆柱螺旋拉伸弹簧在空载时，各圈应相互并拢。弹簧在绕制过程中使弹簧丝绕其自身轴线扭转，这样制成的弹簧在各圈之间具有一定的压紧力，故称之为有预紧力的拉伸弹簧。弹簧端部制有钩环，以便安装和加载。钩环的形式如图 14.10 所示。

2. 特性曲线

拉伸弹簧分无初拉力和有初拉力两种，其特性曲线如图 14.11(b)、(c)所示。其中 F 代表拉力，λ 代表拉伸量，F_0代表初拉力——卷制弹簧时使各弹簧圈并紧和回弹而产生的。从图可以得出无初拉力的弹簧的特性曲线和压缩弹簧完全相同。受初拉力 F_0作用的弹簧特性曲线则不同。在一般情况下初拉力 F_0约具有下列值：簧丝直径 $d \leqslant 5$ mm 时，$F_0 \approx F_3/3$；$d > 5$ mm 时，$F_0 \approx F_4/4$，也可用式(14－13)计算。对于有初应力的拉伸弹簧应使$F_{min} > F_0$。

$$F_0 = \frac{\pi d^3}{8D_2}\tau' \tag{14-13}$$

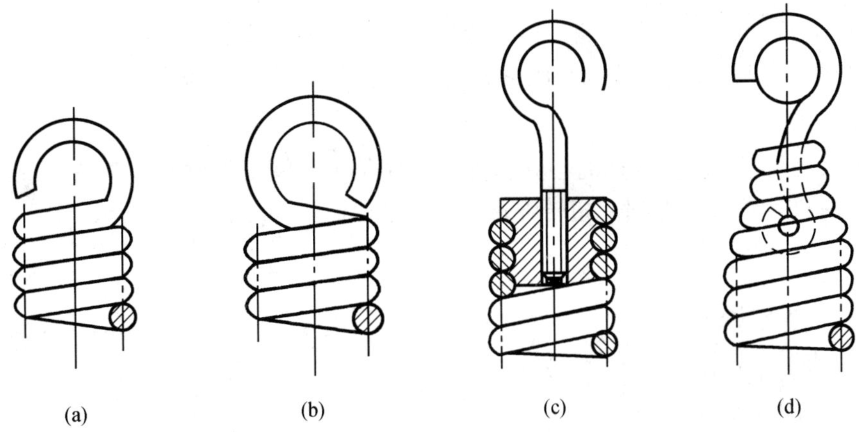

图 14.10 螺旋拉伸弹簧的钩环形式

(a)半圆钩环;(b)圆钩环;(c)可转钩环;(d)可调钩环

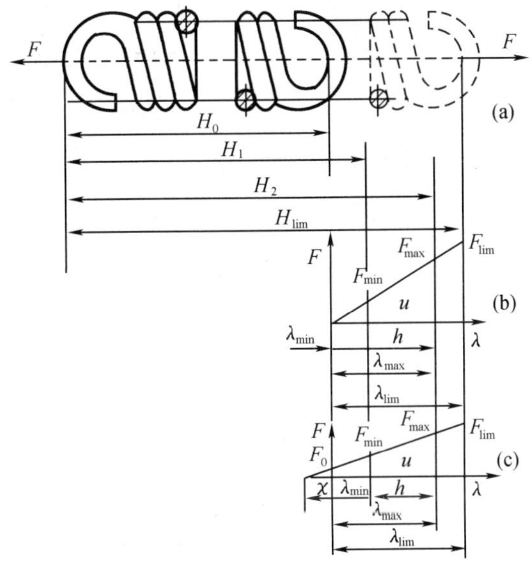

图 14.11 圆柱螺旋拉伸弹簧及特性曲线

式中,τ'为拉伸弹簧的初切应力。

拉伸弹簧的簧丝直径的计算公式同压缩弹簧的计算公式。拉伸弹簧的弹簧圈数可用下式计算(无初拉力的,$F_0=0$)

$$n=\frac{G\lambda d^4}{8(F-F_0)D_2^3} \tag{14-14}$$

拉伸弹簧的簧丝强度计算、刚度计算、稳定性计算,弹簧最大贮能、自振频率、几何参数计算同压缩弹簧的计算公式。

14.4.3 圆柱螺旋扭转弹簧

在机器中,扭转弹簧的功能是压紧、贮能和传递扭矩等。

1. 结构形式

在自由状态下,扭转弹簧的各弹簧圈之间应留少量间隙,否则,在弹簧工作时,各圈将彼此接触并产生摩擦和磨损。扭转弹簧的端部结构形式,如图 14.12 所示。

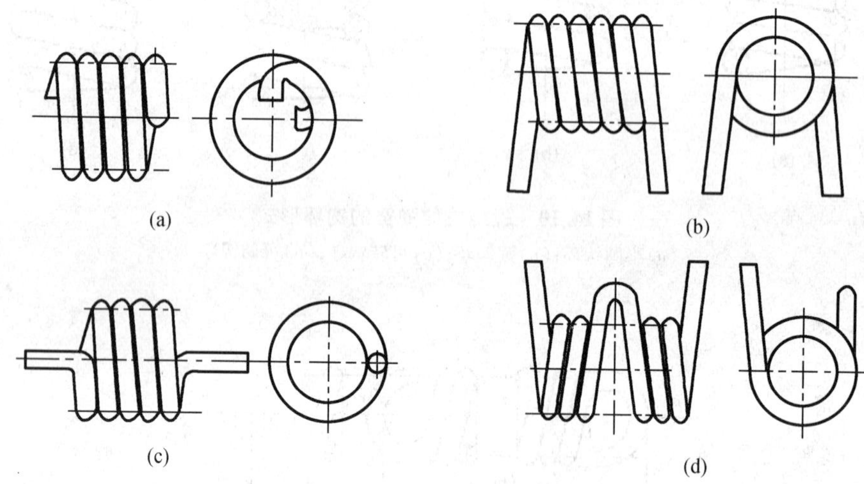

图 14.12 螺旋扭转弹簧的端部结构

(a)NⅠ型;(b)NⅡ型;(c)NⅢ型;(d)NⅣ型

2. 特性曲线

扭转弹簧的特性线,如图 14.13 所示,其意义与压缩弹簧相同,只是扭转弹簧所受的外力为转矩 T,所产生的变形为扭角 ϕ。

3. 计算

(1)强度计算

依据图 14.13 所示,轴线平面内受转矩 T 作用的螺旋弹簧,在其弹簧丝的任一截面上将有弯矩和转矩作用,分别为 $M = T\cos\alpha$ 和 $T' = T\sin\alpha$。因为螺旋角很小,所以转矩 T' 可以忽略不计,并可认为 $M \approx T$。因此,扭转弹簧的弹簧丝中主要受弯矩 M 的作用。至于最小转矩和最大转矩,最大转矩与极限转矩间的关系仍可参考压缩弹簧中所给的数值。

扭转弹簧应按受弯矩的曲梁来计算,在它的任一截面上的应力分布情况基本也与压缩弹簧的相同,只是应力变为弯曲应力。最大弯曲应力可按下式计算

$$\sigma_{b\max} = k\frac{M_{\max}}{W} \leqslant [\sigma_{\mathrm{b}}] \tag{14-15}$$

式中 W——弯曲时的截面系数,圆弹簧丝 $W = \pi d^3/32 \approx 0.1d^3$,方弹簧丝 $W = a^3/6$;

k——曲度系数,圆弹簧丝 $k = k_3 = (4C-1)/(4C-4)$,方弹簧丝 $k = k_4 = (3C-1)/(3C-3)$;

$[\sigma_{\mathrm{b}}]$——许用弯曲应力,一般$[\sigma_{\mathrm{b}}]$取 $1.25[\tau]$。

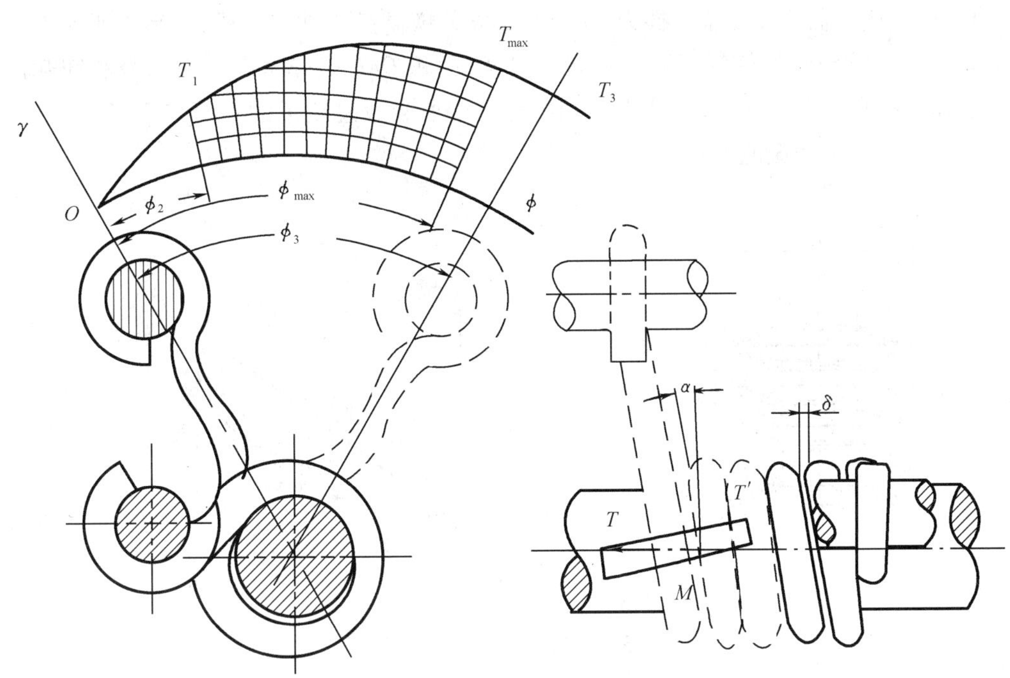

图 14.13 螺旋扭转弹簧及特性曲线

(2)刚度计算

扭转弹簧受转矩 T 作用后的扭转变形为

$$\begin{cases} \varphi = \dfrac{Ml}{EI} = \dfrac{M\pi D_2 n}{EI} \\ \varphi^0 = \dfrac{180MD_2 n}{EI} \end{cases} \tag{14-16}$$

式中,I 为弹簧丝截面的轴惯性矩;圆弹簧丝,$I=\pi d^4/64$,方弹簧丝;$I=a^4/12$。

利用上式,可求出所需要的弹簧圈数

$$n = \frac{EI\varphi^0}{180MD_2} \tag{14-17}$$

因为扭转弹簧的弹簧丝主要受弯曲作用,所以从材料利用方面看,采用方弹簧丝制造扭转弹簧较为合理,但因为圆弹簧丝容易制造,所以实际应用中普遍采用圆弹簧丝。

扭转弹簧的簧丝稳定性、弹簧最大贮能、自振频率、几何参数计算同压缩弹簧的计算公式。

14.5 其他弹簧简介

14.5.1 蝶形弹簧

碟形弹簧呈无底碟状,一般用薄钢板冲压而成。实用中将很多碟形弹簧组合起来,如图 14.14(a)所示,并装在导杆上或套筒中工作。碟形弹簧只能承受轴向载荷,是一种刚度很大的压缩弹簧。蝶形弹簧在加载和卸载过程中的特性线,如图 14.14(b)所示。在卸载开始阶段,弹性内力需要先克服摩擦力,所以并不立即恢复变形(见 AB 段)。待克服摩擦力以后,弹簧才逐渐沿 BO 线恢复至原来形状。显然,面积 OAB 是弹簧在一次加载和卸载过程中为克服摩擦所消耗的能量,它几乎占加载过程中所吸收总能量的 60% ~70%。所以,环形弹簧具有很大的消振能力。

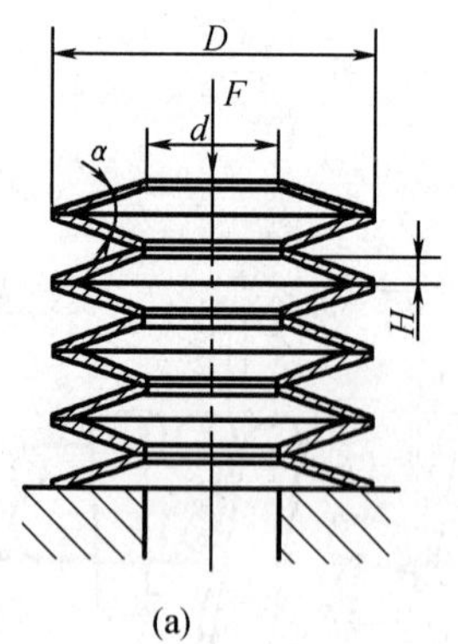

(a)

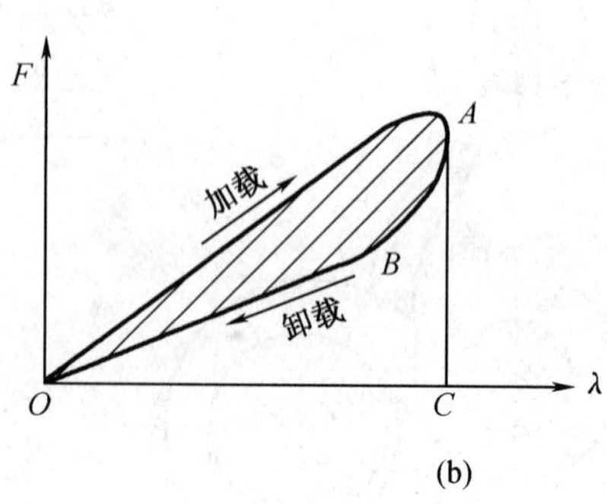

(b)

图 14.14　组合碟形弹簧

在轴向力 F 作用下,弹簧片的 α 角将减小,从而产生轴向变形。由于随着 α 角的变化弹簧的刚度也变化,因此,载荷与变形不再是线性关系,但工程应用中常近似采用线性关系。这种弹簧在工作过程中有能量消耗,加载时与卸载时的弹簧特性曲线不重合,因此蝶形弹簧的缓冲减振性能好,常用在空间尺小,外载荷较大的缓冲减振装置中。

14.5.2　环形弹簧

环形弹簧是由若干具有锥面的内、外圆环相互叠合而组成的一种压缩弹簧,如图 14.15 所示。当弹簧受轴向力 F 时,在内、外圆环的接触面间产生了相当大的法向力,从而使内圈环受到外压力,直径减小;外圈环受到内压力,直径增大。由于内、外圆环的直径改变,就使弹簧产生了轴向位移。当载荷取消以后,弹簧又由于弹性内力的作用而恢复至原来尺寸。

环形弹簧常用合金弹簧钢制造。内、外环的许用压应力为$[\sigma_\tau]$ = 1 200 MPa ~ 1 500 MPa;许用拉应力$[\sigma_t]$ = 800 MPa ~ 1 200 MPa。一般寿命的取小值,允许寿命较短、加工精度高的取大值。一般,压力 $\sigma_\tau/\sigma_t \approx 1.3$,表面压力 $p \approx [\sigma_t]$。

【应用实例】

例　设计一圆柱形螺旋压缩弹簧,弹簧丝剖面为圆形。已知最小载荷 F_{min} = 200 N,最大载荷 F_{max} = 500 N,工作行程 h = 10 mm,属于Ⅱ类弹簧工作,要求弹簧外径不超过28 mm,端部并紧、磨平。

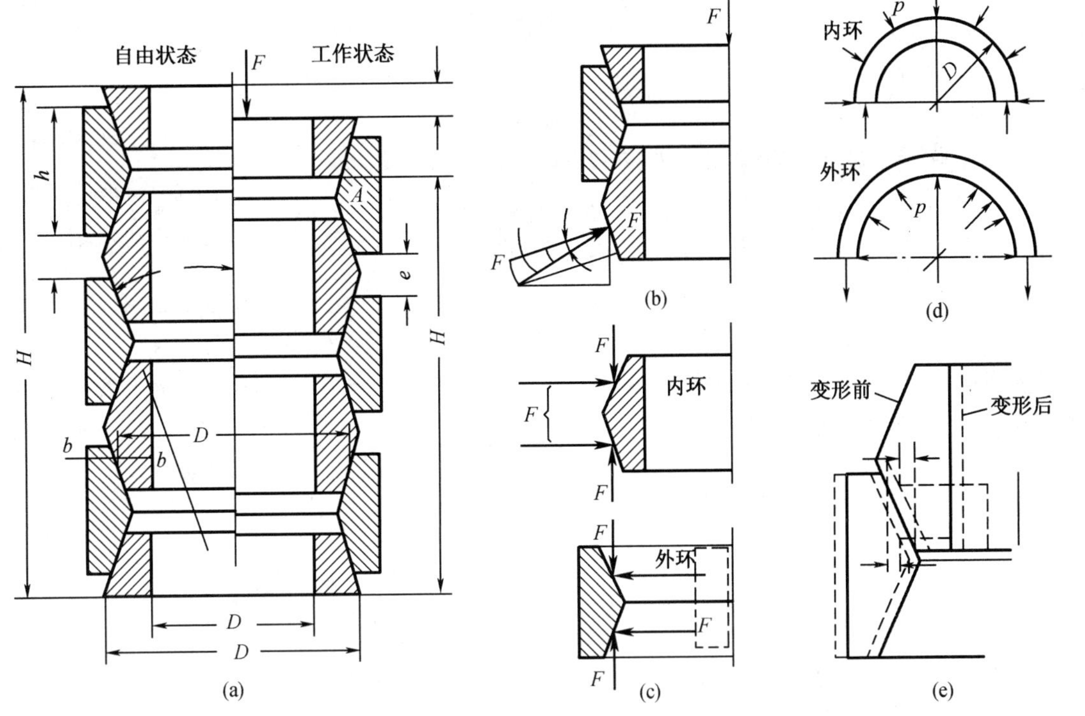

图 14.15　环形弹簧的受力分析

解　设计计算步骤如下表。

计算与说明	主要计算结果
试算(一)： (1)选择弹簧材料和许用应力 选用 C 级碳素弹簧钢丝。根据外径要求，初选 $C=7$，由 $C=D_2/d=(D-d)/d$，并查表 14-5 得 $d=3.5$ mm，由表 14-3 查得 $\sigma_b=1\ 570$ MPa，由表 14-2 得 $[\tau]=0.4\sigma_b=628$ MPa。 (2)计算弹簧丝直径 d 由式 $K\approx\dfrac{4C-1}{4C-4}+\dfrac{0.615}{C}$ 得 $K=1.21$ 由式 $d\geqslant1.6\sqrt{\dfrac{FKC}{[\tau]}}$ 得 $d\geqslant4.15$ mm 由此可知，$d=3.5$ mm 的初算值不满足强度约束条件，应重新计算。	试算(一)： $C=7$ $d=3.5$ mm $K=1.21$ $d\geqslant4.15$ mm 不满足强度约束条件

计算与说明	主要计算结果
试算(二): (1)选择弹簧材料同上。为取得较大的 d 值,选 $C=5.2$。 仍由 $C=D_2/d=(D-d)/d$,并查表 14－5 得 $d=4.5$ mm, 查表 14－3 得 $\sigma_b=1\ 520$ MPa,由表 14－2 得 $[\tau]=0.4\sigma_b=608$ MPa。 (2)计算弹簧丝直径 d 由式 $K\approx\frac{4C-1}{4C-4}+\frac{0.615}{C}$ 得 $K=1.3$ 由式 $d\geqslant 1.6\sqrt{\frac{FKC}{[\tau]}}$ 得 $d\geqslant 3.77$ mm。 可知:$d=4.5$ mm 满足强度约束条件。 (3)计算有效工作圈数 n 由图 14.4 确定变形量 λ_{max}: $$\lambda_{max}=\frac{h}{F_{max}-F_{min}}F_{max}=\frac{10\times500}{500-200}=16.67\ \text{mm}$$ 查表 14－2 得 $G=80$ GPa,由式 $n=\frac{Gd\lambda}{8FC^3}$ 得 $n=10.67$,查表 14－5 取 $n=11.5$,考虑两端各并紧一圈,则总圈数 $n_1=n+2=13.5$。 至此,得到了一个满足强度与刚度约束条件的可行方案,但考虑进一步减少弹簧外形尺寸与质量,再次进行试算。	试算(二): $C=5.2$ $d=4.5$ mm $K=1.3$ $d\geqslant 3.77$ 满足强度约束条件 $n=11.5$ $n_1=13.5$ 满足强度与刚度约束条件,但弹簧外形尺寸与重量较大
试算(三): (1)仍选以上弹簧材料,取 $C=6$,求得 $d=4$ mm,$K=1.25$,查得 $\sigma_b=1\ 520$ MPa,$[\tau]=0.4\sigma_b=608$ MPa。 (2)计算弹簧丝直径 得 $d\geqslant 3.97$ mm。知 $d=4$ mm 满足强度条件。 (3)计算有效工作圈数 n 由试算(二)知,$\lambda_{max}=16.67$ mm,得 $n=6.17$ 取 $n=6.5$ 圈,仍参考两端各并紧一圈,$n_1=n+2=8.5$。 这一计算结果满足强度与刚度约束条件,从外形尺寸和质量来看,又是一个较优的解,可将这个解初步确定下来,以下再计算其他尺寸并作稳定性校核。 (4)确定变形量 λ_{max},λ_{min},λ_{lim} 和实际最小载荷 F_{min} 弹簧的极限载荷为:$F_{lim}=\frac{F_{max}}{0.8}=\frac{500}{0.8}=625$ N	试算(三): $C=6$ $d=4$ mm $d\geqslant 3.97$ mm 满足强度条件 $n=6.5$ $n_1=8.5$ 满足强度与刚度约束条件,且弹簧外形尺寸和重量较小。较优的解
因为工作圈数由 6.17 改为 6.5,故弹簧的变形量和最小载荷也相应有所变化。 由式 $\lambda=\frac{8FC^3n}{Gd}$ 得:	

计算与说明	主要计算结果
$\lambda_{lim}=\dfrac{8F_{lim}C^3n}{Gd}=21.94\ mm$ $\lambda_{max}=\dfrac{8F_{max}C^3n}{Gd}=17.55\ mm$ $\lambda_{min}=\lambda_{max}-h=17.55-10=7.55\ mm$ $F_{min}=\dfrac{\lambda_{min}Gd}{8C^3n}=215.1\ N$ (5)求弹簧的节距 p、自由高度 H_0、螺旋升角 α 和弹簧丝展开长度 L 在 F_{max} 作用下相邻两圈的间距 $\delta_1\geqslant 0.1d=0.4\ mm$，取 $\delta=0.5\ mm$，则无载荷作用下弹簧的节距为 $p=d+\lambda_{max}/n+\delta_1=4+17.55/6.5+0.5=7.2mm$ p 符合在$(0.28\sim0.5)D_2$ 的规定范围。	$p=7.2\ mm$
端面并紧、磨平的弹簧自由高度为 $H_0=np+1.5d=6.5\times7.2+1.5\times4=52.8\ mm$ 取标准值 $H_0=52\ mm$。 无载荷作用下弹簧的螺旋升角为 $\alpha=\arctan\dfrac{p}{\pi D_2}=\arctan\dfrac{7.2}{\pi\times24}=5.45°$ 满足 $\alpha=5°\sim9°$的范围。 弹簧簧丝的展开长度 $L=\dfrac{\pi D_2n_1}{\cos\alpha}=\dfrac{\pi\times24\times8.5}{\cos5.45°}=643.8\ mm$	$H_0=52.8\ mm$ $\alpha=5.45°$ $L=643.8\ mm$
(6)稳定性计算 $b=H_0/D_2=52/24=2.17$ 采用两端固定支座，$b=2.17<5.3$，故不会失稳。 (7)绘制弹簧特性曲线和零件工作图(见图 14.16)。	$b=2.17$ 不会失稳

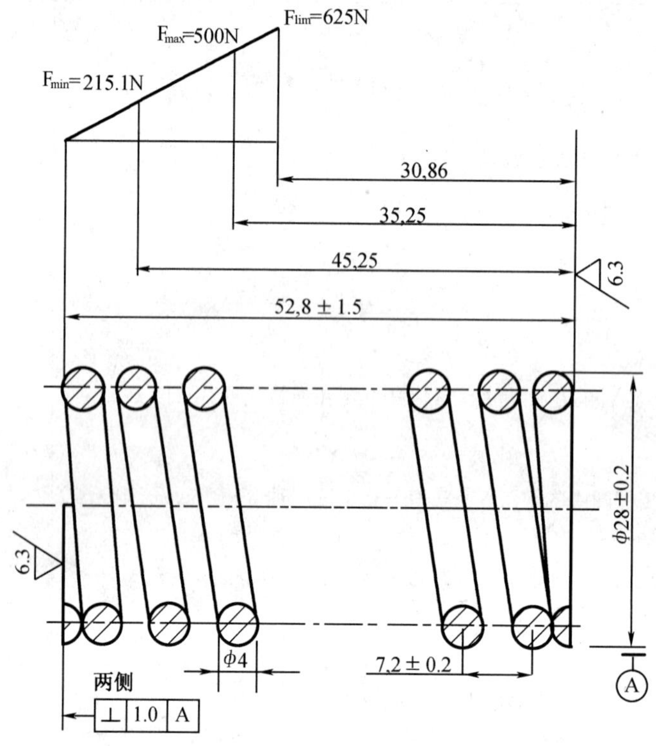

图 14.16　弹簧特性曲线和零件工作图

本章小结

从弹簧的功用、弹簧的分类出发,介绍了弹簧的材料、许用应力及弹簧的制造。弹簧材料很多,弹簧材料选择要从弹簧的用途、重要程度,与所受载荷大小、性质、循环特性、工作温度、周围介质等使用条件,以及加工、热处理和经济性等因素来考虑,使得选择结果与实际要求相吻合。圆柱形螺旋压缩(拉伸、扭转)弹簧在实际中应用最多,应熟悉圆柱形螺旋弹簧几何参数计算,特性曲线,受载时的应力和变形。弹簧的设计主要应解决强度、刚度问题。强度计算可求得弹簧丝直径 $d \geqslant 1.6\sqrt{\dfrac{F_{\max}KC}{[\tau_T]}}$,$d$ 的大小主要与弹簧所受的最大载荷及弹簧材料有关。刚度计算可求得弹簧的圈数 $n = \dfrac{Gd\lambda}{8FC^3}$,刚度越大所需的圈数越少。同时还要满足稳定性计算、弹簧最大贮能、自振频率等。最后介绍了其他类型弹簧。

习　题

一、思考题

1. 弹簧有哪些功用,常用弹簧的类型有哪些,各用在什么场合?

2. 制造弹簧的材料应符合哪些主要要求,常用材料有哪些?

3. 圆柱弹簧的主要参数有哪些,它们对弹簧的强度和变形有什么影响?

4. 圆柱螺旋弹簧在工作时受到哪些载荷作用?在轴向载荷作用下,弹簧圈截面上主要产生什么应力,应力如何分布?

5. 弹簧刚度 K 的物理意义是什么,它与哪些因素有关?

6. 设计时,若发现弹簧太软,欲获得较硬的弹簧,应改变哪些设计参数?

二、计算题

1. 某圆柱螺旋压缩弹簧的参数如下:$D=34$ mm,$d=6$ mm,$n=10$,弹簧材料为碳素弹簧钢丝,当最大工作载荷 $F_{max}=100$ N,弹簧的变形量及应力分别是多少?

2. 设计一在变载荷作用下工作的阀门圆柱螺旋压缩弹簧(要求绘制弹簧零件工作图)。已知最小工作载荷 $F_{min}=256$ N,最大工作载荷 $F_{max}=1\ 280$ N,工作最小压缩变形量 $\lambda_{min}=4$ mm,最大压缩变形量 $\lambda_{max}=20$ mm,弹簧外径 $D\leqslant 38$ mm,载荷作用次数 $N\leqslant 10^5$,一端固定,一端铰支支承。

3. 一拉伸螺旋弹簧用于高压开关中,已知最大工作载荷 $F_2=2\ 070$ N,最小工作载荷 $F_1=615$ N,弹簧丝直径 $d=10$ mm,外径 $D=90$ mm,有效圈数 $n=20$,弹簧材料为 $60Si_2Mn$,载荷性质属于Ⅱ类。求:(1)在 F_2 作用时弹簧是否会断?该弹簧能承受的极限载荷 F_{lim};(2)弹簧的工作行程。

参考文献

[1] 濮良贵. 机械设计[M]. 8 版. 北京:高等教育出版社,2006.
[2] 邱宣怀. 机械设计[M]. 北京:高等教育出版社,1997.
[3] 杨可桢. 机械设计基础[M]. 北京:高等教育出版社,1999.
[4] 李光煜. 机械设计基础[M]. 哈尔滨:哈尔滨地图出版社,2006.
[5] 于惠力. 机械设计[M]. 北京:科学出版社,2007.
[6] 金清肃. 机械设计基础[M]. 北京:华中科技大学出版社,2006.
[7] 王为. 机械设计[M]. 北京:华中科技大学出版社,2006.
[8] 徐锦康. 机械设计[M]. 北京:高等教育出版社,2004.
[9] 王中发. 实用机械设计[M]. 北京:北京理工大学出版社,1998.
[10] 吴宗泽. 高等机械设计[M]. 北京:清华大学出版社,1991.
[11] 吴宗泽. 机械设计师手册[M]. 北京:机械工业出版社,2002.
[12] 陈铁鸣. 机械设计[M]. 4 版. 哈尔滨:哈尔滨工业大学出版社,2006.
[13] 卢玉明. 机械设计基础[M]. 北京:高等教育出版社,1998.
[14] 程志红. 机械设计[M]. 南京:东南大学出版社,2006.
[15] 李继庆. 机械设计基础[M]. 北京:高等教育出版社,1999.
[16] 孔庆华. 机械设计基础[M]. 上海:同济大学出版社,2004.
[17] 王大康. 机械设计课程设计[M]. 北京:北京工业大学出版社,1999.
[18] 张美麟. 机械创新设计[M]. 北京:化学工业出版社,2005.
[19] 宋宝玉. 机械设计基础[M]. 哈尔滨:哈尔滨工业大学出版社,2004.
[20] 孙桓. 机械原理. 7 版[M]. 北京:高等教育出版社,2004.
[21] 吕宏. 机械设计[M]. 北京:北京大学出版社,2009.
[22] 门艳忠. 机械设计[M]. 北京:北京大学出版社,2010.